工程软件职场应用实例精析丛书

PowerMill 多轴铣削加工应用实例

主　编　韩富平　聂荣森　曹怀明
副主编　张慧超　邹　雯　李潇禹
参　编　俞清辉　彭　婧　陈　琳
李凤波　韩春林　田东婷
孙淑君　田京宇　宋芃漪
主　审　袁　懿　陈天祥　李春光

机 械 工 业 出 版 社

本书主要面向具有一定数控加工基础知识的读者，对 PowerMill 2024 软件的多轴数控加工功能、加工思路及编程方法进行讲解，并结合实例阐述不同形状零件加工的思路、刀具路径编程策略以及 PowerMill 2024 的使用技巧。书中的一些加工思路在实际生产中应用普遍，是作者在使用过程中对 PowerMill 2024 软件进行数控加工编程的研究和总结，对实际生产具有指导意义。另外，书中的实例均是作者在实际生产中的加工实例，书中的方法可以直接指导读者进行实际 CAM 加工。

为便于读者学习，本书提供实例的模型文件、结果文件，以及部分操作演示视频，读者可通过扫描书中相应二维码获取或观看。联系 QQ296447532，获取 PPT 课件。

本书可供数控技术应用专业学生和一线数控技术人员使用。

图书在版编目（CIP）数据

PowerMill多轴铣削加工应用实例 / 韩富平，聂荣森，曹怀明主编. -- 北京 ： 机械工业出版社，2024. 7.
(工程软件职场应用实例精析丛书). -- ISBN 978-7-111-76101-3

Ⅰ. TG659.022

中国国家版本馆 CIP 数据核字第 2024MH7295 号

机械工业出版社（北京市百万庄大街 22 号　邮政编码 100037）

策划编辑：周国萍　　责任编辑：周国萍　刘本明

责任校对：王小童　张亚楠　　封面设计：马精明

责任印制：刘　媛

唐山楠萍印务有限公司印刷

2024 年 8 月第 1 版第 1 次印刷

184mm×260mm・15.5 印张・371 千字

标准书号：ISBN 978-7-111-76101-3

定价：69.00 元

电话服务　　网络服务

客服电话：010-88361066　　机　工　官　网：www.cmpbook.com

010-88379833　　机　工　官　博：weibo.com/cmp1952

010-68326294　　金　书　网：www.golden-book.com

机工教育服务网：www.cmpedu.com

前　言

PowerMill 是一款专业的 CAD/CAM 软件，该软件面向工艺特征，利用工艺知识并结合智能化设备对数控加工自动编程过程进行优化，具有文件兼容性强、加工策略丰富、加工路径高效、刀具路径算法先进、实体仿真准确等特点。继 Autodesk PowerMill 2023（简称 PowerMill 2023）之后，Autodesk 公司推出了 Autodesk PowerMill 2024（简称 PowerMill 2024），对界面及部分功能进行了优化。PowerMill 2024 主要包含以下几类改进：

1. 流线精加工改进

流线精加工策略现在允许用户选择计算行距的方法，可在“曲面上”和“刀尖”之间进行选择。

“曲面上”是该策略可用的原始方法。行距是在模型曲面上直接测量得到的。

“刀尖”是新方法，允许用户创建刀具路径，而无须使用镶嵌参考线。行距是相对于刀尖位置（当刀具接触到模型时）测量得到的。此新方法还包含一个选项，用于创建连续的螺旋刀具路径，以实现更好的表面质量。“刀尖”选项尚不支持倒扣，但可以通过更少的 CAM 编程工作生成质量更好、碎片化程度更低的刀具路径，尤其是在具有内角的几何形体上。

2. 其他各种增强功能

倾斜平坦面精加工策略现在包含“过滤”选项，用于排除小平坦区域。使用“最小宽度阈值”选项来确定要排除的平坦区域。

区域清除策略中的“最小轴向啮合”选项可限制台阶切削的轴向啮合。如果台阶切削未按主 Z 轴层下指定的最小距离轴向啮合，则不会输出。PowerMill 仅使用相对 Z 高度来评估轴向啮合，而不是使用毛坯的实际状态。

新选项已添加到多个策略，包括“模型区域清除”“模型轮廓”“模型残留区域清除”“模型残留轮廓”“等高切面区域清除”“等高切面轮廓”“曲线区域清除”“曲线轮廓”“特征区域清除”“特征轮廓”“特征残留区域清除”“特征残留轮廓”“特征型腔区域清除”“特征型腔轮廓”“特征型腔残留区域清除”“特征型腔残留轮廓”。

残留精加工策略现在包含“重叠”选项。使用该选项可增大覆盖范围并降低残料留在残留区域边缘附近的风险。

设置功能现在支持点分布设置，可以应用于设置中的所有刀具路径（可选）。点分布在“设置”对话框的新“点分布”界面中进行编辑。

使用自动定向功能时，“区域清除”“平行平坦面精加工”“倾斜平坦面精加工”策略中的平行路径方向已得到改进，尤其是在开口型腔中。

在“钻孔”策略中指定啄孔间的不完整退刀时，“距顶部的距离”选项可用于控制从孔顶部的退刀距离。距离可以是正值，也可以是负值。当距离为负值时，刀具不会完全退刀，而是按设置的距离与孔保持啮合。

在新版本中，执行深钻孔时啄孔之间的退刀长度在啄孔到啄孔之间保持恒定，而以前它会随着啄孔距离的减小而减小。退刀长度可以是名义啄孔距离或绝对距离。

3. 提高速度

新版本对 PowerMill 的速度进行了改进，从而在不同程度上提升了各种计算的速度，例如使用 3D 边界的纺锤形轮廓、残料加工，以及陡峭和浅滩精加工刀具路径的计算。

本书主要面向具有一定数控加工基础知识的操作者或有此方面兴趣的读者，对 PowerMill 2024 软件的多轴数控加工功能、加工思路及编程方法进行讲解，并结合实例阐述不同形状零件加工的思路、刀具路径编程策略以及 PowerMill 2024 的使用技巧。书中的一些加工思路在实际生产中应用普遍，是作者在使用过程中对 PowerMill 2024 软件进行数控加工编程的研究和总结，对实际生产具有指导意义。另外，书中的实例均是作者在实际生产中的加工实例，书中的方法可以直接指导读者进行实际 CAM 加工。

为便于读者学习，本书提供实例的模型文件、结果文件（扫描前言中二维码获取），以及部分操作演示视频（扫描书中相应二维码观看）。另外，附录 B 提供三款五轴机床的后处理文件（扫描书中相应二维码获取）。

数控编程对实践性的要求很高，此亦为本书的重点所在。本书的编纂思路即以实例为主要讲解对象，对加工思路以及软件操作进行阐述。

在本书的编写过程中，作者得到了多方面的支持和帮助，在此特别感谢各位工程师、学院领导及老师。

由于作者水平有限，书中难免存在错误与不妥之处。恳请广大读者发现问题后不吝指正。

作　者

扫码下载模型及结果文件

目 录

PowerMill 2024 的界面及应用要点

本章将介绍 PowerMill 2024 软件操作界面、工具条、快捷键、加工基本操作要点、坐标系、刀具和毛坯建立等。

1.1 PowerMill 2024 软件操作界面

PowerMill 2024 是一款独立的 CAM 软件，与同类 CAM 软件相比具有刀具路径计算速度快、碰撞和过切检查功能完善、刀具路径策略丰富、刀具路径编辑功能丰富、操作过程简单易学等独到优势。这些优势在复杂型面以及多轴数控加工编程方面表现得尤其明显。

为了方便读者在阅读后面章节的内容时分得清各个工具栏的名称和位置，图 1-1 对 PowerMill 2024 界面各区域进行了标记。

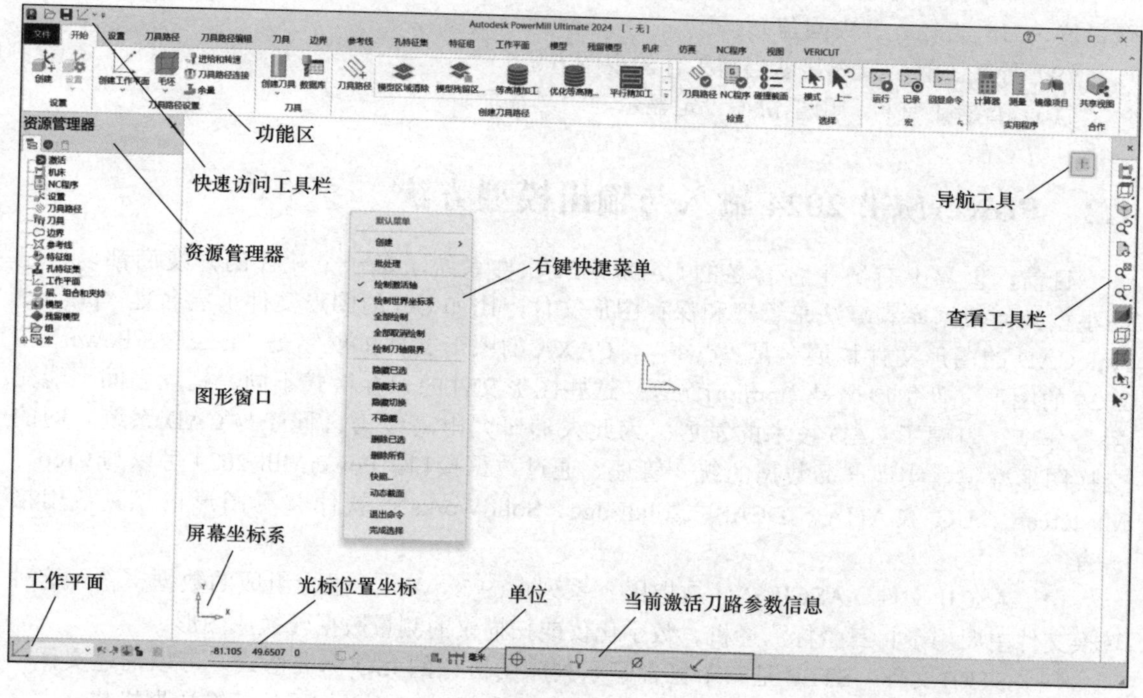

图 1-1

（1）功能区　包括文件、开始、设置、刀具路径、刀具路径编辑、刀具、边界、参考线、孔特征集、特征组、工作平面、模型、残留模型、机床、仿真、NC 程序等选项卡，每一选项卡下细分为更多功能选项，如图 1-2 所示。

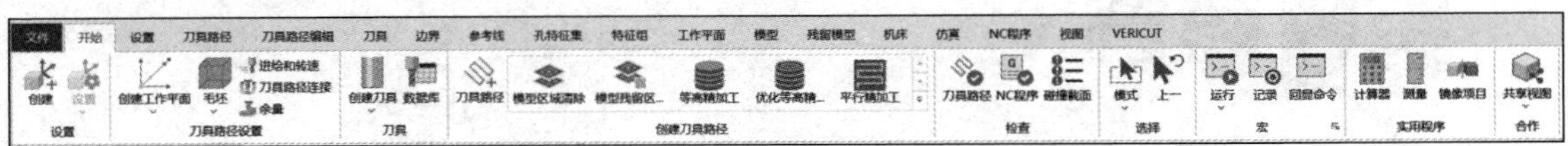

图　1-2

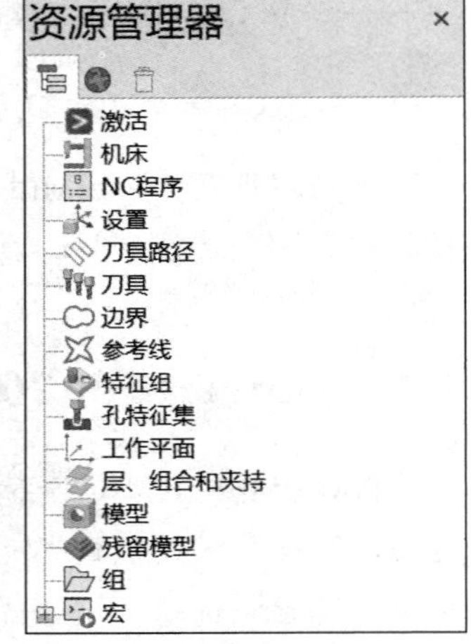

图　1-3

（2）资源管理器　对加工必要的元素进行管理与设定，其中包括激活、机床、NC 程序、刀具路径、刀具、边界、参考线、特征组、孔特征集、工作平面，以及层、组合和夹持等类别，如图 1-3 所示。

（3）屏幕坐标系　位于绘图区左下角，显示当前视图的坐标方向。

（4）工作平面　显示当前激活的工作平面及其编辑选项。

（5）光标位置坐标　以数值显示光标目前所在位置的坐标值，从左向右依次为 X 值、Y 值与 Z 值。

（6）右键快捷菜单　在绘图区单击右键即可弹出右键快捷菜单。该菜单中包括了加工过程中基本的显示与编辑功能。

（7）单位　用于显示当前的绘图单位。当显示“毫米”时表示米制单位，显示“英寸”时表示寸制单位。

（8）当前激活刀路参数信息　显示目前激活刀路的基本参数（从左向右依次为：公差、余量值、刀具直径、刀尖圆角）。

（9）导航工具　直观显示当前工件的视图方位。

（10）查看工具栏　用于快速设定显示与阴影选项。

1.2　PowerMill 2024 输入与输出模型方法

目前，世界上有数十种著名的 CAD/CAM 软件系统，每一个软件的开发商都以自己的小型几何数据库和算法来管理和保存图形文件，比如 UG 的图形文件扩展名是“prt”，AutoCAD 的图形文件扩展名是“dwg”，CAXA 的图形文件扩展名是“mxe”，PowerMill 2024 的图形文件扩展名是“pmlprj”等。这些图形文件的保存格式不同，相互之间不能交换与分享，阻碍了 CAD 技术的发展。为此人们研究出高级语言程序与 CAD 系统之间的交换图形数据，实现产品数据的统一管理。通过数据接口，PowerMill 2024 可以与 Creo、Mastercam、UG、CATIA、IDEAS、SolidEdge、SolidWorks 等软件共享图形信息。常用格式有：

（1）ASCII 文件　ASCII 文件是指用一系列点的 X、Y、Z 坐标组成的数据文件。这种转换文件主要用于将三坐标测量机、数字化仪或扫描仪的测量数据转换成图形。

（2）STEP 文件　STEP 是一个包含一系列应用协议的 ISO 标准格式，可以描述实体、曲面和线框。这种转换文件定义严谨、类型丰富，是目前工业界常用的标准数据格式。

（3）Autodesk 文件　Autodesk 软件可以生成两种类型的文件：DWG 文件和 DXF 文件。其中 DWG 文件是 Autodesk 软件存储图形的文件格式；DXF 文件是一种图形交换标准，主要作为 AutoCAD 和其他 CAD 系统的图形交换接口。

（4）IGES 文件　IGES 文件格式是美国提出的初始化图形交换标准，是目前使用最广泛的图形交换格式之一。IGES 格式支持点、线、曲面以及一些实体的表达，通过该接口可以与市场上几乎所有 CAD/CAM 软件共享图形信息。

（5）Parasld 文件　Parasld 文件格式是一种新的实体核心技术模块，因此越来越多的 CAD 软件都采用这种技术，例如 Creo、SolidWorks、UG、CATIA 等，一般情况下用于实体模型转换。

（6）STL 文件　STL 文件格式是在三维多层扫描中利用的一种 3D 网格数据模式，常用于快速成型（PR）系统，也可用于数据浏览和分析。PowerMill 2024 还提供了一个功能，即通过 STL 文件直接生成刀具路径。

（7）SolidWorks、UG、Creo 文件　PowerMill 2024 可以直接读取 SolidWorks、UG、Creo 文件，这种接口可以保证软件图形之间的无缝切换。

1.2.1　模型输入

打开 PowerMill 2024 软件系统，选择“文件→输入→输入模型”命令，输入模型文件，如图 1-4 所示。

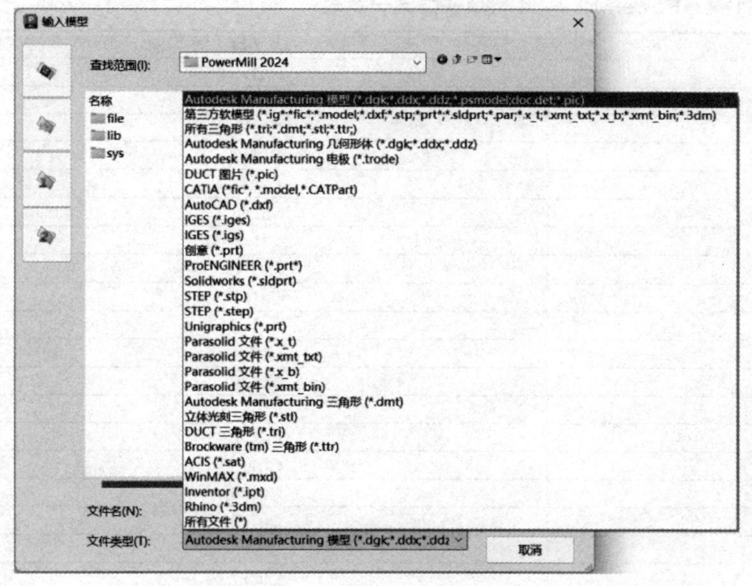

图　1-4

此外，亦可直接将文件拖拽到绘图区。

1.2.2　模型输出

打开 PowerMill 2024 软件系统，打开模型文件，选择“文件→输出→输出模型”命令，保存为所需的文件格式。

1.2.3 PowerMill 2024 快捷键的使用技巧

打开 PowerMill 2024 软件，在“文件→选项”选项卡下选择“自定义键盘快捷键”，可以查看并编辑软件中使用的键盘快捷键，如图 1-5 所示。

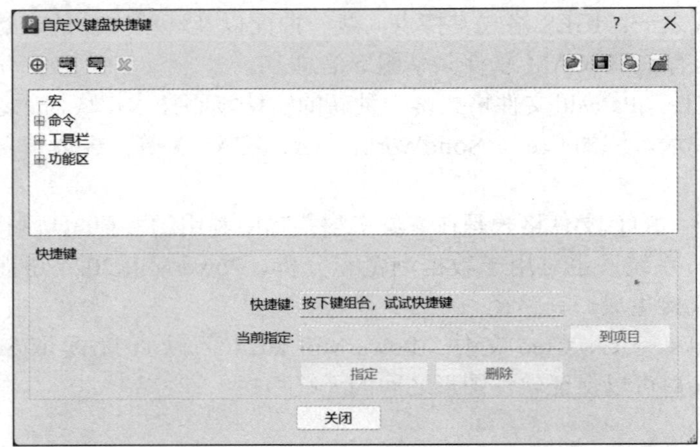

图 1-5

表 1-1 列出了 PowerMill 2024 软件系统默认的常用快捷键。

表 1-1 PowerMill 2024 常用快捷键一览表

图标 / 功能	快 捷 键
文件→保存	Ctrl+S
文件→打开	Ctrl+O
光标工具绘制	Ctrl+T
位图打印选项	Ctrl+P
插入项目	Ctrl+I
查看→刷新	Ctrl+R
查看→光标→十字	Ctrl+H
查看→可见性→不隐藏	Ctrl+L
查看→可见性→隐藏已选→隐藏切换	Ctrl+Y
查看→可见性→隐藏已选→隐藏未选	Ctrl+K
查看→可见性→隐藏已选→隐藏已选	Ctrl+J
查看→自→下（-Z）	Ctrl+0
查看→ ISO → ISO 1	Ctrl+1
查看→自→前（-Y）	Ctrl+2
查看→ ISO → ISO 2	Ctrl+3
查看→自→左（-X）	Ctrl+4
查看→自→上（Z）	Ctrl+5
查看→自→右（X）	Ctrl+6
查看→ ISO → ISO 4	Ctrl+7
查看→自→后（Y）	Ctrl+8
查看→ ISO → ISO 3	Ctrl+9
打开帮助	F1
查看→外观→线框	F4
查看→刀具→沿轴向下	Ctrl+Alt+A
查看→外观→毛坯	Ctrl+Alt+B
查看→刀具→自侧面	Ctrl+Alt+S
查看→显示 / 隐藏工具栏	Alt+V
关闭程序	Alt+F4

1.3 PowerMill 2024 在多轴编程方面的功能与特点

与同类 CAM 系统相比，PowerMill 系统在多轴加工编程方面具备以下功能和特点：

（1）多轴加工刀具路径计算策略丰富　PowerMill 软件可以算得上目前国内市场上 CAM 领域内刀具路径计算策略最丰富的系统之一，粗、精加工策略合计达到 94 种，这些策略通过控制刀轴指向均可以直接生成五轴加工刀具路径。同时，PowerMill 系统还允许使用全系列类型的切削刀具进行五轴加工编程。

（2）多轴加工刀具路径编辑功能强大　PowerMill 系统提供了丰富的刀具路径编辑工具，可以对计算出来的刀具路径进行灵活、直观和有效的编辑和优化。例如刀具路径裁剪功能，可以将刀具路径视为一张布匹，将操作者的鼠标视为剪刀，可对刀具路径进行任意的裁剪，同时系统亦能保证裁剪后刀具路径的安全性。PowerMill 系统在计算刀具路径时，会尽可能避免刀具的空程移动，通过设置合适的切入切出和连接方法，极大地提高切削效率。

（3）实现多轴机床仿真切削，碰撞检查全面　大部分 CAM 系统在做碰撞检查时只会考虑刀具和刀柄与工件的位置关系，而未将机床整体考虑进来。在进行多轴加工时，由于刀轴相对于工件可以做出位姿变化，机床的工作台、刀具、工件与夹具等就有可能发生碰撞和干涉，将多轴机床纳入仿真切削，能大大提高多轴刀具路径的安全性。

（4）实现刀具自动避让碰撞　PowerMill 系统可按照用户的设置自动调整多轴加工时刀轴的前倾和后倾角度，在可能出现碰撞的区域按指定公差自动倾斜刀轴，避开碰撞，在切削完碰撞区域后又自动将刀轴调整回原来设定的角度，从而避免工具系统和模型之间的碰撞。在加工叶轮及进行五轴清根等复杂加工时，能自动调整刀轴的指向，并可以设置与工件的碰撞间隙。

（5）交互式刀轴指向控制和编辑功能　PowerMill 系统可以全面控制和编辑多轴加工的刀轴指向，可对不同加工领域的刀具路径直观地设置不同的刀轴指向，以优化多轴加工控制，优化切削条件，避免任何刀轴方向的突然改变，从而提高产品加工质量，确保加工的稳定性。

（6）多轴刀具路径计算速度快　有编程经历的技术人员可能都会有这样一种体会，即在现有计算机硬件配置条件下，计算加工复杂型面的刀具路径时，占用计算机的硬件资源非常惊人，计算速度慢，有时甚至计算不出来。在这一方面，PowerMill 系统具有极为突出的计算速度优势。

（7）操作简单，易学易用　软件从输入零件模型到输出 NC 程序，操作步骤较少（约八个步骤），初学者可以快速掌握。有使用其他软件编程经验的人员更可以快速提高编程质量和效率。

PowerMill 软件的另一个明显特点是它的界面风格非常简单、清晰，而且创建某一工序（例如精加工）刀具路径时，其各项设置基本上集中在同一窗口中进行，修改起来极为方便。

（8）由三轴加工刀具路径自动产生五轴加工刀具路径　PowerMill 系统可以将计算好的三轴刀具路径自动转换为优化的五轴刀具路径，自动产生刀轴，并自动将原始刀具路径分割成多个不同的多轴刀具路径。所产生的刀具路径快速、可靠，全部刀具路径都经过过切检查，无过切之虑。

（9）STL 格式模型数据多轴加工　在模具加工行业中，一些企业为了提高加工效率，有一部分毛坯是以 STL 格式文件提供给编程人员用于粗加工的，这就要求编程软件能接受并处理 STL 格式文件。STL 格式文件以大量的微小三角面片代替点、线、面元素来表征数字模型，可大大地减小数字模型的存储体积。PowerMill 系统可以直接对 STL 格式模型数据进行五轴加工，支持多种精加工策略以及球头刀、面铣刀和锥铣刀等多种刀具。

（10）PowerMill 系统具有管道加工专用功能　PowerMill 系统管道加工提供了一系列刀具路径模版策略，针对管道、管状型腔和封闭型腔，自动生成三轴、3+2 轴、五轴联动粗加工和精加工刀具路径。管道加工策略包括管道区域清除、管道插铣精加工和管道螺旋精加工。管道区域清除策略为用户提供了快速除去管道内多余材料的粗加工方法；管道插铣和管道螺旋精加工则为用户提供了两种不同的精加工策略。用户只需要指定几个主要参数即可完成复杂的管道类型零件的加工编程。此外，由于管道插铣均是五轴联动加工路径，PowerMill 系统特别为其提供了很好的刀具回退动作，有力地确保了加工过程的安全顺畅。

（11）PowerMill 系统具有叶轮、叶片和螺旋桨加工专用功能　PowerMill 系统专门针对叶轮、叶片和螺旋桨零件的加工开发了一系列刀具路径模版策略，能自动生成三轴、3+2 轴、五轴联动粗加工和精加工刀具路径。用户仅需进行简单的设置即可生成高效、无碰撞和无过切的叶轮、叶片和螺旋桨零件加工刀具路径。

1.4　PowerMill 2024 编程策略要点

PowerMill 2024 软件具备丰富的刀具路径生成策略及粗加工和精加工策略等，总计达 96 种。在这些策略中，一部分策略可以通过改变刀轴指向来生成多轴加工刀具路径（此部分占据绝大多数），另一小部分策略则是专门的多轴加工编程策略。表 1-2 归纳了 PowerMill 2024 刀具路径生成策略。

表 1-2　PowerMill 2024 刀具路径策略一览

策略名称	刀具路径策略名称		刀具路径显示	特点及应用
3D区域清除	1	拐角区域清除		计算清除拐角区域余料的刀具路径
	2	模型区域清除		计算偏置模型切削层轮廓线的粗加工刀路
	3	模型轮廓		生成单层刀路，用于铣削三维轮廓
	4	模型残留区域清除		计算二次粗加工刀具路径
	5	模型残留轮廓		计算清除二次粗加工后型腔及拐角轮廓等处余料的刀具路径
	6	插铣		能快速去除大量余量，效率高
	7	等高切面区域清除		计算边界、参考线、文件及平坦面等的刀具路径
	8	等高切面轮廓		计算边界、参考线、文件及平坦面等轮廓的刀具路径

（续）

策略名称	刀具路径策略名称		刀具路径显示	特点及应用
曲线加工	1	2D 曲线区域清除		计算二维封闭曲线区域粗加工刀具路径
	2	2D 曲线轮廓		计算二维封闭曲线区域轮廓精加工刀具路径
	3	平倒角铣削		计算直角铣削刀具路径
	4	面铣削		计算大平面的粗、精加工刀路
特征加工	1	特征区域清除		计算快速清除两轴半型腔的刀具路径
	2	特征平倒角铣削		计算具有一定几何形状的特征面平倒角的铣削刀路
	3	特征外螺纹铣削		计算柱体上的外螺纹加工刀路
	4	特征面铣削		计算特征平面的粗、精加工刀路
	5	特征精加工		计算平面与内壁的半精加工或精加工刀具路径
	6	特征型腔区域清除		计算加工不同 Z 高度特征型腔区域的刀具路径
	7	特征型腔轮廓		计算加工不同 Z 高度特征型腔轮廓的刀具路径
	8	特征型腔残留区域清除		用于精加工特征型腔残留区域
	9	特征型腔残留轮廓		用于精加工特征型腔残留轮廓
	10	特征轮廓		生成单层刀路，用于加工特征轮廓
	11	特征残留区域清除		计算特征残留区域精加工刀具路径
	12	特征残留轮廓		计算特征残留轮廓精加工刀具路径
	13	特征笔直槽加工		生成特征组内笔直槽加工的刀具路径
	14	特征顶部圆倒角铣削		计算特征面顶部圆倒角的铣削刀路，常用于去除毛刺等精加工
精加工	1	3D 偏移精加工		三维沿面轮廓或参考线等距偏置刀具路径，广泛用于零件型面的精加工
	2	等高精加工		模型陡峭部位等距加工，用于零件陡峭区域的精加工

（续）

策略名称	刀具路径策略名称		刀具路径显示	特点及应用
精加工	3	清角精加工		在模型浅滩部位偏置角落线生成多条刀路，在陡峭部位使用等高线生成刀路
	4	多笔清角精加工		偏置模型角落线生成多条道路加工
	5	笔式清角精加工		模型角落处单条刀路加工
	6	盘轮廓精加工		计算镶齿盘刀精加工轮廓的刀路，用于进一步加工前的缩进、复位与插入下刀式加工
	7	镶嵌参考线精加工		使用参考线定义刀路接触点
	8	流线精加工		刀具路径按多条控制线走势分布
	9	倾斜平坦面精加工		该策略会在用户定义的角度范围内自动检测所有方向上的平坦区域，然后加工平坦曲面，加工时刀具垂直于每个曲面。只有完全平坦的曲面才会采用此策略进行加工
	10	偏移平坦面精加工		在模型的平坦区域创建偏移刀路，多用于平坦面、型腔底部的精加工与高速铣削
	11	优化等高精加工		系统自动计算平坦部位和浅滩部位的刀具路径
	12	参数偏移精加工		在两条预设的参考线之间分布刀路
	13	参数螺旋精加工		由中心的一个参考要素螺旋扩散到边界曲面生成刀具路径
	14	参考线精加工		刀路由已有的参考线生成，用于测量型面、刻线及文字加工
	15	轮廓精加工		对选取的平面进行二维轮廓加工，允许刀路在该曲面之外
	16	曲线投影精加工		假想一发光曲线产生扫描体状参考线投影到曲面上生成刀路，多用于五轴加工
	17	直线投影精加工		假想一发光直线产生圆柱体状参考线投影到曲面上生成刀路，多用于五轴加工
	18	平面投影精加工		假想一平面发光体产生平面状参考线投影到曲面上生成刀路，多用于五轴加工
	19	点投影精加工		假想一个发光点产生球状参考线投影到曲面上生成刀路，多用于五轴加工
	20	曲面投影精加工		假想一曲面发光体产生曲面状参考线投影到曲面上生成刀路，多用于五轴加工
	21	放射精加工		刀路由一点放射出去，适用于圆环面加工

（续）

策略名称		刀具路径策略名称	刀具路径显示	特点及应用
精加工	22	平行精加工		浅滩部位等距加工，广泛用于零件浅滩部位的精加工
	23	平行平坦面精加工		加工模型的平面，刀路沿模型轮廓线分布
	24	残留精加工		使用“残留精加工”策略可加工拐角等区域，这些区域具有先前精加工刀具路径剩余的毛坯。残留精加工将清角精加工和多笔清角精加工策略的优点结合在一起，旨在加工包含在具有残留毛坯的自动生成边界内的所有区域
	25	旋转精加工		生成旋转刀路，用于非圆截面零件的四轴加工
	26	螺旋精加工		刀路按螺旋线展开，用于圆环面、圆球面的精加工
	27	陡峭和浅滩精加工		可设定平坦与陡峭部位的分界角，陡峭部位使用等高策略，浅滩区域使用三维偏置策略
	28	曲面精加工		偏置单一曲面内部构造线生成刀具路径
	29	SWARF 精加工		对直纹曲面计算与刀具侧刃相切的刀路
	30	线框轮廓加工		计算三维轮廓加工刀具路径
	31	线框 SWARF 精加工		由两条曲线生成与刀具侧刃相切的刀路
钻孔	1	间断切削		生成以每次进行一次啄式钻孔的方式进行多次啄式钻孔的刀具路径（钻完提刀高度较小）
	2	镗孔		以镗孔策略作为第二个镗孔循环（G86）的方式钻孔
	3	深钻		生成以每次进行一次啄式钻孔的方式进行多次啄式钻孔的刀具路径（钻完提刀至安全高度）

（续）

策略名称	刀具路径策略名称		刀具路径显示	特点及应用
钻孔	4	钻孔		用于定义钻孔位置及钻孔方式
	5	精镗		作为深钻策略的替代策略，可用于具有多个深钻循环的加工
	6	螺旋		计算以小尺寸刀具螺旋铣大尺寸孔的刀具路径
	7	轮廓		计算以渐进加工圆形轮廓的方式钻孔的刀具路径
	8	铰孔		第一个正面铰孔循环（G85）的铰孔策略
	9	刚性攻螺纹		以单次啄式钻孔深度与位置定义进行钻孔的刀路
	10	单次啄孔		以一次性钻至孔底再退刀的方式钻孔

（续）

策略名称		刀具路径策略名称	刀具路径显示	特点及应用
钻孔	11	螺纹铣		此策略为单一方向铣削螺纹再倒回退出的刀路，需要特殊螺纹刀
钻孔方法	1	套		计算使用不同钻孔方法加工孔结构的刀路
	2	冷却孔		
	3	镗孔螺纹		
	4	镗孔		
	5	推杆		
	6	新的钻孔方法		
	7	普通		
	8	螺钉		
	9	螺纹镗孔		
	10	螺孔		
管道加工	1	管道区域清除		计算清除管道区域内余料的粗加工刀路
	2	管道插铣精加工		计算在管道内进行插入下刀式加工的刀路
	3	管道螺旋精加工		计算在管道内进行螺旋铣削的刀具路径
叶盘	1	叶片精加工		计算精加工叶轮及叶盘叶片的刀具路径
	2	叶盘区域清除		计算粗加工叶轮及叶盘叶片的刀具路径
	3	轮毂精加工		计算精加工轮毂的刀具路径
	4	单叶片精加工		计算精加工单叶片的刀具路径
筋		筋加工		用于加工注塑件的筋部凹槽，要求使用适合凹槽内部尺寸的刀具
车削	1	镗孔精加工		用于精加工回转体的镗孔部分
	2	镗孔粗加工		用于粗加工回转体的镗孔部分
	3	面精加工		用于精加工回转体端面

（续）

策略名称	刀具路径策略名称		刀具路径显示	特点及应用
车削	4	面粗加工		用于粗加工回转体端面
	5	槽精加工		用于精加工槽类回转体工件
	6	槽粗加工		用于粗加工槽类回转体工件
	7	参考线车削		用于创建直接沿着参考线内的曲线几何形体的车削刀具路径
	8	车削精加工		使用车削方法精加工回转体
	9	车削粗加工		使用车削方法粗加工回转体
探测	曲面检测			用于创建探测路径以测量曲面上的指定点

1.5　PowerMill 2024 操作要点

1.5.1　刀具库设立

1. 设定刀具库文件存储位置

刀具库文件可存储至系统的任意位置，但不建议将文件存储在系统盘，因为系统崩溃时这些文件容易丢失。PowerMill 2024 刀具库的默认路径是：X:\Program Files\Autodesk\PowerMill 2024\file\tooldb\tool_database.mdb。

在“刀具”选项卡中找到“数据库”子项，单击右下角的标志打开数据库管理器，即可在“数据库设置”中编辑文件路径，如图 1-6 所示。

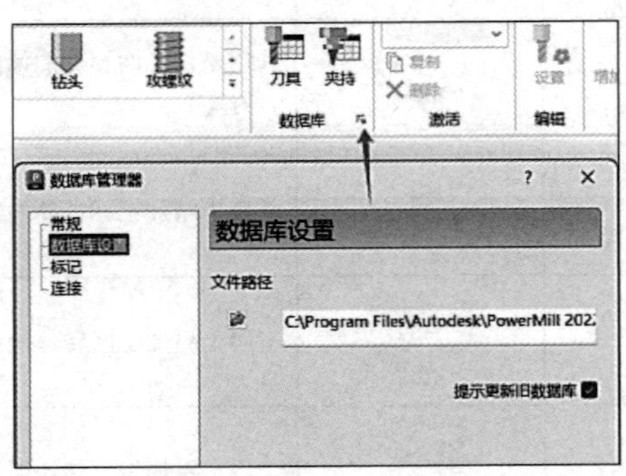

图　1-6

2. 产生刀具并加入刀具库

在 PowerMill 2024 软件中，一把完整刀具各部位的定义如图 1-7 所示。

在图 1-7 所示的刀具中，切削部分是指刀具中带有切削刃的部分，刀具切削刃之上的光杆部分称为刀柄，夹持部分是指装夹刀具的部分，包括我们常说的加热杆、刀柄（如 BT40 刀柄），甚至可以包括机床的主轴头。

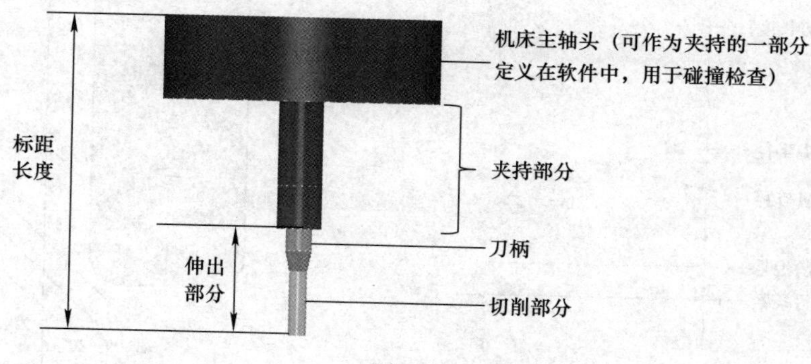

图 1-7

PowerMill 2024 软件创建刀具的操作过程非常简单。在资源管理器中右击“刀具”，弹出“刀具”快捷菜单，在“刀具”快捷菜单中单击“创建刀具”，弹出刀具类型菜单，如图 1-8 所示。

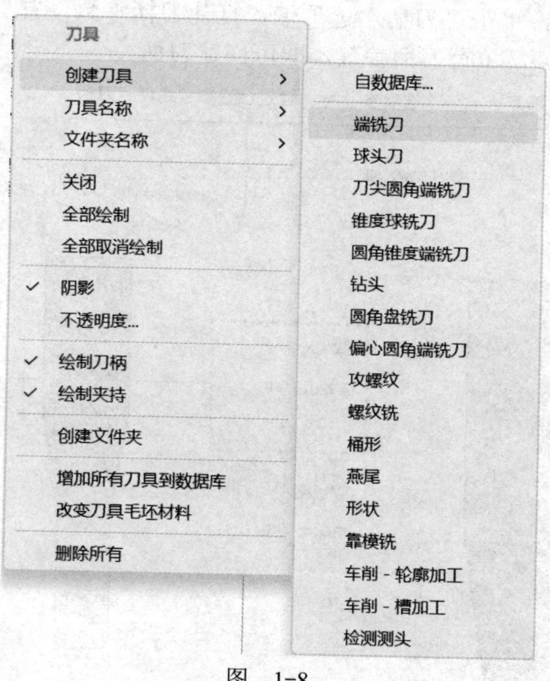

图 1-8

在刀具类型菜单中，选择“刀尖圆角端铣刀”，打开“刀尖圆角端铣刀”对话框。刀具切削刃部分参数的具体含义如图 1-9 所示。

要完成一个零件的加工，可能会用到多把刀具。在创建刀具时，系统默认使用递增的自然数作为刀具名称来命名每把刀具，如图 1-9 所示。

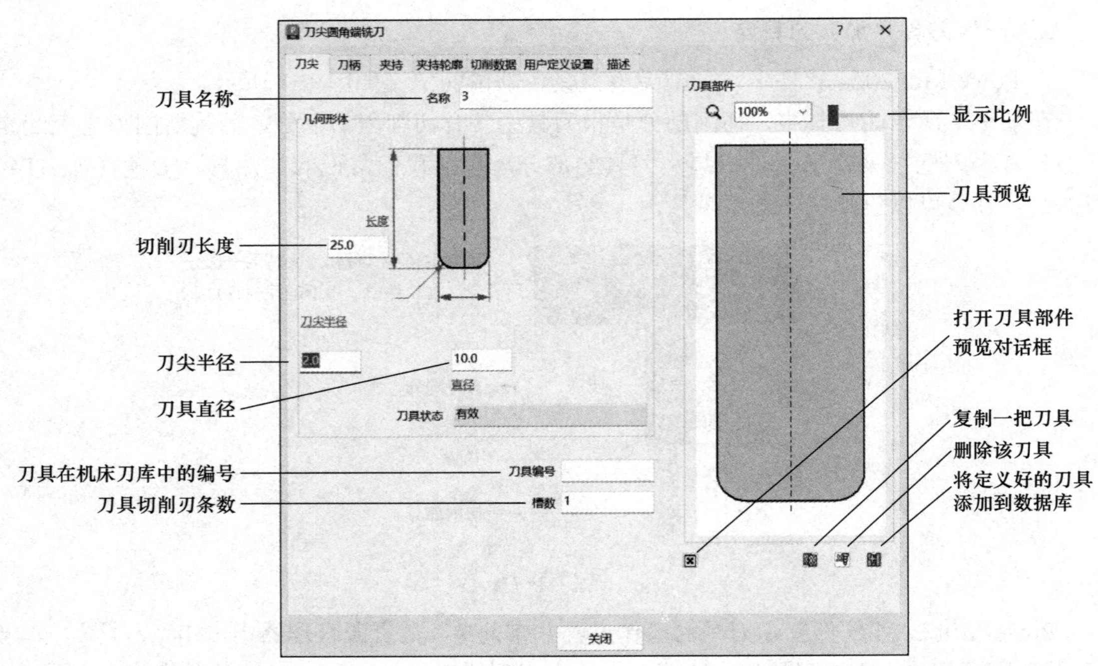

图 1-9

填写完刀尖参数后，单击“刀柄”选项卡，打开刀柄参数设置页面，如图 1-10 所示。单击添加刀柄按钮（），填写刀柄参数，即可创建刀柄。

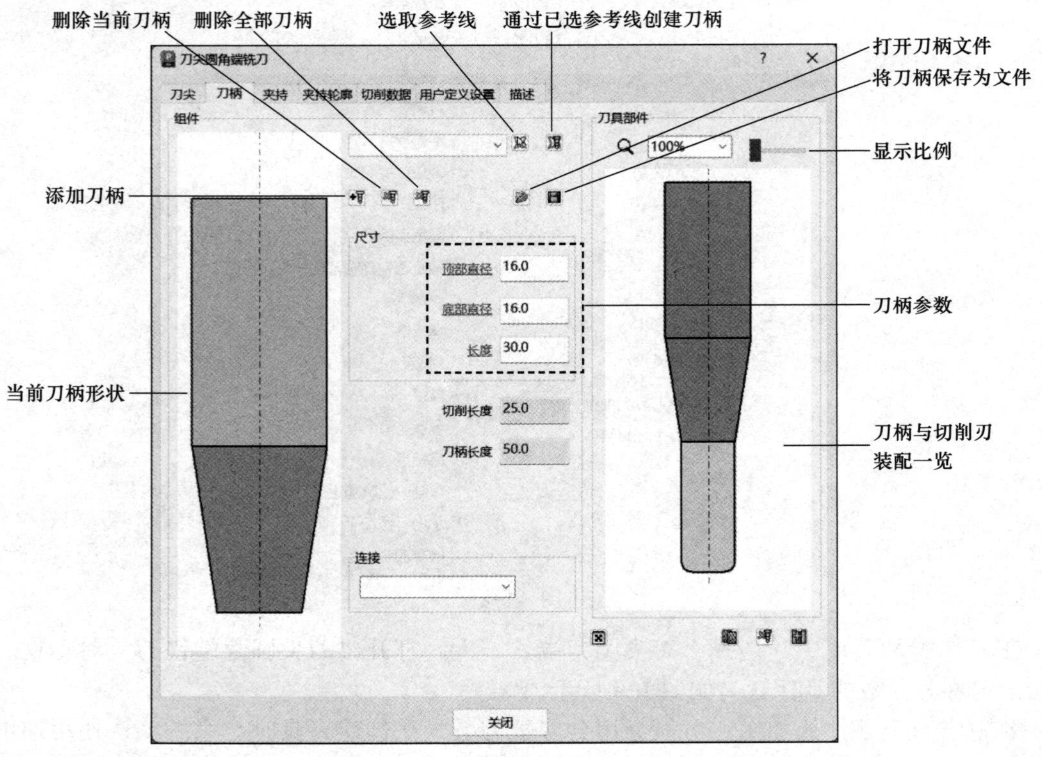

图 1-10

在概念上，PowerMill 软件中所指的刀柄部分不是通常所说的刀柄，而是指刀具的光杆部分。另外，刀具的刀柄部分根据直径大小不同可能分为几段。如果需要，可以多次单击添加刀柄按钮，加入不同直径、长度的刀柄。

如果存在形状特别复杂的刀柄，PowerMill 系统还提供通过二维轮廓线（参考线）来创建刀柄的功能。首先创建一条新的参考线，在绘图区的 XOY 平面上绘制一个可以绕 Y 轴形成回转体的二维轮廓，然后在"刀柄"选项卡中单击选取参考线按钮（），选择所绘制的参考线，再单击通过已选参考线创建刀柄按钮（），即可完成异形刀柄的创建。

填写完刀柄参数后，单击"夹持"选项卡打开夹持参数设置页面。单击添加夹持按钮（），填写夹持参数，创建夹持，如图 1-11 所示。

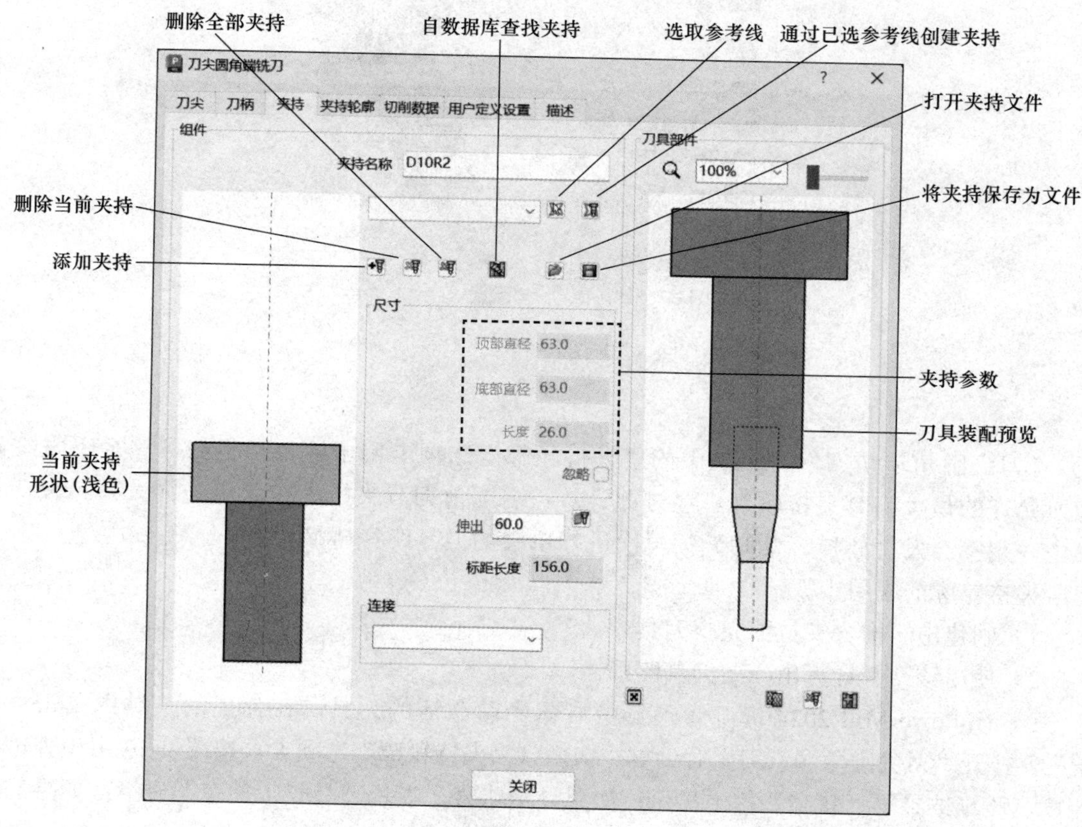

图 1-11

到此，刀具即创建完成。

若有把握不会发生刀具与工件碰撞的情况，亦可不创建刀柄与夹持部件。但需注意，如果刀具没有夹持部件，系统则无法进行碰撞检查。

在 PowerMill 2024 资源管理器中，双击"刀具"选项展开刀具列表，即可见刚才创建的"D10R2"刀具。右击刀具名称，弹出"D10R2"快捷菜单，如图 1-12 所示。该菜单提供一些常用的刀具参数编辑工具。选择"阴影"，在绘图区可见创建的刀具。

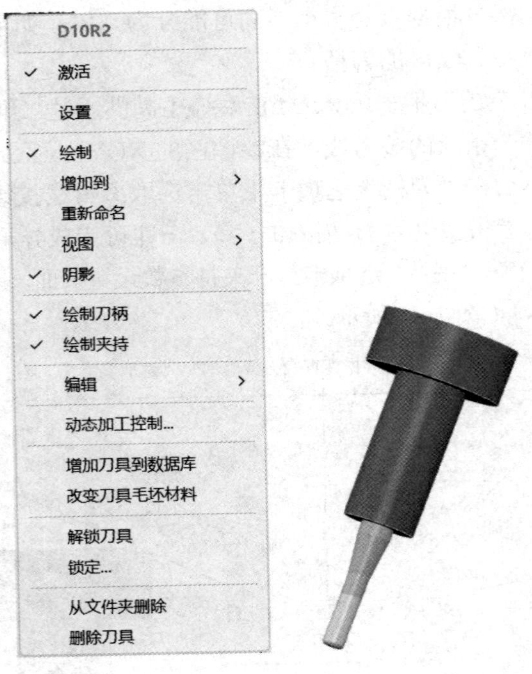

图 1-12

“刀尖圆角端铣刀”对话框中的“夹持轮廓”选项卡用于计算指定刀具路径不发生碰撞所允许的最大刀具夹持轮廓。经过此计算，若当前刀具夹持处在允许的最大刀具夹持轮廓内，则不会发生碰撞。此时无须再次进行单独的刀具路径碰撞检查。

夹持轮廓的应用步骤：

1）创建出一把含夹持的完整刀具。

2）使用该刀具计算出一条刀具路径。

3）在 PowerMill 2024 资源管理器中右击当前激活的刀具，在弹出的菜单中单击“设置”，打开“刀尖圆角端铣刀”对话框，切换到“夹持轮廓”选项卡，按图 1-13 中步骤进行计算，计算结果于“状态”栏中显示。如果显示错号，表示刀具与工件存在碰撞；如果显示对号，则表示安全。

另外，如果能从刀具厂商处获得某型号刀具的切削用量参数，还可以在创建刀具时输入切削参数，这样在后期设置进给和转速参数时就可以直接使用刀具设置中的切削数据，操作步骤如下：

打开“刀尖圆角端铣刀”对话框，单击“切削数据”选项卡，单击右下方的编辑切削数据按钮（ ），弹出“编辑切削数据”对话框，如图 1-14 所示。在此对话框中，按照刀具厂商提供的切削数据填入刀具 / 材料属性、切削条件即可。

刀尖圆角端铣刀
刀尖
刀柄
夹持
夹持轮廓
切削数据
用户定义设置
描述
计算设置
选择夹持轮廓计算中参考的刀具路径。
刀具路径
1-D10R3-0...
3. 计算完成后查看安全状态
1. 选取全部刀具路径
夹持间隙 2.5
刀柄间隙 2.5
公差 0.25
最大轮廓直径 0.0
2. 计算轮廓
重新计算轮廓
刀具部件
100%
最大夹持轮廓
关闭

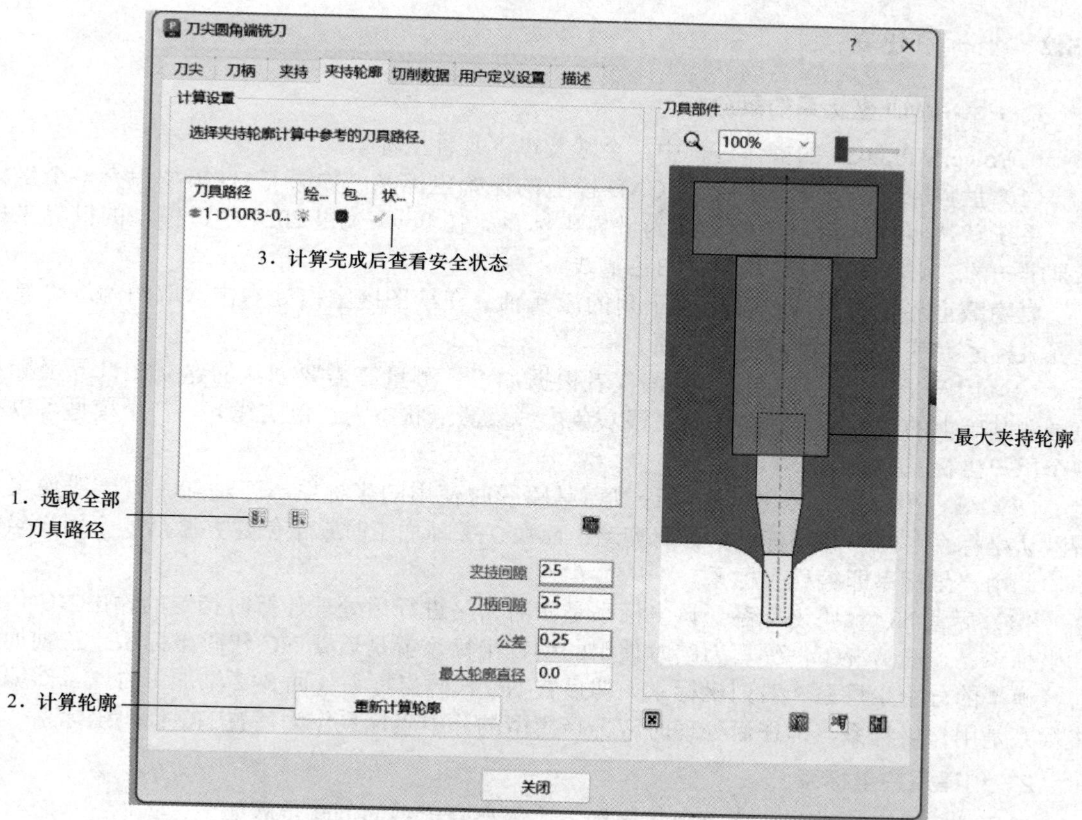

图 1-13

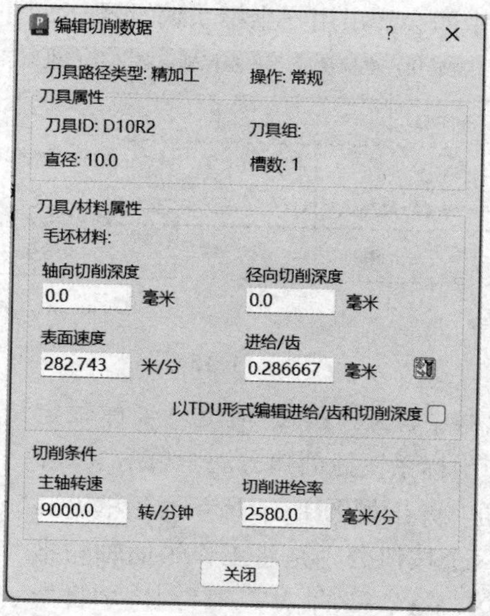

编辑切削数据
刀具路径类型: 精加工
操作: 常规
刀具属性
刀具ID: D10R2
刀具组:
直径: 10.0
槽数: 1
刀具/材料属性
毛坯材料:
轴向切削深度
0.0 毫米
径向切削深度
0.0 毫米
表面速度
282.743 米/分
进给/齿
0.286667 毫米
以TDU形式编辑进给/齿和切削深度
切削条件
主轴转速
9000.0 转/分钟
切削进给率
2580.0 毫米/分
关闭

图 1-14

完成对刀具全部参数的定义后，单击“刀尖圆角端铣刀”对话框右下角的添加刀具到数据库按钮（▦），即可把刀具保存到数据库中，以便今后调用。

1.5.2 坐标系建立

1. PowerMill 坐标系的概念

在 PowerMill 2024 的操作过程中，会涉及以下几种坐标系：

（1）世界坐标系　该坐标系是 CAD 模型的原始坐标系。如果 CAD 模型中有多个坐标系，系统默认零件的第一个坐标系为世界坐标系。在 PowerMill 2024 中，模型的世界坐标系是唯一的、必有的。默认线条：白色实线。

要隐藏世界坐标系或绘图区左下角的激活轴，在绘图区空白处右击，取消勾选“显示世界坐标系”或“显示激活轴”选项。

（2）用户坐标系　该坐标系是编程者根据加工、测量等需要创建的建立在世界坐标系范围和基础上的坐标系。默认线条：浅灰色虚线（激活状态为红色实线），一个模型可以有多个用户坐标系。

（3）编程坐标系　该坐标系是计算刀具路径时使用的坐标系。三轴加工时一般使用系统默认坐标系（即世界坐标系）计算刀路；而在 3+2 轴加工时常常创建并激活一个用户坐标系，此用户坐标系即编程坐标系。

（4）后置 NC 代码坐标系　该坐标系是在对刀路进行后处理计算时指定的输出 NC 代码的坐标系。一般情况下，编写刀路时使用的编程坐标系就是后置 NC 代码坐标系。三轴加工时，模型的分中坐标系（对刀坐标系）即后置 NC 代码坐标系；而 3+2 轴加工时，虽然编程坐标系是用户坐标系，但在后处理时应选择模型的分中坐标系作为后置 NC 代码坐标系。

2. 创建用户坐标系

根据编程需要，可创建多个用户坐标系。用户坐标系的创建步骤如下：

在 PowerMill 2024 资源管理器中右击“工作平面”，在弹出的快捷菜单中选择“创建工作平面”，在功能图标区中即会弹出用户坐标系编辑器，如图 1-15 所示。

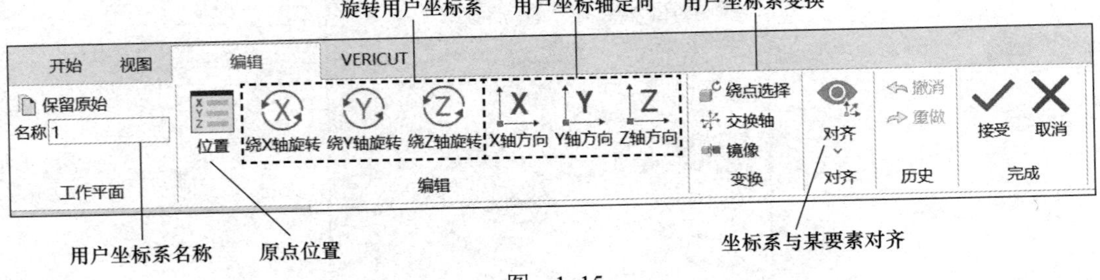

图　1-15

在图 1-15 所示的编辑器中，X、Y、Z 轴用户坐标轴定向功能提供多种常用的用户坐标系快捷创建方法。单击 X、Y 或 Z 轴任一方向的定向按钮，弹出如图 1-16 所示对话框。其中“对齐工作空间”下的六个按钮分别是将工作平面轴与指定工作空间的 X、Y、Z、−X、−Y、−Z 轴对齐；“对齐项目”下的按钮功能如下所述：

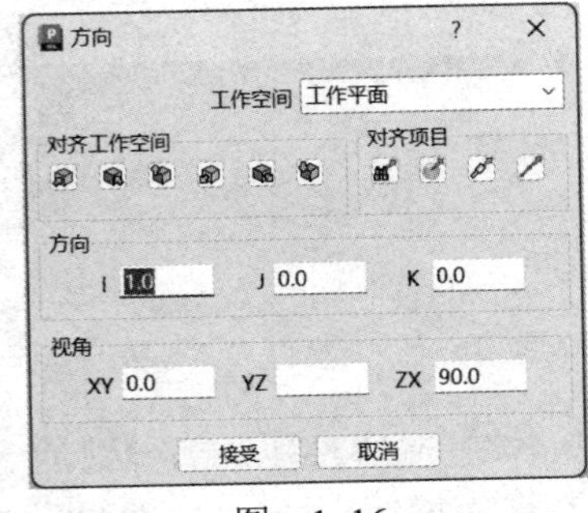

图　1-16

1）对齐于查看（）：单击该按钮来创建 X 轴水平、Y 轴铅垂、Z 轴垂直于显示器屏幕的用户坐标系。

2）对齐于几何形体（）：单击该按钮，并在模型上选择一个面，系统在当前激活坐标系的原点处创建一个 Z 轴垂直于该面的用户坐标系。如果选择的面是曲面，创建出的用户坐标系 Z 轴与曲面上鼠标单击处的外法线方向一致。

3）对齐于刀具（）：单击该按钮来创建方向矢量与激活刀具对齐的用户坐标系。

4）对齐直线（）：单击该按钮来创建通过单击两点定义方向矢量的用户坐标系。

1.5.3 毛坯创建

创建毛坯的操作步骤为：在功能图标区单击“毛坯”选项卡，打开“毛坯”对话框，如图 1-17 所示。

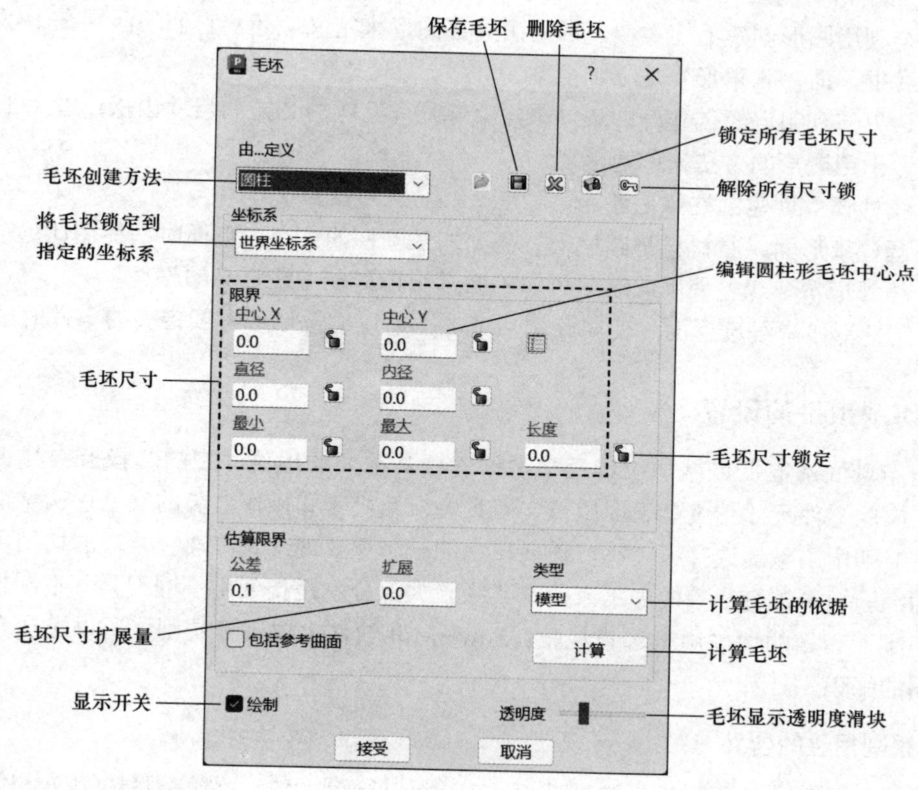

图 1-17

在实际加工中，毛坯可能不仅仅是圆柱形，而可能是各式各样的形状。因此，PowerMill 提供了多种创建毛坯的方法。在“毛坯”对话框中，单击“由…定义”下拉菜单，即可展开创建毛坯的八种方法。

（1）方框　定义一个方形体积块作为毛坯。方形毛坯的尺寸有两种给定方式：一种是在“限界”栏直接输入方坯的 X、Y、Z 方向极限尺寸，按回车键后完成毛坯创建（不需要单击“计算”按钮）；另一种方式是在“估算限界”栏内“类型”下拉菜单中选定计算毛坯的依据后，单击“计算”按钮，由系统通过计算获得毛坯。

计算毛坯的依据包括：

1）模型：根据模型的 X、Y、Z 值来计算毛坯的 X、Y、Z 方向极限尺寸。

2）边界：由当前激活的边界来计算X、Y方向尺寸，毛坯的Z方向尺寸由操作者手工输入。选用这个功能的前提条件是已经创建并激活了某一条边界。

3）激活参考线：由当前激活的参考线来计算X、Y方向尺寸，毛坯的Z方向尺寸由操作者手工输入，此功能要求首先创建并激活某一条参考线。

4）特征：利用PowerMill 2024资源管理器内“特征设置”选项中的特征组（通常是一组孔）来计算毛坯大小，在实际操作中比较少用。

（2）图形　利用现有的二维图形文件（扩展名为pic）来创建毛坯，毛坯的Z方向尺寸由操作者手工输入。

（3）三角形　利用现有的三角形模型文件（扩展名为dmt、tri或stl）直接作为毛坯。这种方式与利用图形创建毛坯类似，都是由外部图形来定义毛坯。它们的区别在于“图形”是二维的线框，而“三角形”是三维模型。

（4）边界　利用已经创建好的边界来定义毛坯，毛坯的Z方向尺寸由操作者手工输入，此方式类似于用图形的方法来创建毛坯。

（5）圆柱体　创建圆柱体毛坯。

（6）圆柱扇形面　原材料是圆柱形且需要加工圆柱的某个扇形面时，使用此选项。

（7）纺锤形参考线　使用此选项可加工通过纺锤形参考线定义的零件。

（8）纺锤形参考线扇形面　使用此选项可加工通过纺锤形参考线定义的零件的扇形面。

1.5.4　切削用量的设置

切削用量的选取在机械加工过程中占据着极其重要的地位，它的选择恰当与否直接关系到加工出的零件尺寸精度、表面质量、刀具磨损及机床和操作人员的安全。初学铣削的操作者往往对切削用量的选择很迷惑，需要树立的一个重要观念是：选择合理的切削用量要依靠大量的经验。所谓有经验的加工人员，其经验大部分就是指使用不同刀具、不同材料和机床进行切削而积累的切削用量选择经验。PowerMill软件主要用于铣削，所以主要介绍铣削用量方面的知识。

1. 铣削用量的含义

铣削用量是指在铣削过程中铣削速度（v_c）、进给量（f）、背吃刀量（a_p）和侧吃刀量（a_e）的总称，它们分别是：

1）铣削速度v_c：铣削主运动（即刀具的旋转运动）的瞬时速度（m/min），一般用主轴转速来表示。铣削速度与主轴转速的关系如下：

$$v_c=\frac{\pi d_0 n}{1000}$$

式中　d_0——铣刀外径（mm）；

　　　n——铣刀转速（r/min）。

2）进给量f：在CAM软件和数控系统中，进给量一般有两种表示形式：一种是每齿进给量f_z（单位：mm/z），指铣刀每转过一个齿时，铣刀与工件之间在进给方向上的相对位移量；另一种是每转进给量 f_n（单位：mm/r），指铣刀每转过一转时，铣刀与工件之间在进给方向上的相对位移量。

3）背吃刀量 a_p：平行于铣刀轴线方向测量的切削层尺寸。

4）侧吃刀量 a_e：垂直于铣刀轴线方向测量的切削层尺寸。

2. 数控加工铣削用量选择的一般原则

1）背吃刀量 a_p 和侧吃刀量 a_e 的选择：粗加工时（表面粗糙度 Ra=12.5 ～ 50μm），在条件允许的情况下尽量一次切除该工序的全部余量。如果分两次走刀，则第一次背吃刀量应尽量取大值，第二次背吃刀量尽量取小值。

半精加工时（表面粗糙度 Ra=3.2 ～ 6.3μm），背吃刀量一般为 0.5 ～ 2mm。

精加工时（表面粗糙度 Ra=0.8 ～ 1.6μm），背吃刀量一般为 0.1 ～ 0.4mm。

使用端铣刀粗加工时，若加工余量小于 8mm 且工艺系统刚度大，留出半精铣余量 0.5 ～ 2mm 后，尽量一次走刀去除余量；若余量大于 8mm，可分两次或多次走刀。侧吃刀量 a_e 与端铣刀直径 d_0 应保持如下关系：

$$d_0 = (1.25 \sim 2)\, a_e$$

$$a_e = (50\% \sim 80\%)\, d_0$$

2）进给量 f 的选择：粗加工时主要追求的是加工效率，要尽快去除大部分余量，此时进给量主要考虑工艺系统所能承受的最大进给量。因此，在机床刚度允许的前提下，尽量取大值。

精加工和半精加工时，最大进给量主要考虑加工精度和表面粗糙度，另外还要综合工件材料、刀尖圆弧半径和切削速度等因素来确定。编程时除铣削进给量外，还有刀具切入时的进给量应当考虑。该值太大，刀具以很快的速度撞入工件，会形成裁刀而损坏刀具、工件和机床；该值太小，刀具从下切速度转为铣削速度时会形成冲击。一般，切入进给量取铣削进给量的 60% ～ 80% 为宜。

3）铣削速度 v_c 的选取：铣削速度的选择比较复杂。一般而言，粗加工时应选较低的铣削速度，精加工时选择较高的铣削速度；加工材料强度、硬度较高时选较低的铣削速度，反之取较高的铣削速度；刀具材料的铣削性能好时选择较高的铣削速度，反之取较低的铣削速度。

3. 设置进给率和转速

在计算每条刀具路径前，均应设置好该条刀具路径的进给率和转速。在 PowerMill 2024 主界面功能图标区“刀具路径编辑”选项卡下，单击“进给和转速”按钮打开“进给和转速”对话框，如图 1-18 所示。

在该对话框的“切削条件”栏依次填入主轴转速、切削进给率、下切进给率和掠过进给率，然后单击“应用”按钮，即完成进给率和转速设置。

注意：给新的待计算刀具路径设置进给率和转速时，要确保资源管理器中“刀具路径”下没有当前被激活的刀具路径。

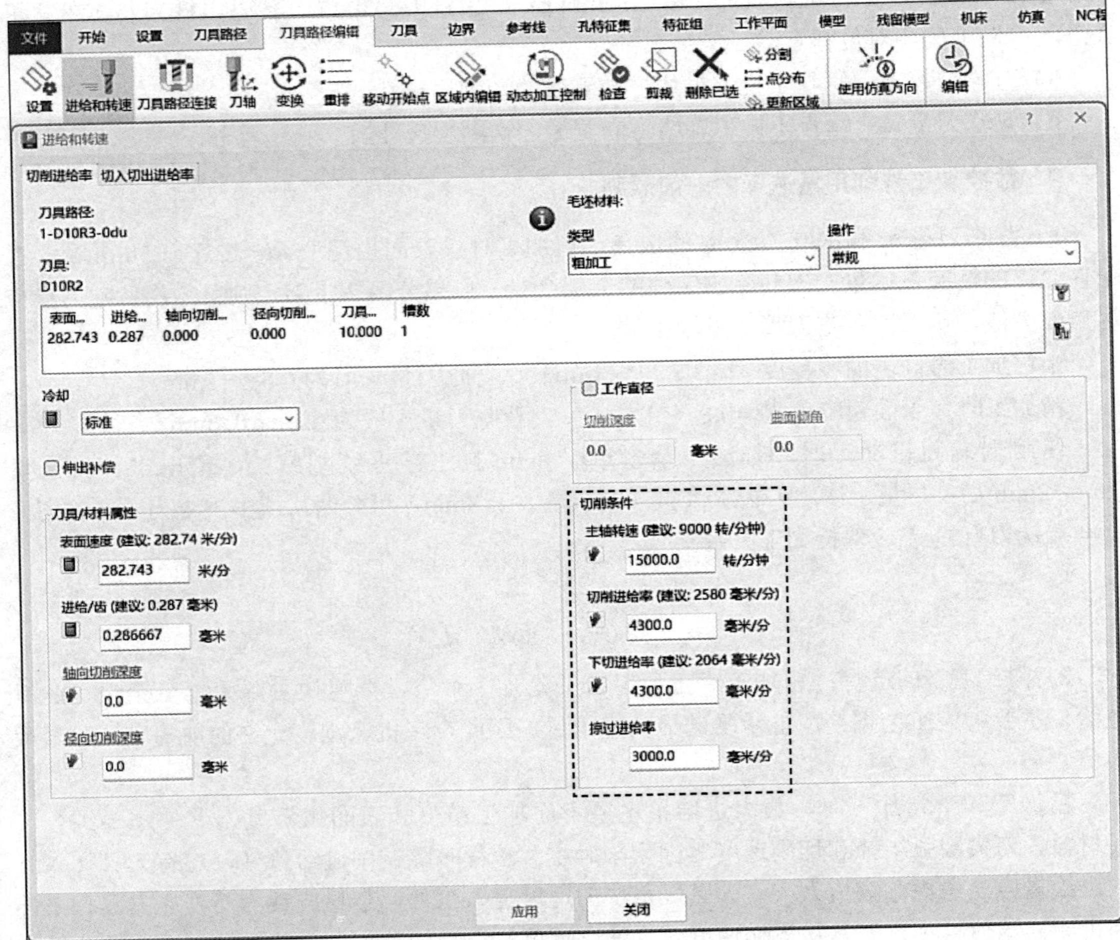

图 1-18

1.5.5 刀具路径连接设置

1. 计算安全高度

在PowerMill 2024中，快进移动定义了刀具在两刀位点之间以最短时间完成移动的高度，它一般由以下三种运动组成：

1）从某段刀路最终切削点抬刀至安全高度的运动。

2）刀具在一个恒定Z高度从一点移至新的起始下刀点的运动。

3）下切到新的开始切削Z高度的运动。

快进高度关系到刀具的进刀、抬刀高度和刀具路径连接高度等内容，若设置不当，在切削过程中会引起刀具与工件相撞，因此必须高度注意。

在PowerMill 2024主界面功能图标区“刀具路径编辑”选项卡中，单击“刀具路径连接”按钮打开“刀具路径连接”（Toolpath connections）对话框，其中“安全区域”选项卡界面如图1-19所示。

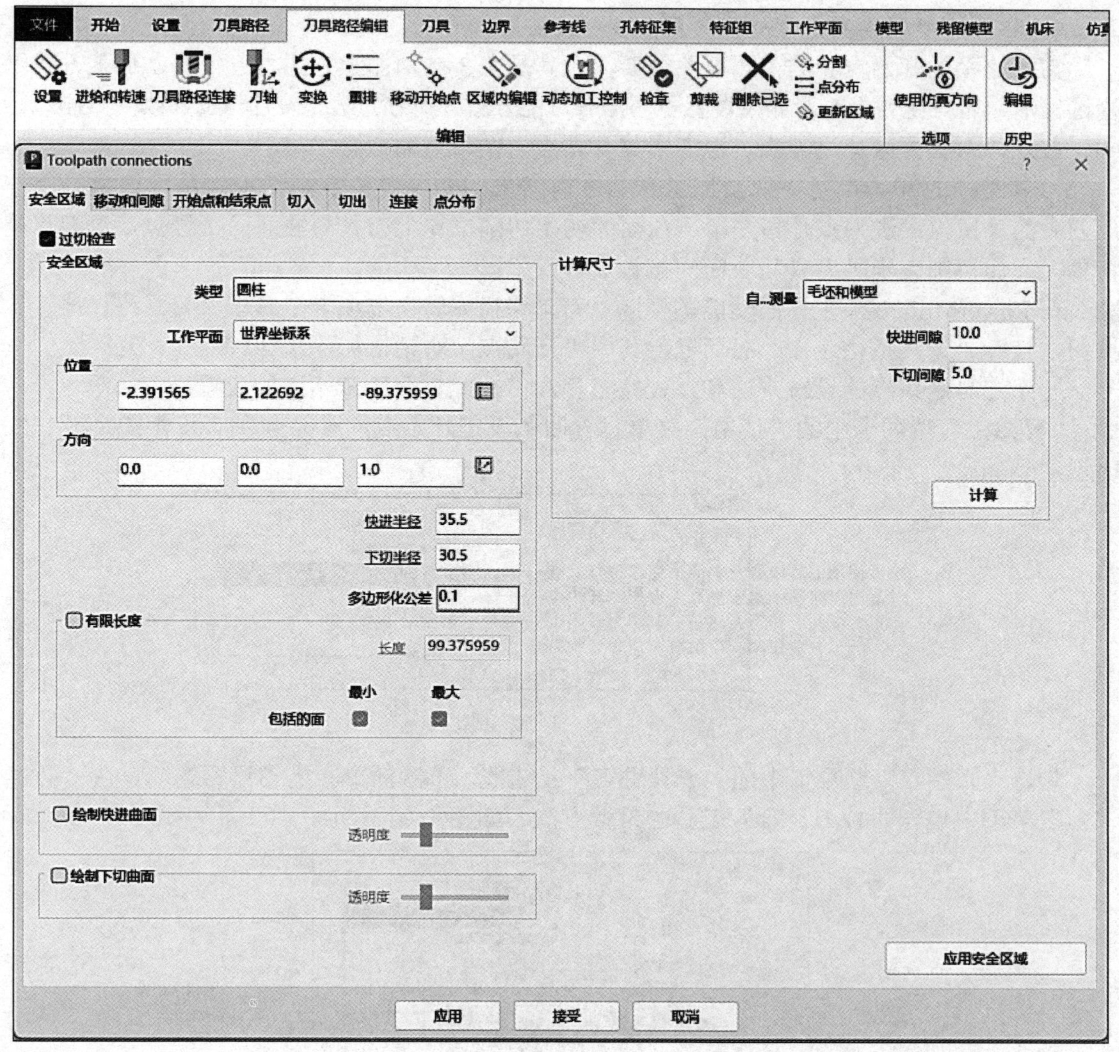

图　1-19

快进高度的设置有两种方式：一种是手工直接输入安全 Z 高度值和开始 Z 高度值；另一种是通过设置快进间隙和下切间隙，系统利用模型尺寸自动计算安全 Z 高度值和开始 Z 高度值。

在“安全区域”选项卡界面中定义快速移动允许发生的空间位置。此空间可以是以下四种情况：

1）平面：指快速移动是在一个以 I、J、K 三个分矢量定义好的平面上进行的。注意：这个平面可以不与机床 Z 轴垂直。此选项多用于固定三轴加工以及 3+2 轴加工。

2）圆柱：指快速移动是在一个以圆心、半径、圆柱轴线方向来定义的圆柱体表面上进行的。该选项多用于旋转加工类刀路。

3）球：指快速移动是在一个以圆心、半径定义的球体表面上进行的。该选项也多用于旋转加工类刀路。

4）方框：指快速移动是在一个以角点和长、宽、高尺寸定义的方形体表面上进行的。

2. 设置刀具路径开始点和结束点

刀具路径的开始点和结束点至关重要，尤其是在 3+2 轴加工方式与五轴联动加工方式编程过程中，显得更为重要。如果设置不当，有可能导致刀具在进 / 退刀时与工件或夹具碰撞。

在此，有必要区分进刀点、退刀点与开始点、结束点的概念。

刀具路径的开始点是在切削加工开始之前刀尖的初始停留点，结束点是程序执行完毕后刀尖的停留点；进刀点是指在单一曲面的初始切削位置上刀具与曲面的接触点，退刀点是指单一曲面切削完毕时刀具与曲面的接触点。

在 PowerMill 2024 主界面功能图标区“刀具路径编辑”选项卡中单击“刀具路径连接”按钮，打开“刀具路径连接”对话框，其中“开始点”对话框如图 1-20 所示。

开始点与结束点的设置方法和过程完全相同，在此只介绍开始点的设置。

“开始点”选项卡中的“使用”菜单包含四个设定开始点位置的选项，其含义如图 1-20 所示。

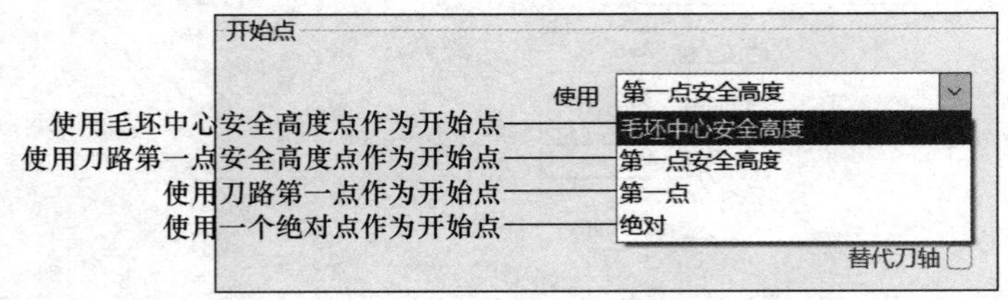

图 1-20

勾选“开始点”选项卡中的“单独进刀”复选框，可激活单独进刀设置选项。在“沿 … 进刀”菜单中包含四种刀具接近工件的设置方法，如图 1-21 所示。其中：

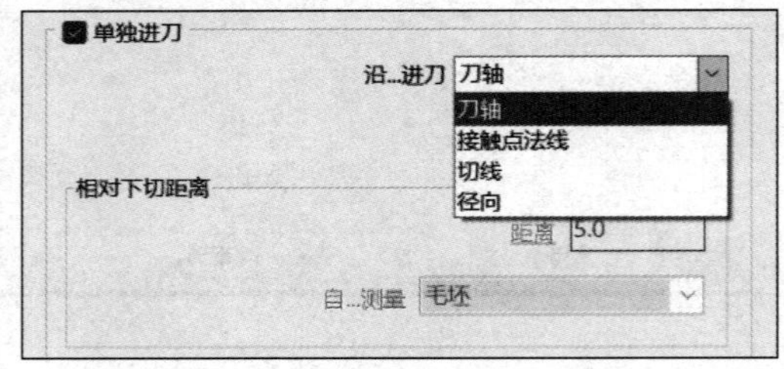

图 1-21

1）刀轴（默认）：进刀点与刀具轴向一致。

2）接触点法线：在接触点法线方向进刀。如果刀具路径不是由接触点法线生成的，则不能用这个选项。

3）切线：进刀点与模型表面相切。

4）径向：沿刀轴径向方向接近工件。

1.5.6 图层和组合的操作

图层作为一种管理图素的工具，是大多数图形、图像处理软件都具备的功能。合理地使用图层，能减少绘图区内显示的图素，从而减少占用显存的空间，方便操作者识别和选择图素。

为了更好地管理图素，PowerMill 软件还提出了“组合”的概念。组合的功能及其操作与图层基本一致，它们的区别在于：

1）对图层来说，一个几何图形只能位于一个图层中，相同几何图形不能位于不同图层。当几何图形获取到图层后，该层不可删除。

2）和图层不一样的是，一个几何图形可分别位于不同的组合中，不同组合中可以有相同的几何图形。当几何图形分配到组合后，组合仍然可被删除。

因组合的操作与图层完全相同，故此处只讲解图层的相关操作。

（1）新建图层　在 PowerMill 2024 资源管理器中右击“层、组合和夹持”选项，弹出“层、组合和夹持”快捷菜单。选择“创建层”选项，系统即创建一个新层，名称自动命名为“1”，如图 1-22 所示。

（2）重命名图层　右击新建的图层“1”，弹出图 1-23 所示快捷菜单。选择“重新命名”，然后输入新图层名称，回车后完成图层重命名。

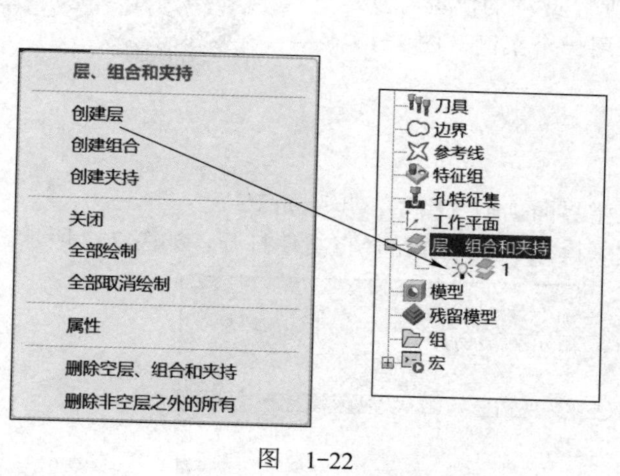

图　1-22

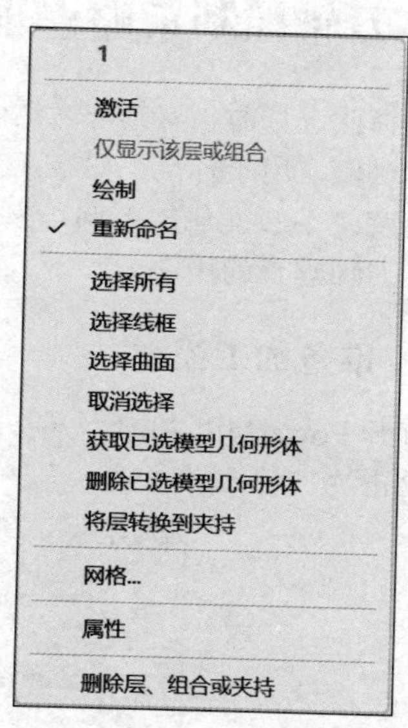

图　1-23

（3）向图层内添加图素　新建立的图层是空层，里面没有任何内容。向图层内添加图素的步骤如下：

1）在绘图区选定某一图素，如果有多个图素要选择，可以按住 Shift 键后再去选择；如果要撤销选择某图素，可以按住 Ctrl 键后再点选该图素。

2）右击新建立的图层，在弹出的快捷菜单中选择“获取已选模型几何形体”，系统就会将选定的图素添加到指定的图层中。

（4）隐藏和显示图层　单击图层前的灯泡使其熄灭，即可隐藏该图层；再次单击该灯泡使其点亮，可显示该图层。

（5）删除图层　右击选定的图层，在弹出的快捷菜单中选择“删除层、组合或夹持”即可删除该层。注意：如果图层内有图素，则该层不可被删除，PowerMill 会提示“层不为空”的错误。

第 2 章 刀轴控制应用讲解

2.1 刀轴控制策略：垂直

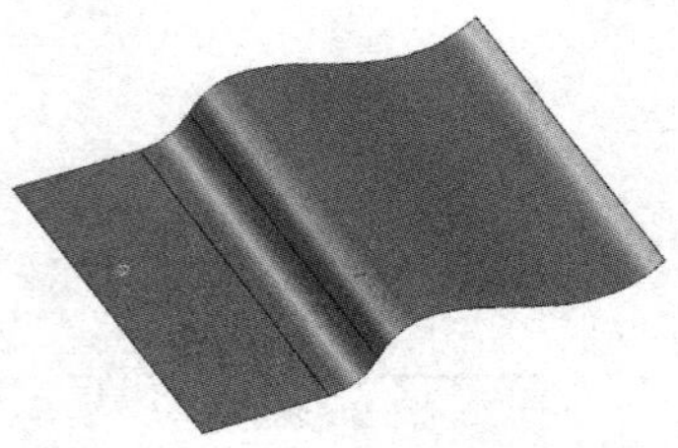

图 2-1

选择此选项时，刀具与激活工作平面的 Z 轴保持对齐。此为默认值，用于标准三轴加工。但是，此项的值也可以是固定角度或不断变化的方向。接下来用一个案例（图 2-1）来讲解刀轴垂直的用法。

2.1.1 准备加工模型

打开 PowerMill 2024 软件，进入主界面，输入模型，步骤如下：

单击“文件”→“输入”→“输入模型”，选择路径将文件打开，如图 2-2 所示。

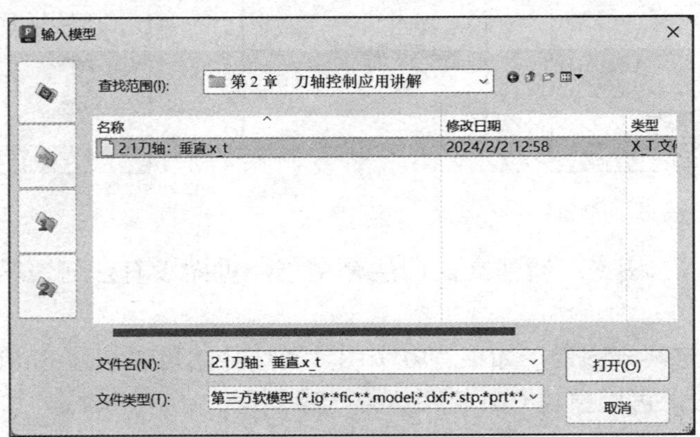

图 2-2

如果曲面方向不对，在曲面上单击右键，在弹出的快捷菜单中选择“反向已选”即可。

2.1.2 平行精加工（垂直）

扫码观看视频

步骤：单击“开始”→“刀具路径”图标→弹出“策略选择器”对话框，在“策略选择器”对话框中单击“精加工”→“平行精加工”，如图 2-3 所示。

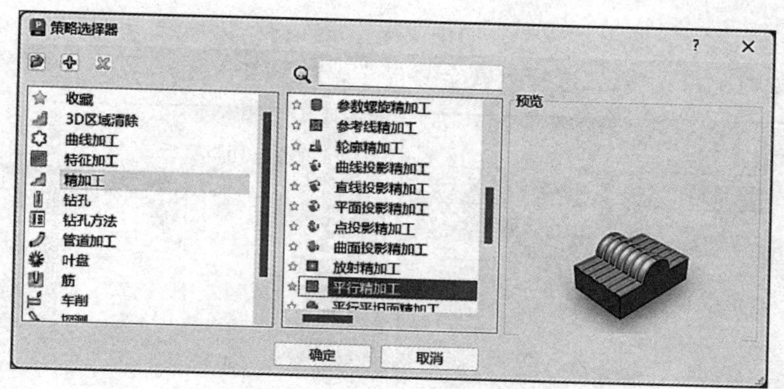

图 2-3

需要设定的参数如下：

1）刀具路径名称“垂直”。

2）工作平面设置为“无”即可。

3）毛坯由“方框”定义，坐标系“激活工作平面”，单击“计算”按钮。

4）刀具：创建“D8R4”球头刀，选择①编辑→②夹持→③打开“刀柄”文件→④修改伸出 30mm，如图 2-4 所示。

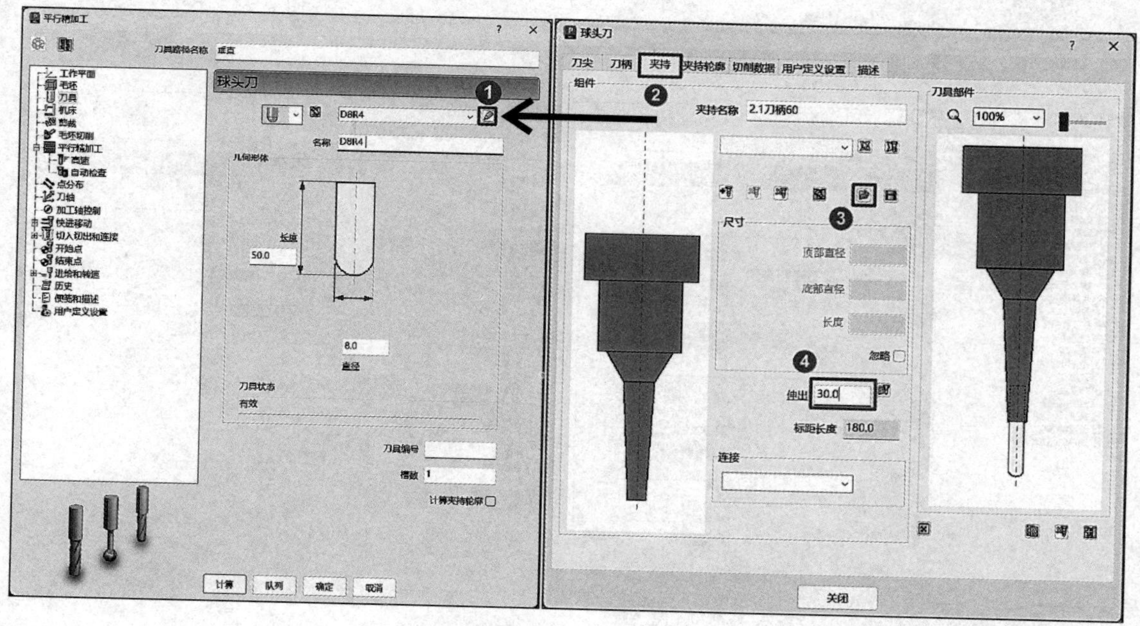

图 2-4

5）平行精加工：固定方向（角度 90.0，开始角“左下”），加工顺序样式“双向”，公差 0.1，余量 0.0，行距 1.0，如图 2-5 所示。

6）刀轴：选择“垂直”，固定角度“无”，如图 2-6 所示。

7）快进移动：安全区域类型选择“平面”，工作平面选择“刀具路径工作平面”，然后单击“计算尺寸”区域的“计算”按钮，如图 2-7 所示。

8）切入切出和连接：切入“无”，切出“无”，连接：第一选择“圆形圆弧”（勾选“应用约束”：距离 <10.0），第二选择“安全高度”，如图 2-8 所示。

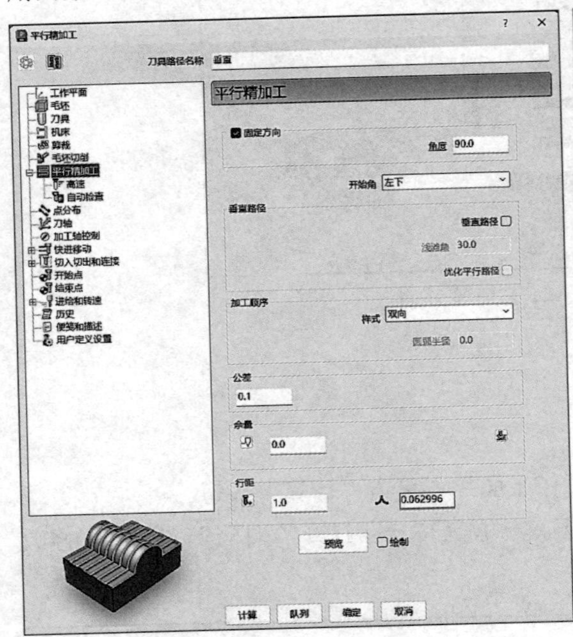

图 2-5

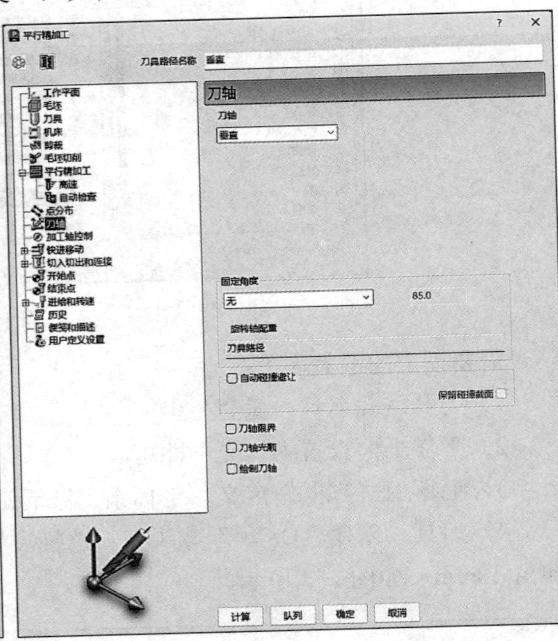

图 2-6

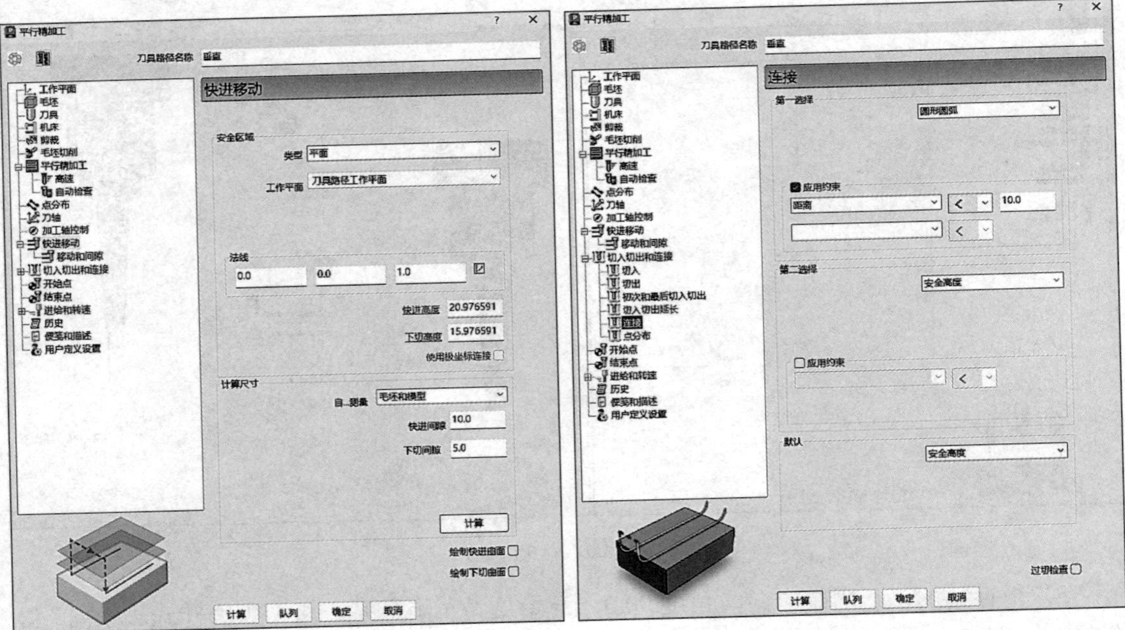

图 2-7

图 2-8

9）开始点选择“毛坯中心安全高度”，结束点选择“最后一点安全高度”。勾选“单独进刀”及“单独退刀”，设定：接近距离 5.0，撤回距离 5.0，沿“刀轴”进刀与退刀，如图 2-9 所示。

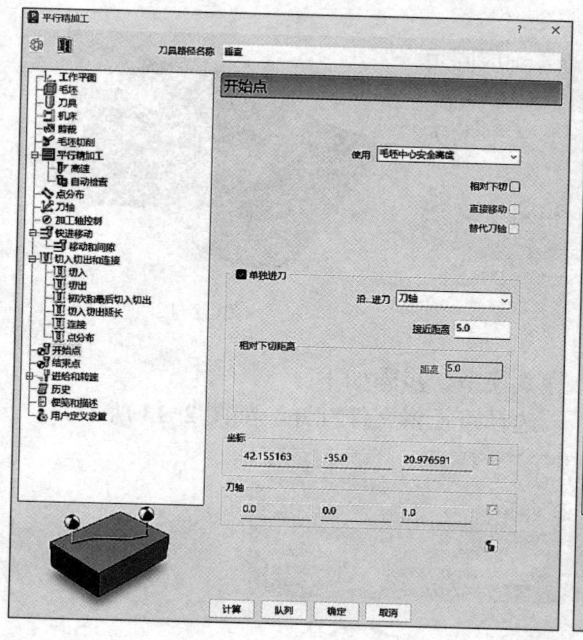

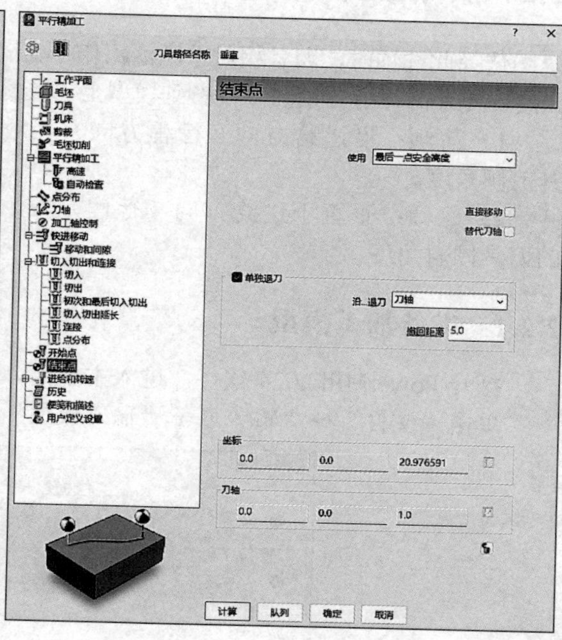

图 2-9

10）进给和转速：设定主轴转速 4500r/min、切削进给率 2000mm/min、下切进给率 1600mm/min、掠过进给率 3000mm/min，标准冷却，如图 2-10 所示。

11）单击图 2-10 中的“计算”按钮，刀具路径如图 2-11 所示。

扫码观看
刀具路径彩图

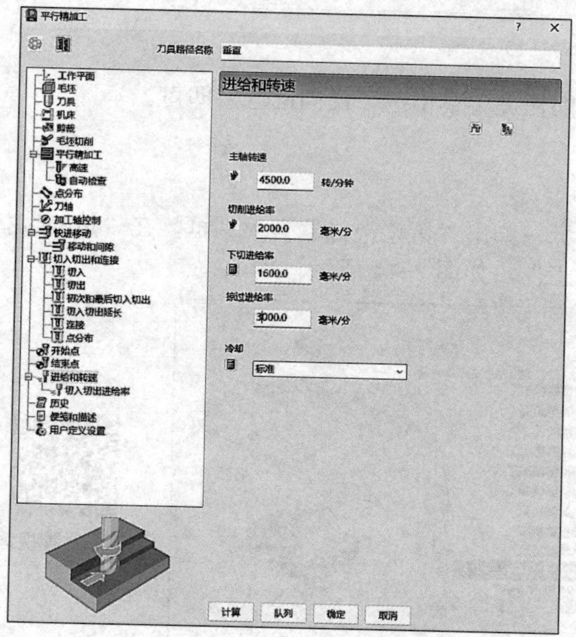

图 2-10

图 2-11

2.2 刀轴控制策略：前倾 / 侧倾

选择此选项时，刀具相对于激活工作平面的 Z 轴成固定角度。刀具仍将沿 Z 轴向下投影到模型上，如图 2-12 所示。

1）前倾：沿进给方向（行程方向）相对于 Z 轴的刀具前倾角度。

2）侧倾：垂直于进给方向（行程方向）相对于 Z 轴的刀具倾斜角度。

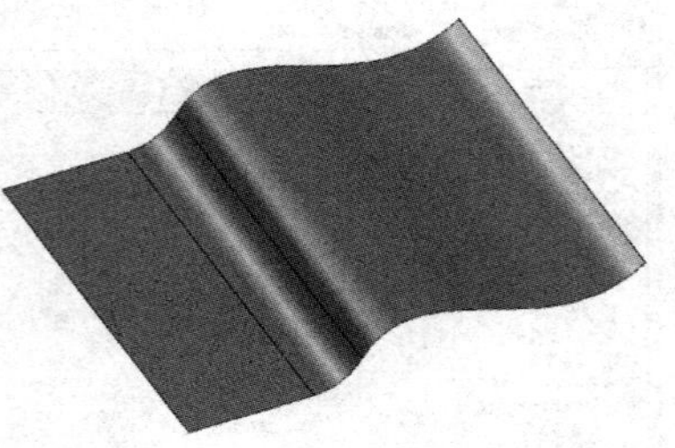

图 2-12

2.2.1 准备加工模型

打开 PowerMill 2024 软件，进入主界面，输入模型，步骤如下：

单击“文件”→“输入”→“输入模型”，选择路径将文件打开，如图 2-13 所示。

图 2-13

如果曲面方向不对，右击曲面，在弹出的快捷菜单中选“反向已选”即可。

2.2.2 平行精加工（前倾）

步骤：单击“开始”→“刀具路径”图标→弹出“策略选择器”对话框，在“策略选择器”对话框中单击“精加工”→“平行精加工”，如图 2-14 所示。

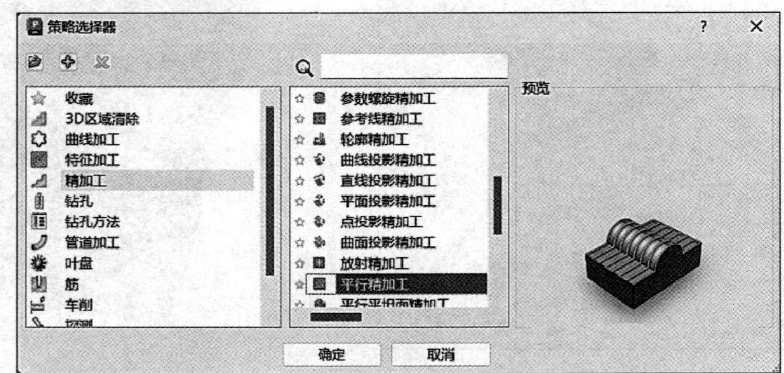

图 2-14

扫码观看视频

需要设定的参数如下：

1）刀具路径名称“前倾”。

2）工作平面设置为“无”即可。

3）毛坯由“方框”定义，坐标系“激活工作平面”，单击“计算”。

4）刀具选择“D8R4”。

5）平行精加工：固定方向（角度 90.0，开始角“左下”），加工顺序样式“双向”，公差 0.1，余量 0.0，行距 1.0，如图 2-15 所示。

6）刀轴：选择“前倾 / 侧倾”；前倾 / 侧倾角（前倾 20.0，侧倾 0.0），模式“PowerMill 2012 R2”，固定角度“无”，如图 2-16 所示。

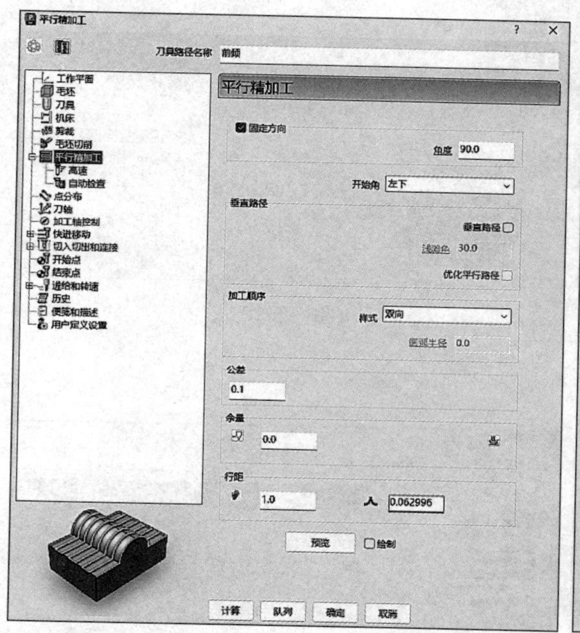

图 2-15

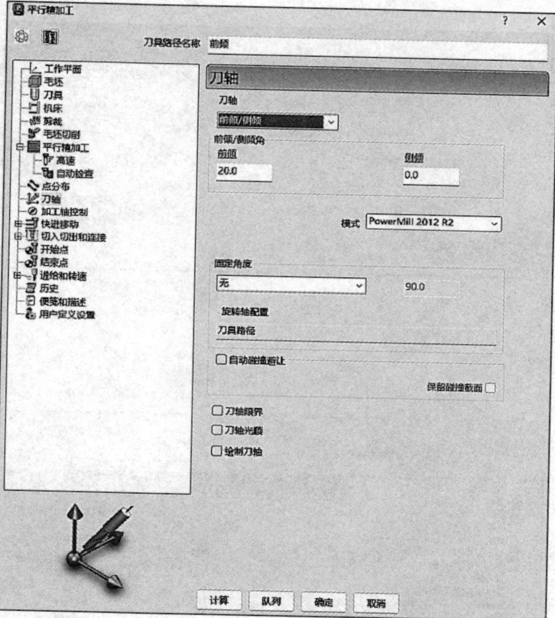

图 2-16

7）快进移动：安全区域类型选择“平面”，工作平面选择“刀具路径工作平面”，然后单击“计算尺寸”区域的“计算”按钮，如图 2-17 所示。

8）切入切出和连接：切入“无”，切出“无”，连接：第一选择“圆形圆弧”（勾选“应用约束”：距离 <20.0），第二选择“相对”，如图 2-18 所示。

9）开始点选择“第一点安全高度”，结束点选择“最后一点安全高度”。勾选“单独进刀”及“单独退刀”，设定：接近距离 5.0，撤回距离 5.0，沿“刀轴”进刀与退刀，如图 2-19 所示。

10）进给和转速：设定主轴转速 4500r/min、切削进给率 2000mm/min、下切进给率 1600mm/min、掠过进给率 3000mm/min，标准冷却，如图 2-20 所示。

11）单击图 2-20 中的“计算”按钮，刀具路径如图 2-21 所示。

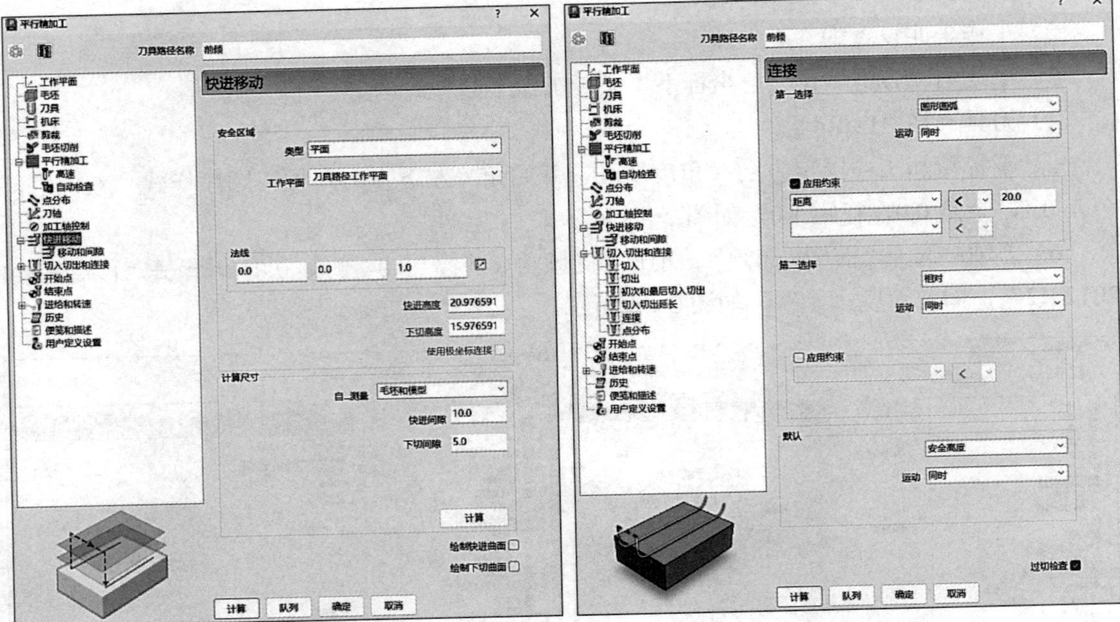

图 2-17

图 2-18

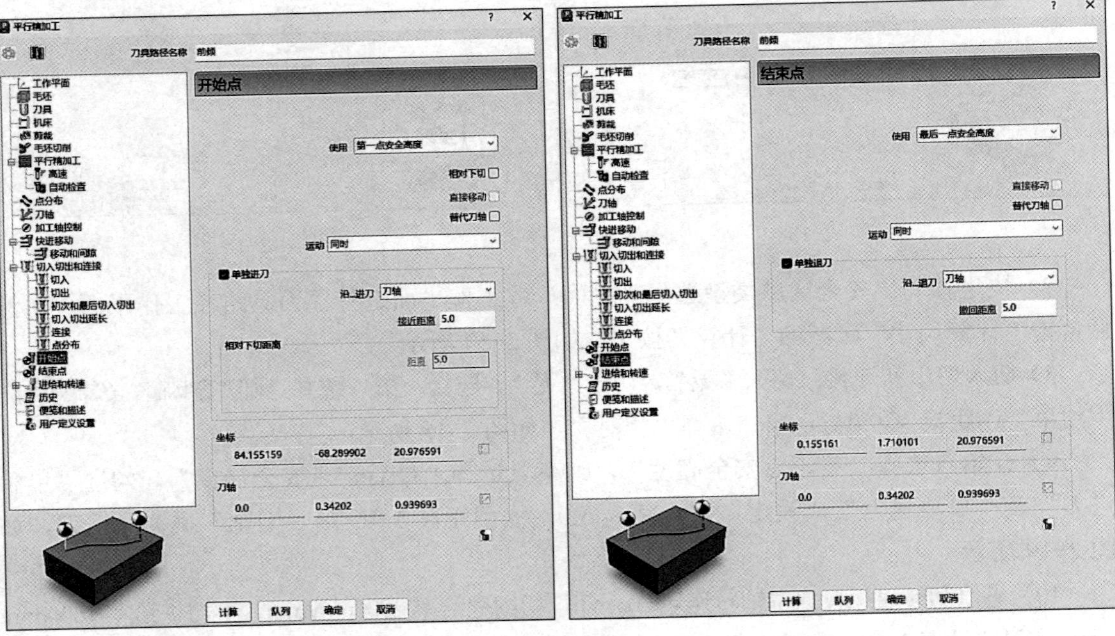

图 2-19

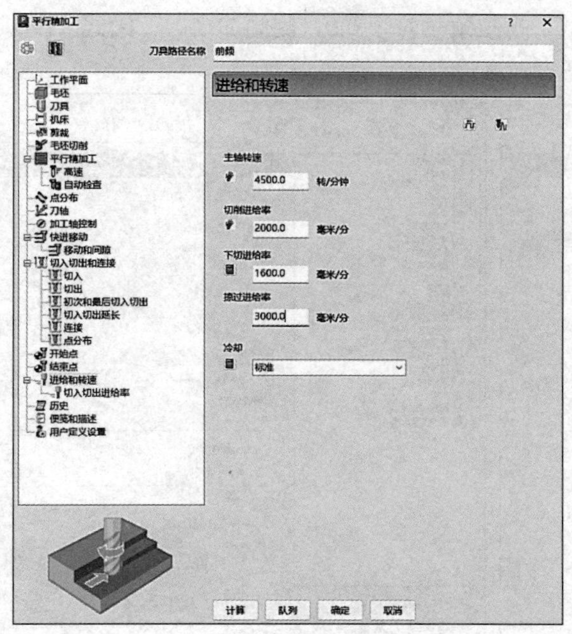

图 2-20

图 2-21

2.2.3 平行精加工（侧倾）

步骤：单击“开始”→“刀具路径”图标→弹出“策略选择器”对话框，在“策略选择器”对话框中单击“精加工”→“平行精加工”，如图 2-22 所示。

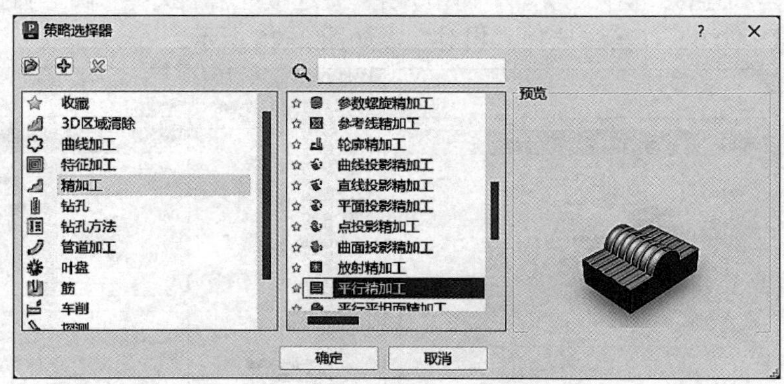

扫码观看视频

图 2-22

需要设定的参数如下：

1）刀具路径名称“侧倾”。

2）工作平面设置为“无”即可。

3）毛坯由“方框”定义，坐标系“激活工作平面”，单击“计算”按钮。

4）刀具选择“D8R4”。

5）平行精加工：固定方向（角度 90.0，开始角“左下”），加工顺序样式“双向”，公差 0.1，余量 0.0，行距 2.0，如图 2-23 所示。

6）刀轴：选择“前倾 / 侧倾”；前倾 / 侧倾角（前倾 0.0，侧倾 20.0），模式“PowerMill 2012 R2”，固定角度“无”，如图 2-24 所示。

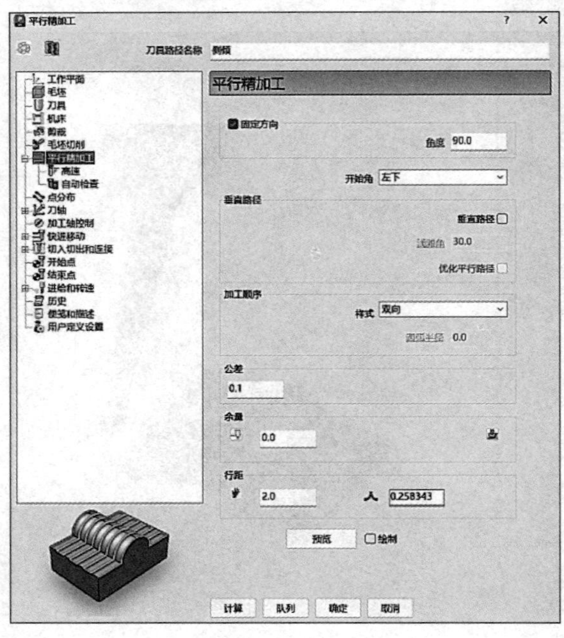

图 2-23

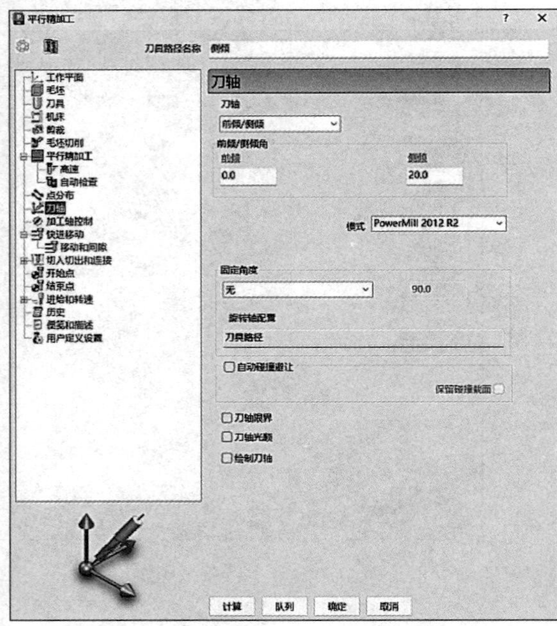

图 2-24

7）快进移动：安全区域类型选择“平面”，工作平面选择“刀具路径工作平面”，然后单击“计算尺寸”区域的“计算”按钮，如图 2-25 所示。

8）切入切出和连接：切入“无”，切出“无”，连接：第一选择“圆形圆弧”（勾选“应用约束”：距离 <20.0），第二选择“相对”，如图 2-26 所示。

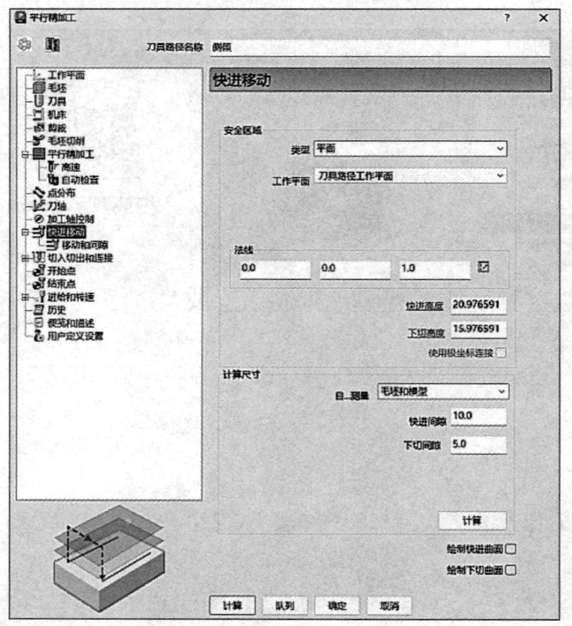

图 2-25

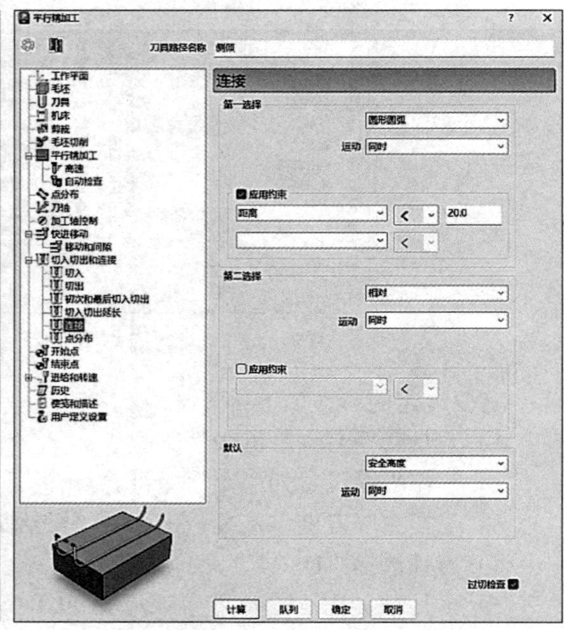

图 2-26

9）开始点选择“第一点安全高度”，结束点选择“最后一点安全高度”。勾选“单独进刀”及“单独退刀”，设定：接近距离 5.0，撤回距离 5.0，沿“刀轴”进刀与退刀，如图 2-27 所示。

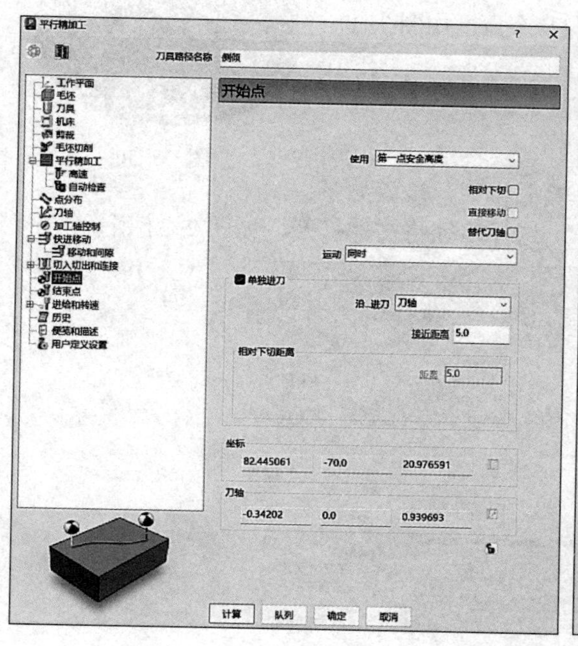

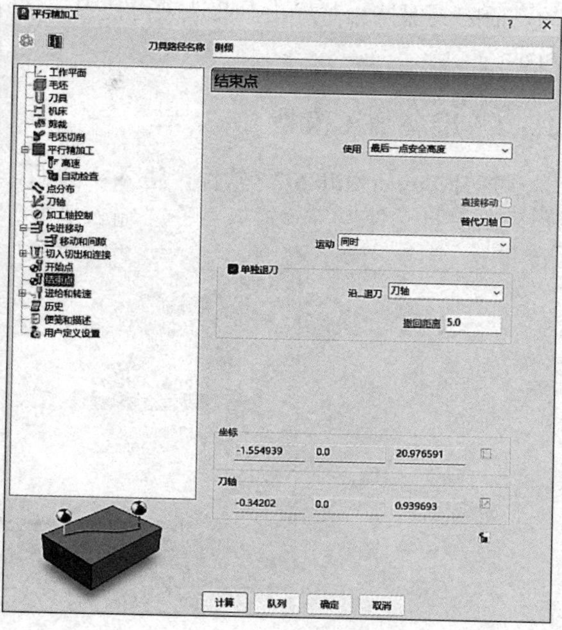

图 2-27

10）进给和转速：设定主轴转速 4500r/min、切削进给率 2000mm/min、下切进给率 1600mm/min、掠过进给率 3000mm/min，标准冷却，如图 2-28 所示。

11）单击图 2-28 中的“计算”按钮，刀具路径如图 2-29 所示。

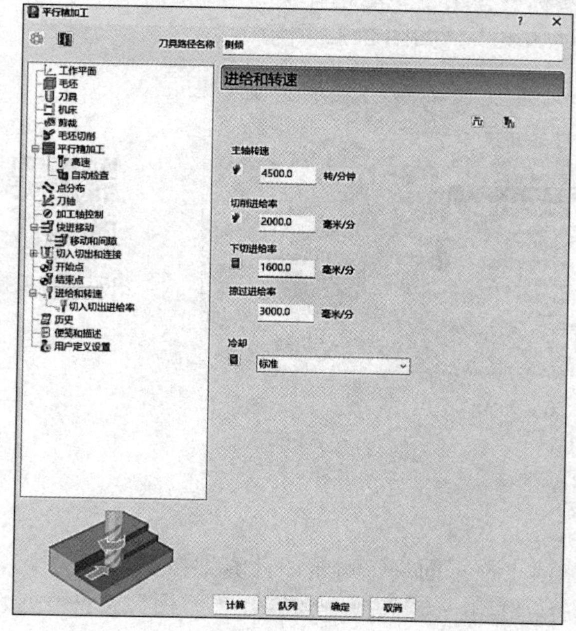

图 2-28

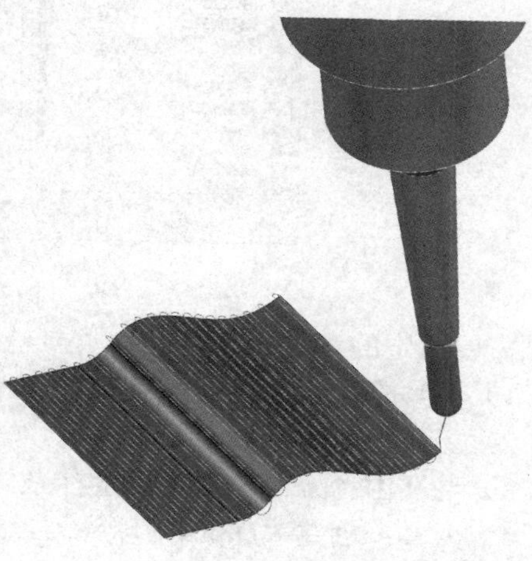

图 2-29

2.3　刀轴控制策略：朝向点

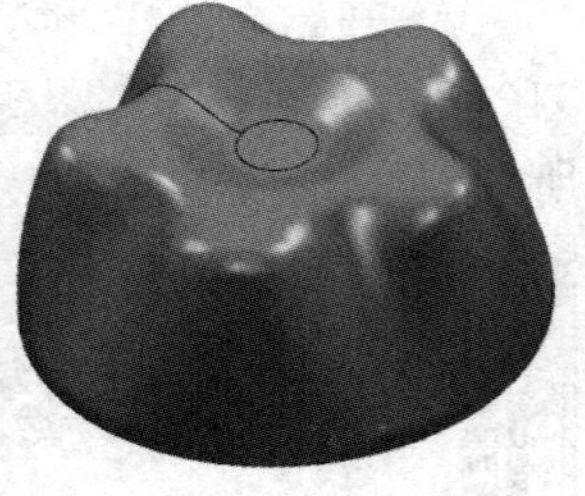

图　2-30

刀尖指向固定点。刀具角度会不断变化，机床主轴头会大幅移动，而刀尖保持相对静止。此选项可使刀尖朝向某个点，如图 2-30 所示。

2.3.1　准备加工模型

打开 PowerMill 2024 软件，进入主界面，输入模型，步骤如下：

单击“文件”→“输入”→“输入模型”，选择路径将文件打开，如图 2-31 所示。

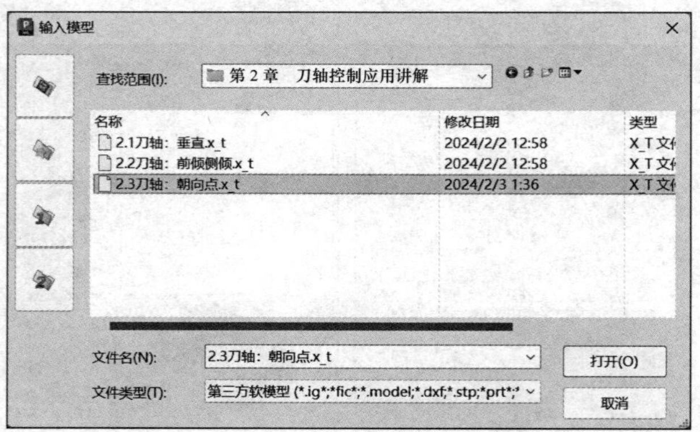

图　2-31

2.3.2　点投影精加工（朝向点）

步骤：单击“开始”→“刀具路径”图标→弹出“策略选择器”对话框，在“策略选择器”对话框中单击“精加工”→“点投影精加工”，如图 2-32 所示。

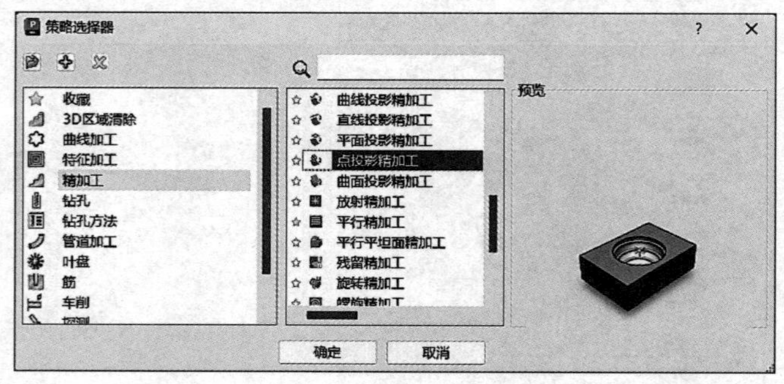

图　2-32

扫码观看视频

需要设定的参数如下：

1）刀具路径名称“朝向点”。

2）工作平面设置为“无”即可。

3）毛坯由“方框”定义，坐标系“激活工作平面”，单击“计算”按钮。

4）刀具：创建“D8R4”球头刀，选择①编辑→②夹持→③打开“刀柄”文件→④修改伸出 32mm，如图 2-33 所示。

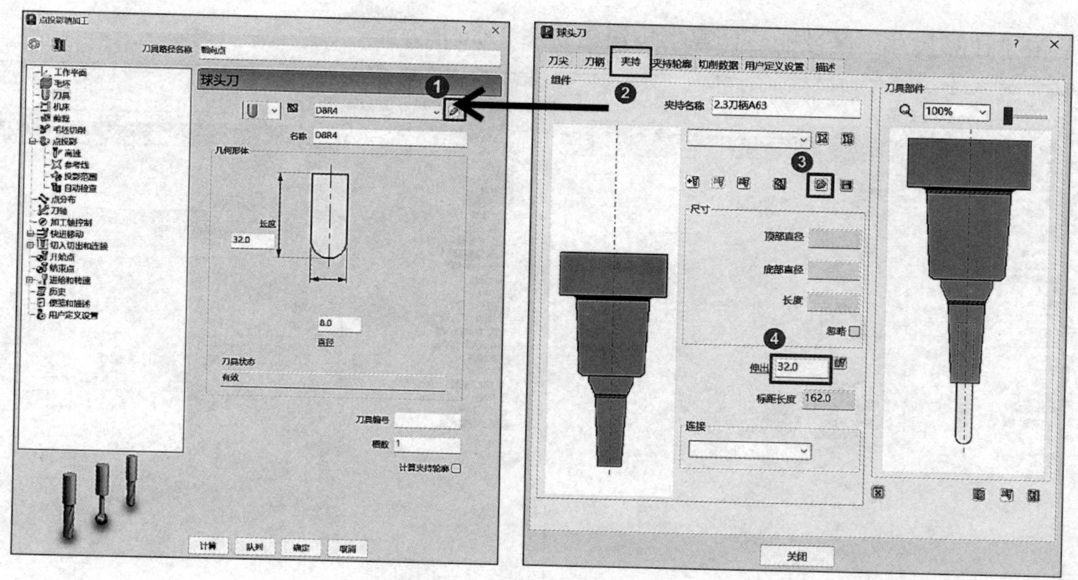

图 2-33

5）点投影：参考线（样式“螺旋”），定位（0.0，0.0，0.0），投影方向“内向”，公差 0.1，余量 0.0，角度行距 1.0。参考线：参考线（样式“螺旋”，方向“顺时针”），剪裁（仰角：开始 90.0，结束 0.0），如图 2-34 所示。

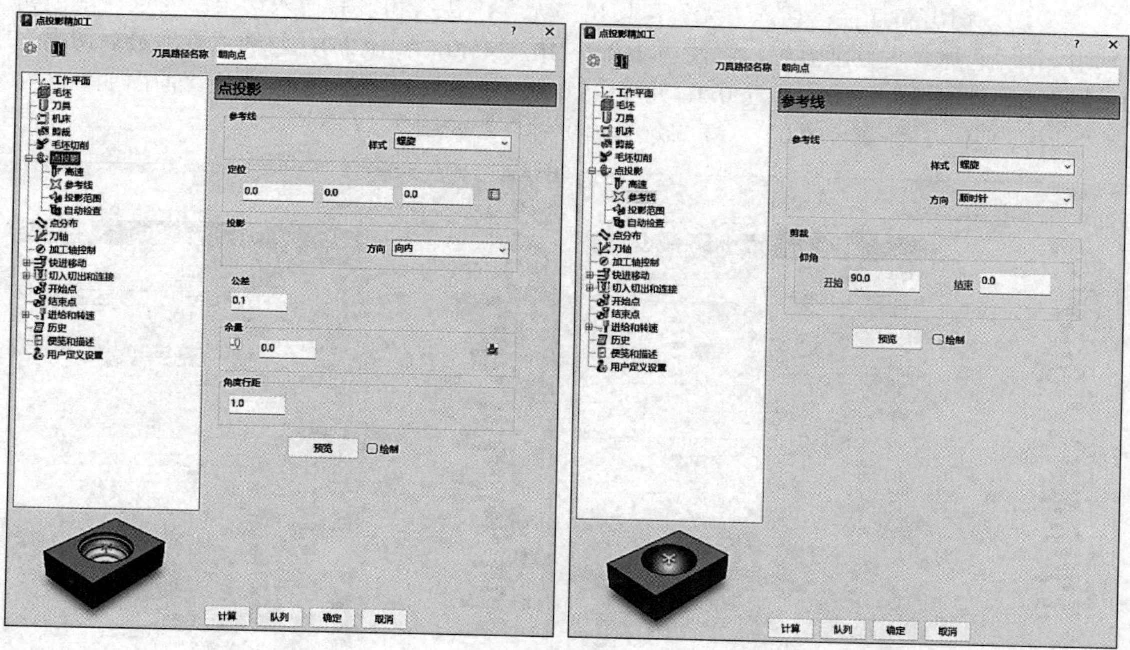

图 2-34

6）刀轴：选择“朝向点”，点（0.0，0.0，-60.0），模式“PowerMill 2012 R2”，固定角度“无”，如图 2-35 所示。

7）快进移动：安全区域类型选择“平面”，工作平面选择“刀具路径工作平面”，然后单击“计算尺寸”区域的“计算”按钮，如图 2-36 所示。

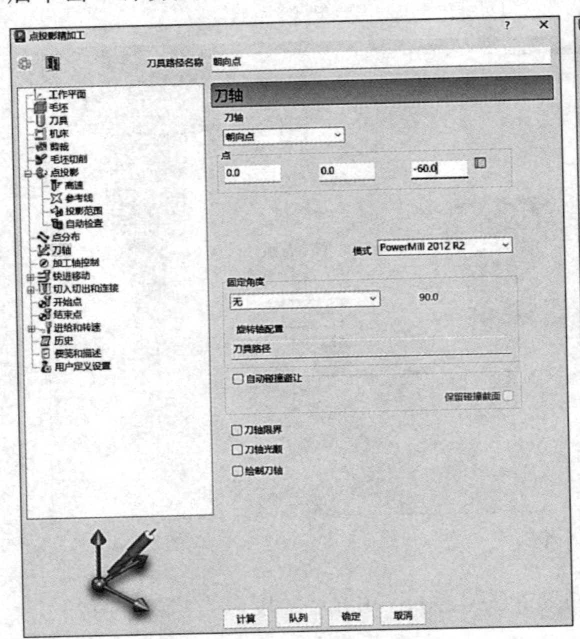

图 2-35

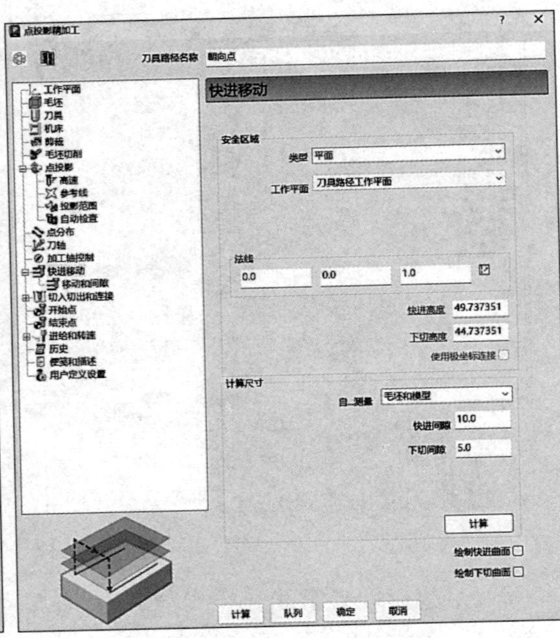

图 2-36

8）切入切出和连接：切入“无”，切出“无”，初次和最后切入切出：勾选“单独初次切入”后选择“垂直圆弧”，线性移动 0.0，角度 45.0，半径 2.0，勾选“单独最后切出”后选择“垂直圆弧”，线性移动 0.0，角度 45.0，半径 2.0，连接：第一选择“曲面上”（勾选“应用约束”：距离 <10.0），第二选择“掠过”，如图 2-37 所示。

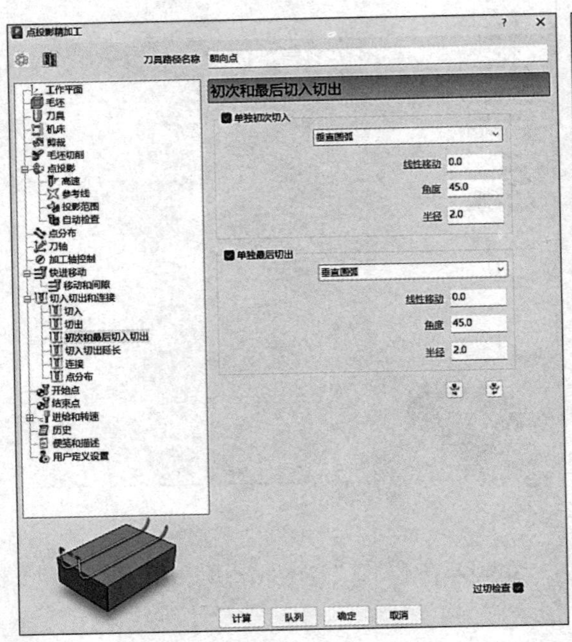

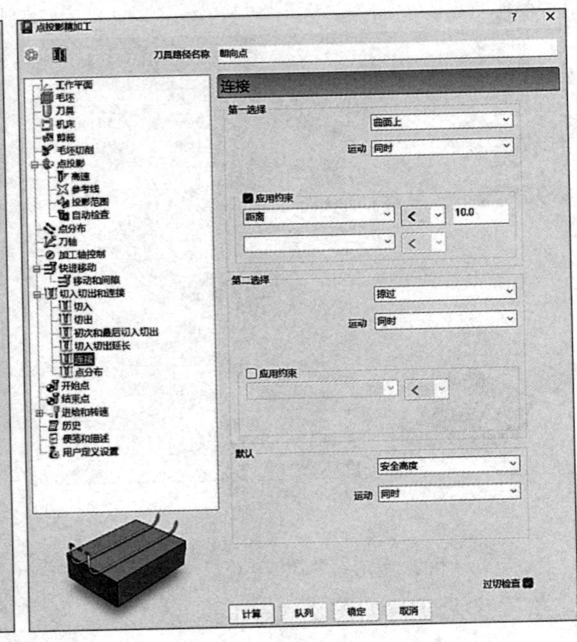

图 2-37

9）开始点选择“第一点安全高度”，结束点选择“最后一点安全高度”。勾选“单独进刀”及“单独退刀”，设定：接近距离 5.0，撤回距离 5.0，沿“刀轴”进刀与退刀，如图 2-38 所示。

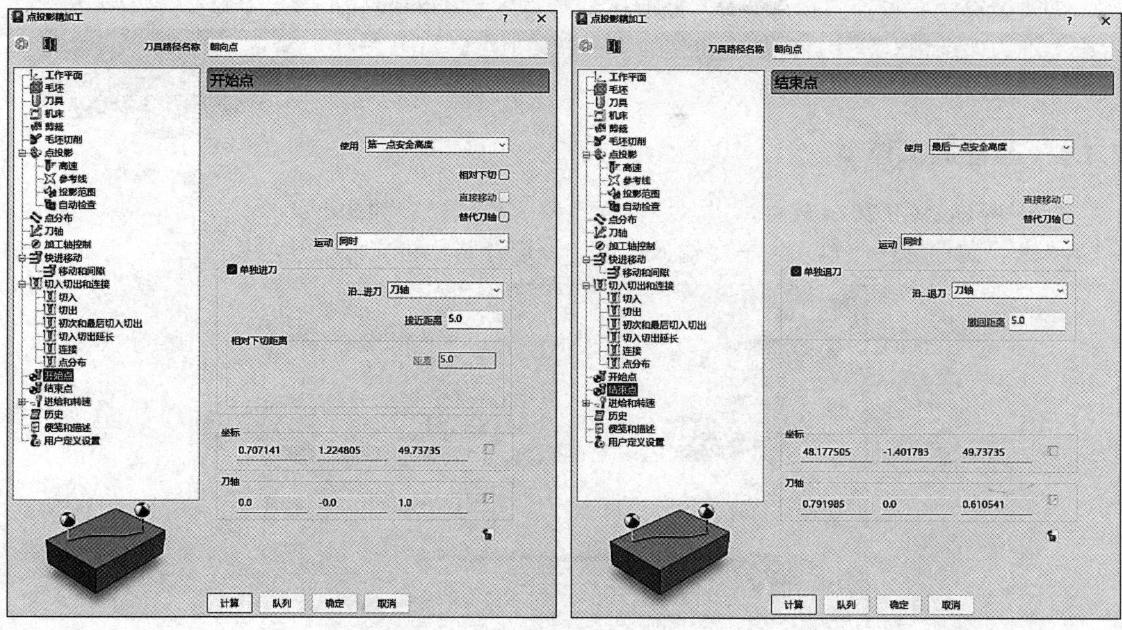

图 2-38

10）进给和转速：设定主轴转速 4500r/min、切削进给率 2000mm/min、下切进给率 1600mm/min、掠过进给率 3000mm/min，标准冷却，如图 2-39 所示。

11）单击图 2-39 中的“计算”按钮，刀具路径如图 2-40 所示。

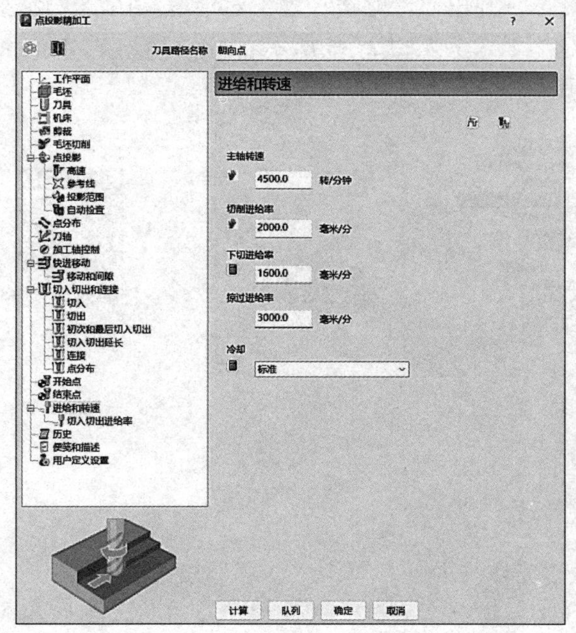

图 2-39

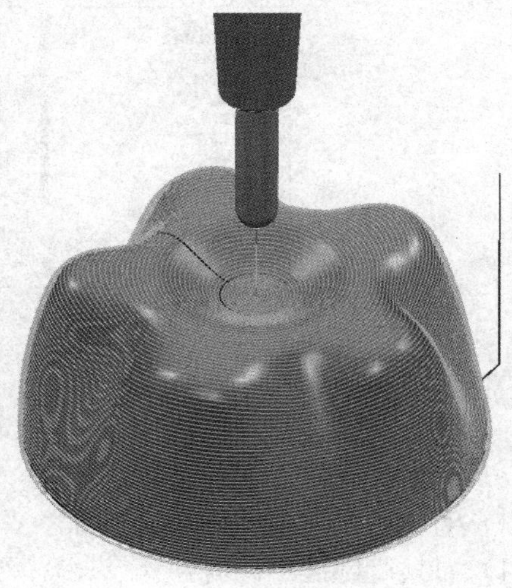

图 2-40

2.4　刀轴控制策略：自点

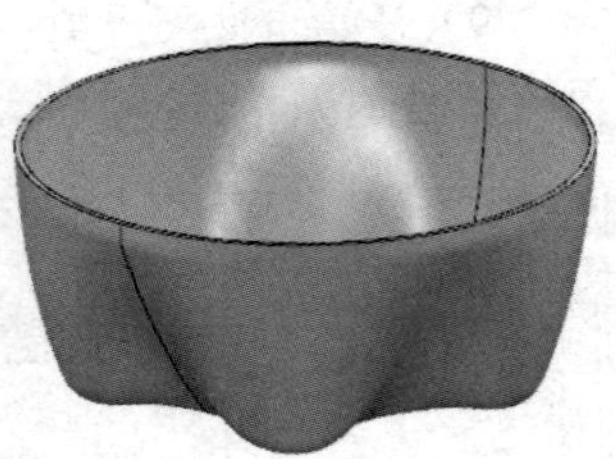

图　2-41

刀尖背离固定点。刀具角度会不断变化，刀尖会大幅移动，而机床主轴头保持相对静止。此选项可使刀尖背离某个点，如图 2-41 所示。

2.4.1　准备加工模型

打开 PowerMill 2024 软件，进入主界面，输入模型，步骤如下：

单击“文件”→“输入”→“输入模型”，选择路径将文件打开，如图 2-42 所示。

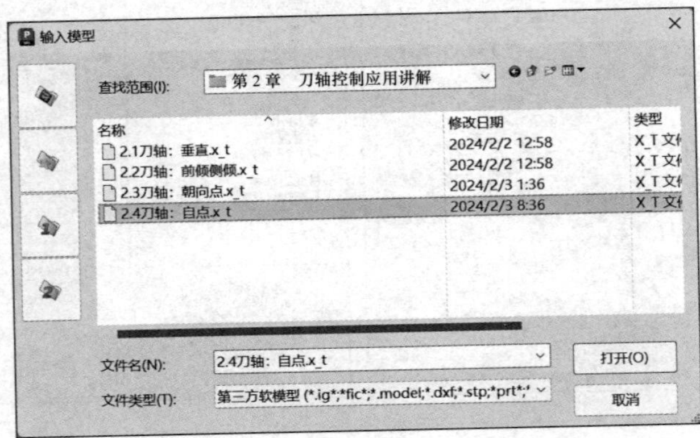

图　2-42

2.4.2　点投影精加工（自点）

步骤：单击“开始”→“刀具路径”图标→弹出“策略选择器”对话框，在“策略选择器”对话框中单击“精加工”→“点投影精加工”，如图 2-43 所示。

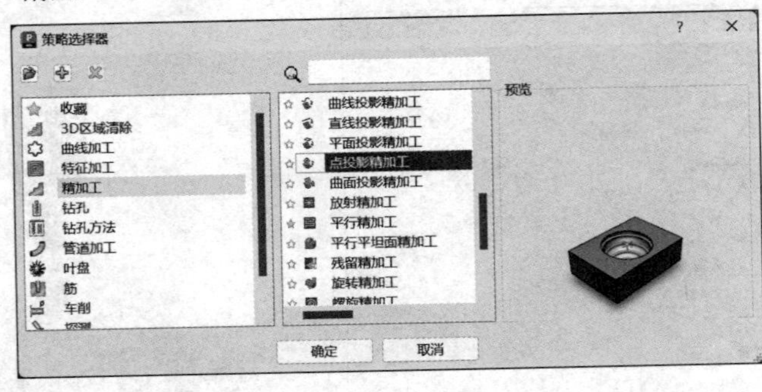

图　2-43

扫码观看视频

需要设定的参数如下：

1）刀具路径名称“自点”。

2）工作平面设置为“无”即可。

3）毛坯由“方框”定义，坐标系“激活工作平面”，单击“计算”按钮。

4）刀具：创建“D8R4”球头刀，选择①编辑→②夹持→③打开“刀柄”文件→④修改伸出 32mm，如图 2-44 所示。

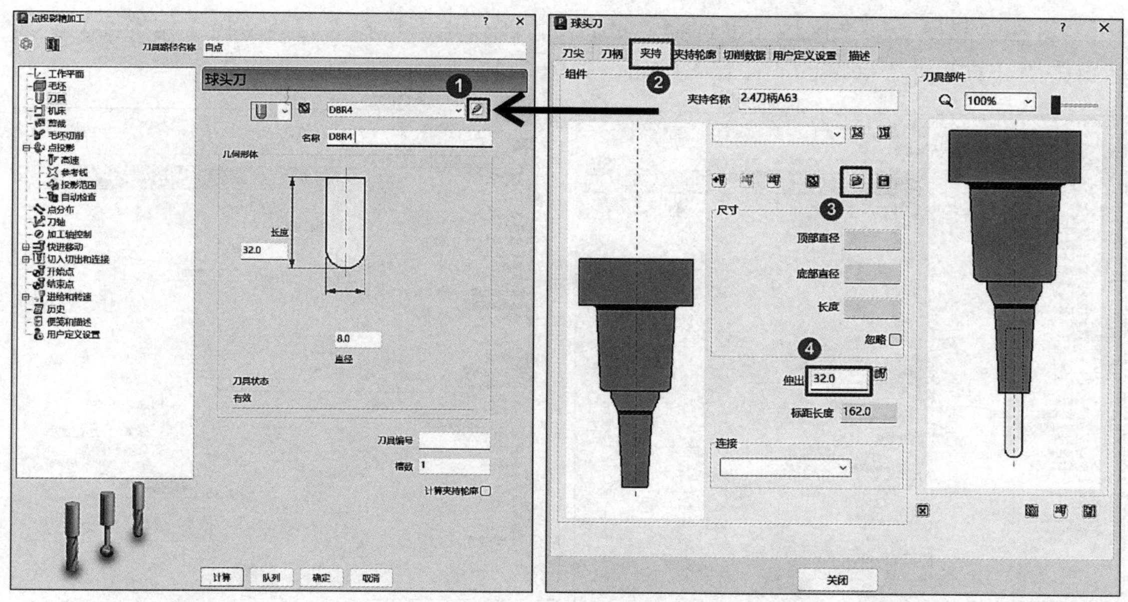

图 2-44

5）点投影：参考线（样式“圆形”），定位（0.0，0.0，0.0），投影方向“向外”，公差 0.01，余量 0.0，角度行距 1.0。参考线：参考线（样式“圆形”，加工顺序“双向”，顺序“无”），剪裁（方位角：开始 0.0，结束 360.0，仰角：开始 0.0，结束 90.0），如图 2-45 所示。

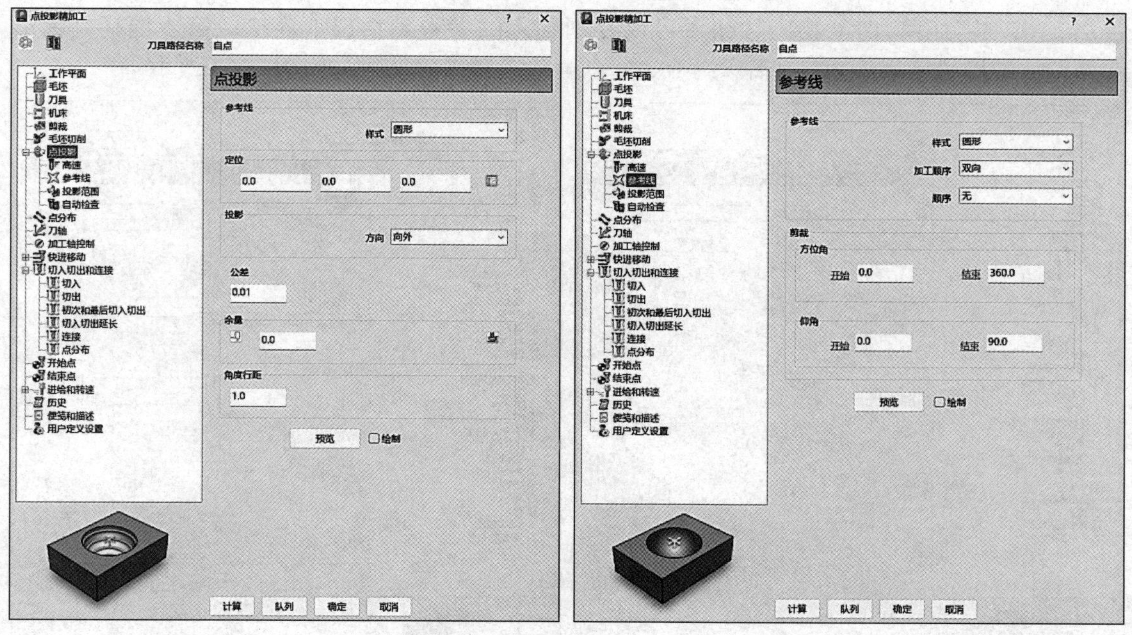

图 2-45

6）刀轴：选择“自点”，点（0.0，0.0，150.0），模式“PowerMill 2012 R2”，固定角度“无”，如图 2-46 所示。

7）快进移动：安全区域类型选择“平面”，工作平面选择“刀具路径工作平面”，然后单击“计算尺寸”区域的“计算”按钮，如图 2-47 所示。

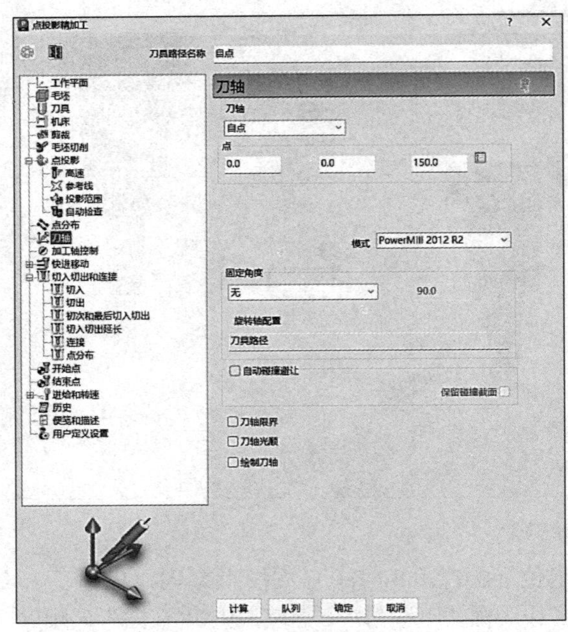

图 2-46

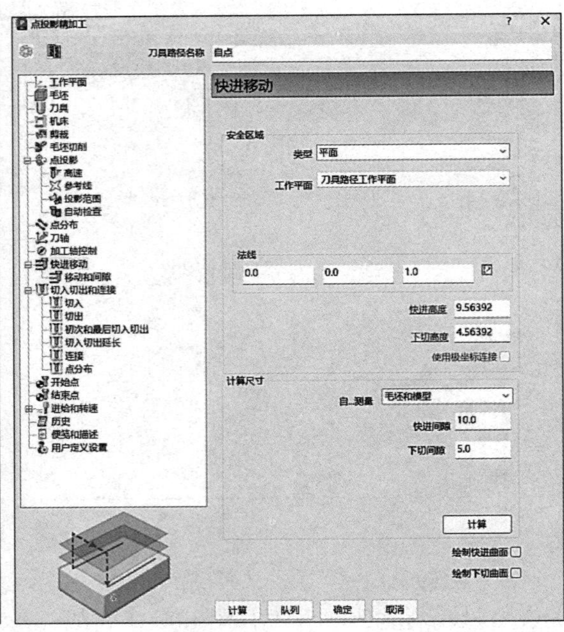

图 2-47

8）切入切出和连接：切入第一选择“曲面法向圆弧”，线性移动 0.0，角度 90.0，半径 2.0；单击切出和切入相同按钮可以复制切入的参数到切出，连接：第一选择“圆形圆弧”（勾选“应用约束”：距离 <10.0），第二选择“掠过”，如图 2-48 所示。

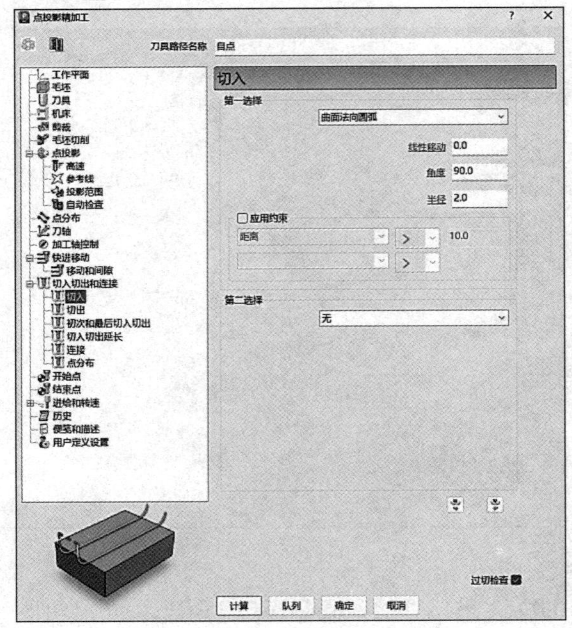

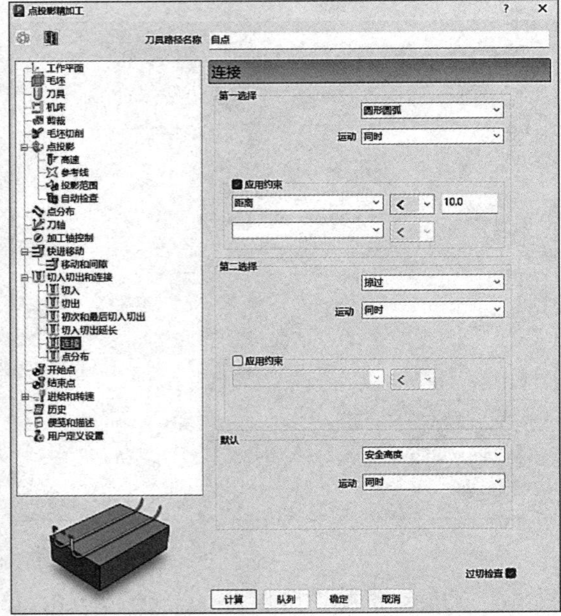

图 2-48

9）开始点选择“第一点安全高度”，结束点选择“最后一点安全高度”。勾选“单独进刀”及“单独退刀”，设定：接近距离 5.0，撤回距离 5.0，沿“刀轴”进刀与退刀，如图 2-49 所示。

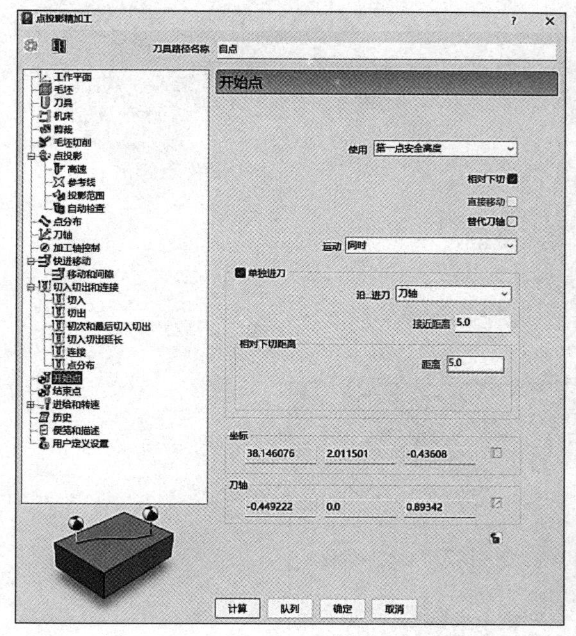

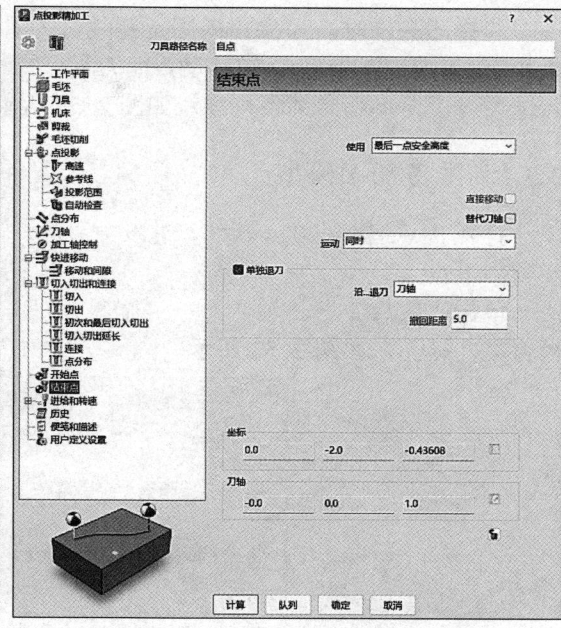

图 2-49

10）进给和转速：设定主轴转速 4500r/min、切削进给率 2000mm/min、下切进给率 1600mm/min、掠过进给率 3000mm/min，标准冷却，如图 2-50 所示。

11）单击图 2-50 中的“计算”按钮，刀具路径如图 2-51 所示。

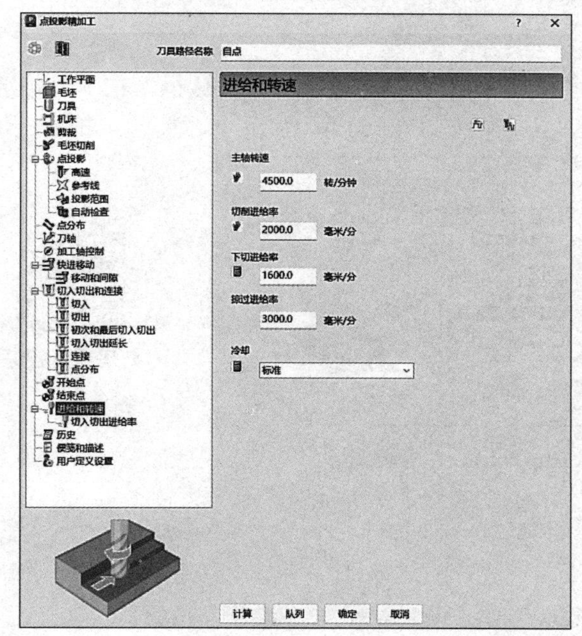

图 2-50

图 2-51

2.5 刀轴控制策略：朝向直线

选择此选项时，刀尖指向固定直线。刀具角度会不断变化。机床主轴头会大幅移动，而刀尖保持相对静止。此选项可使刀尖朝向某条直线，如图 2-52 所示。

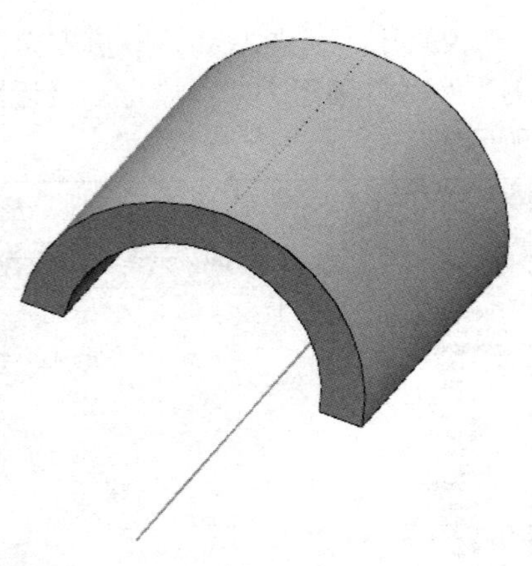

图 2-52

2.5.1 准备加工模型

打开 PowerMill 2024 软件，进入主界面，输入模型，步骤如下：

单击“文件”→“输入”→“输入模型”，选择路径将文件打开，如图 2-53 所示。

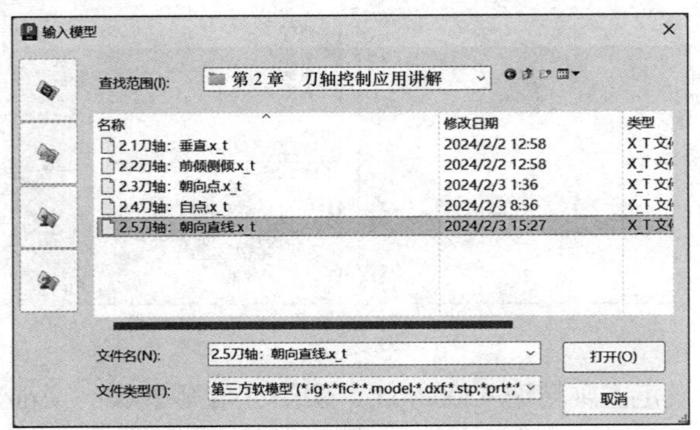

图 2-53

2.5.2 曲面精加工（朝向直线 -1）

步骤：单击“开始”→“刀具路径”图标→弹出“策略选择器”对话框，在“策略选择器”对话框中单击“精加工”→“曲面精加工”，如图 2-54 所示。

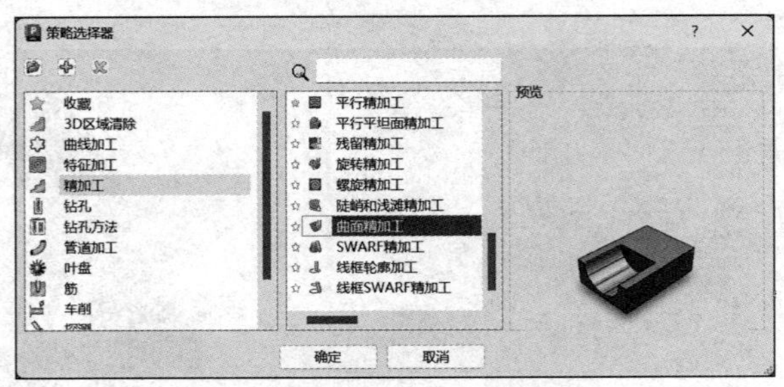

图 2-54

扫码观看视频

需要设定的参数如下：

1）刀具路径名称“朝向直线 -1”。

2）工作平面设置为“无”即可。

3）毛坯由“方框”定义，坐标系“激活工作平面”，单击“计算”按钮。

4）刀具：创建“D8R4”球头刀，选择①编辑→②夹持→③打开“刀柄”文件→④修改伸出 15mm，如图 2-55 所示。

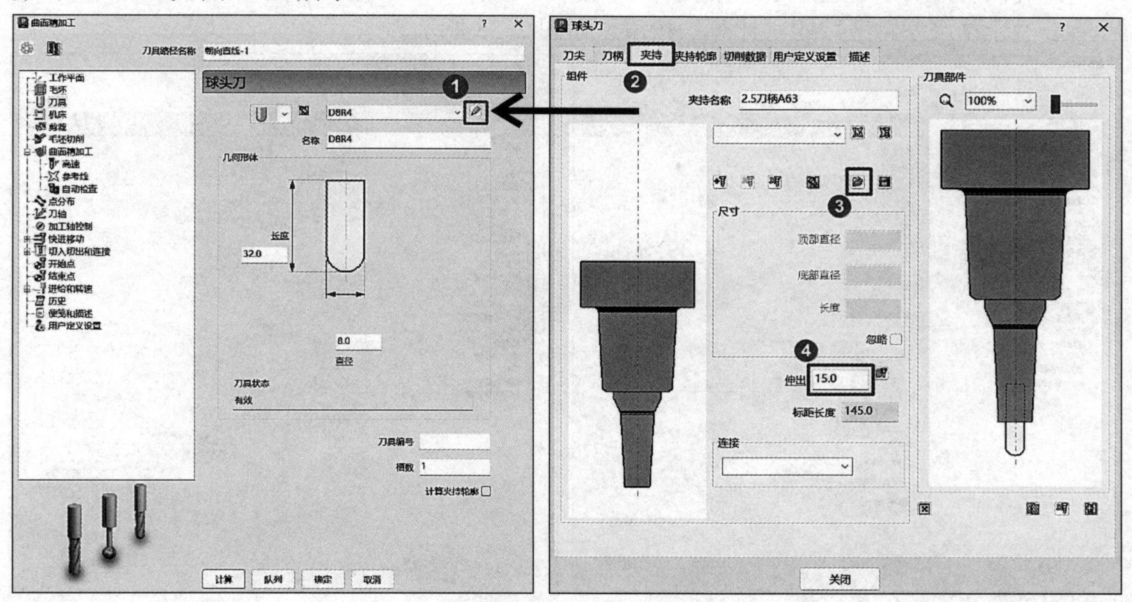

图 2-55

5）曲面精加工：曲面（曲面侧“外”，曲面单位“距离”），无过切公差 0.3，公差 0.01，余量 0.0，行距（距离）1.0。参考线：参考线（参考线方向“V”，加工顺序“双向”，开始角“最小 U 最小 V”，顺序“无”），如图 2-56 所示。

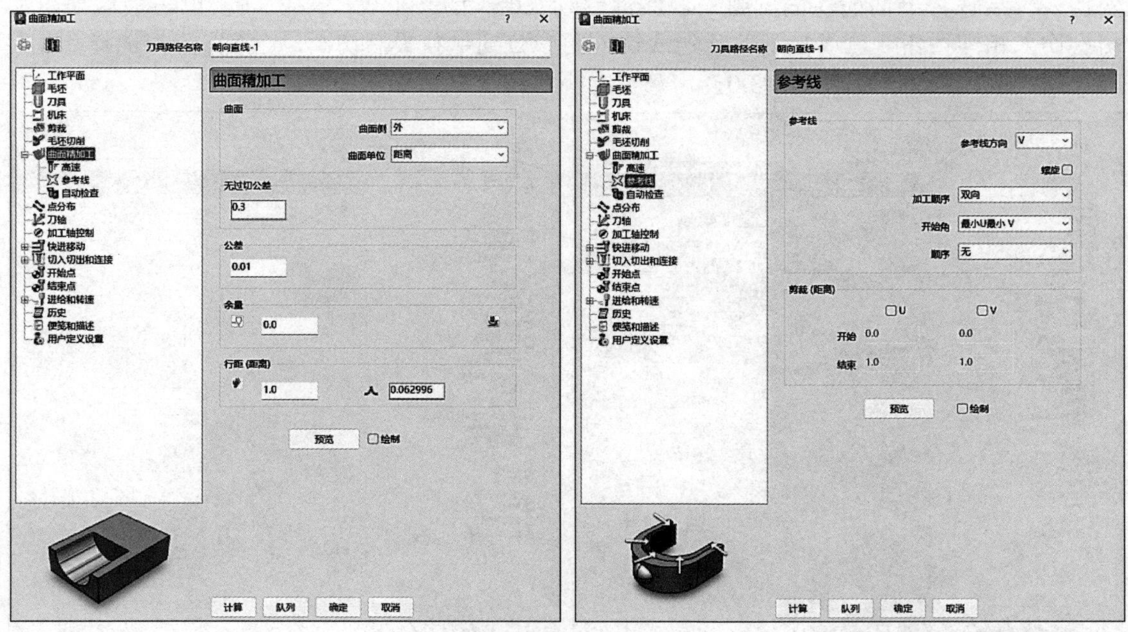

图 2-56

6）刀轴：选择“朝向直线”，点（0.0，0.0，-40.0），方向（1.0，0.0，0.0），固定角度“无”，勾选“绘制刀轴”，如图 2-57 所示。

7）快进移动：安全区域类型选择“平面”，工作平面选择“刀具路径工作平面”，然后单击“计算尺寸”区域的“计算”按钮，如图 2-58 所示。

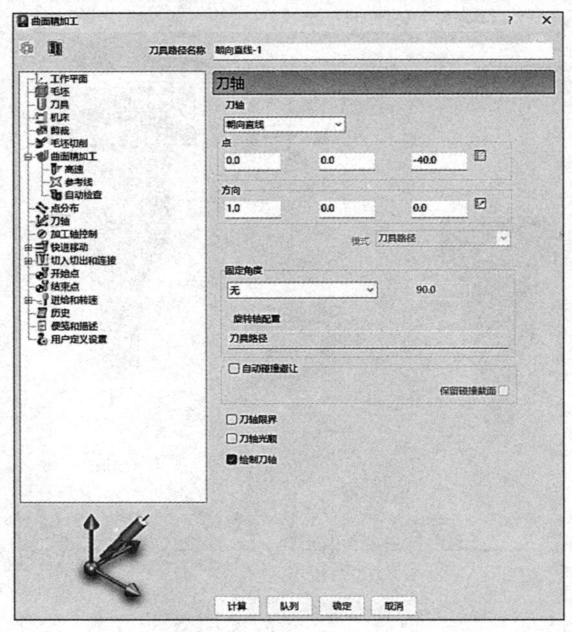

图 2-57

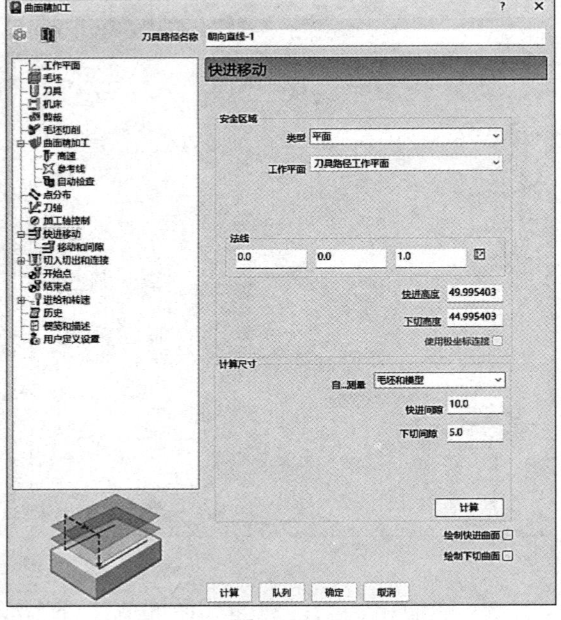

图 2-58

8）切入切出和连接：切入“无”，切出“无”，初次和最后切入切出：勾选“单独初次切入”后选择“曲面法向圆弧”，线性移动 0.0，角度 90.0，半径 3.0；单击最后切出和初次切入相同按钮可以复制单独初次切入的参数到单独最后切出，连接：第一选择“直”（勾选“应用约束”：距离 <3.0），第二选择“掠过”，如图 2-59 所示。

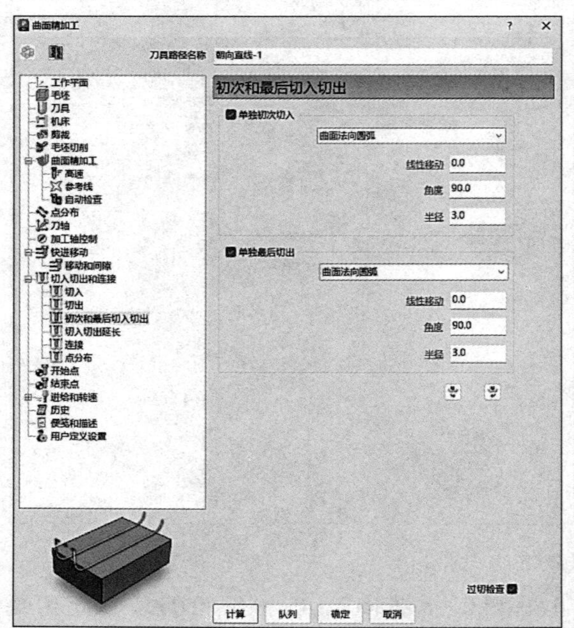

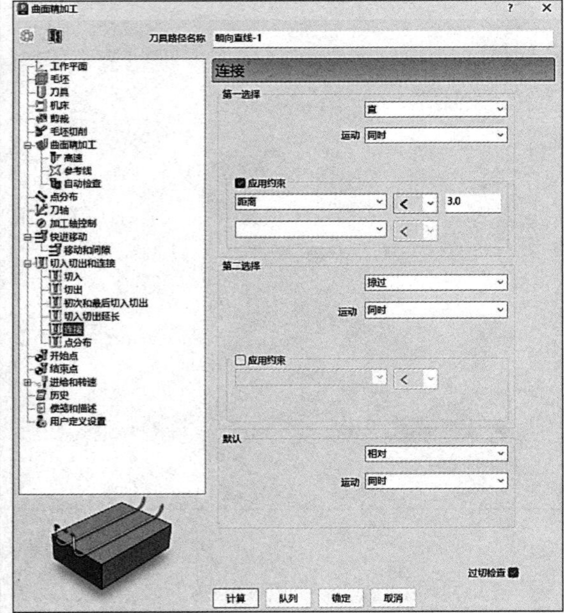

图 2-59

9）开始点选择“第一点安全高度”，结束点选择“最后一点安全高度”。勾选“单独进刀”及“单独退刀”，设定：接近距离 5.0，撤回距离 5.0，沿“刀轴”进刀与退刀，如图 2-60 所示。

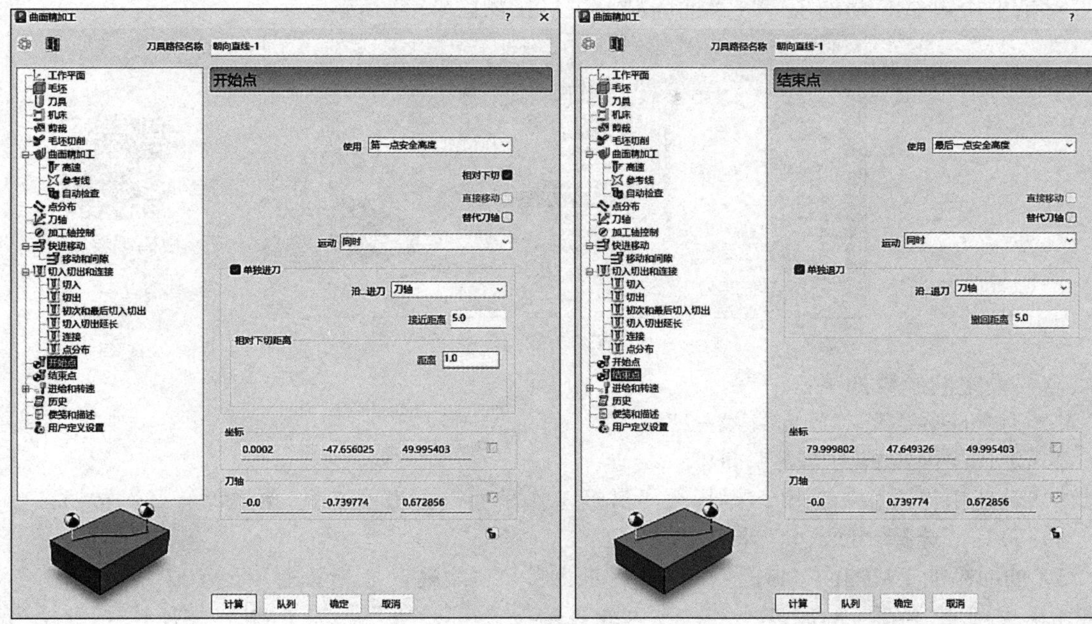

图 2-60

10）进给和转速：设定主轴转速 7000r/min、切削进给率 2000mm/min、下切进给率 1600mm/min、掠过进给率 6000mm/min，标准冷却，如图 2-61 所示。

11）单击需要加工的曲面，然后单击图 2-61 中的“计算”按钮，刀具路径如图 2-62 所示。

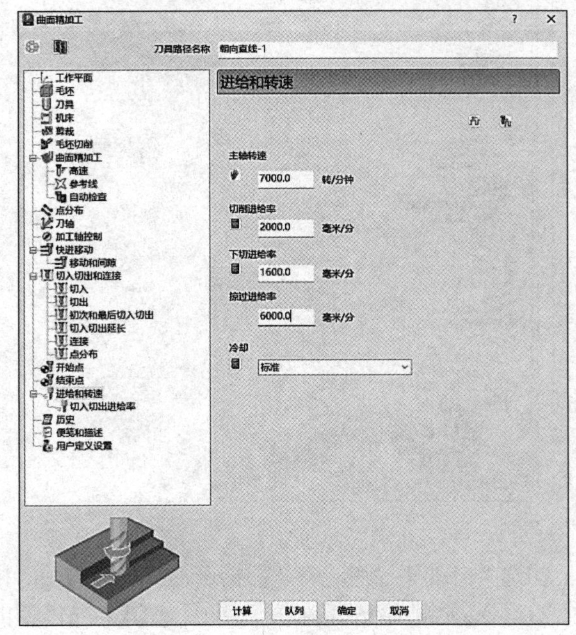

图 2-61

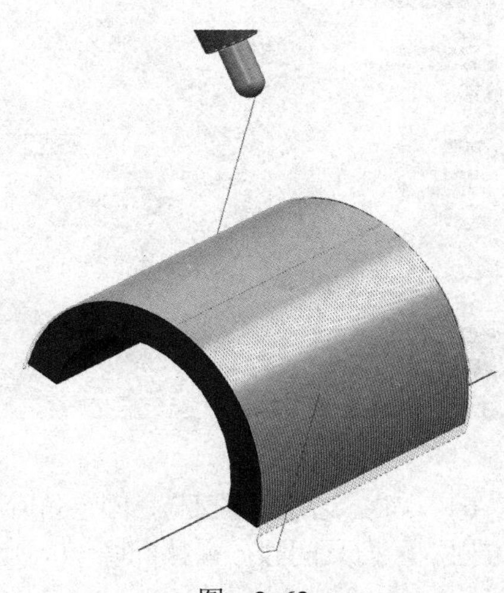

图 2-62

2.5.3 曲面精加工（朝向直线 -2）

步骤：单击“开始”→“刀具路径”图标→弹出“策略选择器”对话框，在“策略选择器”对话框中单击“精加工”→“曲面精加工”，如图 2-63 所示。

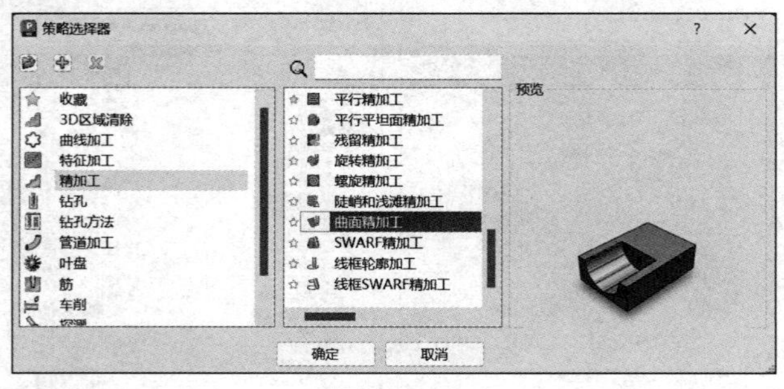

扫码观看视频

图 2-63

需要设定的参数如下：

1）刀具路径名称“朝向直线 -2”。

2）工作平面设置为“无”即可。

3）毛坯由“方框”定义，坐标系“激活工作平面”，扩展 5.0，单击“计算”按钮。

4）刀具：选择“D8R4”球头刀。

5）曲面精加工：曲面（曲面侧“外”，曲面单位“距离”），无过切公差 0.3，公差 0.01，余量 0.0，行距（距离）1.0。参考线：参考线（参考线方向“V”，加工顺序“双向”，开始角“最小 U 最小 V”，顺序“无”），如图 2-64 所示。

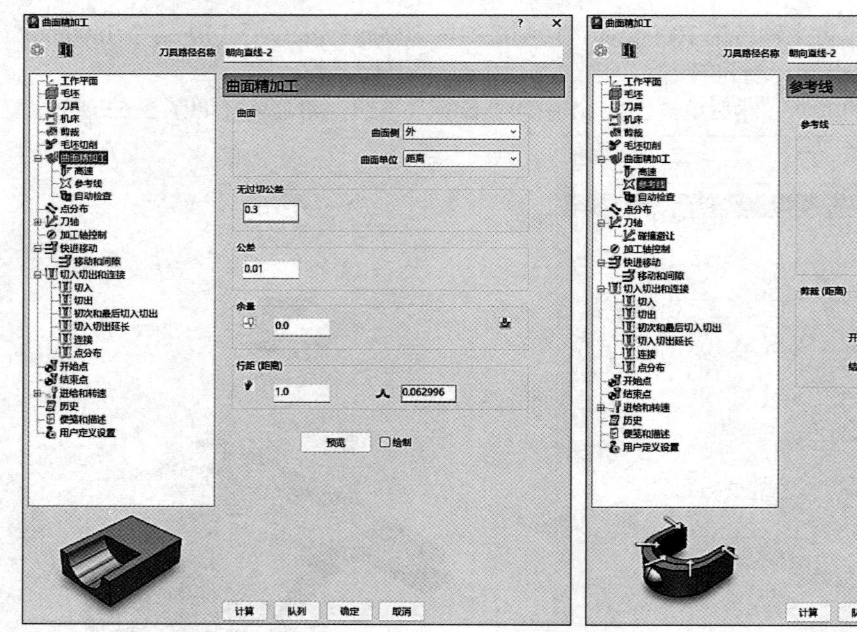

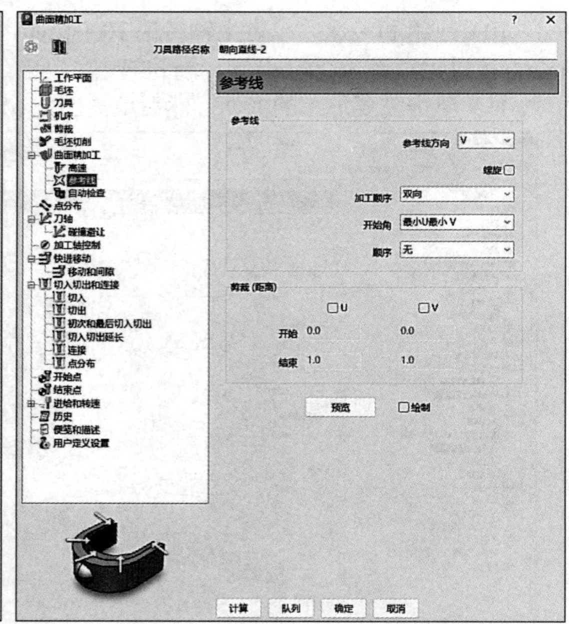

图 2-64

6）刀轴：选择“垂直”，固定角度“无”，勾选“自动碰撞避让”，碰撞避让：侧倾方法“指定方向”，刀具间隙：夹持间隙 1.0，刀柄间隙 1.0，光顺距离 16.0，指定方向：倾斜方向“朝向直线”。点（0.0，0.0，-50.0），方向（1.0，0.0，0.0），勾选“绘制倾斜方向”，如图 2-65 所示。

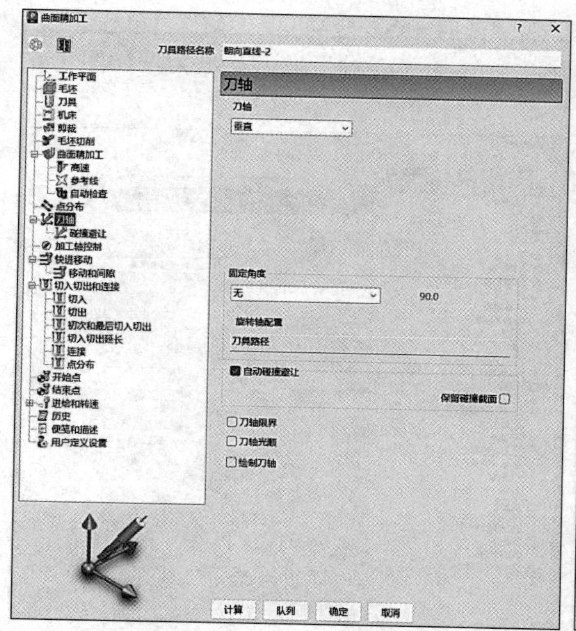

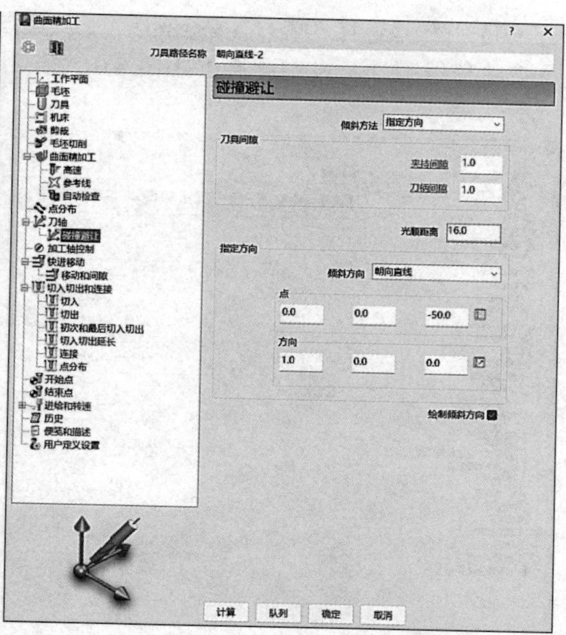

图 2-65

7）快进移动：安全区域类型选择“平面”，工作平面选择“刀具路径工作平面”，然后单击“计算尺寸”区域的“计算”按钮。

8）切入切出和连接：切入“无”，切出“无”，初次和最后切入切出勾选“单独初次切入”后选择“曲面法向圆弧”，线性移动 0.0，角度 90.0，半径 3.0；单击最后切出和初次切入相同按钮可以复制单独初次切入的参数到单独最后切出，连接：第一选择“直”（勾选“应用约束”：距离 <3.0），第二选择“掠过”，如图 2-66 所示。

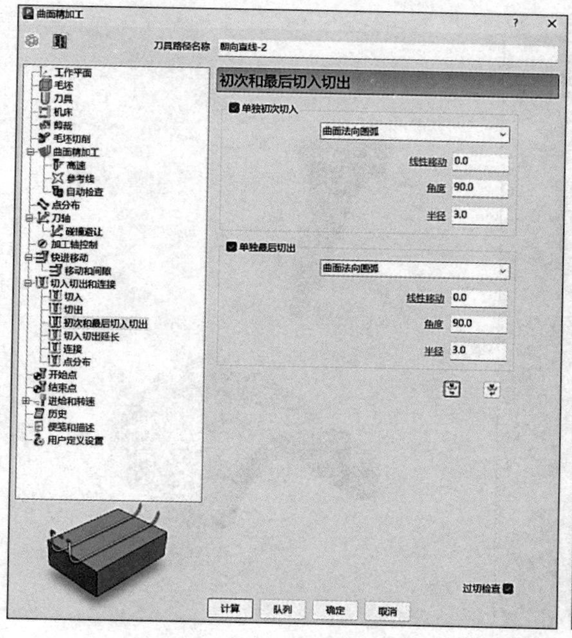

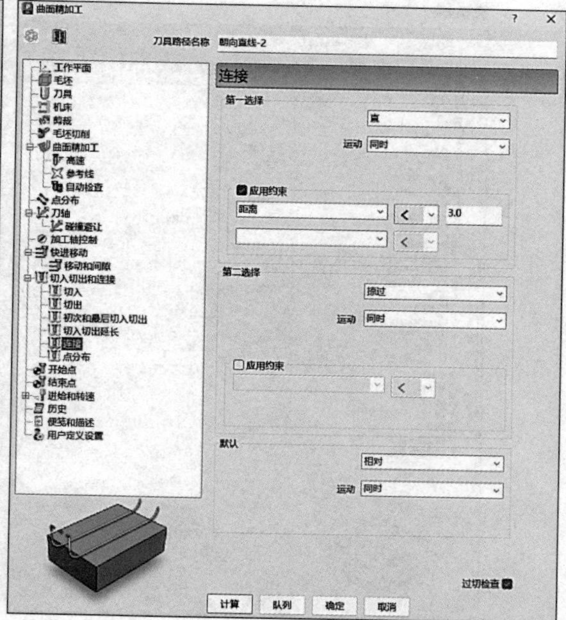

图 2-66

9）开始点选择“第一点安全高度”，结束点选择“最后一点安全高度”。勾选“单独进刀”及“单独退刀”，设定：接近距离 5.0，撤回距离 5.0，沿“刀轴”进刀与退刀，如图 2-67 所示。

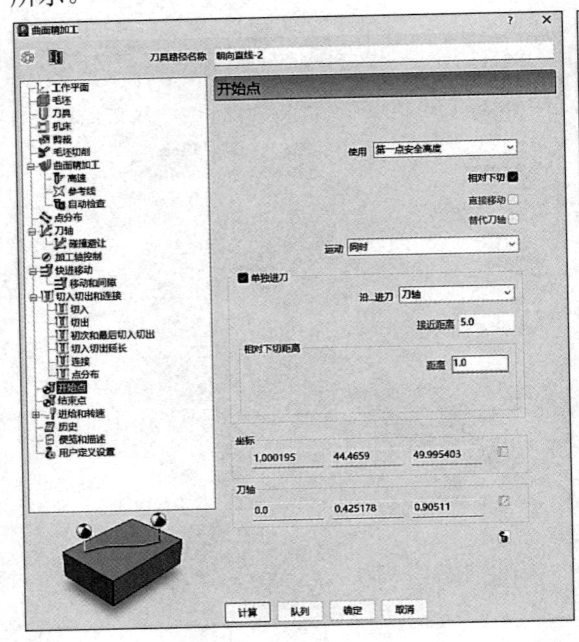

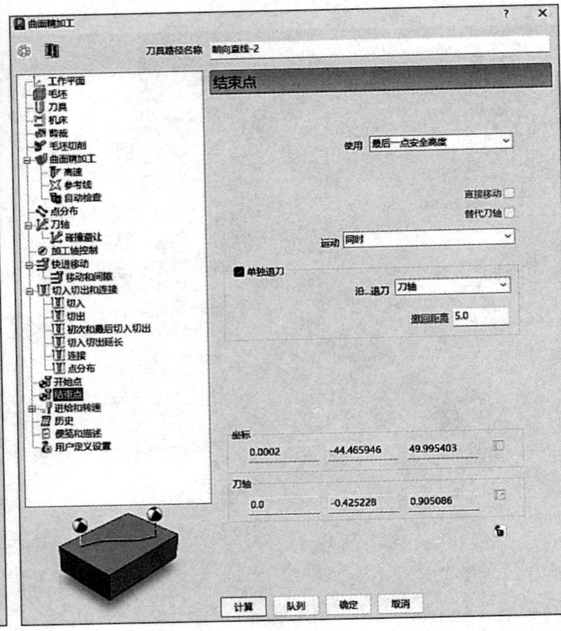

图 2-67

10）进给和转速：设定主轴转速 7000r/min、切削进给率 2000mm/min、下切进给率 1600mm/min、掠过进给率 6000mm/min，标准冷却，如图 2-68 所示。

11）单击需要加工的曲面，然后单击图 2-68 中的“计算”按钮，刀具路径如图 2-69 所示。

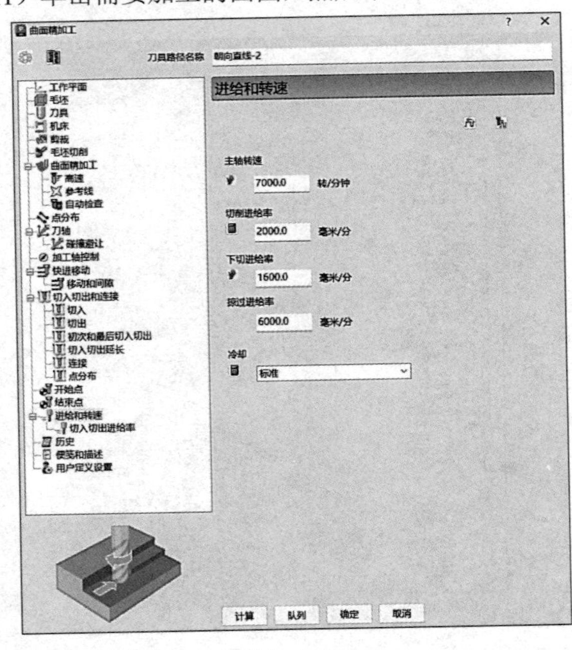

图 2-68

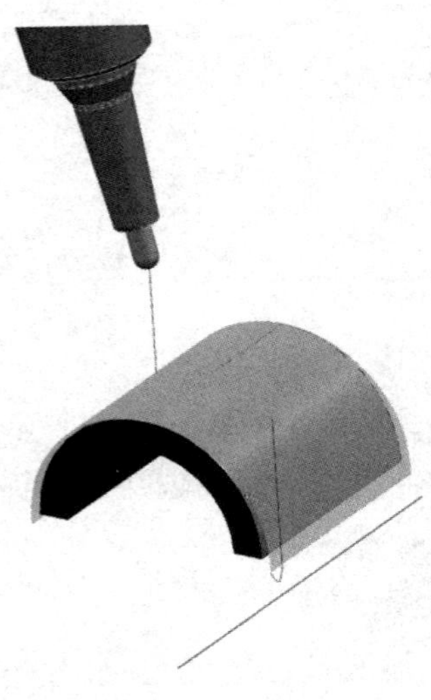

图 2-69

2.6 刀轴控制策略：自直线

选择此选项时，刀尖背离固定直线。刀具角度会不断变化，刀尖会大幅移动，而机床主轴头保持相对静止。此选项可使刀尖背离某条直线，如图 2-70 所示。

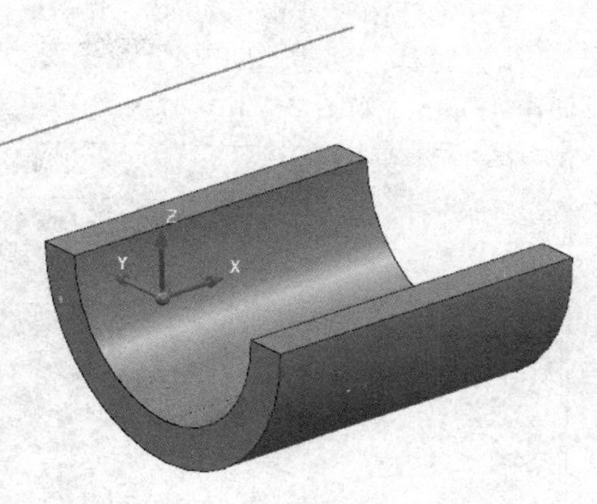

图 2-70

2.6.1 准备加工模型

打开 PowerMill 2024 软件，进入主界面，输入模型，步骤如下：

单击“文件”→“输入”→“输入模型”，选择路径将文件打开，如图 2-71 所示。

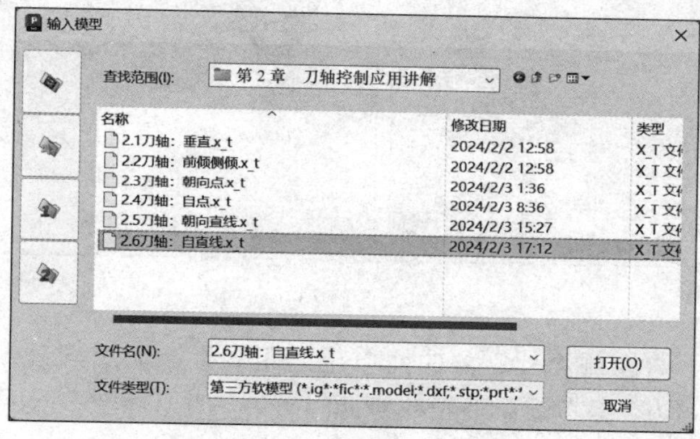

图 2-71

2.6.2 曲面精加工（自直线 -1）

步骤：单击“开始”→“刀具路径”图标→弹出“策略选择器”对话框，在“策略选择器”对话框中单击“精加工”→“曲面精加工”，如图 2-72 所示。

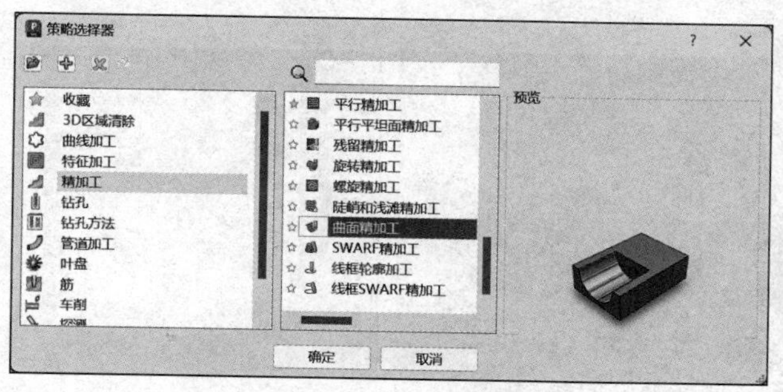

图 2-72

扫码观看视频

需要设定的参数如下：

1）刀具路径名称“自直线 -1”。

2）工作平面设置为“无”即可。

3）毛坯由“方框”定义，坐标系“激活工作平面”，单击“计算”按钮。

4）刀具：创建“D8R4”球头刀，选择①编辑→②夹持→③打开“刀柄”文件→④修改伸出 15mm，如图 2-73 所示。

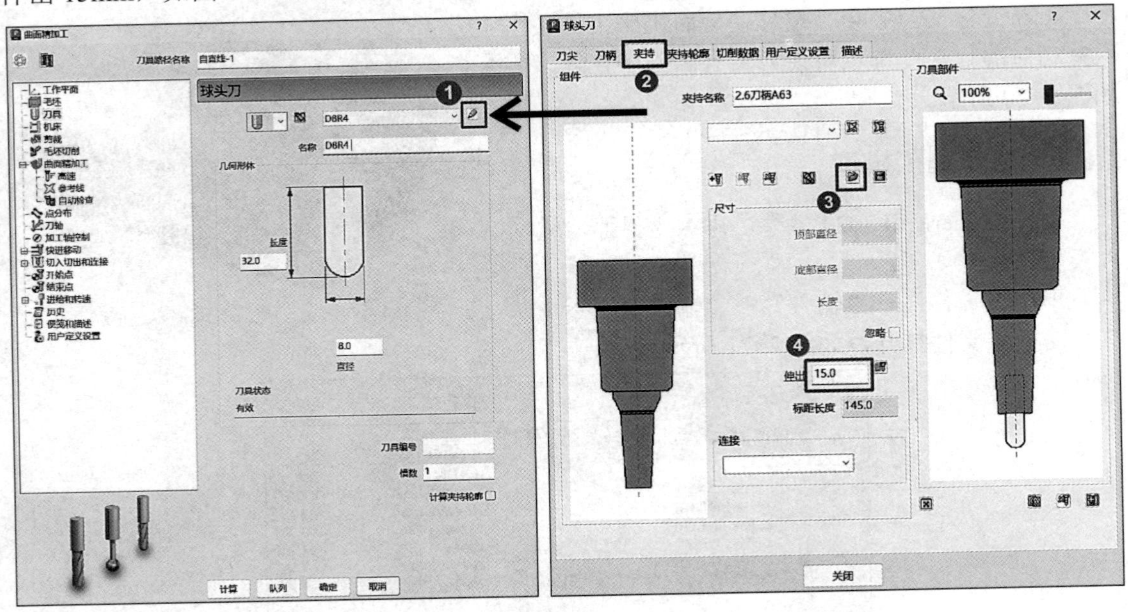

图 2-73

5）曲面精加工：曲面侧“外”，曲面单位“距离”，无过切公差 0.3，公差 0.01，余量 0.0，行距（距离）1.0。参考线：参考线方向“V”，加工顺序“双向”，开始角“最小 U 最小 V”，顺序“无”，如图 2-74 所示。

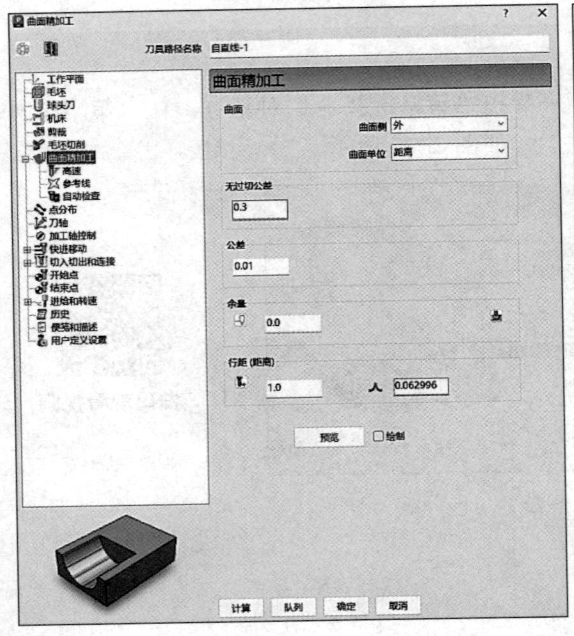

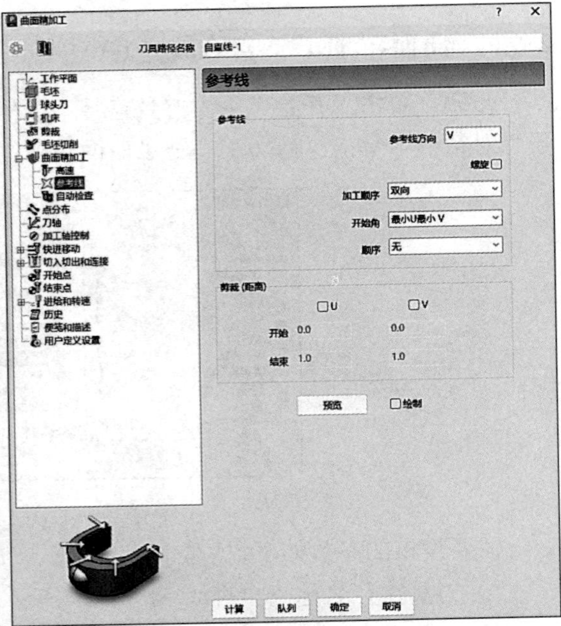

图 2-74

6）刀轴：选择“自直线”，点（0.0，0.0，50.0），方向（1.0，0.0，0.0），固定角度“无”，勾选“绘制刀轴”，如图 2-75 所示。

7）快进移动：安全区域类型选择“平面”，工作平面选择“刀具路径工作平面”，然后单击“计算尺寸”区域的“计算”按钮，如图 2-76 所示。

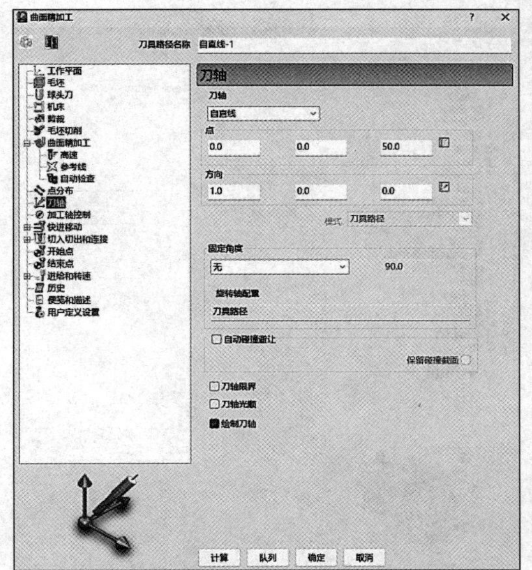

图 2-75

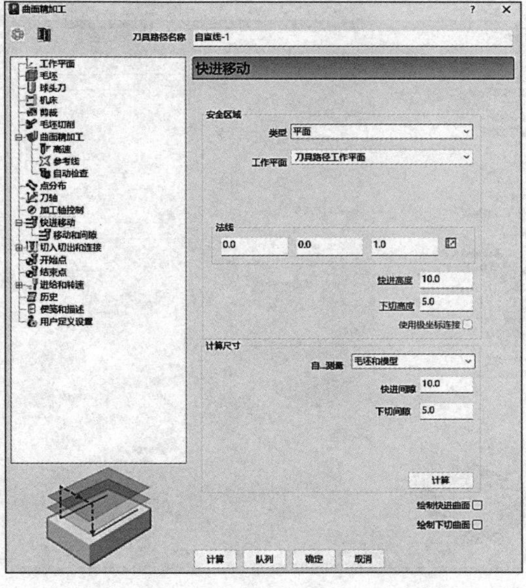

图 2-76

8）切入切出和连接：切入“无”，切出“无”，初次和最后切入切出勾选“单独初次切入”后选择“曲面法向圆弧”，线性移动 0.0，角度 45.0，半径 3.0；单击最后切出和初次切入相同按钮可以复制单独初次切入的参数到单独最后切出，连接：第一选择“直”（勾选“应用约束”：距离 <3.0），第二选择“掠过”，如图 2-77 所示。

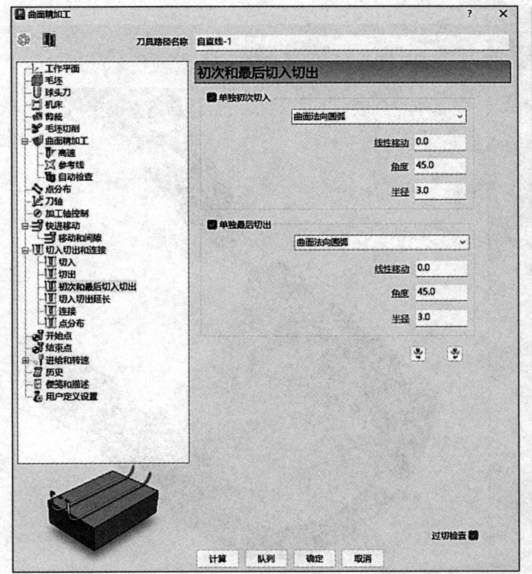

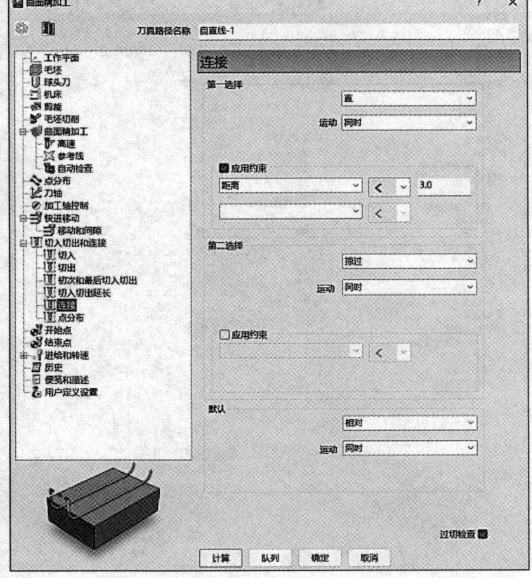

图 2-77

9）开始点选择“第一点安全高度”，结束点选择“最后一点安全高度”。勾选“单独进刀”及“单独退刀”，设定：接近距离 5.0，撤回距离 5.0，沿“刀轴”进刀与退刀，如图 2-78 所示。

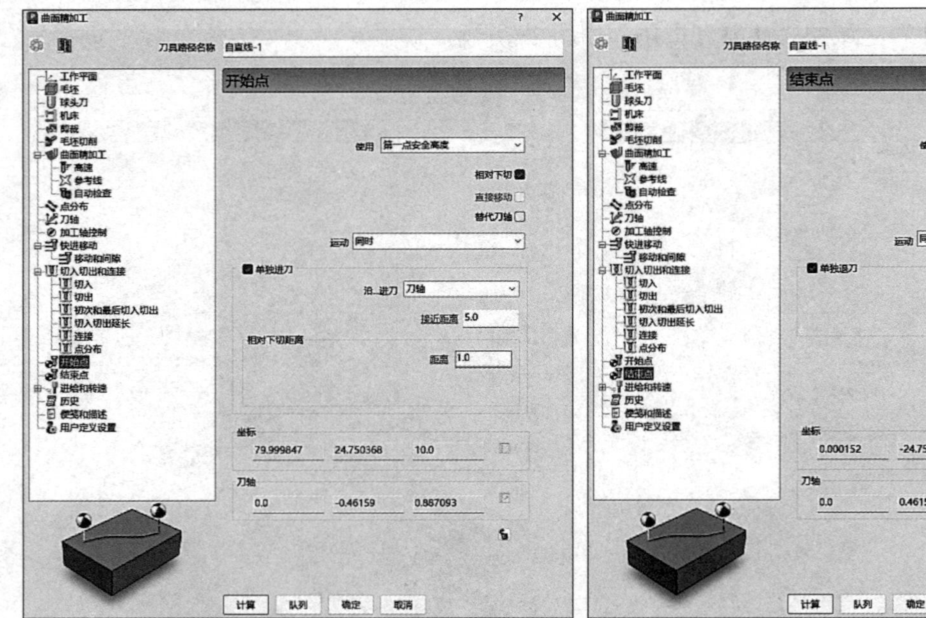

图 2-78

10）进给和转速：设定主轴转速 7000r/min、切削进给率 2000mm/min、下切进给率 1600mm/min、掠过进给率 6000mm/min，标准冷却，如图 2-79 所示。

11）单击需要加工的曲面，然后单击图 2-79 中的“计算”按钮，刀具路径如图 2-80 所示。

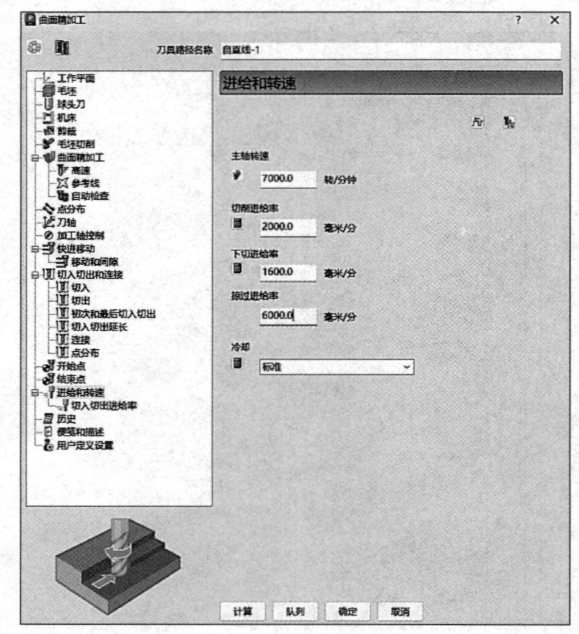

图 2-79

图 2-80

2.6.3 曲面精加工（自直线 -2）

步骤：单击“开始”→“刀具路径”图标→弹出“策略选择器”对话框→在“策略选择器”对话框中单击“精加工”→“曲面精加工”，如图 2-81 所示。

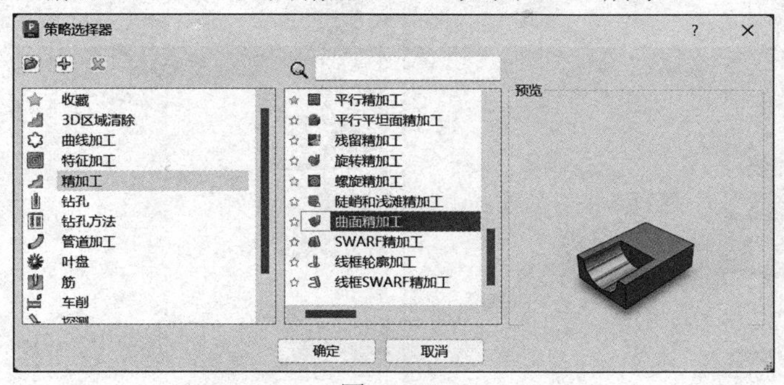

扫码观看视频

图 2-81

需要设定的参数如下：

1）刀具路径名称“自直线 -2”。

2）工作平面设置为“无”即可。

3）毛坯由“方框”定义，坐标系“激活工作平面”，单击“计算”按钮。

4）刀具：选择“D8R4”球头刀。

5）曲面精加工：曲面侧“外”，曲面单位“距离”，无过切公差 0.3，公差 0.01，余量 0.0，行距（距离）1.0。参考线：参考线方向“V”，加工顺序“双向”，开始角“最小 U 最小 V”，顺序“无”，如图 2-82 所示。

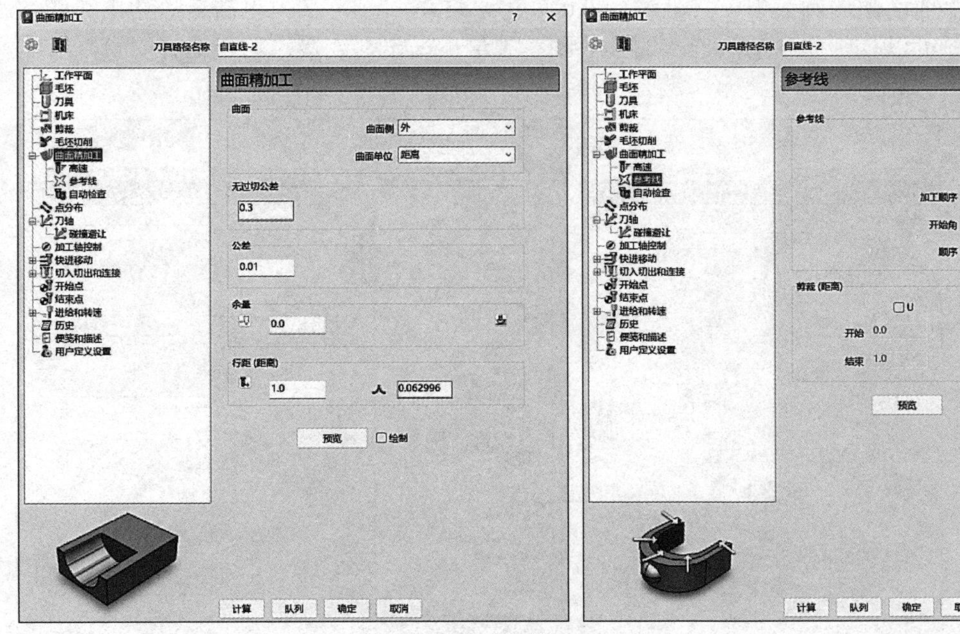

图 2-82

6）刀轴：选择“垂直”，固定角度“无”，勾选“自动碰撞避让”，碰撞避让：倾斜方法“指定方向”，刀具间隙：夹持间隙 1.0，刀柄间隙 1.0，光顺距离 16.0，指定方向：倾斜方向“自直线”。点（0.0，0.0，50.0），方向（1.0，0.0，0.0），如图 2-83 所示。

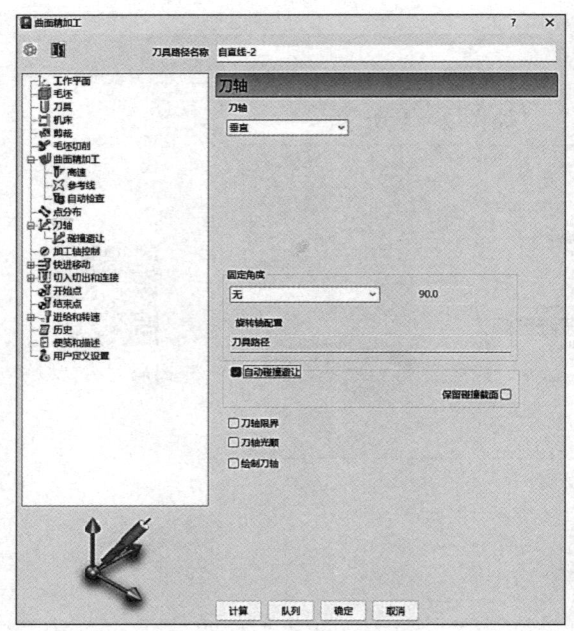

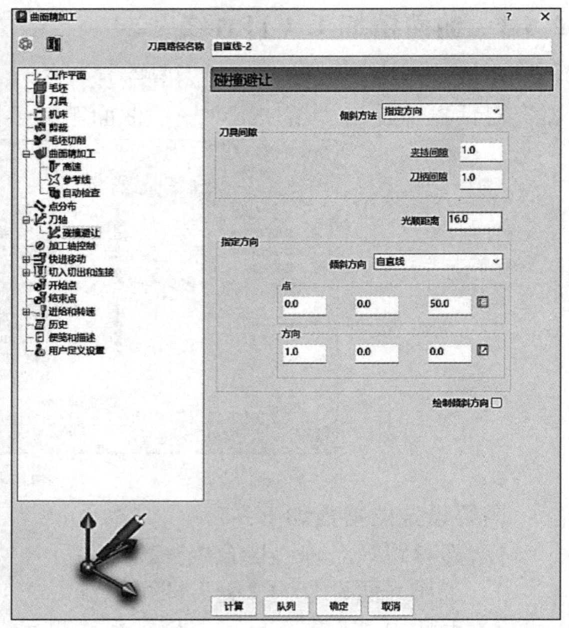

图 2-83

7）快进移动：安全区域类型选择“平面”，工作平面选择“刀具路径工作平面”，然后单击“计算尺寸”区域的“计算”按钮。

8）切入切出和连接：切入“无”，切出“无”，初次和最后切入切出勾选“单独初次切入”后选择“曲面法向圆弧”，线性移动 0.0，角度 45.0，半径 3.0；单击最后切出和初次切入相同按钮可以复制单独初次切入的参数到单独最后切出，连接：第一选择“直”（勾选“应用约束”：距离 <3.0），第二选择“掠过”，如图 2-84 所示。

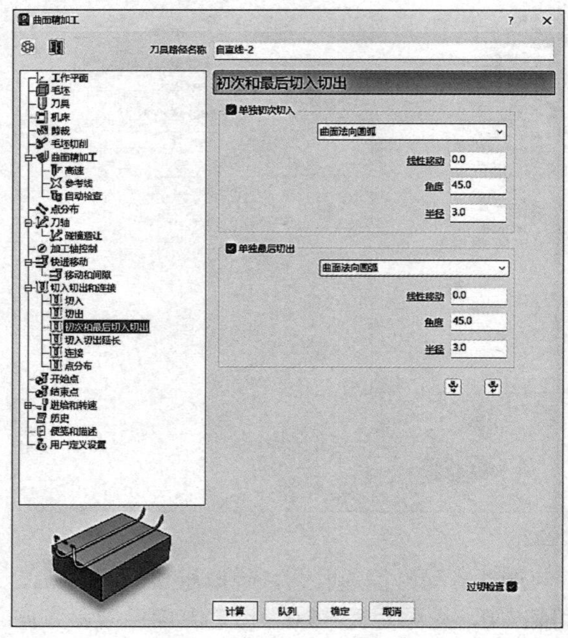

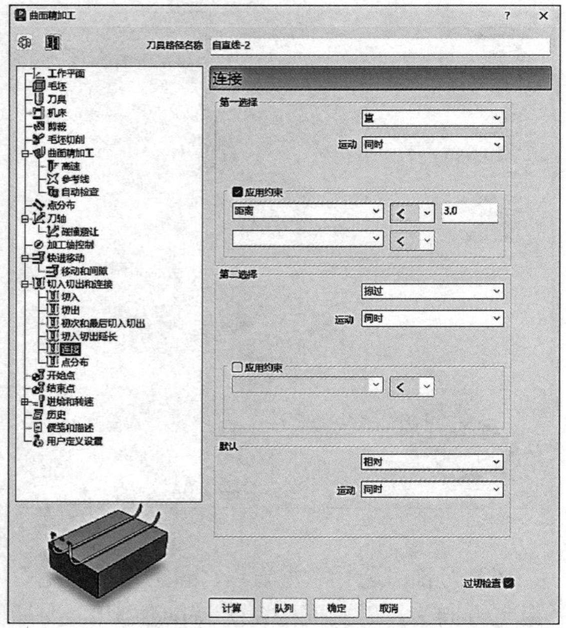

图 2-84

9）开始点选择“第一点安全高度”，结束点选择“最后一点安全高度”。勾选“单独进刀”及“单独退刀”，设定：接近距离 5.0，撤回距离 5.0，沿“刀轴”进刀与退刀，如图 2-85 所示。

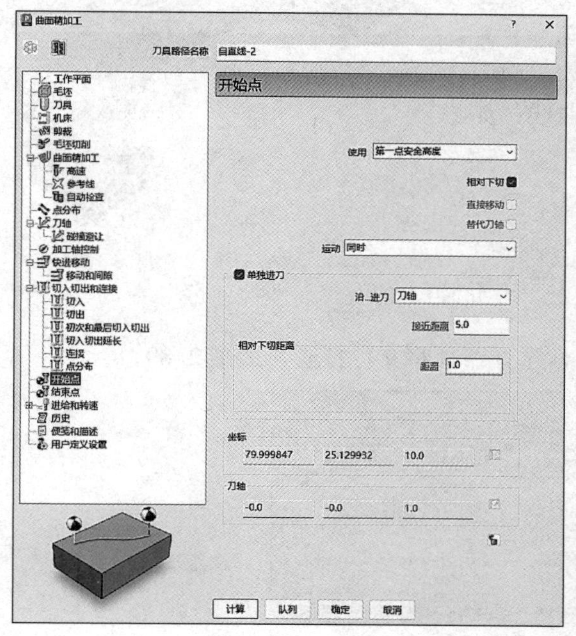

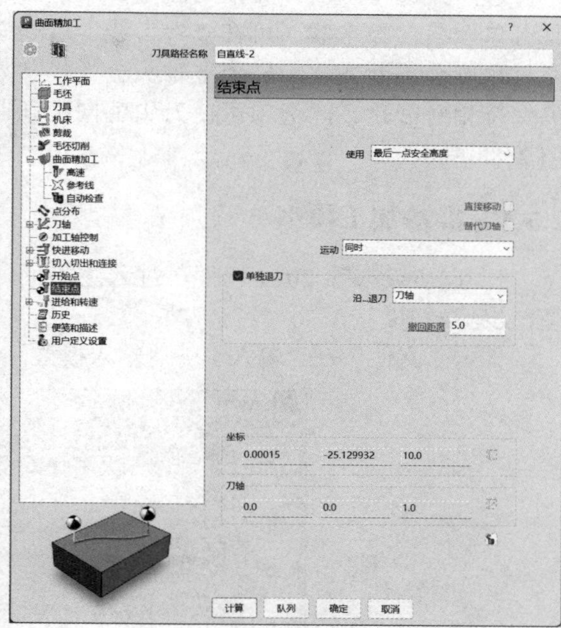

图 2-85

10）进给和转速：设定主轴转速 7000r/min、切削进给率 2000mm/min、下切进给率 1600mm/min、掠过进给率 6000mm/min，标准冷却，如图 2-86 所示。

11）单击需要加工的曲面，然后单击图 2-86 中的“计算”按钮，刀具路径如图 2-87 所示。

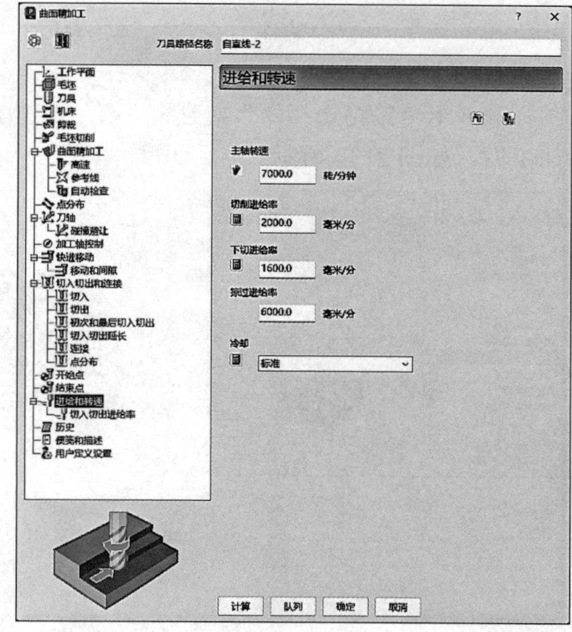

图 2-86

图 2-87

2.7 刀轴控制策略：朝向曲线

选择此选项时，刀尖指向固定曲线。曲线必须是具有单个段的参考线（可在“参考线”域中选择）。刀具角度会不断变化，机床主轴头会大幅移动，而刀尖保持相对静止。此选项可使刀尖朝向某条曲线，如图 2-88 所示。

图 2-88

2.7.1 准备加工模型

打开 PowerMill 2024 软件，进入主界面，输入模型，步骤如下：

单击“文件”→“输入”→“输入模型”，选择路径将文件打开，如图 2-89 所示。

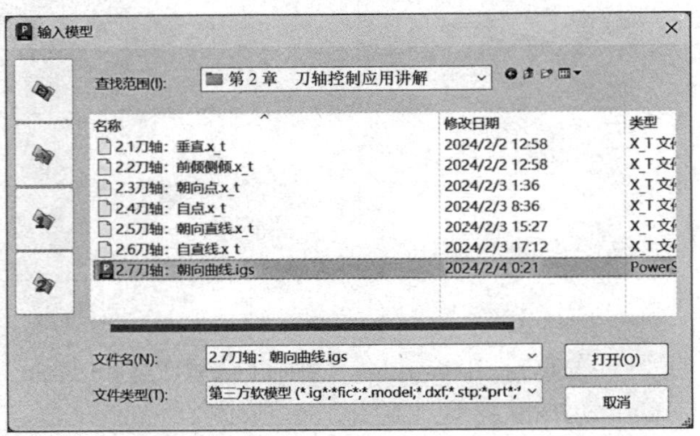

图 2-89

2.7.2 曲面精加工（朝向曲线）

步骤：单击“开始”→“刀具路径”图标→弹出“策略选择器”对话框，在“策略选择器”对话框中单击“精加工”→“曲面精加工”，如图 2-90 所示。

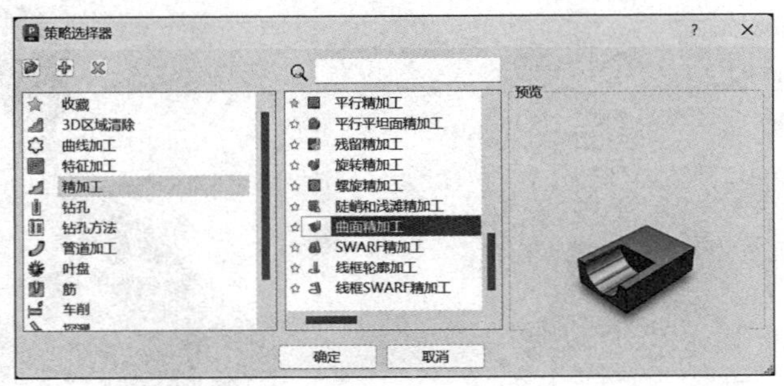

扫码观看视频

图 2-90

需要设定的参数如下：

1）刀具路径名称“朝向曲线”。

2）工作平面设置为“无”即可。

3）毛坯由“方框”定义，坐标系“激活工作平面”，单击“计算”按钮。

4）刀具：创建“D8R4”球头刀，选择①编辑→②夹持→③打开“刀柄”文件→④修改伸出 20mm，如图 2-91 所示。

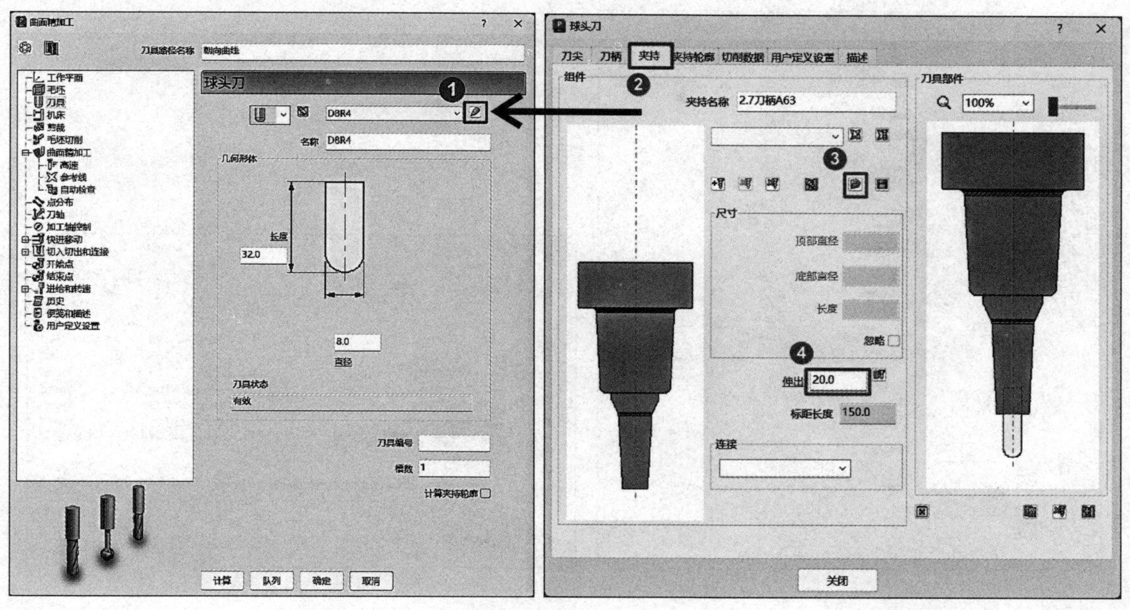

图 2-91

5）曲面精加工：曲面侧“外”，曲面单位“距离”，无过切公差 0.3，公差 0.1，余量 0.0，行距（距离）1.0。参考线：参考线方向“V”，加工顺序“双向”，开始角“最小 U 最小 V”，顺序“无”，如图 2-92 所示。

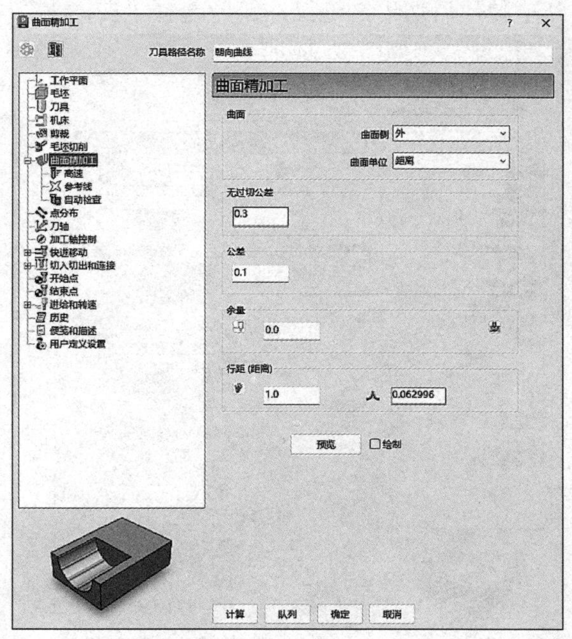

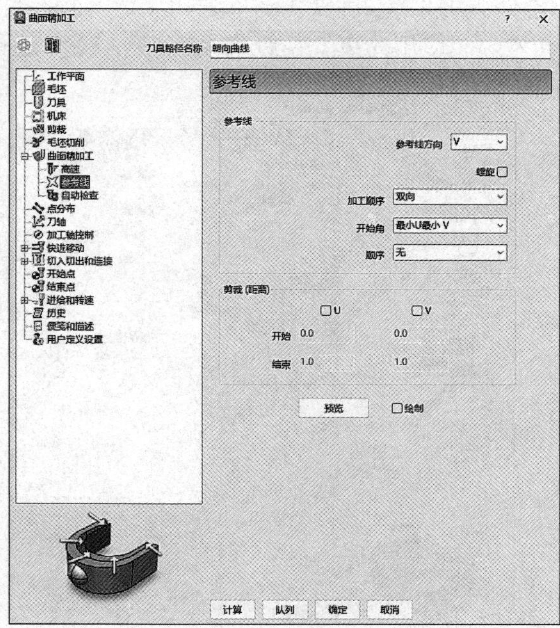

图 2-92

6）刀轴：选择“朝向曲线”，单击创建新的参考线（图 2-93 中①），在资源管理器中找到参考线 1，右击，单击“插入”→“文件”，弹出“打开参考线”对话框，选“2.7 曲线 .dgk”，单击“打开”按钮，固定角度“无”，如图 2-93 所示。

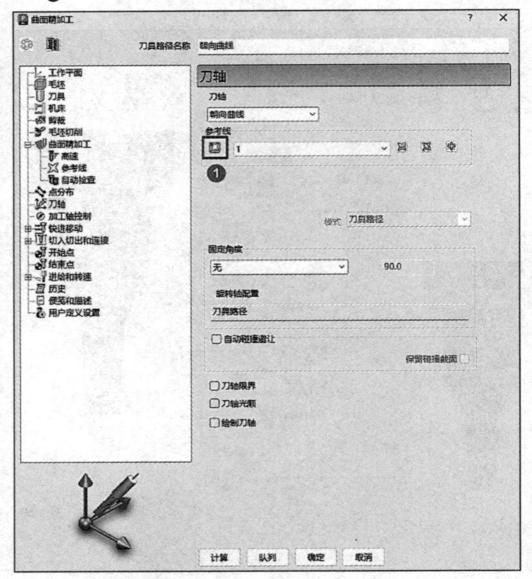

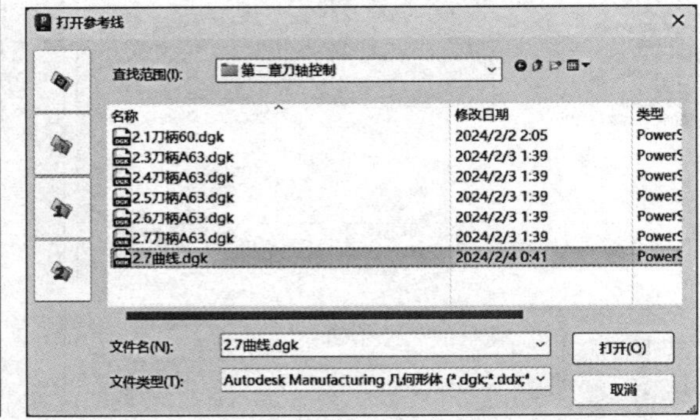

图 2-93

7）快进移动：安全区域类型选择“平面”，工作平面选择“刀具路径工作平面”，然后单击计算尺寸里计算。

8）切入切出和连接：切入“无”，切出“无”，初次和最后切入切出，勾选“单独初次切入”后选择“曲面法向圆弧”，线性移动 0.0，角度 45.0，半径 3.0；单击最后切出和初次切入相同按钮可以复制单独初次切入的参数到单独最后切出，连接：第一选择“曲面上”（勾选“应用约束”：距离 <10.0），第二选择“掠过”，如图 2-94 所示。

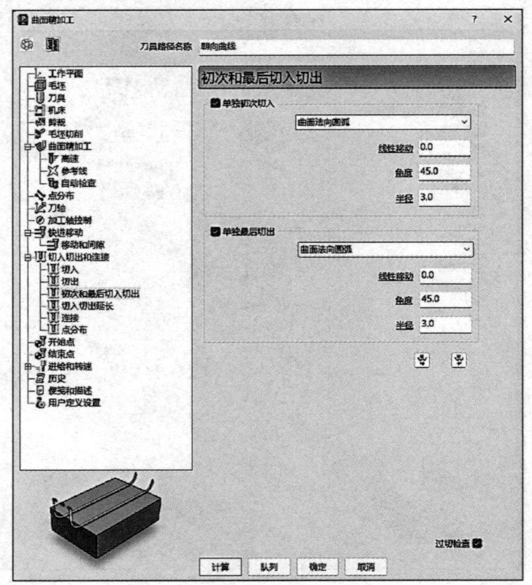

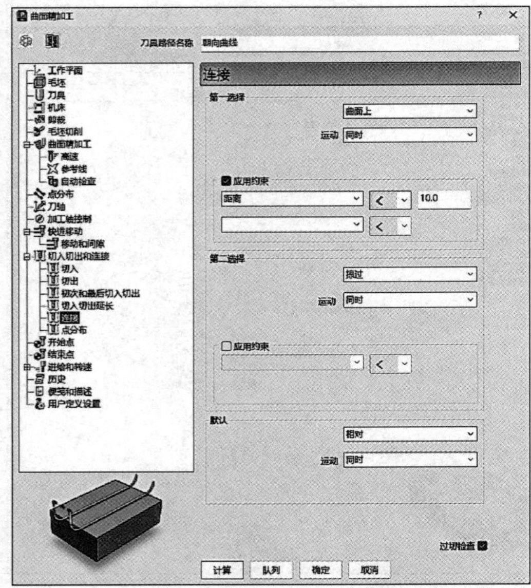

图 2-94

9）开始点选择“第一点安全高度”，结束点选择“最后一点安全高度”。勾选“单独进刀”及“单独退刀”，设定：接近距离 5.0，撤回距离 5.0，沿“刀轴”进刀与退刀，如图 2-95 所示。

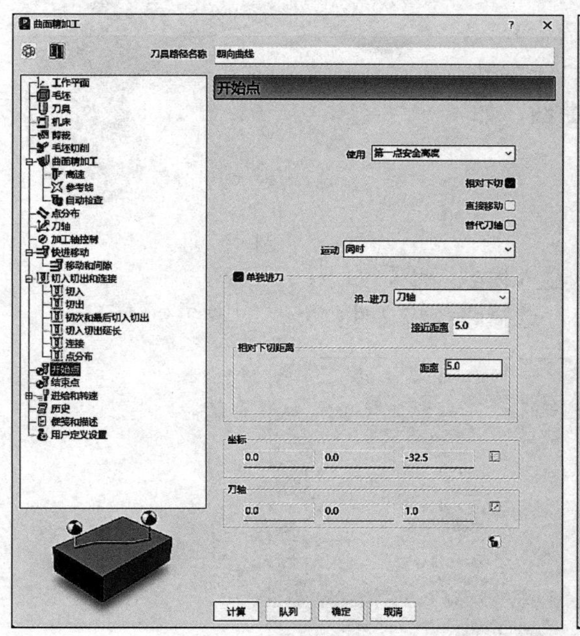

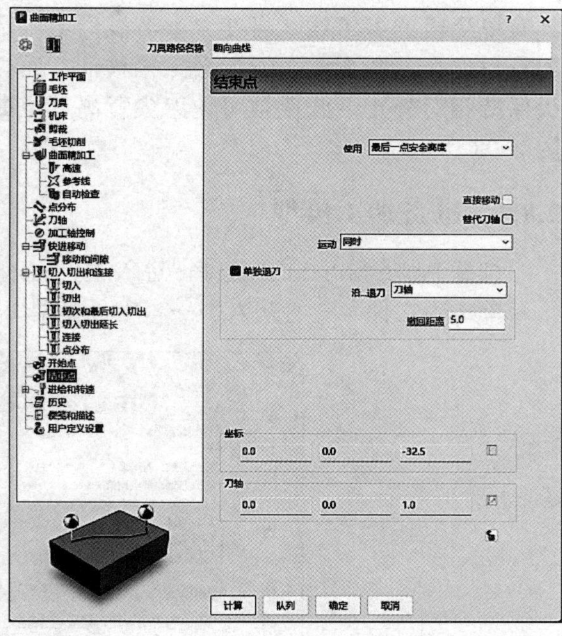

图 2-95

10）进给和转速：设定主轴转速 7000r/min、切削进给率 2000mm/min、下切进给率 1600mm/min、掠过进给率 3000mm/min，标准冷却，如图 2-96 所示。

11）单击需要加工的曲面，然后单击图 2-96 中的“计算”按钮，刀具路径如图 2-97 所示。

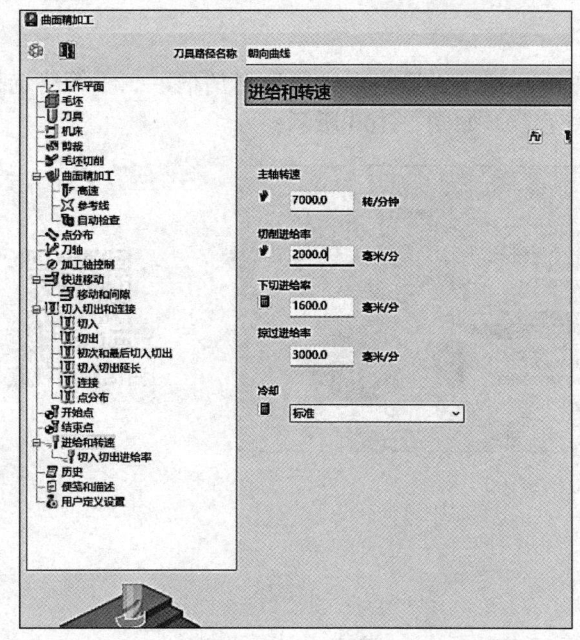

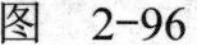

图 2-96

扫码观看
刀具路径彩图

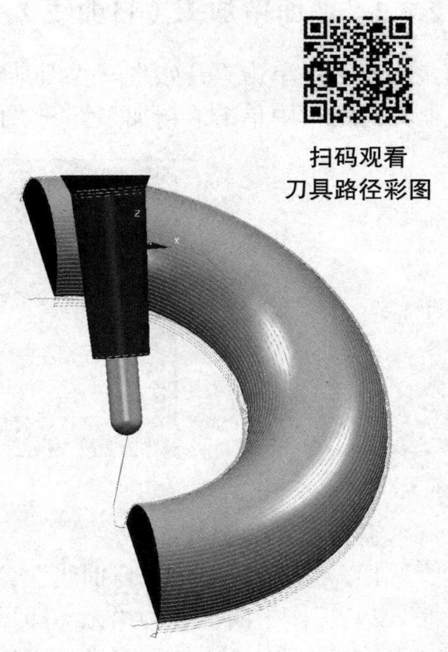

图 2-97

2.8 刀轴控制策略：自曲线

选择此选项时，刀尖背离固定曲线。曲线必须是具有单个段的参考线（可在“参考线”域中选择）。刀具角度会不断变化，刀尖会大幅移动，而机床主轴头保持相对静止。此选项可使刀尖背离某条曲线，如图 2-98 所示。

图 2-98

2.8.1 准备加工模型

打开 PowerMill 2024 软件，进入主界面，输入模型，步骤如下：

单击“文件”→“输入”→“输入模型”，选择路径将文件打开，如图 2-99 所示。

图 2-99

2.8.2 曲面精加工（自曲线）

步骤：单击“开始”→“刀具路径”图标→弹出“策略选择器”对话框，在“策略选择器”对话框中单击“精加工”→“曲面精加工”，如图 2-100 所示。

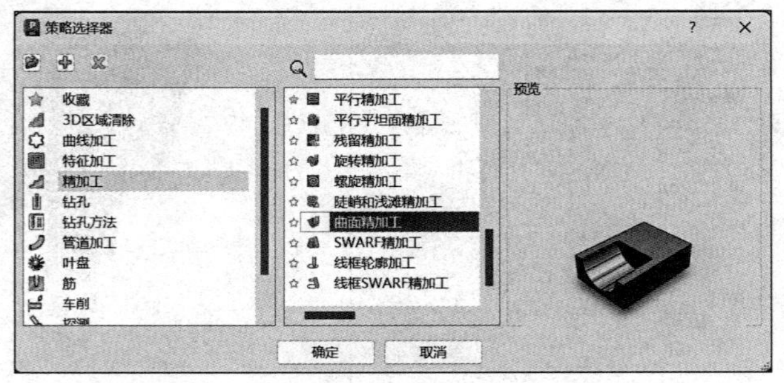

图 2-100

扫码观看视频

需要设定的参数如下：

1）刀具路径名称“自曲线”。

2）工作平面设置为“无”即可。

3）毛坯由“方框”定义，坐标系“激活工作平面”，单击“计算”按钮。

4）刀具：创建“D8R4”球头刀，选择①编辑→②夹持→③打开“刀柄”文件→④修改伸出 20mm，如图 2-101 所示。

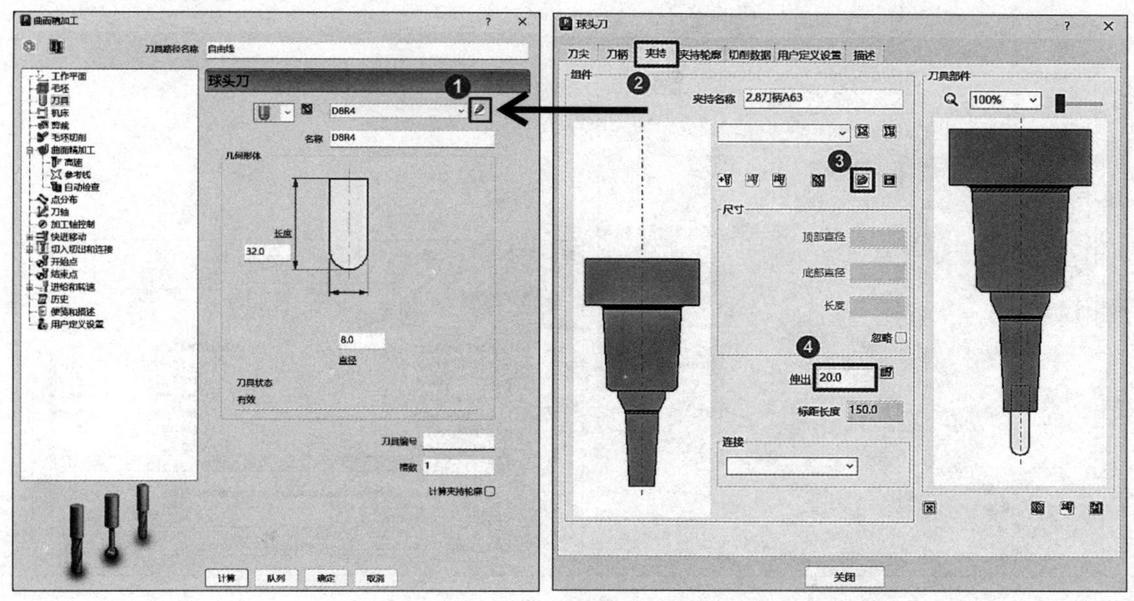

图 2-101

5）曲面精加工：曲面侧“外”，曲面单位“距离”，无过切公差 0.3，公差 0.1，余量 0.0，行距（距离）1.0。参考线：参考线方向“U”，加工顺序“双向”，开始角“最小 U 最小 V”，顺序“无”，如图 2-102 所示。

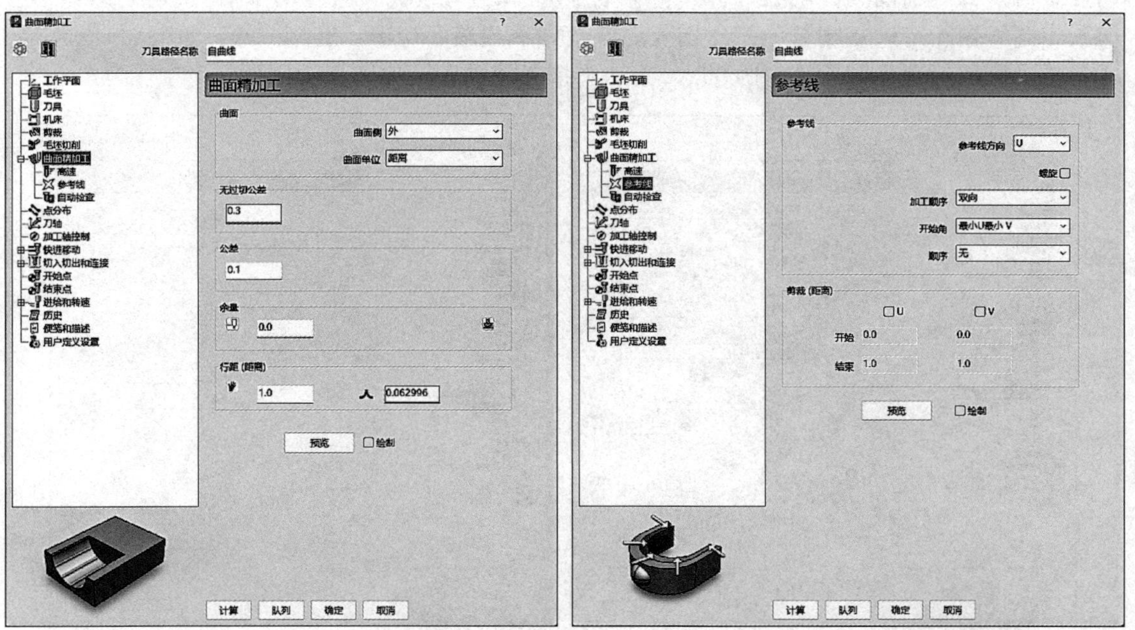

图 2-102

6）刀轴：选择“自曲线”，单击创建新的参考线①，在资源管理器中找到参考线 1，右击，单击“插入”→“文件”，弹出“打开参考线”对话框，选“2.8 曲线 .dgk”，单击“打开”按钮，固定角度“无”，如图 2-103 所示。

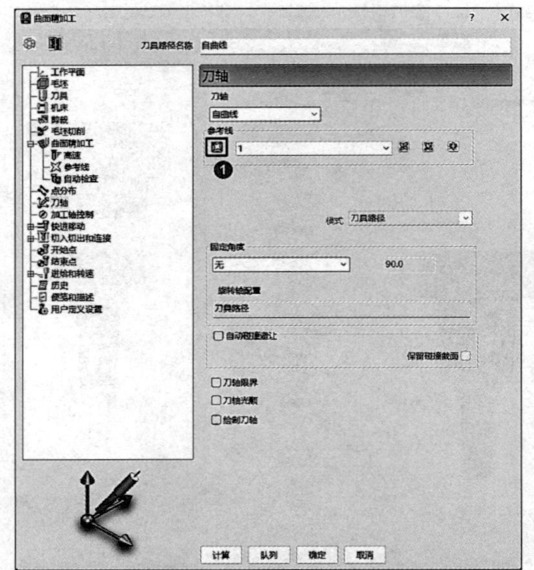

图 2-103

7）快进移动：安全区域类型选择“平面”，工作平面选择“刀具路径工作平面”，然后单击“计算尺寸”区域的“计算”按钮。

8）切入切出和连接：切入“无”，切出“无”，初次和最后切入切出勾选“单独初次切入”后选择“曲面法向圆弧”，线性移动 0.0，角度 45.0，半径 3.0；单击最后切出和初次切入相同按钮可以复制单独初次切入的参数到单独最后切出，连接：第一选择“曲面上”（勾选“应用约束”：距离 <10.0），第二选择“掠过”，如图 2-104 所示。

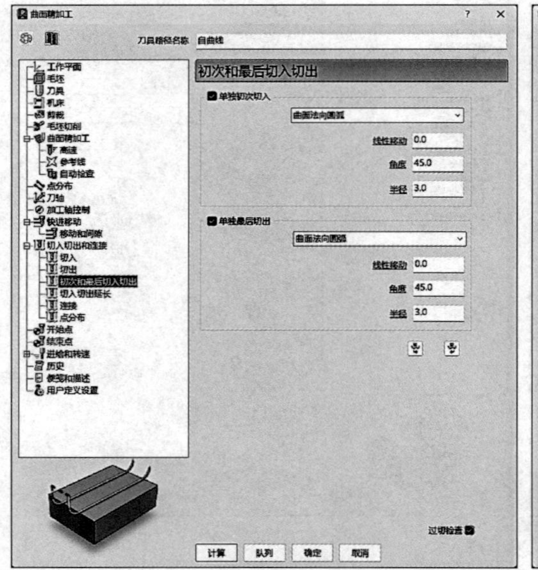

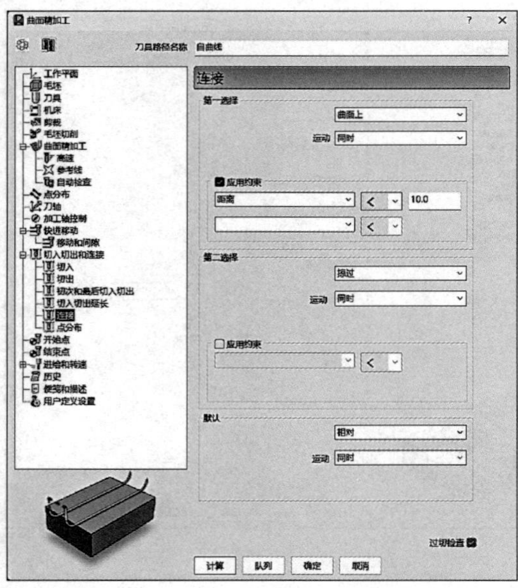

图 2-104

9）开始点选择“第一点安全高度”，结束点选择“最后一点安全高度”。勾选“单独进刀”及“单独退刀”，设定：接近距离 5.0，撤回距离 5.0，沿“刀轴”进刀与退刀，如图 2-105 所示。

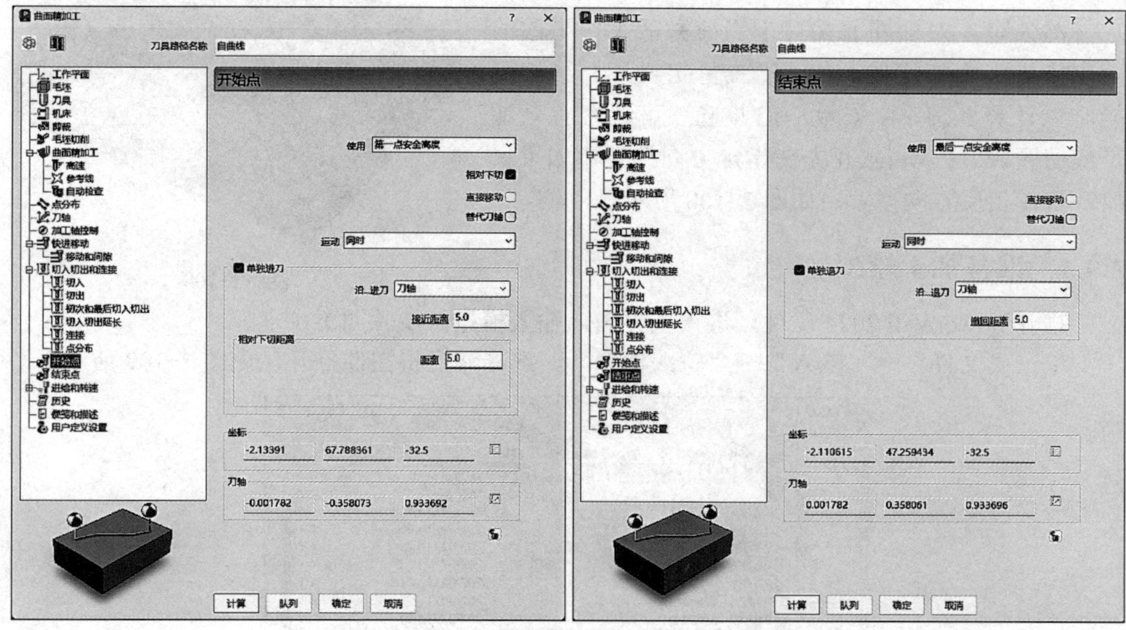

图 2-105

10）进给和转速：设定主轴转速 7000r/min、切削进给率 2000mm/min、下切进给率 1600mm/min、掠过进给率 3000mm/min，标准冷却，如图 2-106 所示。

11）单击需要加工的曲面，然后单击图 2-106 中的“计算”按钮，刀具路径如图 2-107 所示。

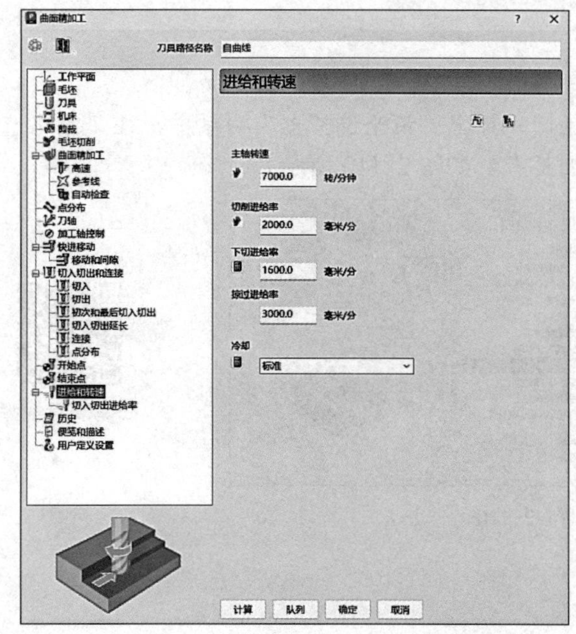

图 2-106

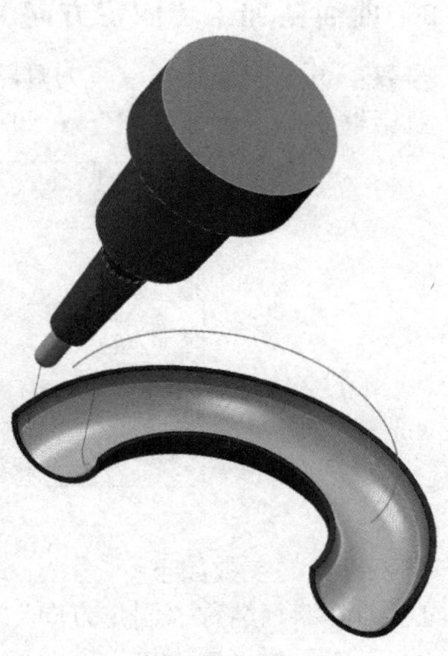

图 2-107

2.9 刀轴控制策略：固定方向

选择此选项时，刀轴的朝向始终遵循 I、J、K 定义的矢量。刀轴朝着相对于当前激活工作平面的固定方向（由指定的 I、J、K 矢量定义）。虽然可能难以计算 I、J、K 矢量，但此选项可让您有效加工底切区域。PowerMill 先在指定方向搜索，如果失败，将在相反方向搜索，如图 2-108 所示。

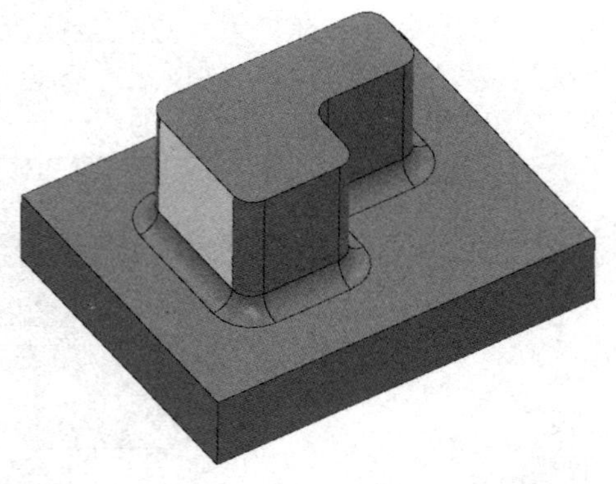

图 2-108

2.9.1 准备加工模型

打开 PowerMill 2024 软件，进入主界面，输入模型，步骤如下：

单击“文件”→“输入”→“输入模型”，选择路径将文件打开，如图 2-109 所示。

图 2-109

2.9.2 曲面精加工（固定方向）

步骤：单击“开始”→“刀具路径”图标→弹出“策略选择器”对话框，在“策略选择器”对话框中单击“精加工”→“曲面精加工”，如图 2-110 所示。

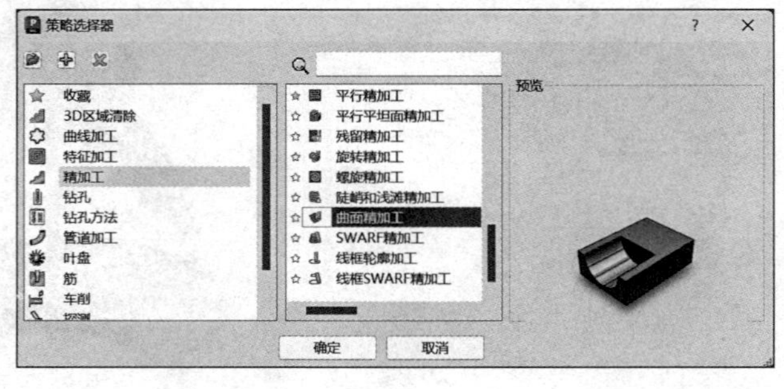

扫码观看视频

图 2-110

需要设定的参数如下：

1）刀具路径名称“固定方向”。

2）工作平面设置为“无”即可。

3）毛坯由“方框”定义，坐标系“激活工作平面”，单击“计算”按钮。

4）刀具：创建“D8R4”球头刀，选择①编辑→②夹持→③打开“刀柄”文件→④修改伸出 20mm，如图 2-111 所示。

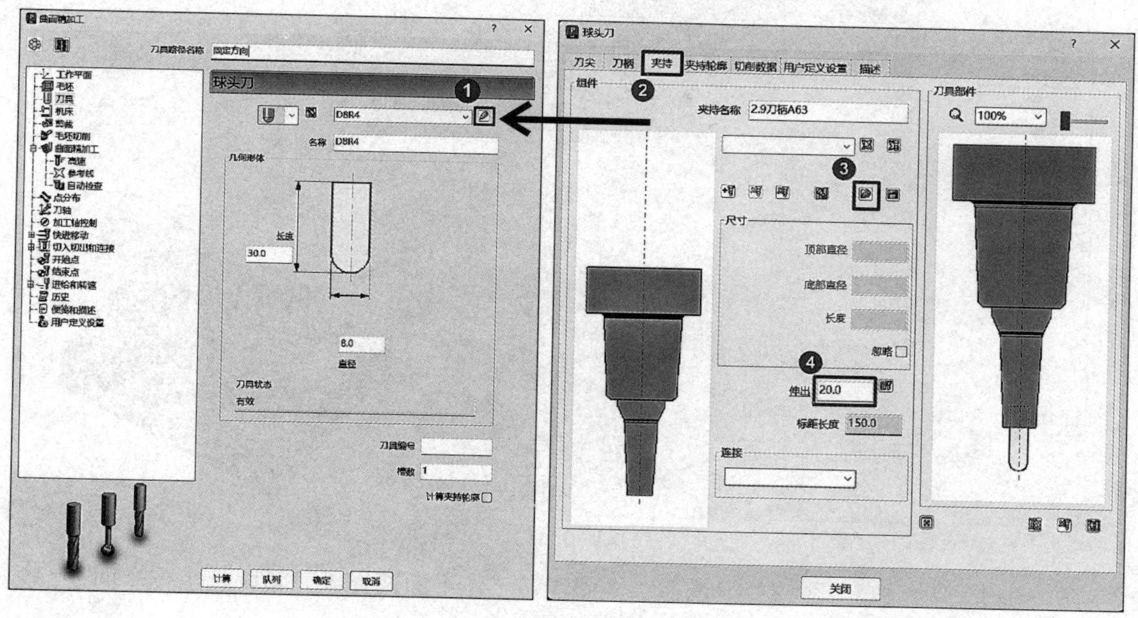

图 2-111

5）曲面精加工：曲面侧“外”，曲面单位“距离”，无过切公差 0.3，公差 0.1，余量 0.0，行距（距离）2.0。参考线：参考线方向“V”，加工顺序“双向”，开始角“最大 U 最大 V”，顺序“无”，如图 2-112 所示。

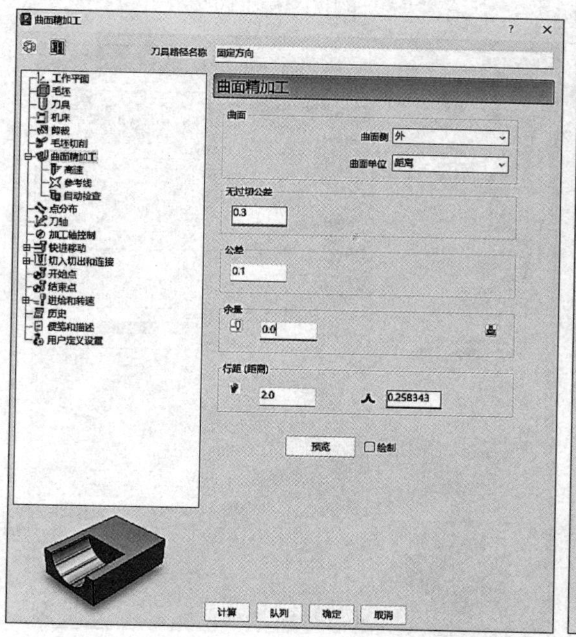

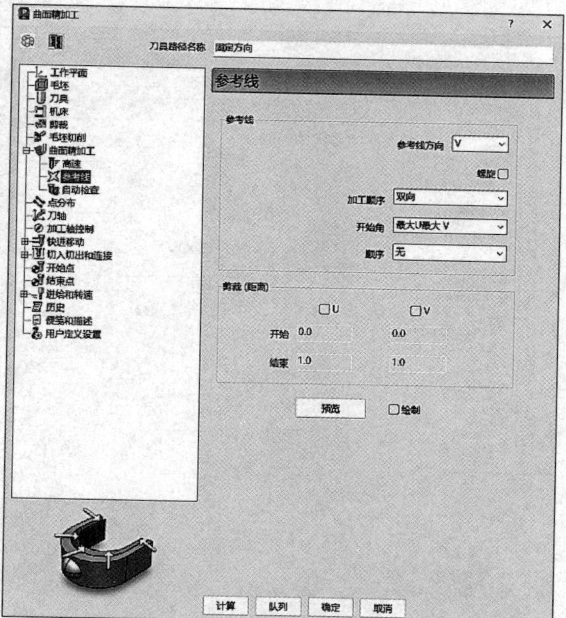

图 2-112

6）刀轴：选择“固定方向”，方向（-1.0，0.0，1.0），勾选“绘制刀轴”，如图 2-113 所示。

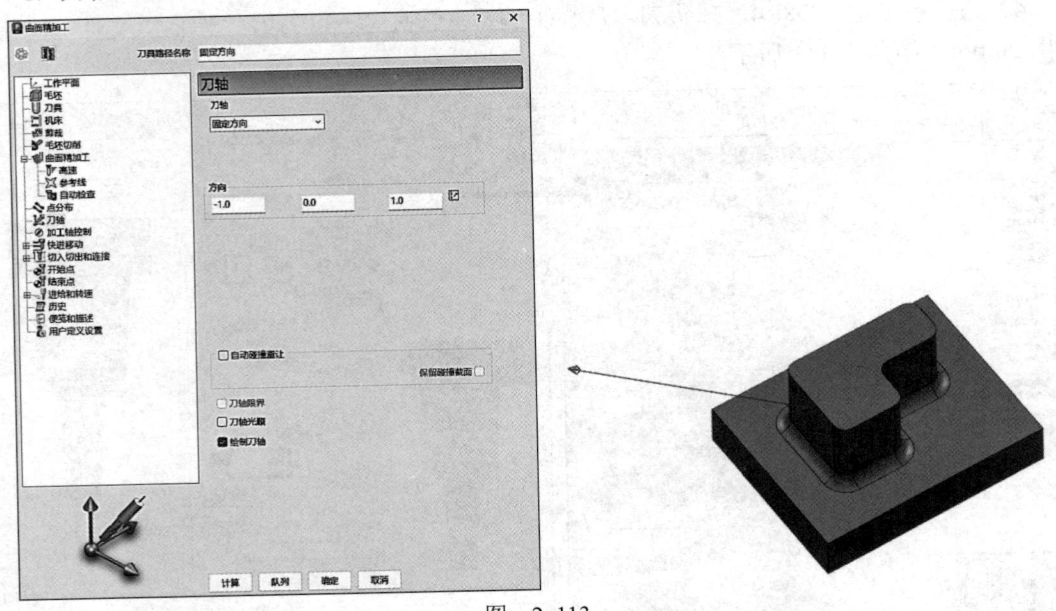

图 2-113

7）快进移动：安全区域类型选择“平面”，工作平面选择“刀具路径工作平面”，然后单击“计算尺寸”区域的“计算”按钮。

8）切入切出和连接：切入“无”，切出“无”，初次和最后切入切出勾选“单独初次切入”后选择“曲面法向圆弧”，线性移动 0.0，角度 45.0，半径 3.0；单击最后切出和初次切入相同按钮可以复制单独初次切入的参数到单独最后切出，连接：第一选择“圆形圆弧”（勾选“应用约束”：距离 <10.0），第二选择“安全高度”，如图 2-114 所示。

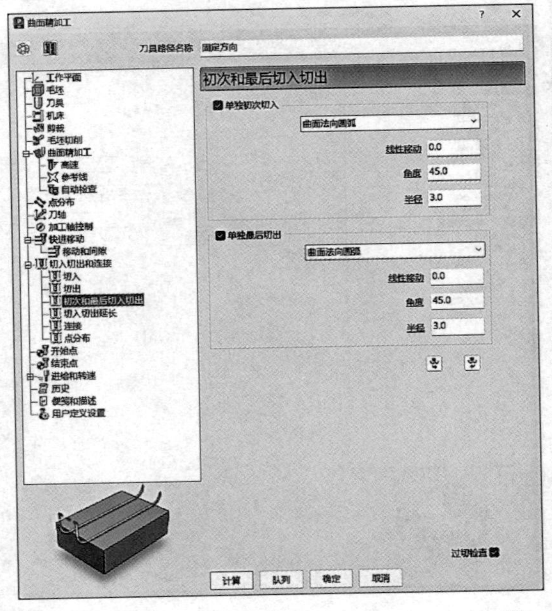

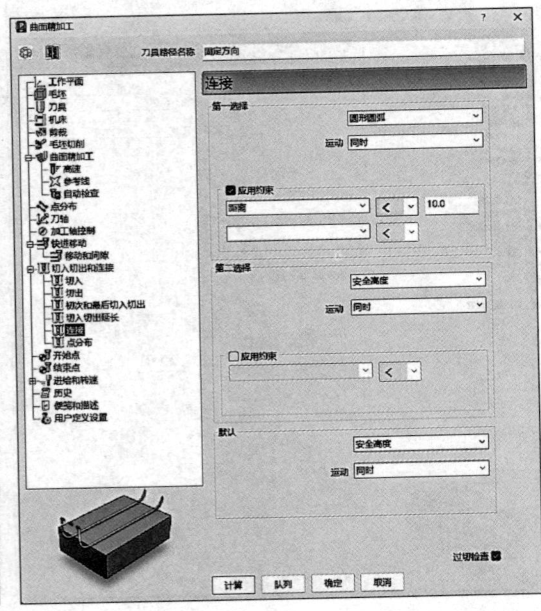

图 2-114

9）开始点选择“第一点安全高度”，结束点选择“最后一点安全高度”，如图 2-115 所示。

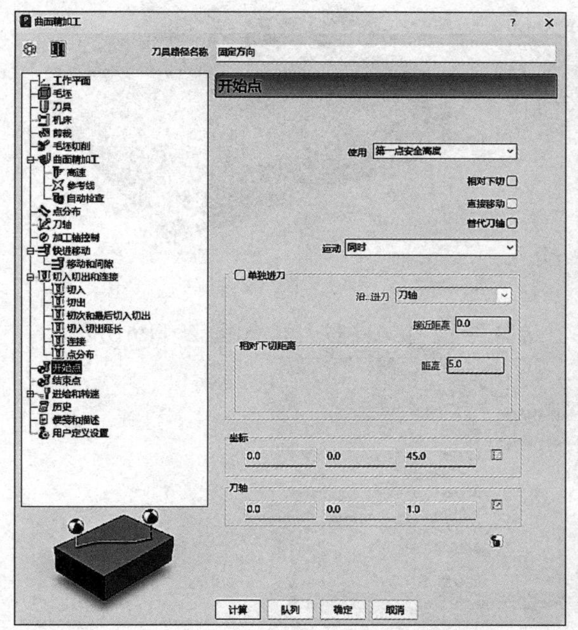

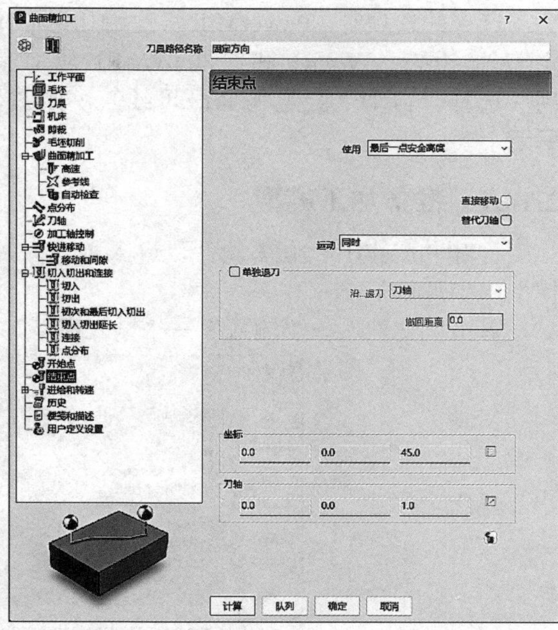

图 2-115

10）进给和转速：设定主轴转速 7000r/min、切削进给率 2000mm/min、下切进给率 1600mm/min、掠过进给率 3000mm/min，标准冷却，如图 2-116 所示。

11）单击需要加工的曲面，然后单击图 2-116 中的“计算”按钮，刀具路径如图 2-117 所示。

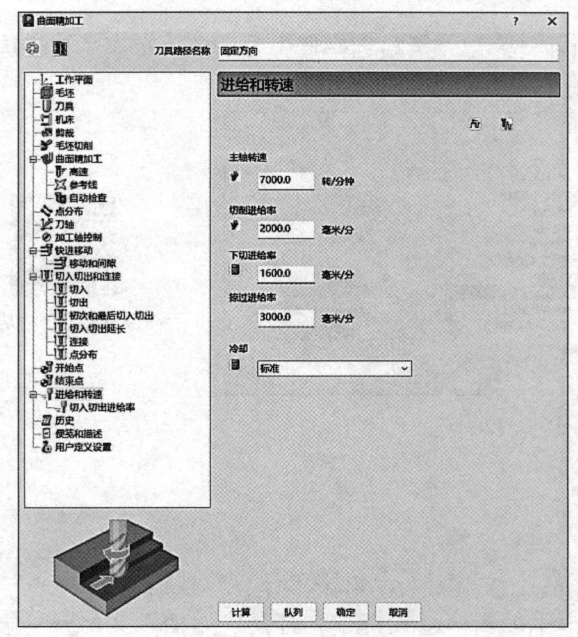

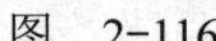
图 2-116

图 2-117

2.10　刀轴控制策略：自动

选择此选项时，PowerMill 将使用几何形体来确定刀轴。这对 SWARF 和线框 SWARF 加工非常有用（选择“自动”会遵循曲面母线），如图 2-118 所示。

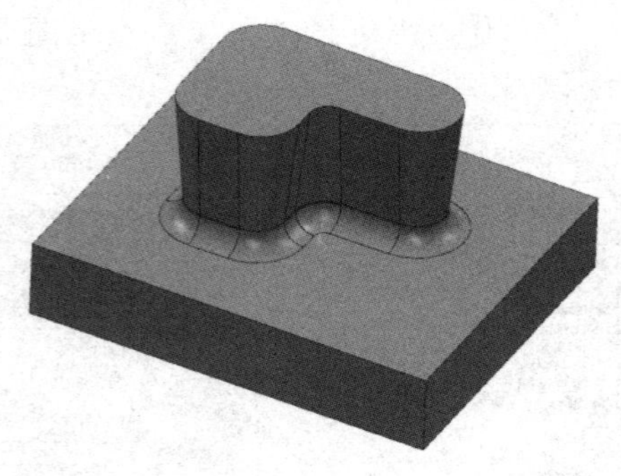

图　2-118

2.10.1　准备加工模型

打开 PowerMill 2024 软件，进入主界面，输入模型，步骤如下：

单击“文件”→“输入”→“输入模型”，选择路径将文件打开，如图 2-119 所示。

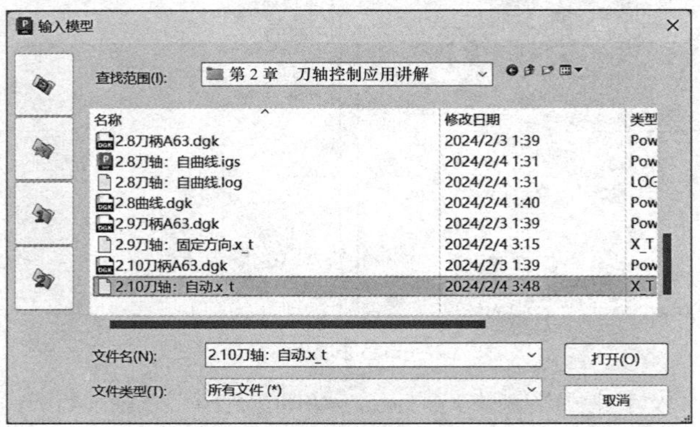

图　2-119

2.10.2　SWARF 精加工（自动）

步骤：单击“开始”→“刀具路径”图标→弹出“策略选择器”对话框→单击“策略选择器”对话框中的“精加工”→“SWARF 精加工”，如图 2-120 所示。

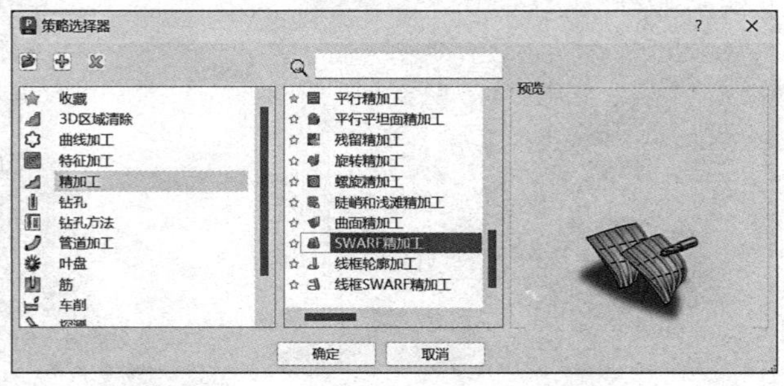

图　2-120

扫码观看视频

需要设定的参数如下：

1）刀具路径名称“自动”。

2）工作平面设置为“无”即可。

3）毛坯由“方框”定义，坐标系“激活工作平面”，单击“计算”按钮。

4）刀具：创建“D8R4”球头刀，选择①编辑→②夹持→③打开“刀柄”文件→④修改伸出 35mm，如图 2-121 所示。

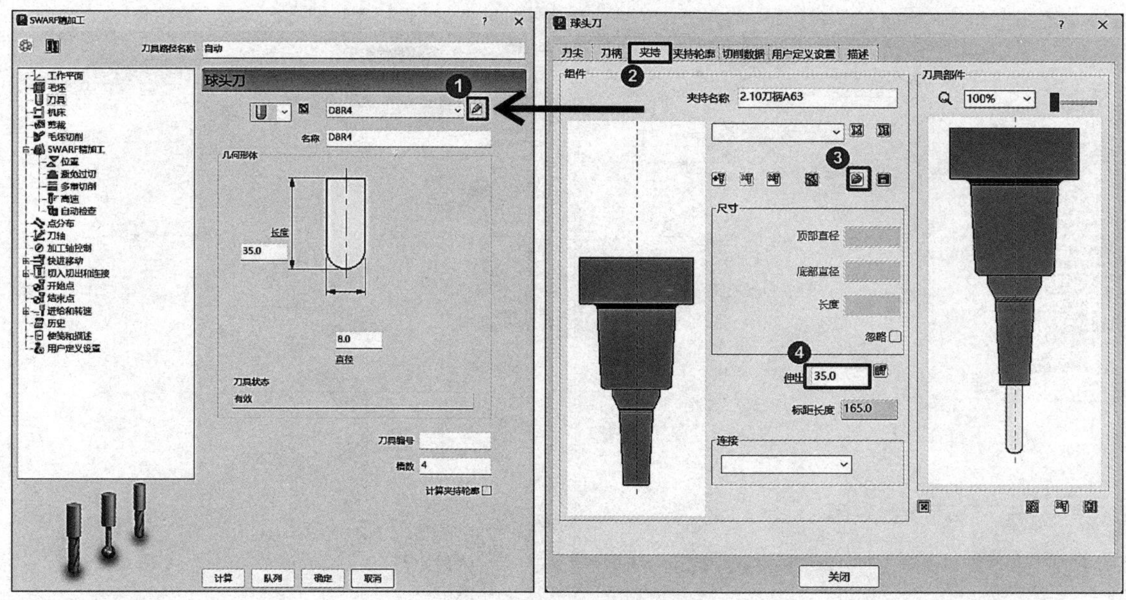

图　2-121

5）SWARF 精加工：驱动曲线曲面侧“外”，平均轴对齐“沿 Z 轴”，径向偏移 0.0，最小展开距离 0.0，勾选“在平面末端展开”，曲面连接公差 0.3，避免过切（勾选“过切检查”，无过切公差 0.05）公差 0.003，切削方向“任意”，余量 0.04。位置：下限（底部位置“底部”，偏移 0.0）。避免过切：策略“跟踪”，上限“顶部”，偏移 0.0，无过切公差 0.05。多重切削：模式“合并”，排序方式“区域”，上限“顶部”，偏移 0.0，最大下切步距“2.0”，如图 2-122 所示。

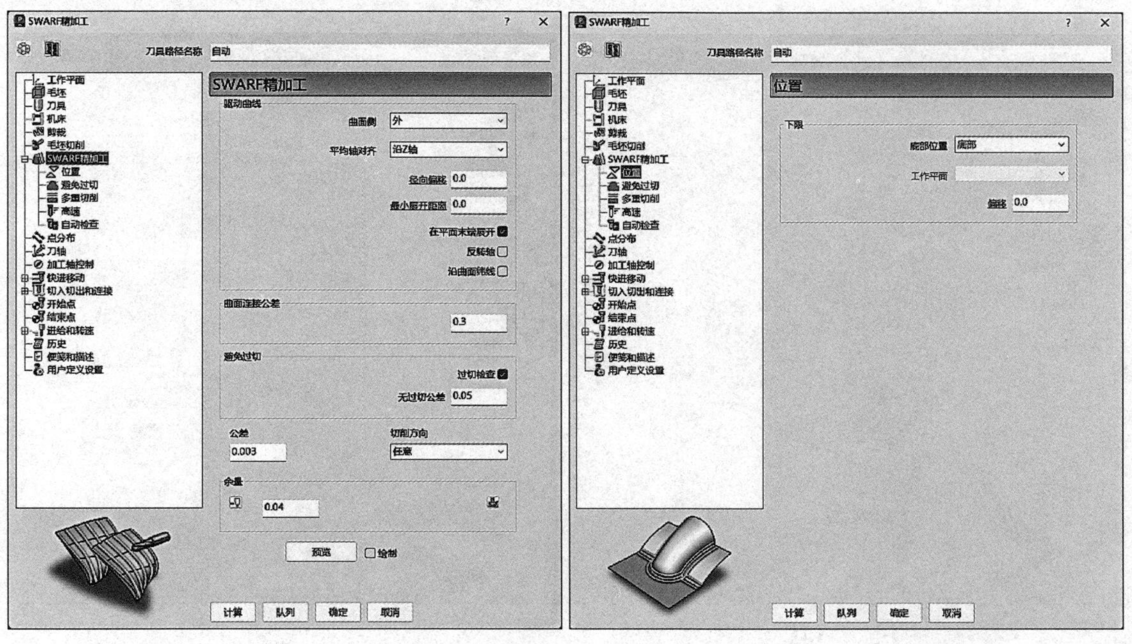

a）　　　　b）

图　2-122

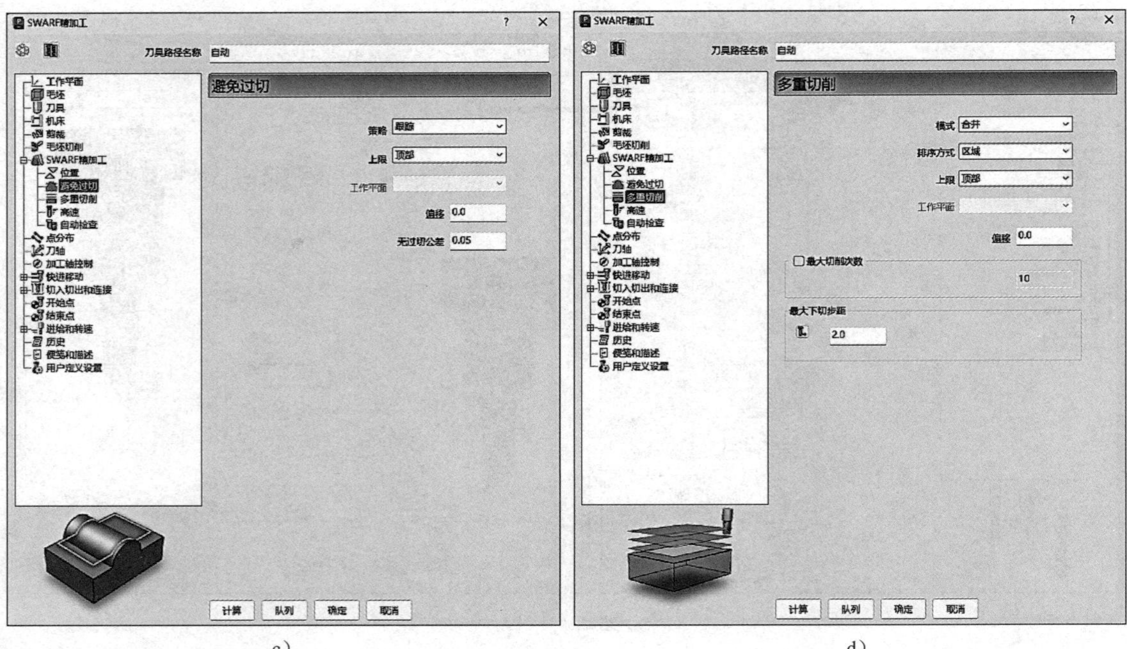

c)　　　　d)

图　2-122（续）

6）刀轴：选择“自动”，如图 2-123 所示。

7）快进移动：安全区域类型选择“平面”，工作平面选择“刀具路径工作平面”，然后单击“计算尺寸”区域的“计算”按钮，如图 2-124 所示。

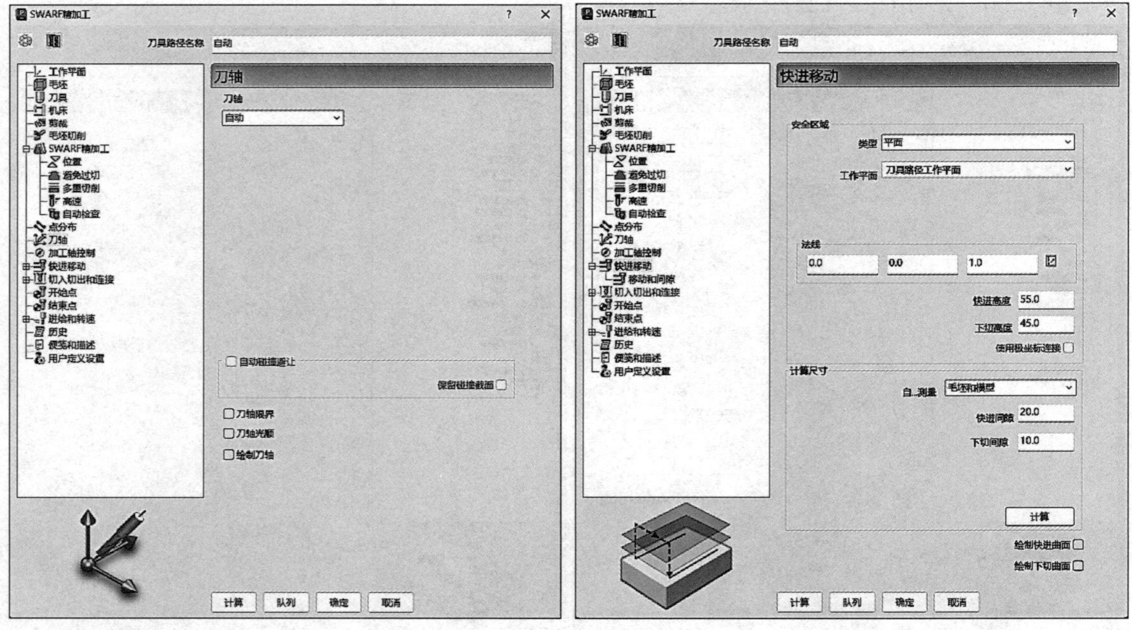

图　2-123　　　　图　2-124

8）切入切出和连接：切入第一选择“曲面法向圆弧”，线性移动 0.0，角度 90.0，半径 3.0；单击切出和切入相同按钮可以复制切入的参数到切出，连接：第一选择“圆形圆弧”（勾选“应用约束”：距离 <20.0），第二选择“安全高度”，如图 2-125 所示。

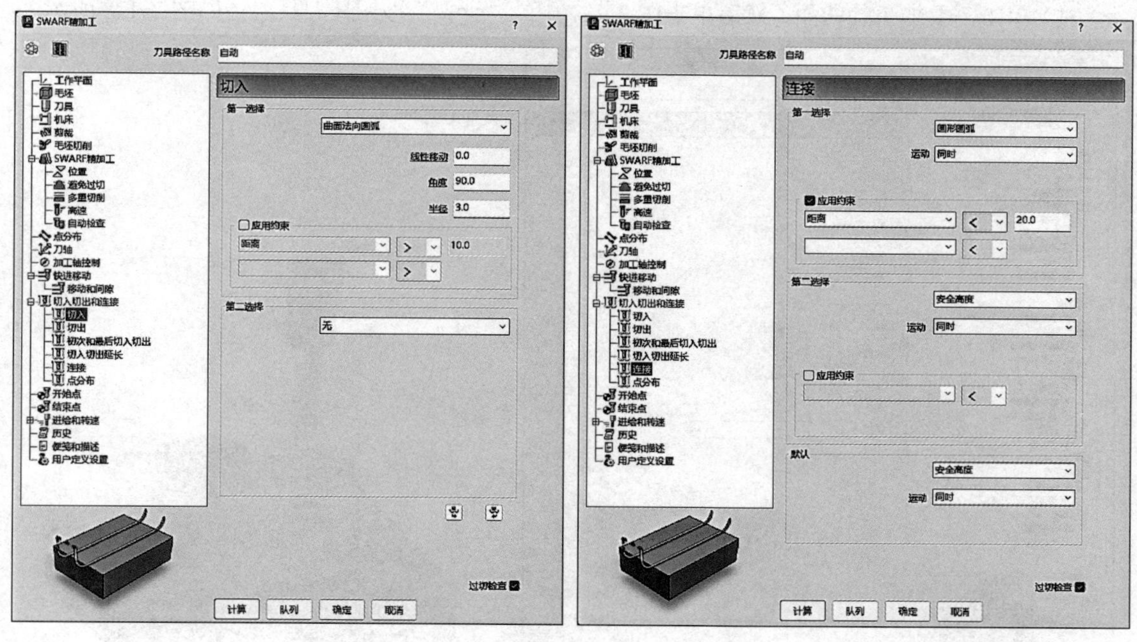

图 2-125

9）开始点选择“第一点安全高度”，结束点选择“最后一点安全高度”，如图 2-126 所示。

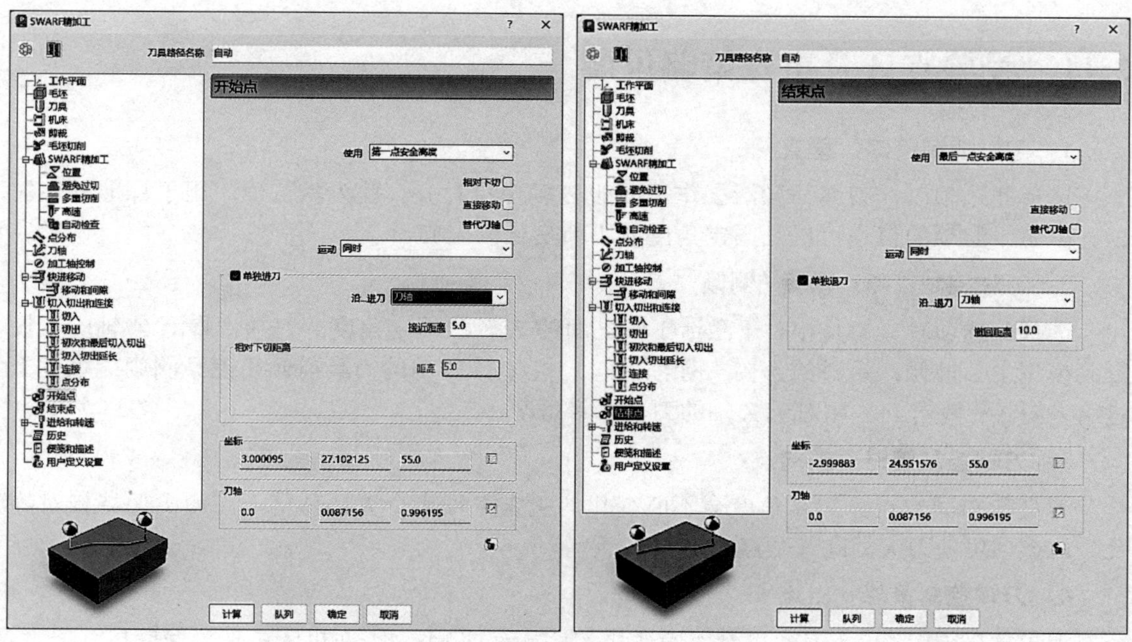

图 2-126

10）进给和转速：设定主轴转速 7000r/min、切削进给率 2000mm/min、下切进给率 1600mm/min、掠过进给率 3000mm/min，标准冷却，如图 2-127 所示。

11）单击需要加工的曲面，然后单击图 2-127 中的“计算”按钮，刀具路径如图 2-128 所示。

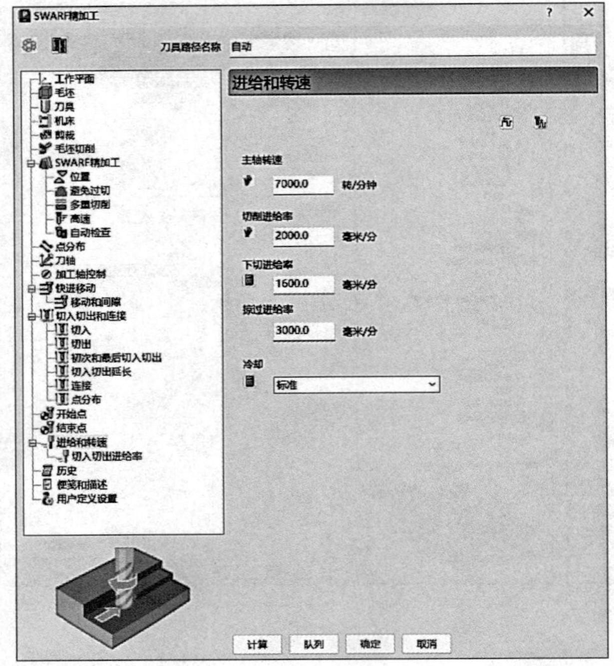

图 2-127

图 2-128

2.11 经验点评及重点策略说明

1. 刀轴控制策略：垂直

选择此选项时，刀具与激活工作平面的 Z 轴保持对齐。此为默认值，用于标准三轴加工。但是，此项的值也可以是固定角度或不断变化的方向。

2. 刀轴控制策略：前倾 / 侧倾

选择此选项时，刀具相对于激活工作平面的 Z 轴成固定角度。刀具仍将沿 Z 轴向下投影到模型上。前倾：沿进给方向（行程方向）相对于 Z 轴的刀具前倾角度。侧倾：垂直于进给方向（行程方向）相对于 Z 轴的刀具倾斜角度。

3. 刀轴控制策略：朝向点

刀尖指向固定点。刀具角度会不断变化，机床主轴头会大幅移动，而刀尖保持相对静止。此选项可使刀尖朝向某个点。

4. 刀轴控制策略：自点

刀尖背离固定点。刀具角度会不断变化，刀尖会大幅移动，而机床主轴头保持相对静止。此选项可使刀尖背离某个点。

5. 刀轴控制策略：朝向直线

选择此选项时，刀尖指向固定直线。刀具角度会不断变化，机床主轴头会大幅移动，而刀尖保持相对静止。此选项可使刀尖朝向某条直线。

6. 刀轴控制策略：自直线

选择此选项时，刀尖背离固定直线。刀具角度会不断变化，刀尖会大幅移动，而机床主轴头保持相对静止。此选项可使刀尖背离某条直线。

7. 刀轴控制策略：朝向曲线

选择此选项时，刀尖指向固定曲线。曲线必须是具有单个段的参考线（可在“参考线”域中选择）。刀具角度会不断变化。机床主轴头会大幅移动，而刀尖保持相对静止。此选项可使刀尖朝向某条曲线。

8. 刀轴控制策略：自曲线

选择此选项时，刀尖背离固定曲线。曲线必须是具有单个段的参考线（可在“参考线”域中选择）。刀具角度会不断变化。刀尖会大幅移动，而机床主轴头保持相对静止。此选项可使刀尖背离某条曲线。

9. 刀轴控制策略：固定方向

选择此选项时，刀轴的朝向始终遵循由 I、J、K 定义矢量。刀轴朝着相对于当前激活工作平面的固定方向（由指定的 I、J、K 矢量定义）。虽然可能难以计算 I、J、K 矢量，但此选项可让您有效加工底切区域。PowerMill 先在指定方向搜索，如果失败，将在相反方向搜索。

10. 刀轴控制策略：自动

选择此选项时，PowerMill 将使用几何形体来确定刀轴。这对 SWARF 和线框 SWARF 加工非常有用（选择“自动”会遵循曲面母线）。

第3章

多轴加工实例：定向加工

3.1 加工任务概述

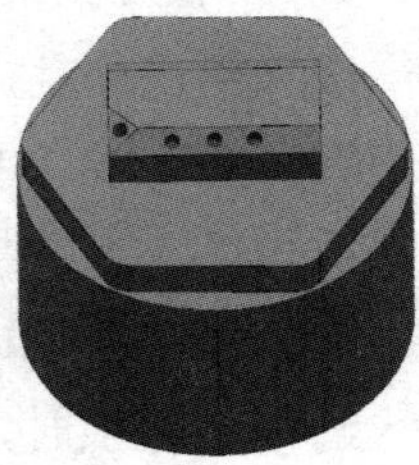

图 3-1

图 3-1 所示为定向加工模型。本章内容主要介绍模型区域清除、偏移平坦面精加工、平行精加工、等高精加工、SWARF 精加工、曲面精加工、曲面投影精加工、钻孔、参考线精加工的使用。在这个例子中使用实体模型来进行刀路的编制。毛坯要求直径为 75mm，长度为 60mm，材质为 2A12。

3.2 工艺方案

定向加工模型的加工工艺方案见表 3-1。

表 3-1

工 序 号	加 工 内 容	加 工 方 式	机 床	刀 具
1	粗加工	模型区域清除	UCAR-DPCNC5S	ϕ8mm 端铣刀
2	顶面精加工	偏移平坦面精加工	UCAR-DPCNC5S	ϕ8mm 端铣刀
3	斜面面精加工 1	平行精加工	UCAR-DPCNC5S	ϕ8mm 端铣刀
4	斜面面精加工 2	平行精加工	UCAR-DPCNC5S	ϕ8mm 球头铣刀
5	四边形精加工	等高精加工	UCAR-DPCNC5S	ϕ8mm 端铣刀
6	六边形精加工	SWARF 精加工	UCAR-DPCNC5S	ϕ8mm 端铣刀
7	圆角精加工	曲面精加工	UCAR-DPCNC5S	ϕ8mm 球头铣刀
8	精加工圆柱面	曲面投影精加工	UCAR-DPCNC5S	ϕ8mm 球头铣刀
9	定位钻孔 1	钻孔	UCAR-DPCNC5S	ϕ3mm 钻头
10	定位钻孔 2	钻孔	UCAR-DPCNC5S	ϕ3mm 钻头
11	刻字	参考线精加工	UCAR-DPCNC5S	ϕ0.6mm 球头铣刀

此类零件装夹比较简单，利用自定心卡盘夹持即可，如图 3-2 所示。

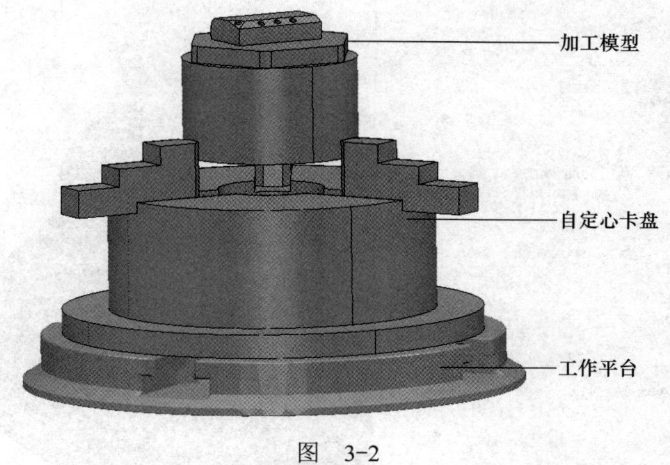

图 3-2

3.3 准备加工模型

打开 PowerMill 2024 软件，进入主界面，输入模型，步骤如下：

单击“文件”→“输入”→“输入模型”，选择文件路径打开所需的文件，如图 3-3 所示。

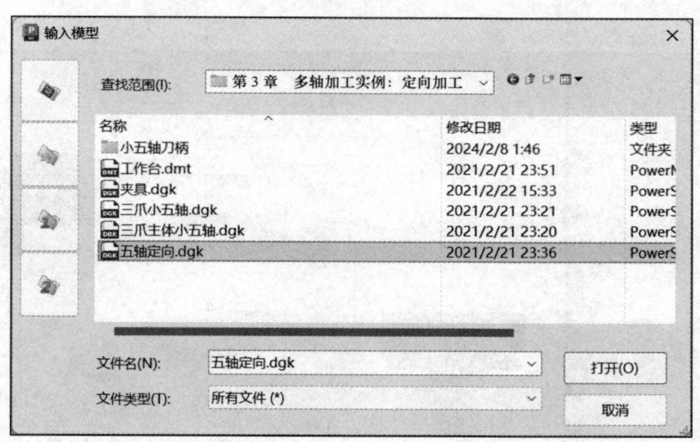

图 3-3

3.4 毛坯、刀具的设定

1）毛坯的设定：在“开始”选项卡中选择“毛坯”进行定义，选择由“圆柱”定义毛坯，选择要加工的模型，单击“计算”按钮，如图 3-4 所示。

2）刀具的设定：在资源管理器中展开“刀具”组，单击右键，在弹出的菜单中选择“创建刀具”，依次把 ϕ8mm 端铣刀、ϕ8mm 球头刀、ϕ3mm 钻头、ϕ0.6mm 球头刀全部创建好，注意夹持名称选“小五轴刀柄”，如图 3-5 所示。

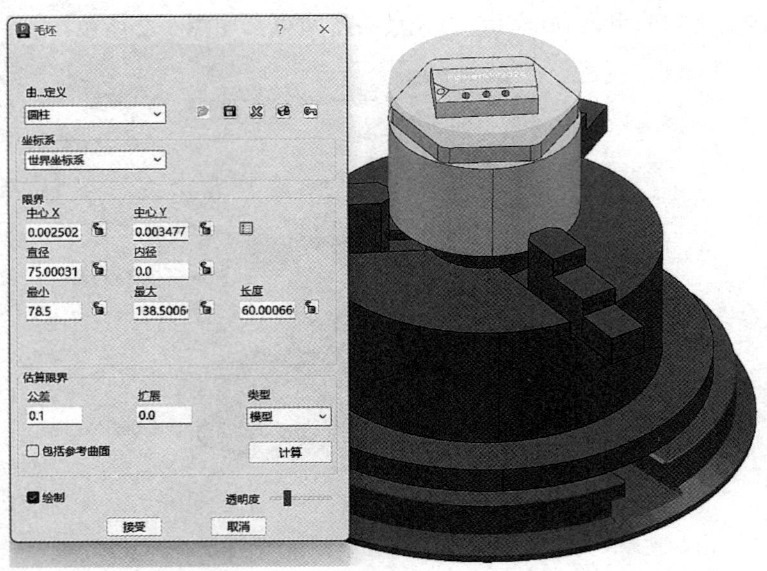

图 3-4

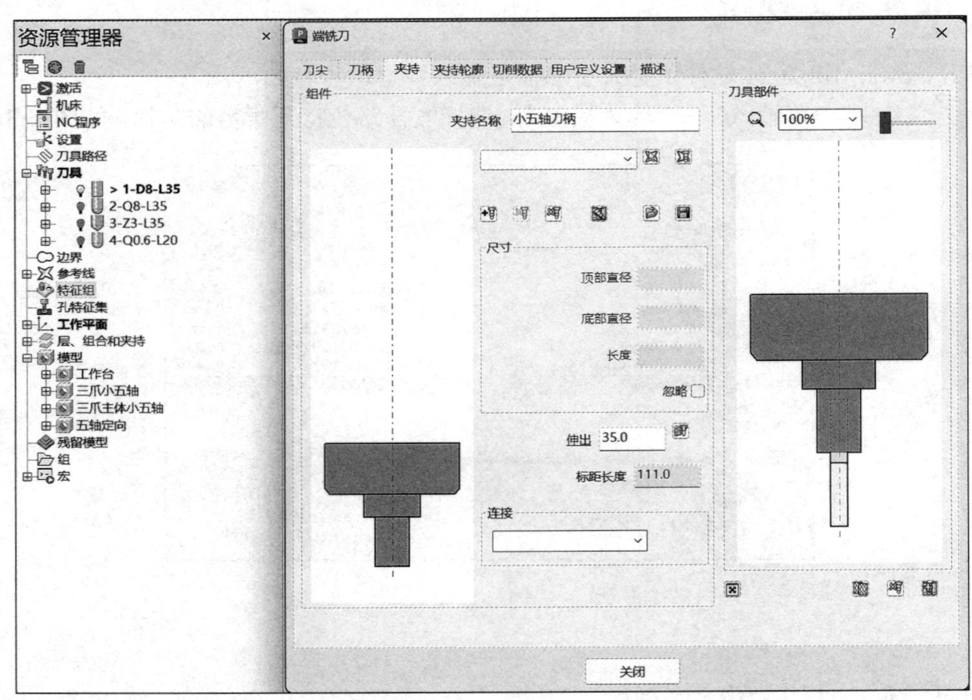

图 3-5

3.5 编程详细操作步骤

3.5.1 1- 粗加工

步骤：单击“开始”→“刀具路径”图标→弹出“策略选择器”对话框，在“策略选择器”对话框中单击“3D 区域清除”→“模型区域清除”，如图 3-6 所示。

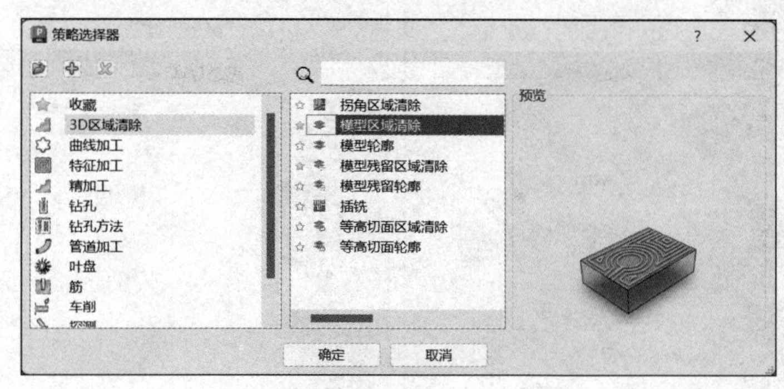

图 3-6

扫码观看视频

需要设定的参数如下：

1）工作平面选择“NC”。

2）毛坯：由圆柱定义，选择要加工的曲面计算即可。

3）刀具选择“1-D8-L35”，选择①编辑→②夹持→③打开“小五轴刀柄”文件→④修改伸出 35mm，如图 3-7 所示。

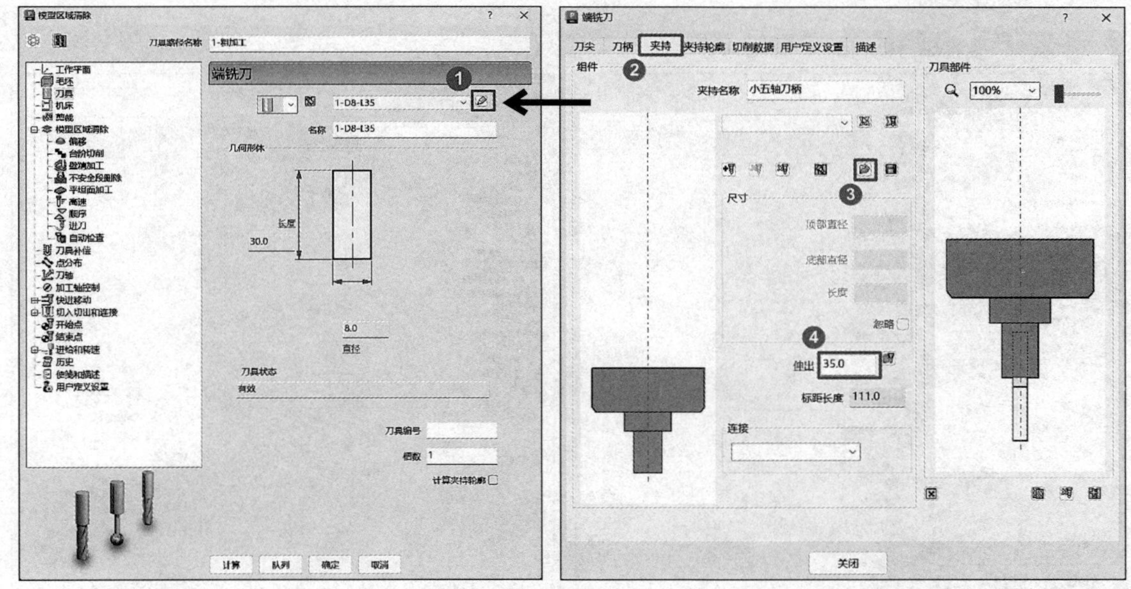

图 3-7

4）模型区域清除：样式选择“偏移模型”，切削方向中轮廓选择“顺铣”，区域选择“顺铣”。设定公差为 0.05，余量为 0.2，行距为 5.0，下切步距“自动”，数值为 0.5，勾选“恒定下切步距”。不安全段删除子项中：勾选“删除小于分界值的段”，如图 3-8 所示。

5）刀轴：垂直，如图 3-9 所示。

6）快进移动：安全区域类型选择“平面”，工作平面选择“刀具路径工作平面”，法线方向设定为（0.0，0.0，1.0），快进间隙 10.0，下切间隙 5.0，然后单击“计算”按钮，如图 3-10 所示。

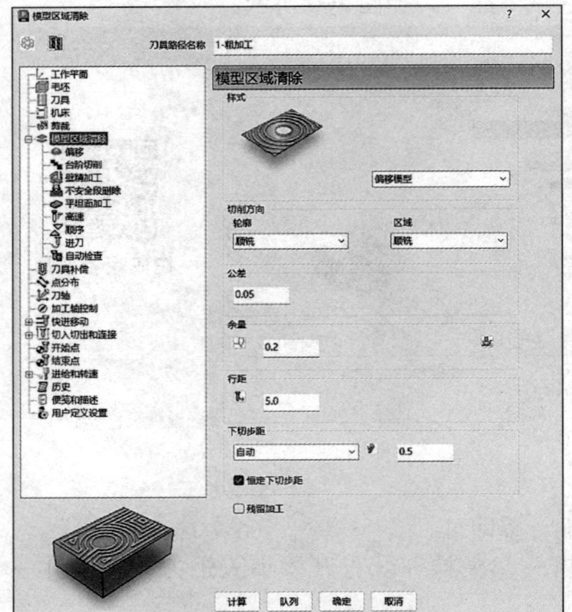

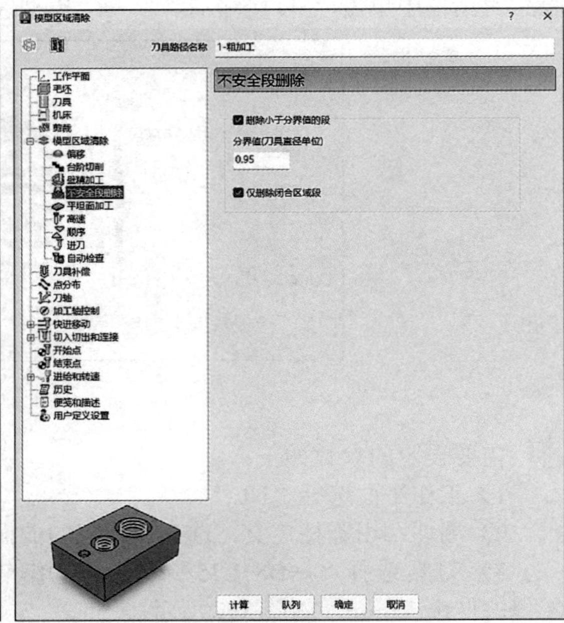

图 3-8

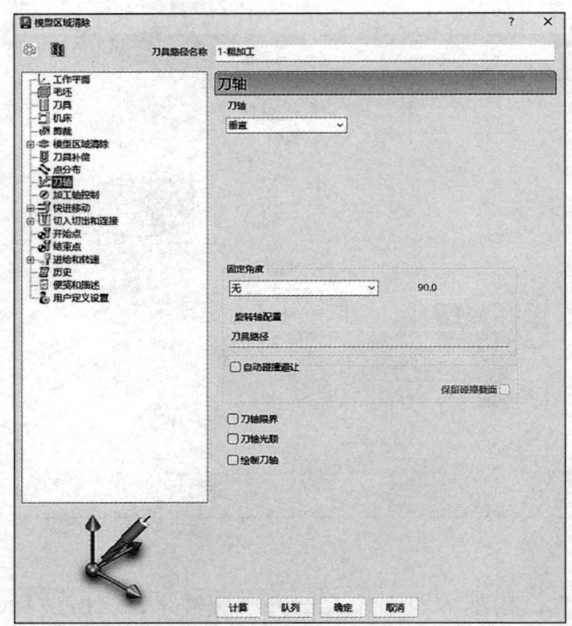

图 3-9

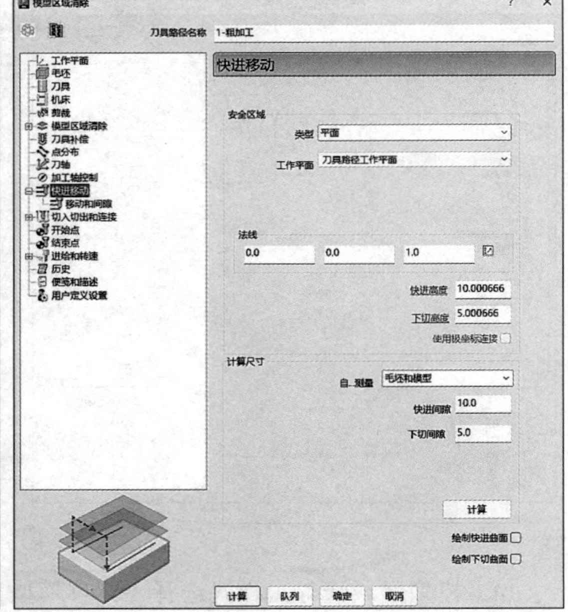

图 3-10

7）切入切出和连接：切入“无”，切出“无”，连接第一选择“掠过”，第二选择“掠过”。

8）开始点选择“毛坯中心安全高度”，结束点选择“最后一点安全高度”，如图 3-11 所示。

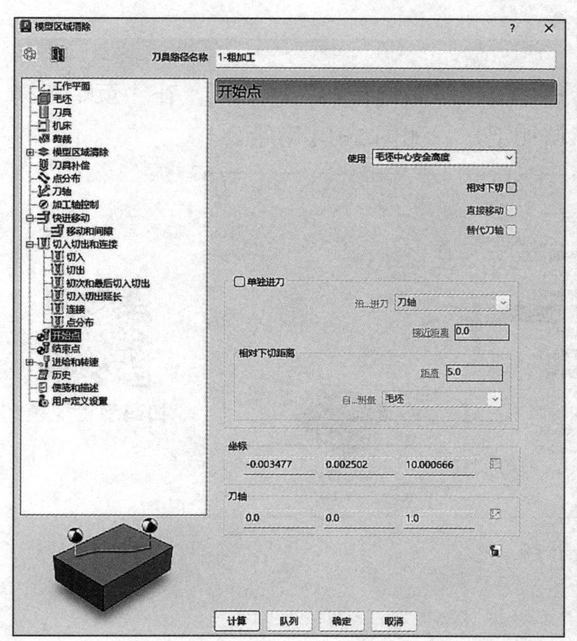

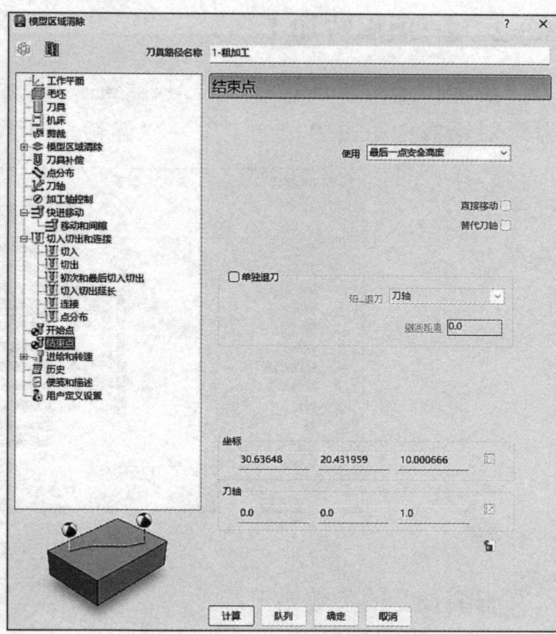

图 3-11

9）进给和转速：设定主轴转速8000r/min、切削进给率3000mm/min、下切进给率3000mm/min、掠过进给率3000mm/min，标准冷却，如图3-12所示。

10）单击图3-12中的“计算”按钮，刀具路径如图3-13所示。

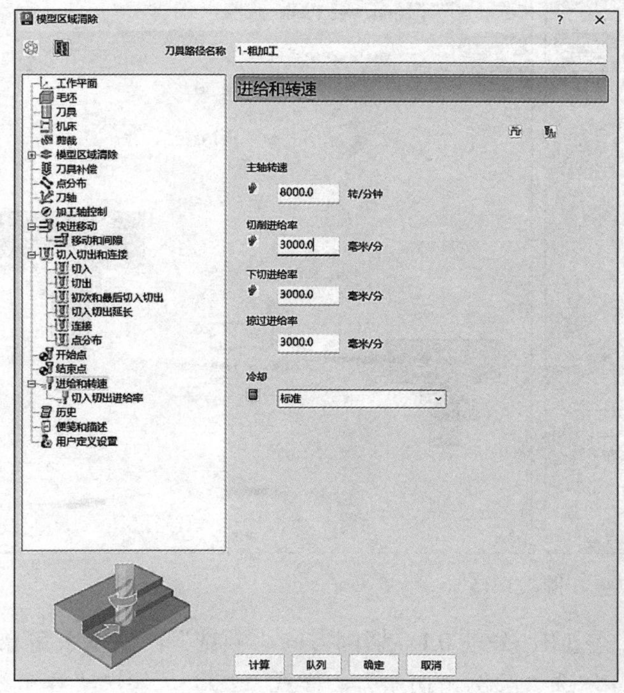

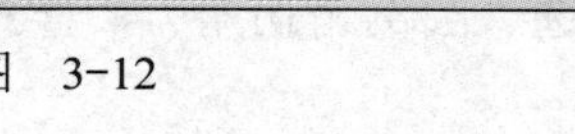

图 3-12

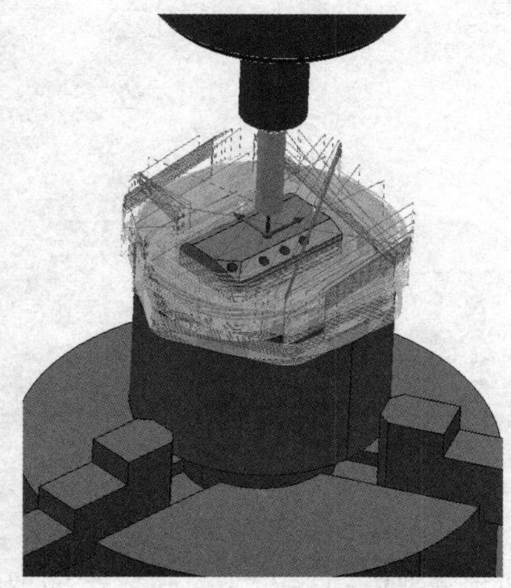

图 3-13

3.5.2　2- 顶面精加工

步骤：单击“开始”→“刀具路径”图标→弹出“策略选择器”对话框，在“策略选择器”对话框中单击“精加工”→“偏移平坦面精加工”，如图 3-14 所示。

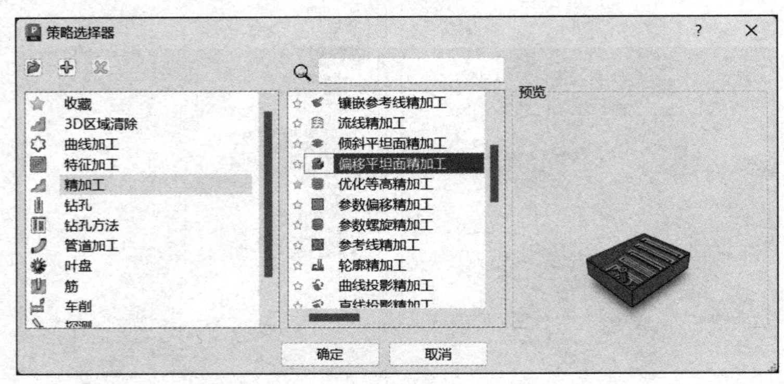

扫码观看视频

图　3-14

需要设定的参数如下：

1）工作平面选择“NC”坐标系。

2）毛坯：由圆柱定义，选择要加工的曲面计算即可。

3）刀具选择“1-D8-L35”，选择①编辑→②夹持→③打开“小五轴刀柄”文件→④修改伸出 35mm，如图 3-15 所示。

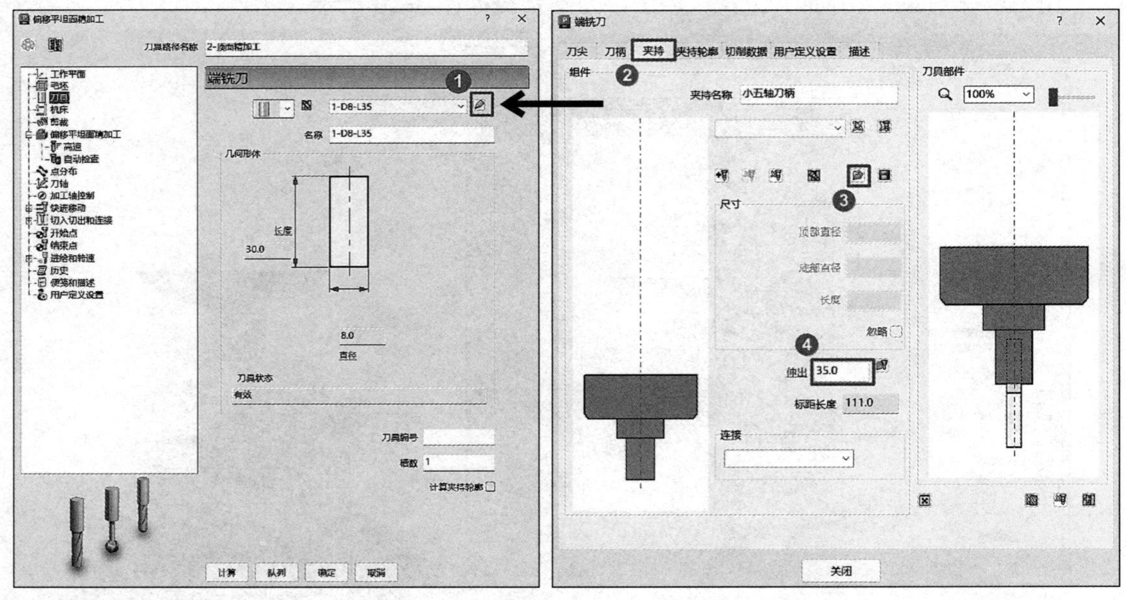

图　3-15

4）偏移平坦面精加工：平坦面公差 1.0，公差 0.1，切削方向“顺铣”，侧壁余量 0.1，底面余量 0.0，行距 5.0。高速子选项：勾选“圆倒角拐角”，样式“2D”，勾选“赛车线光顺”，连接“光顺”，如图 3-16 所示。

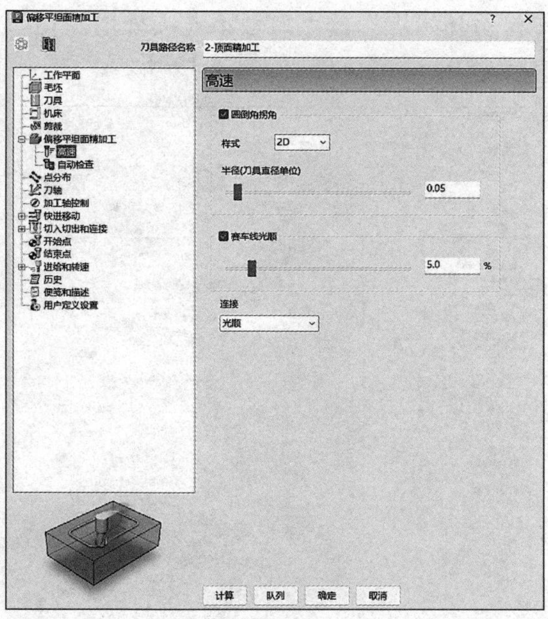

图 3-16

5）刀轴：垂直，如图 3-17 所示。

6）快进移动：安全区域类型选择“平面”，工作平面选择“刀具路径工作平面”，然后单击“计算”按钮，如图 3-18 所示。

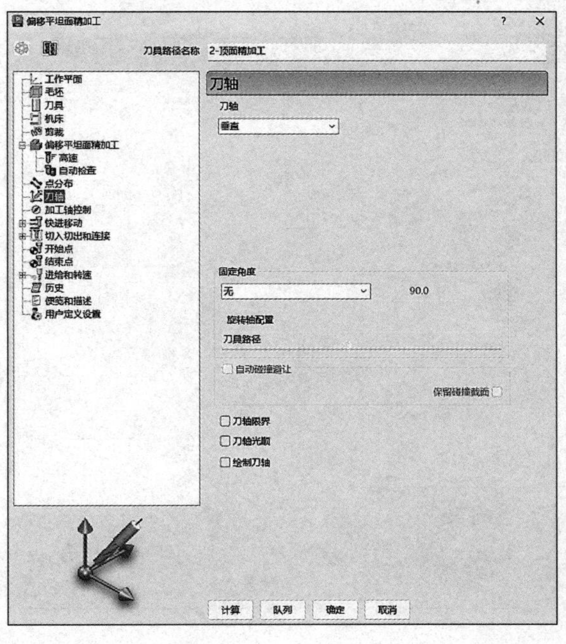

图 3-17

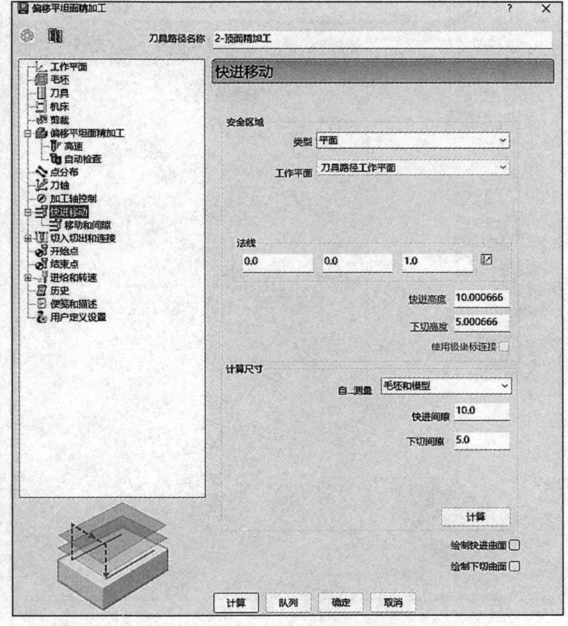

图 3-18

7）切入切出和连接：切入选择“水平圆弧”，切出选择“水平圆弧”，第一连接选择“安全高度”，第二连接选择“掠过”，重叠距离（刀具直径单位）设定为 0.0，勾选“允许移动开始点”及“刀轴不连续处增加切入切出”。切入、切出子选项：线性移动 0.0，角度 45.0，半径 5.0，如图 3-19 所示。

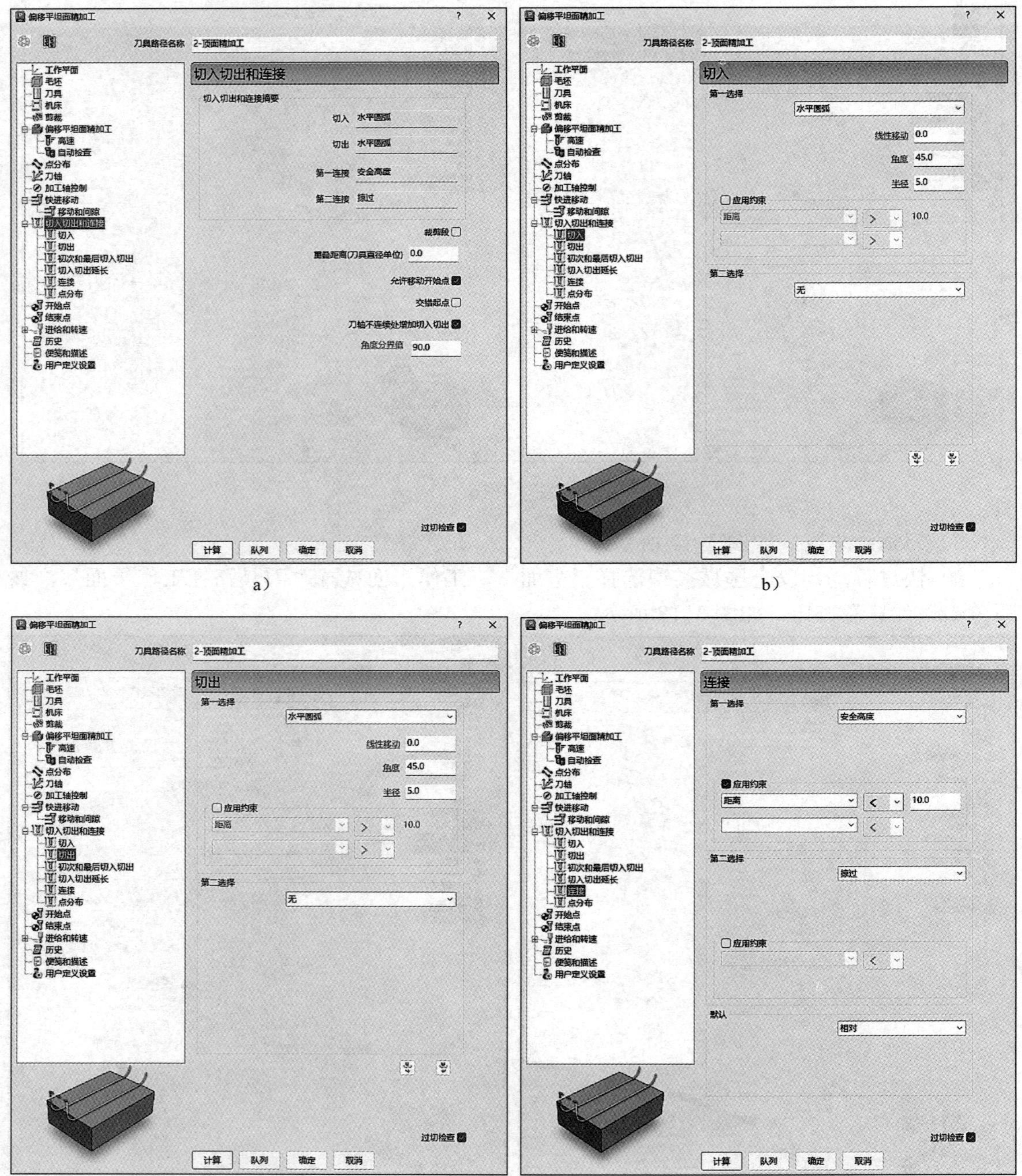

图 3-19

8）开始点选择“毛坯中心安全高度”，结束点选择“最后一点安全高度”，如图 3-20 所示。

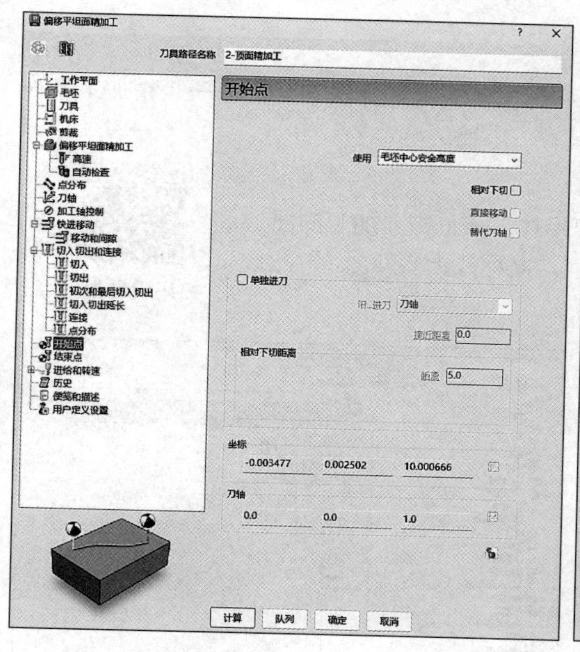

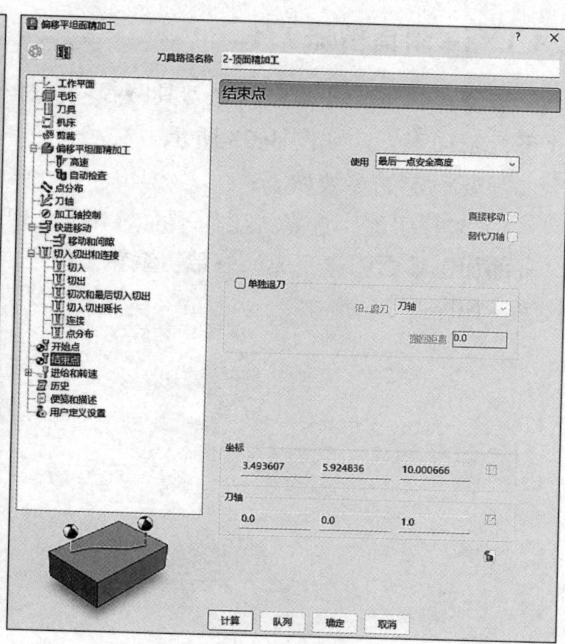

图 3-20

9）进给和转速：主轴转速 8000r/min、切削进给率 3000mm/min、下切进给率 3000mm/min、掠过进给率 3000mm/min，标准冷却，如图 3-21 所示。

10）单击图 3-21 中的“计算”按钮，刀具路径如图 3-22 所示。

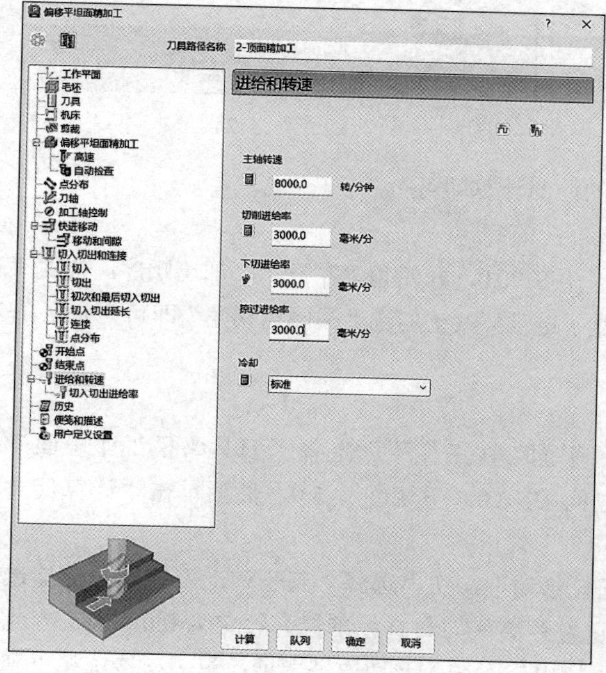

图 3-21

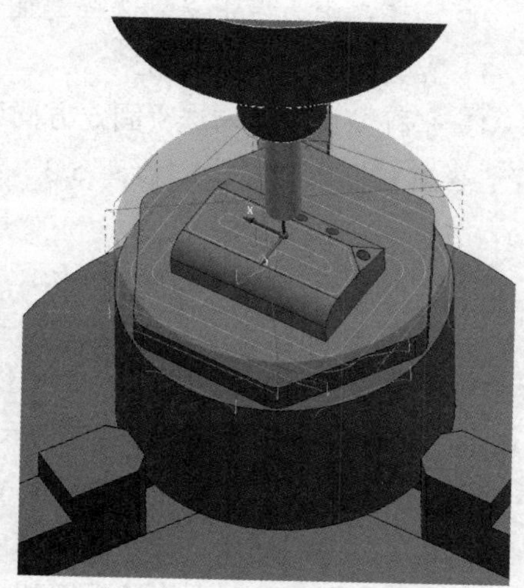

图 3-22

3.5.3 3- 斜面精加工 1

步骤：单击“开始”→“刀具路径”图标→弹出“策略选择器”对话框→“精加工”→“平行精加工”，如图 3-23 所示。

扫码观看视频

需要设定的参数如下：

1）工作平面：选择“工作平面对齐于几何形体”→单击要加工的面（辅助加工平面创建完成）→单击编辑工作平面，名称改为“斜面 1”，接受，如图 3-24 所示。

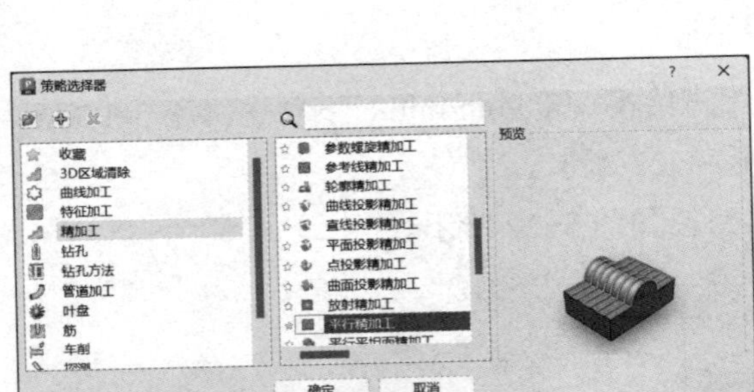

图 3-23

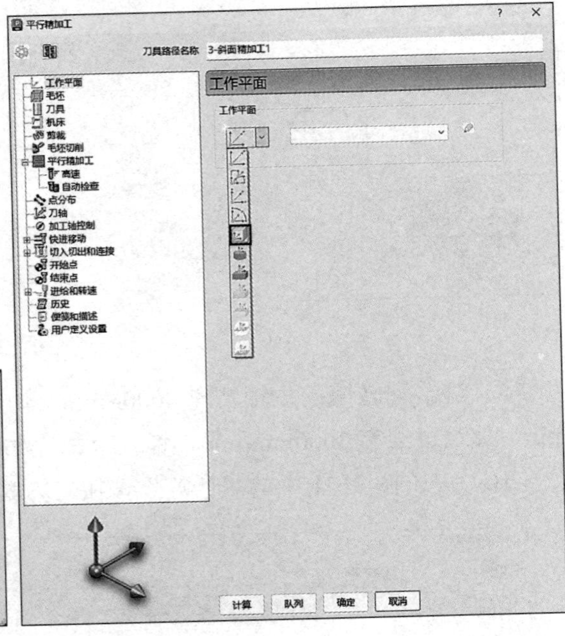

图 3-24

2）毛坯：由方框定义，选择要加工的曲面计算即可。

3）刀具选择“1-D8-L35”。

4）平行精加工：勾选“固定方向”，角度 90.0，开始角“左下”，加工顺序：样式“双向”，公差 0.01，余量 0.0，行距 5.0。高速子选项，默认勾选“圆倒角拐角”即可，如图 3-25 所示。

5）刀轴：垂直，如图 3-26 所示。

6）快进移动：安全区域类型选择“平面”，工作平面选择“刀具路径工作平面”，法线方向设定为（0.0，0.0，1.0），快进间隙 10.0，下切间隙 5.0，然后单击“计算尺寸”区域的“计算”按钮，如图 3-27 所示。

7）切入切出和连接：切入选择“延长移动”，切出选择“延长移动”，第一连接选择“曲面上”，第二连接选择“掠过”，重叠距离（刀具直径单位）设定为 0.0，勾选“允许移动开始点”及“刀轴不连续处增加切入切出”。切入及切出子选项：第一连接选择“延长移动”，长度 5.0。连接子选项：第一连接选择“曲面上”，如图 3-28 所示。

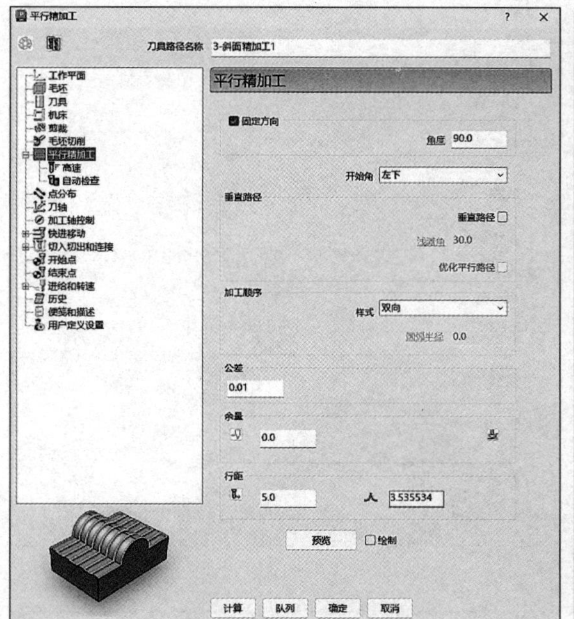

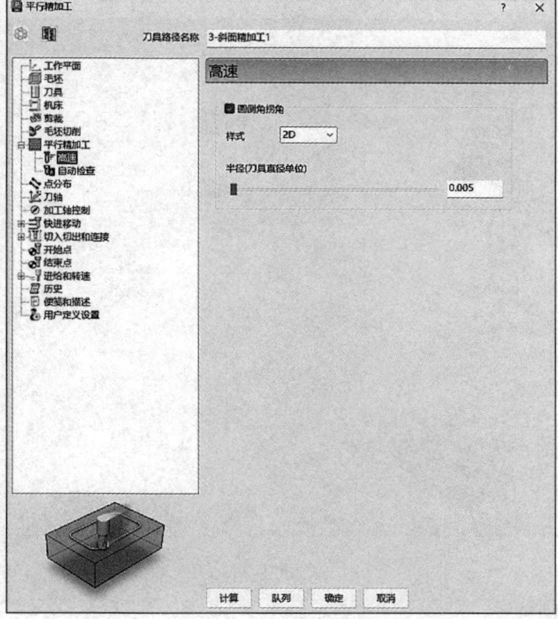

图 3-25

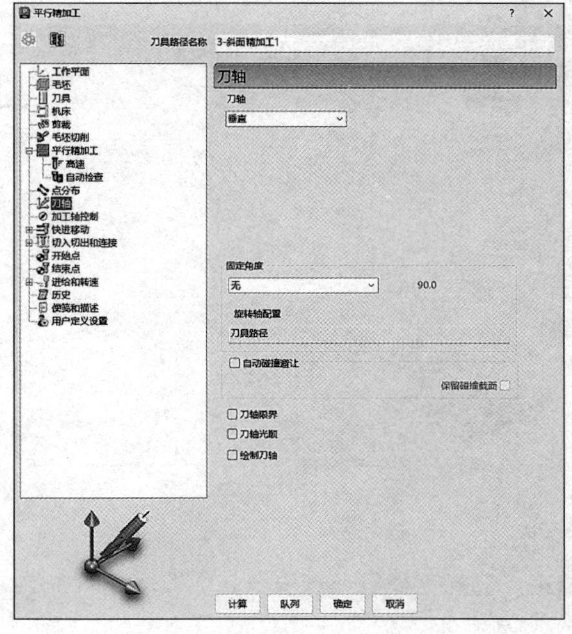

图 3-26

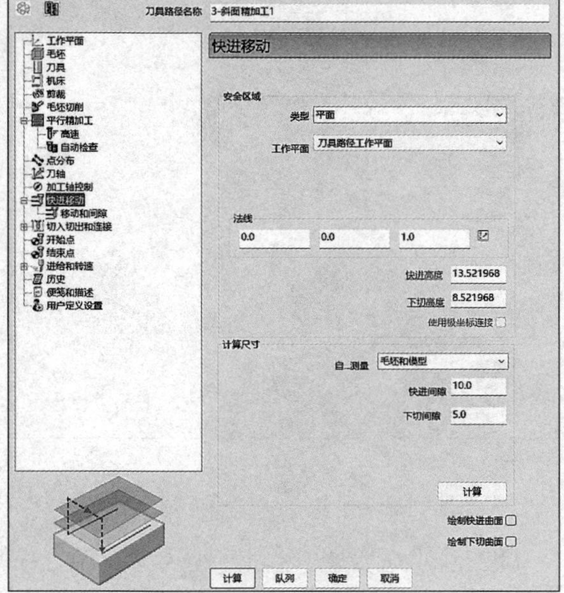

图 3-27

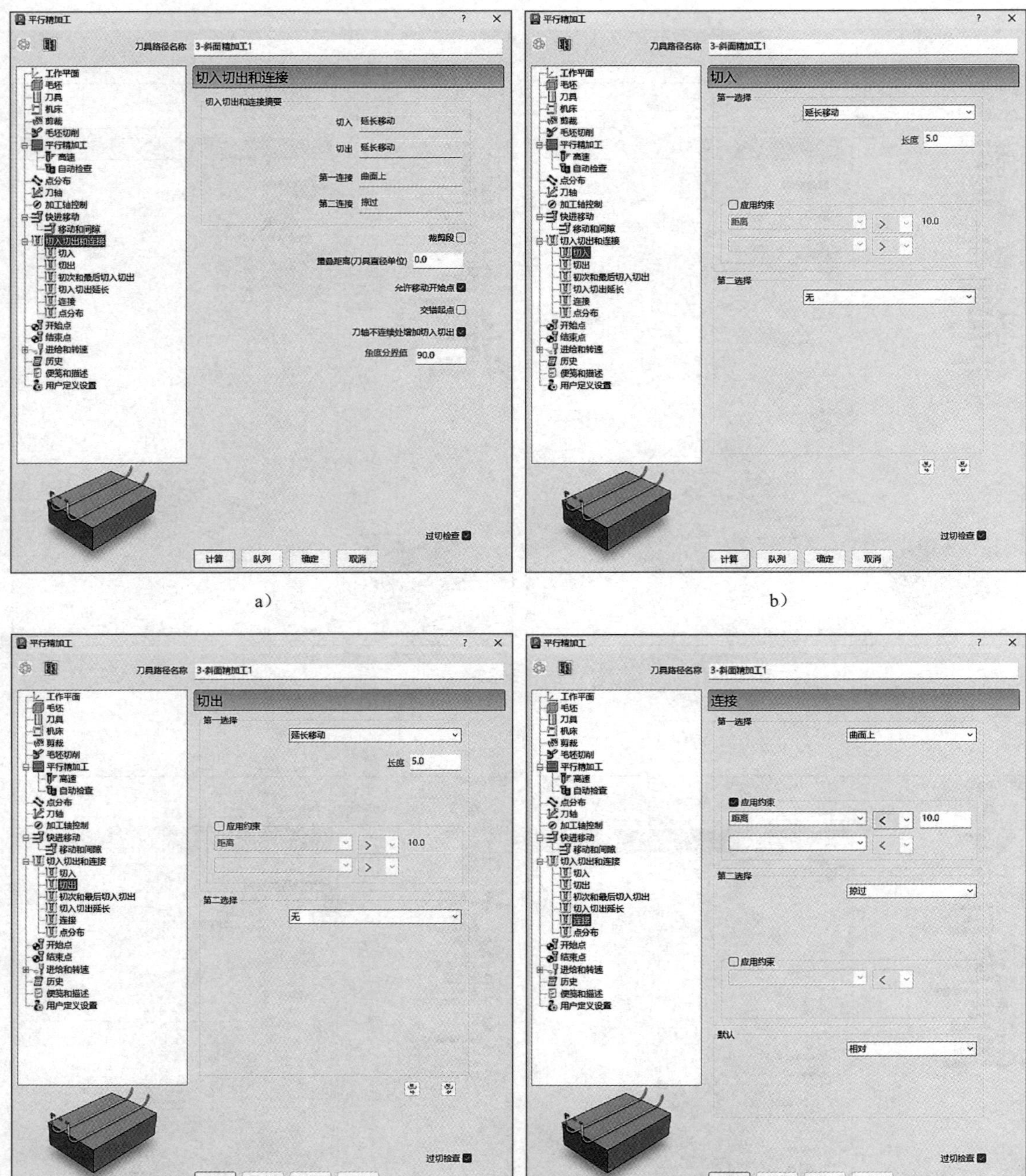

a) b) c) d)

图 3-28

8）开始点选择“毛坯中心安全高度”，结束点选择“最后一点安全高度”，如图 3-29 所示。

9）进给和转速：设定主轴转速 8000r/min、切削进给率 1000mm/min、下切进给率 800mm/min、掠过进给率 3000mm/min，标准冷却，如图 3-30 所示。

10）单击图 3-30 中的“计算”按钮，刀具路径如图 3-31 所示。

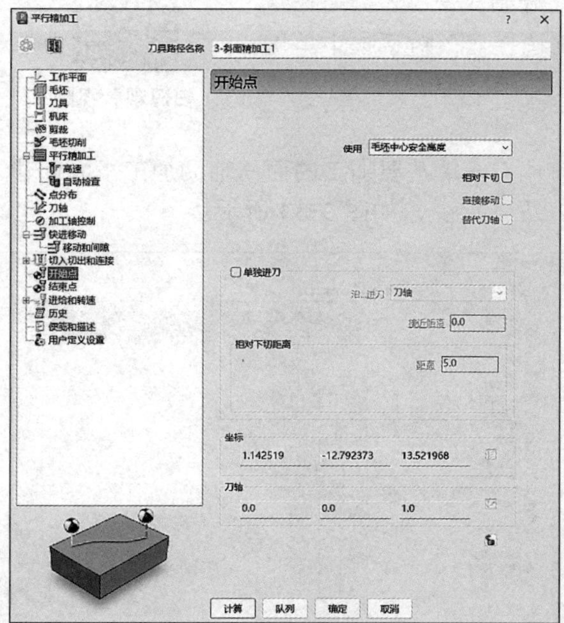

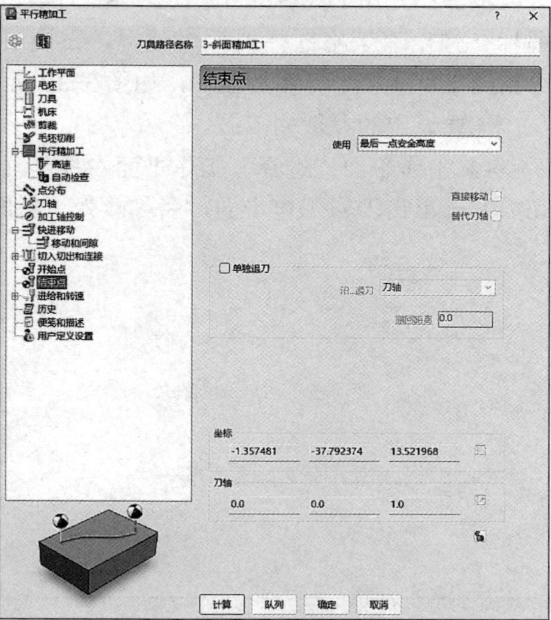

图 3-29

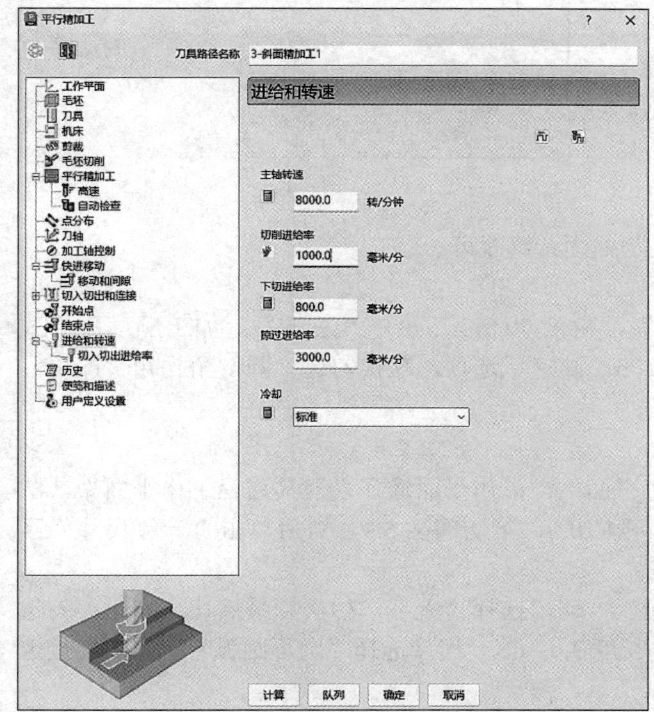

图 3-30

扫码观看
刀具路径彩图

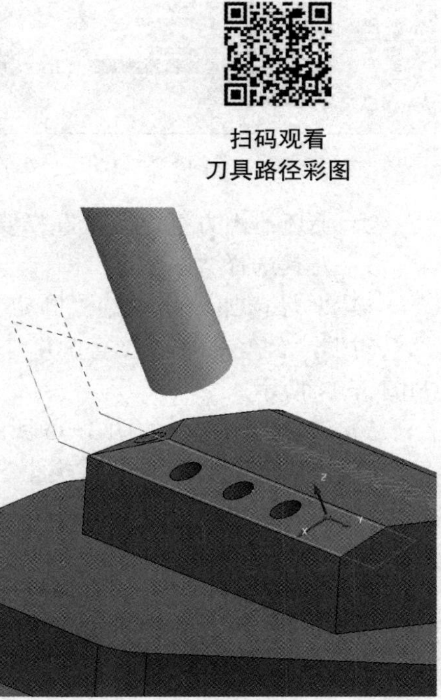

图 3-31

3.5.4　4-斜面精加工 2

步骤：先用 PowerShape 补孔，然后单击“开始”→“刀具路径”图标→弹出“策略选择器”对话框，在“策略选择器”对话框中单击“精加工”→“平行精加工”，如图 3-32 所示。

扫码观看视频

需要设定的参数如下：

1）工作平面：选择“工作平面对齐于几何体”→单击要加工的面（辅助加工平面创建完成）→单击编辑工作平面，名称改为“斜面 2”，接受，如图 3-33 所示。

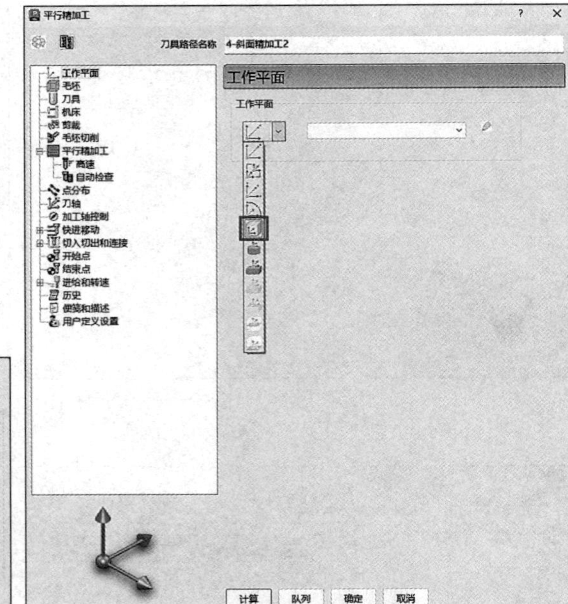

图　3-32

图　3-33

2）毛坯：由方框定义，选择要加工的曲面计算即可。

3）刀具选择“2-Q8-L35”。

4）平行精加工：勾选“固定方向”，角度 90.0，开始角“左下”，加工顺序：样式“双向”，公差 0.01，余量 0.0，行距 0.05。高速子选项，默认勾选“圆倒角拐角”即可，如图 3-34 所示。

5）刀轴：垂直，如图 3-35 所示。

6）快进移动：安全区域类型选择“平面”，工作平面选择“刀具路径工作平面”，法线方向设定为（0.0，0.0，1.0），快进间隙 10.0，下切间隙 5.0，然后单击“计算尺寸”区域的“计算”按钮，如图 3-36 所示。

7）切入切出和连接：切入选择“无”，切出选择“无”，初次和最后切入切出：勾选“单独初次切入”后选择“延长移动”，长度 3.0。第一连接选择“圆形圆弧”，第二连接选择“掠过”，如图 3-37 所示。

8）开始点选择“毛坯中心安全高度”，结束点选择“最后一点安全高度”，如图 3-38 所示。

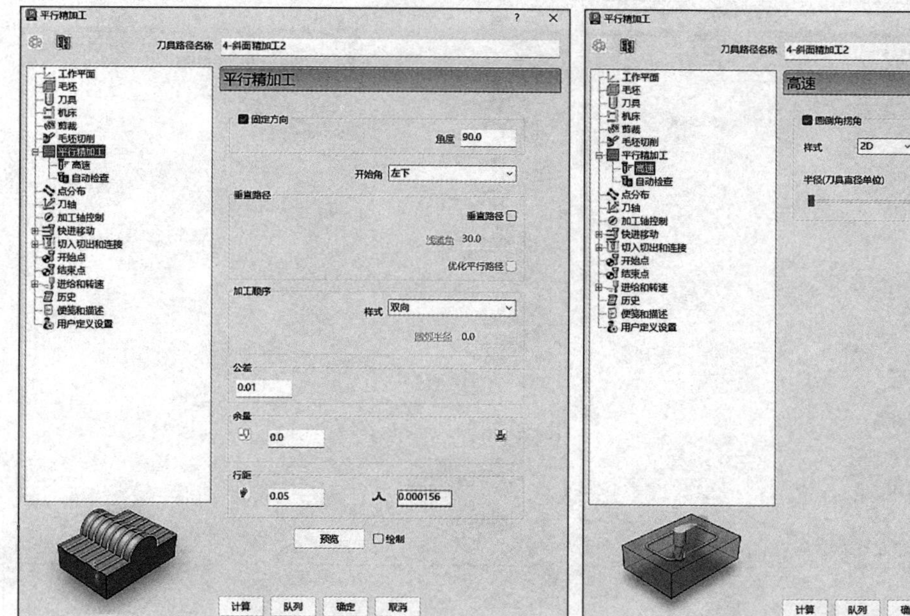

图 3-34

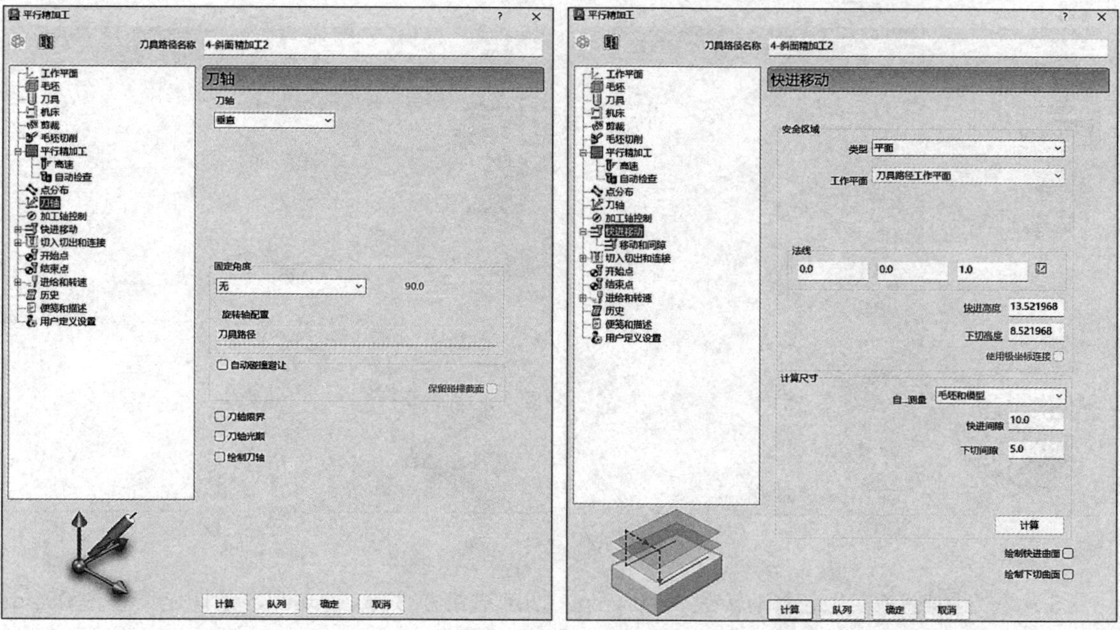

图 3-35

图 3-36

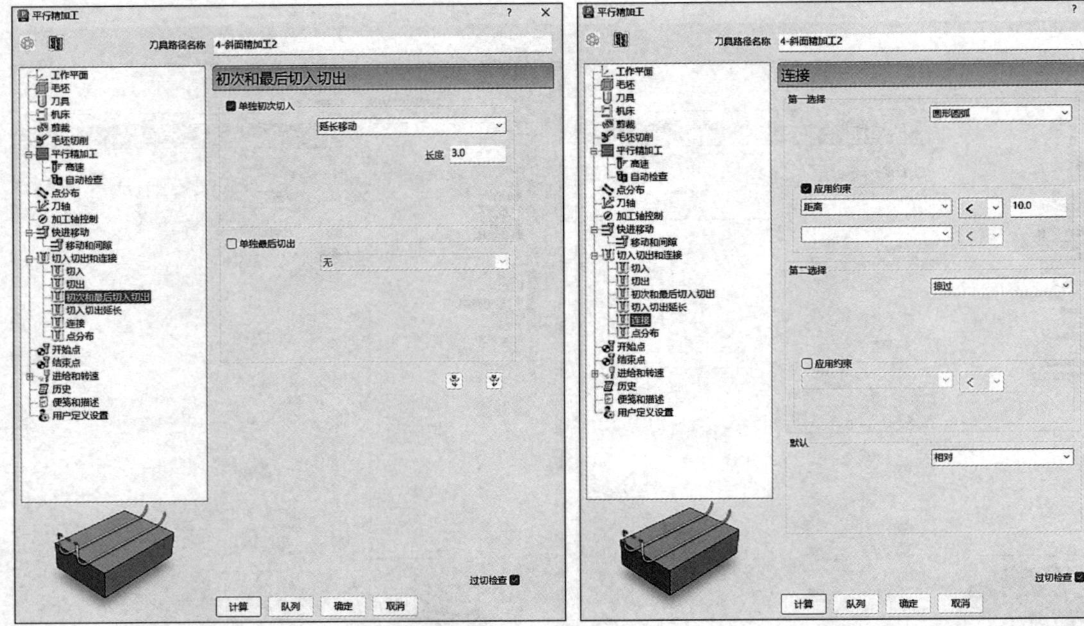

图 3-37

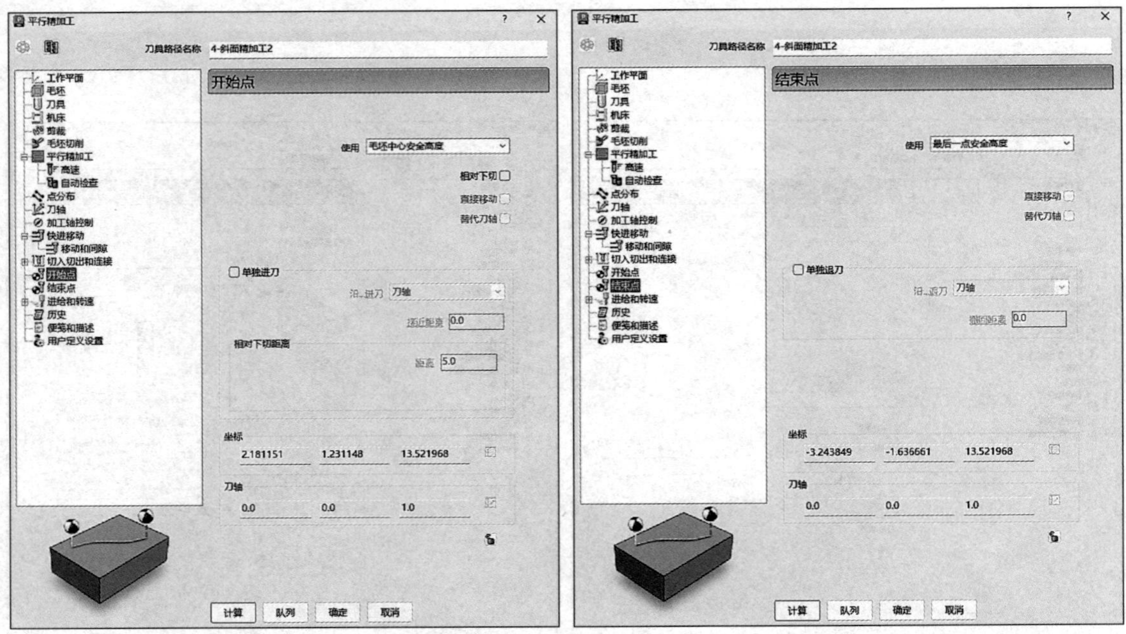

图 3-38

9）进给和转速：设定主轴转速 8000r/min、切削进给率 3000mm/min、下切进给率 3000mm/min、掠过进给率 3000mm/min，标准冷却，如图 3-39 所示。

10）单击图 3-39 中的“计算”按钮，刀具路径如图 3-40 所示。

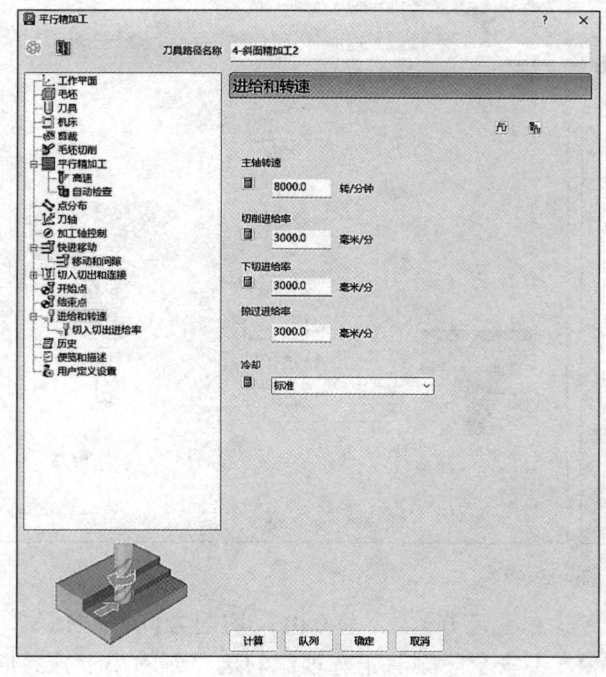

图 3-39

图 3-40

3.5.5 5- 四边形精加工

步骤：单击“开始”→“刀具路径”图标→弹出“策略选择器”对话框，在“策略选择器”对话框中单击“精加工”→“等高精加工”，如图 3-41 所示。

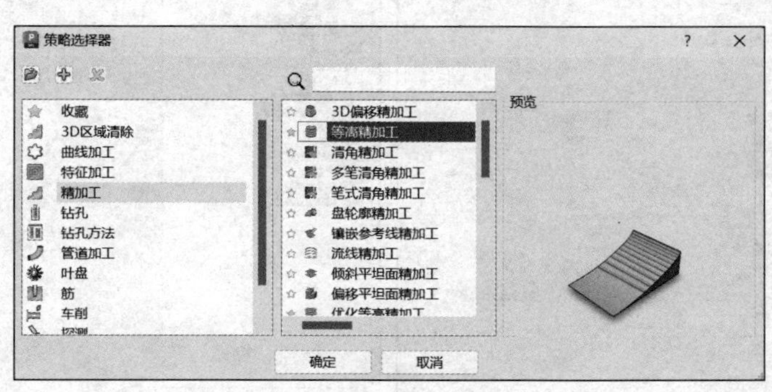

扫码观看视频

图 3-41

需要设定的参数如下：

1）工作平面选择“NC”坐标系。

2）毛坯：由方框定义，选择要加工的曲面计算即可。

3）刀具选择“1-D8-L35”，选择①编辑→②夹持→③打开“小五轴刀柄”文件→④修改伸出 35mm，如图 3-42 所示。

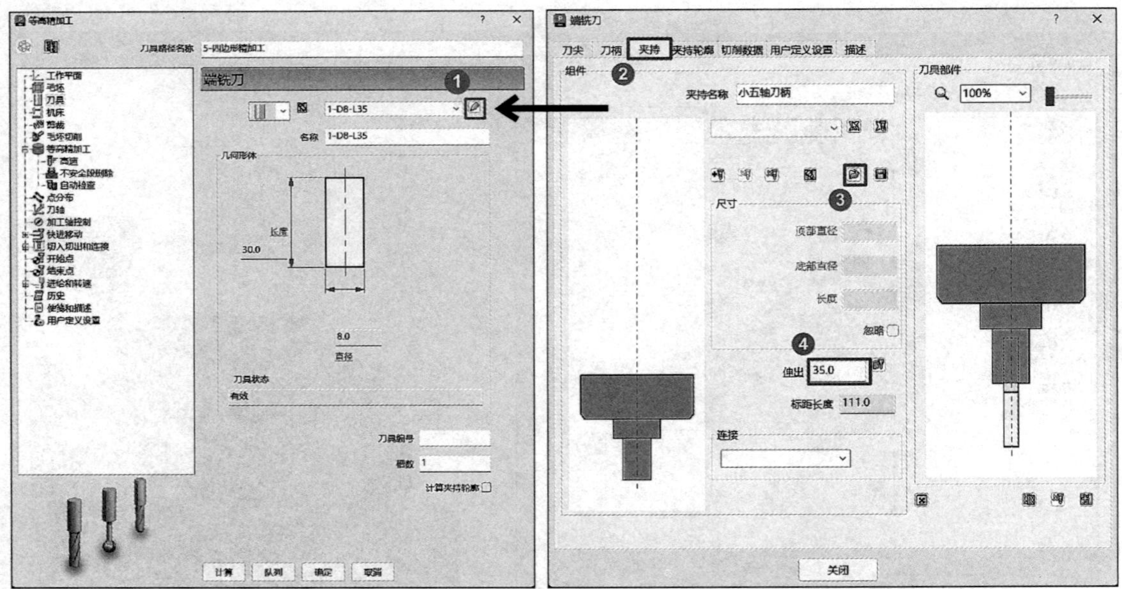

图 3-42

4）等高精加工：排序方式“区域”，其它毛坯 0.4，公差 0.01，切削方向“顺铣”，余量 0.0（根据实际值），最小下切步距 6.0，不安全段删除子选项：勾选“删除小于分界值的段”，其他默认即可，如图 3-43 所示。

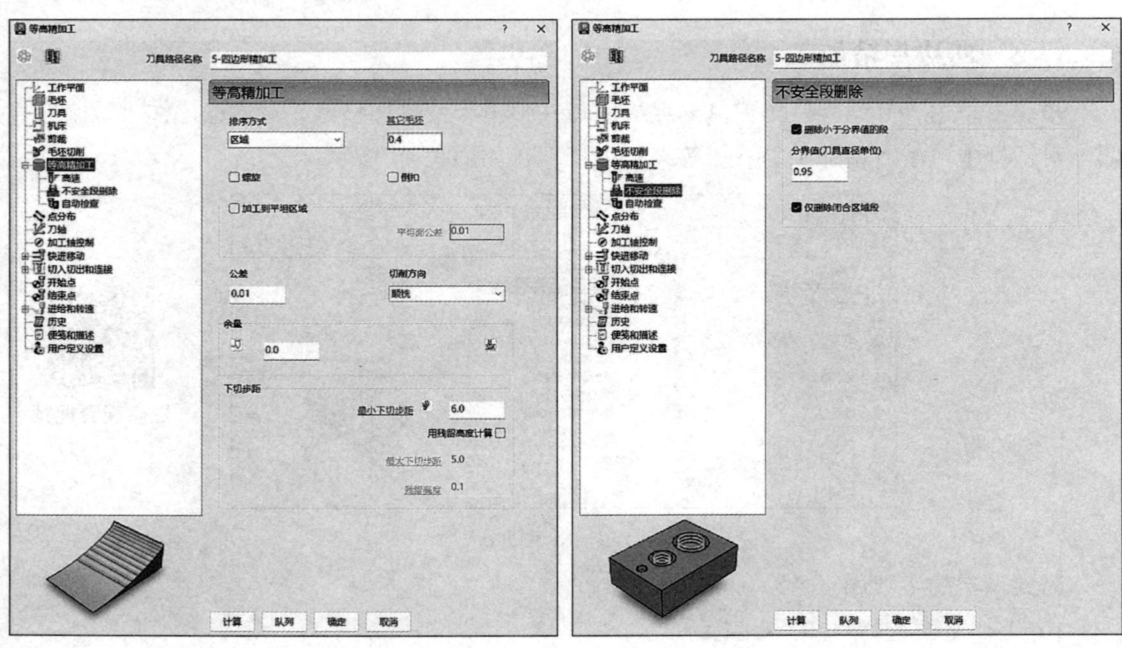

图 3-43

5）刀轴：垂直，如图 3-44 所示。

6）快进移动：安全区域类型选择“平面”，工作平面选择“刀具路径工作平面”，然后单击“计算尺寸”区域的“计算”按钮，如图 3-45 所示。

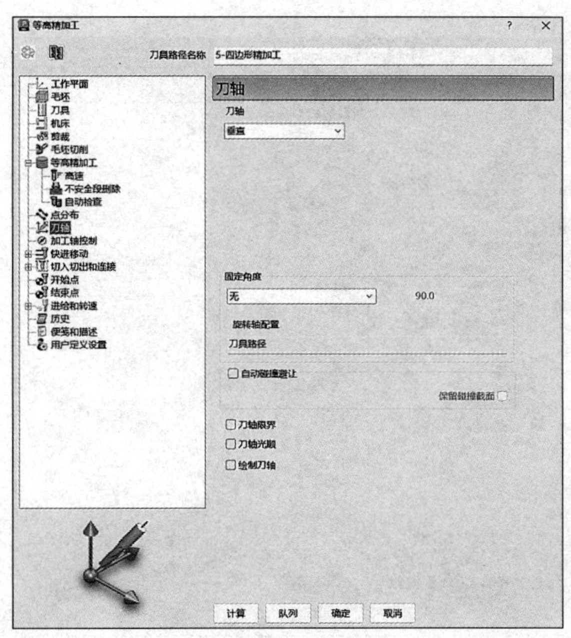
图 3-44

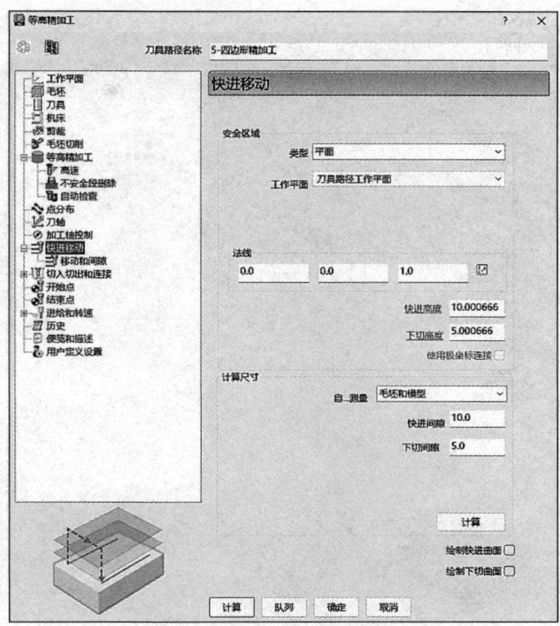
图 3-45

7）切入切出和连接：切入选择“水平圆弧”，切出选择“水平圆弧”，第一连接选择“掠过”，第二连接选择“掠过”，重叠距离（刀具直径单位）设定为0.05，勾选“允许移动开始点”及“刀轴不连续处增加切入切出”。切入及切出子选项：线性移动0.0，角度90.0，半径5.0。连接：第一选择“掠过”，第二选择“掠过”，如图3-46所示。

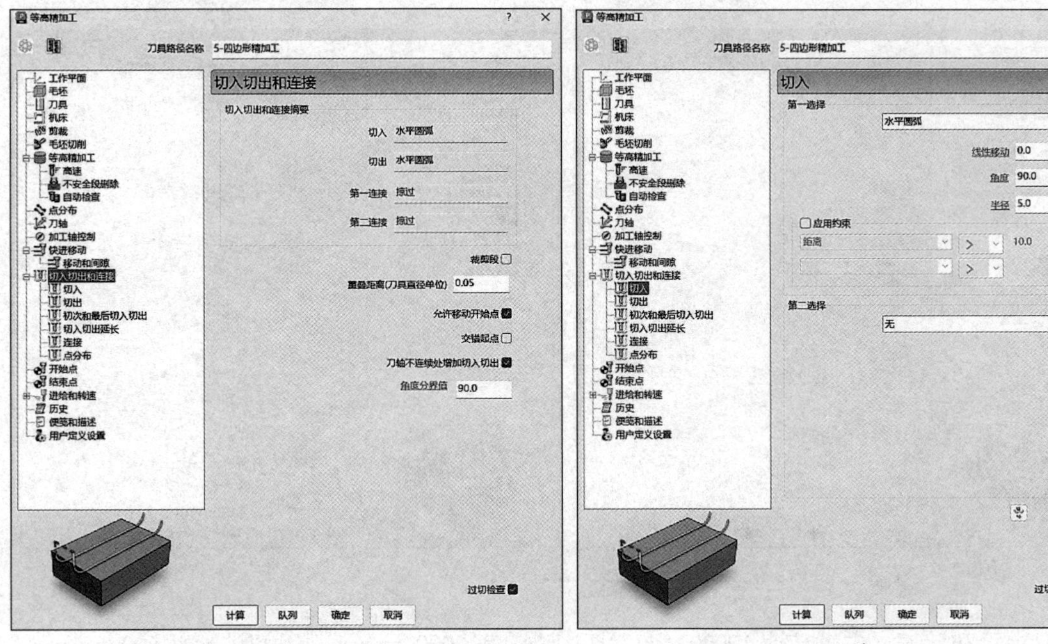
a）　　　　b）

图 3-46

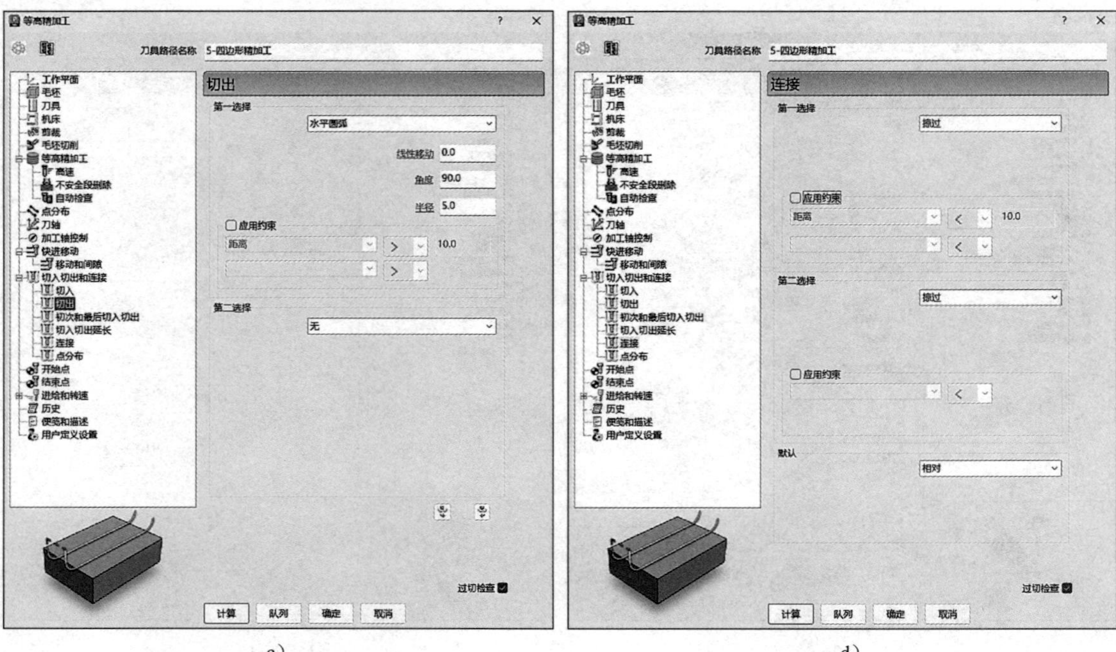

c） d）

图 3-46（续）

8）开始点选择“第一点安全高度”，结束点选择“最后一点安全高度”，如图 3-47 所示。

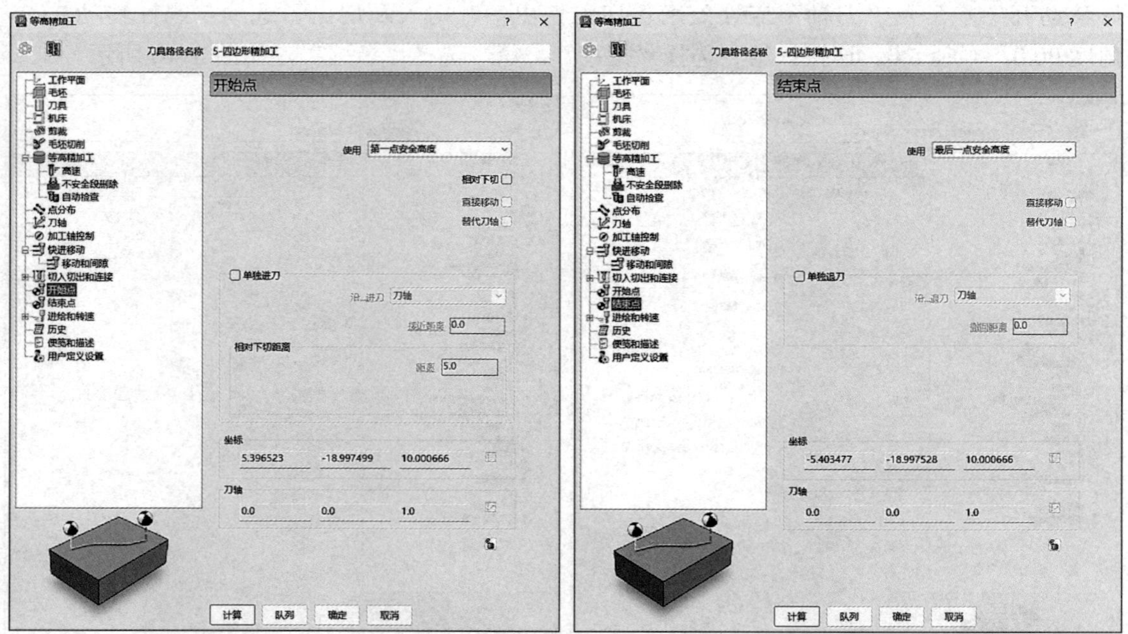

图 3-47

9）进给和转速：主轴转速 10000r/min、切削进给率 2000mm/min、下切进给率 600mm/min、掠过进给率 3000mm/min，标准冷却，如图 3-48 所示。

10）单击图 3-48 中的“计算”按钮，刀具路径如图 3-49 所示。

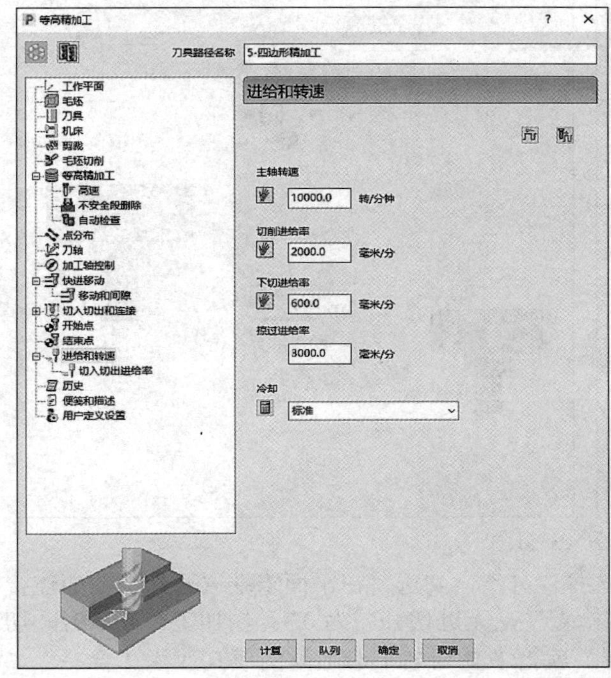

图 3-48

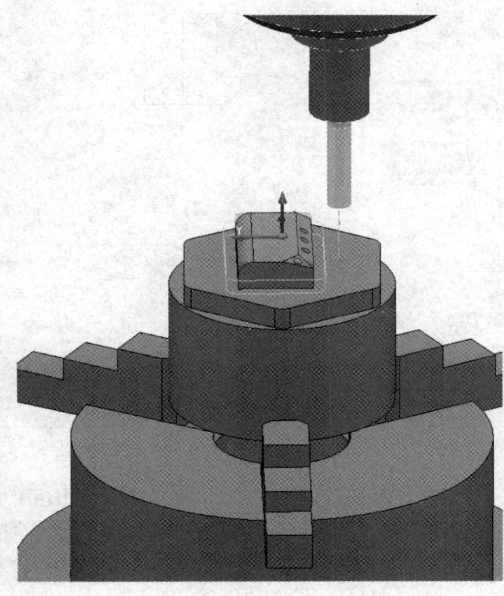

图 3-49

3.5.6 6- 六边形精加工

步骤：单击“开始”→“刀具路径”图标→弹出“策略选择器”对话框，在“策略选择器”对话框中单击“精加工”→“SWARF 精加工”，如图 3-50 所示。

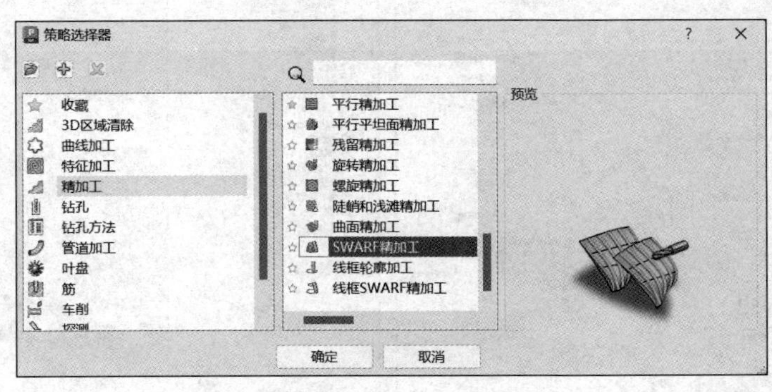

图 3-50

扫码观看视频

需要设定的参数如下：

1）工作平面选择“NC”坐标系。

2）毛坯：由“圆柱”定义，选择模型计算即可。

3）刀具选择“1-D8-L35”，选择①编辑→②夹持→③打开“小五轴刀柄”文件→④修改伸出 35mm，如图 3-51 所示。

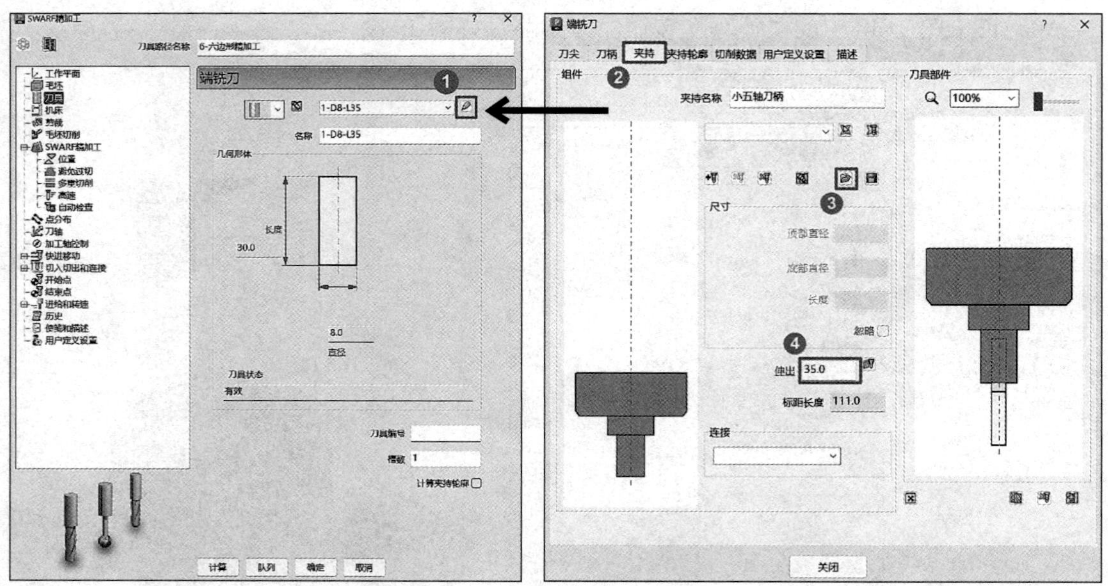

图 3-51

4）SWARF 精加工：驱动曲线曲面侧选择“外”，勾选“在平面末端展开”；曲面连接公差设为 0.3，避免过切选项中勾选“过切检查”，无过切公差为 0.3；精加工公差 0.01，切削方向“顺铣”，余量为 0.0。如果想分层，就把多重切削子选项里的模式改为“合并”，与最大下切步距配合使用，如图 3-52 所示。

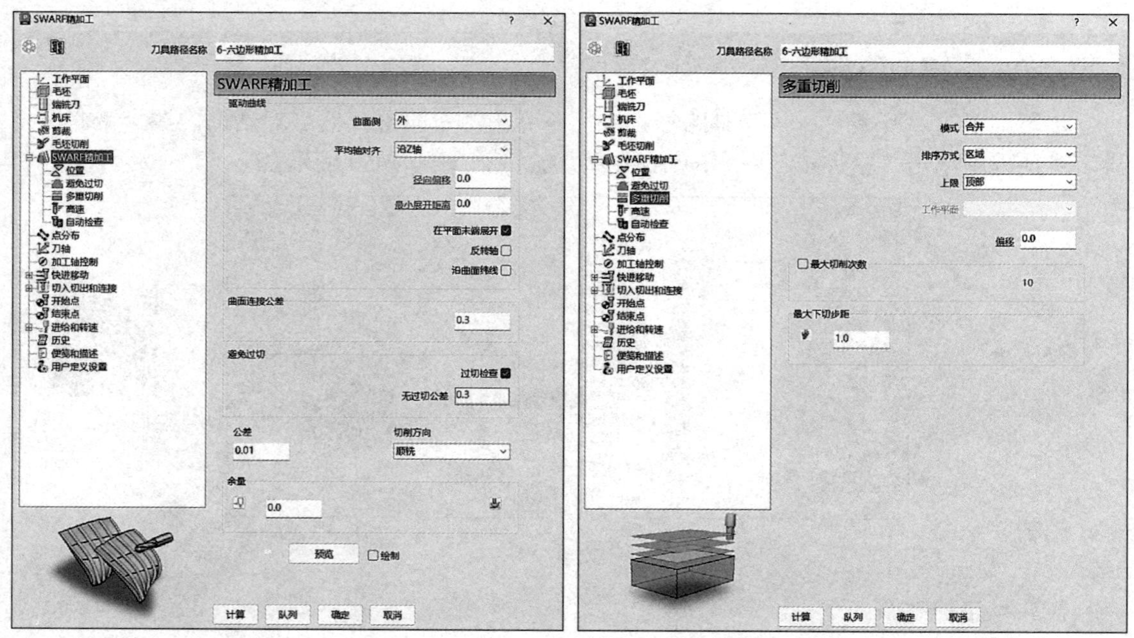

图 3-52

5）刀轴：自动，如图 3-53 所示。

6）快进移动：安全区域类型选择“平面”，工作平面选择“刀具路径工作平面”，法线方向设定为（0.0，0.0，1.0），快进间隙 10.0，下切间隙 5.0，然后单击“计算尺寸”区域的

“计算”按钮，如图 3-54 所示。

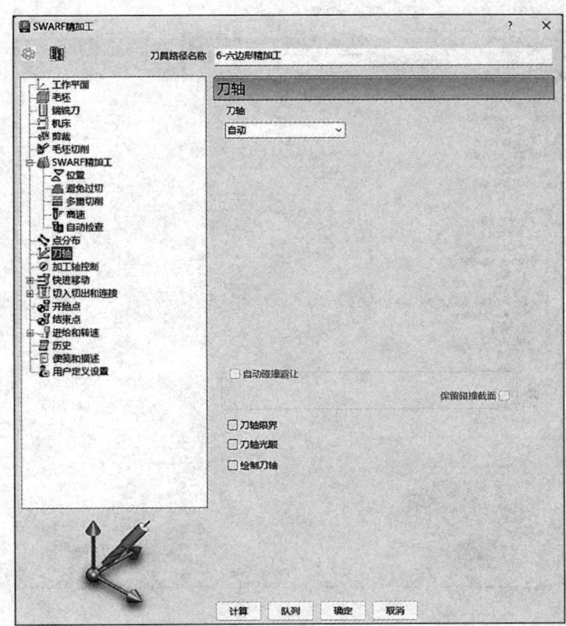

图 3-53

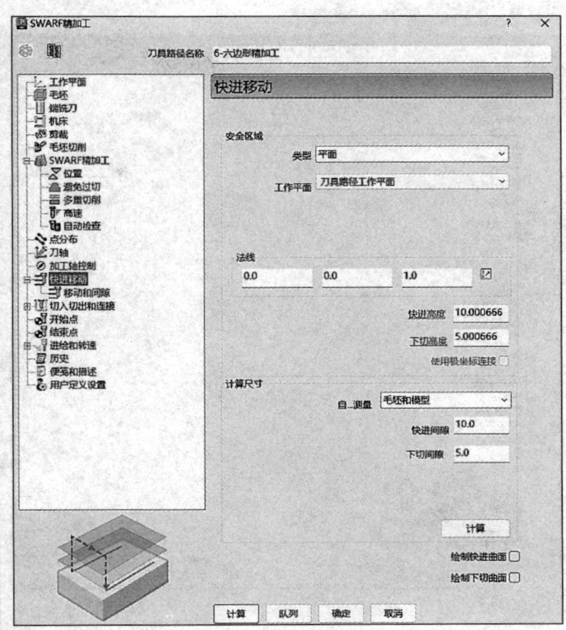

图 3-54

7）切入切出和连接：切入选择“水平圆弧”，切出选择“水平圆弧”，第一连接选择“掠过”，第二连接选择“掠过”，重叠距离（刀具直径单位）设定为 0.05，勾选“允许移动开始点”及“刀轴不连续处增加切入切出”。切入及切出子选项：线性移动 0.0，角度 90.0，半径 5.0。连接：第一选择“掠过”，第二选择“掠过”，如图 3-55 所示。

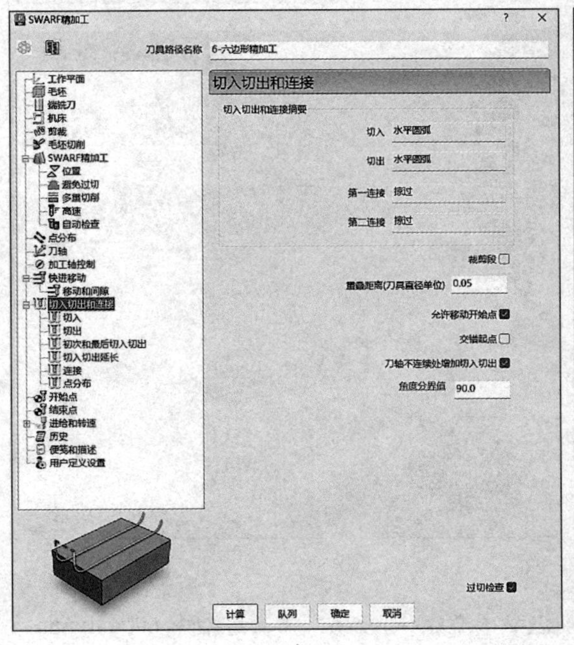

a）

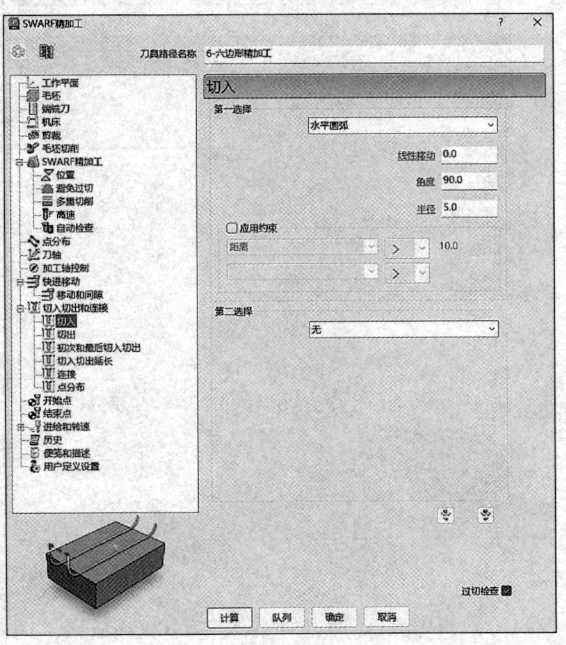

b）

图 3-55

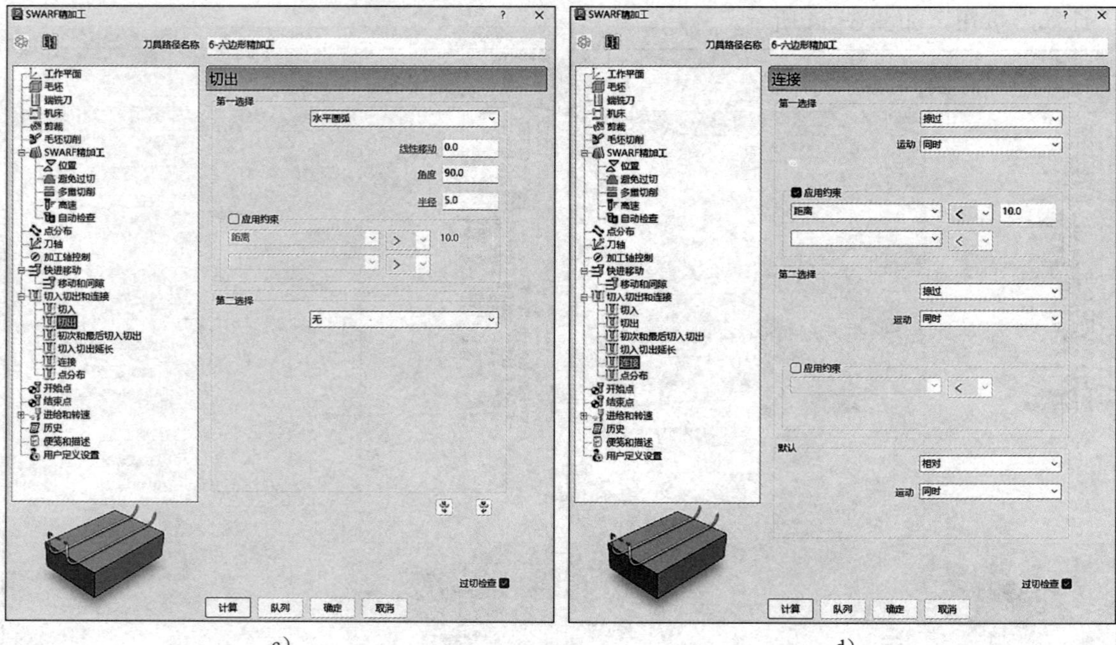

c） d）

图 3-55（续）

8）开始点选择“第一点安全高度”，结束点选择“最后一点安全高度”，如图 3-56 所示。

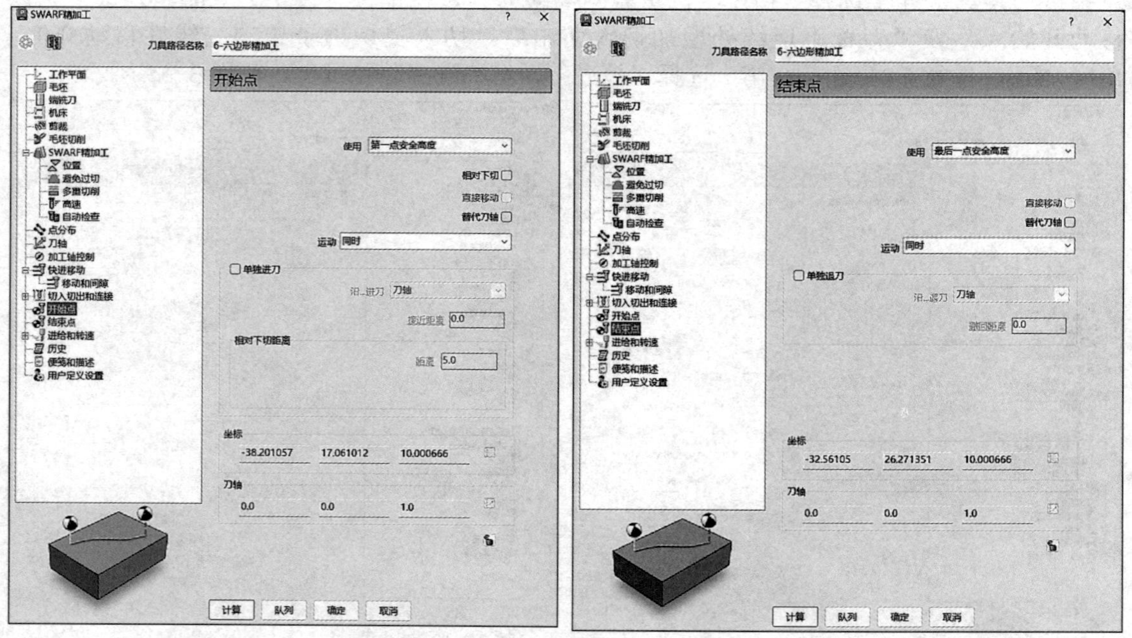

图 3-56

9）进给和转速：主轴转速 10000r/min、切削进给率 2000mm/min、下切进给率 600mm/min、掠过进给率 3000mm/min，标准冷却，如图 3-57 所示。

10）单击图 3-57 中的“计算”按钮，刀具路径如图 3-58 所示。

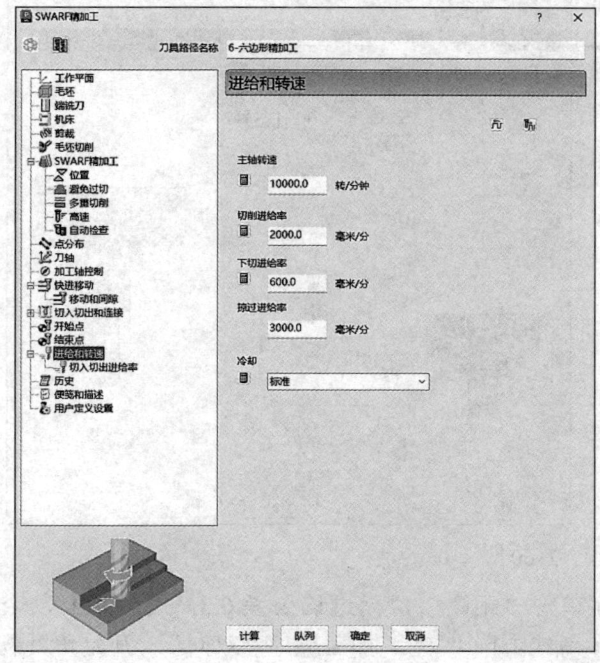

图 3-57

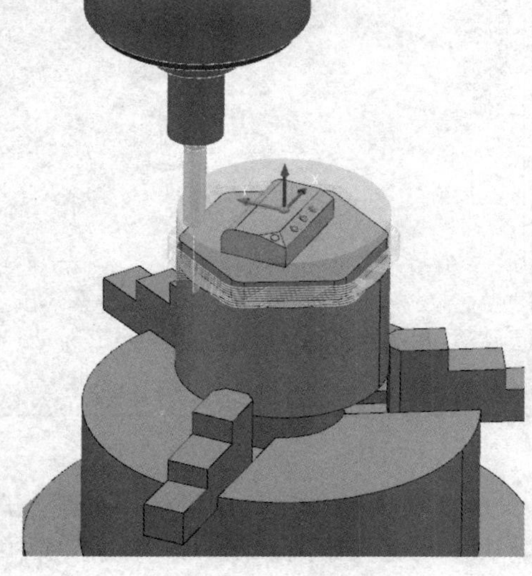

图 3-58

3.5.7 7- 圆角精加工

步骤：单击“开始”→“刀具路径”图标→弹出“策略选择器”对话框→在“策略选择器”对话框中单击“精加工”→“曲面精加工”，如图 3-59 所示。

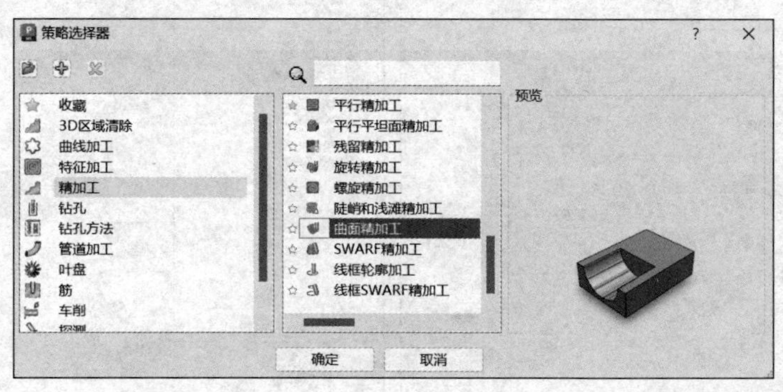

图 3-59

扫码观看视频

需要设定的参数如下：

1）工作平面选择“NC”坐标系。

2）毛坯：由“圆柱”定义，选择模型计算即可。

3）刀具选择“2-Q8-L35”，选择①编辑→②夹持→③打开“小五轴刀柄”文件→④修改伸出 35mm，如图 3-60 所示。

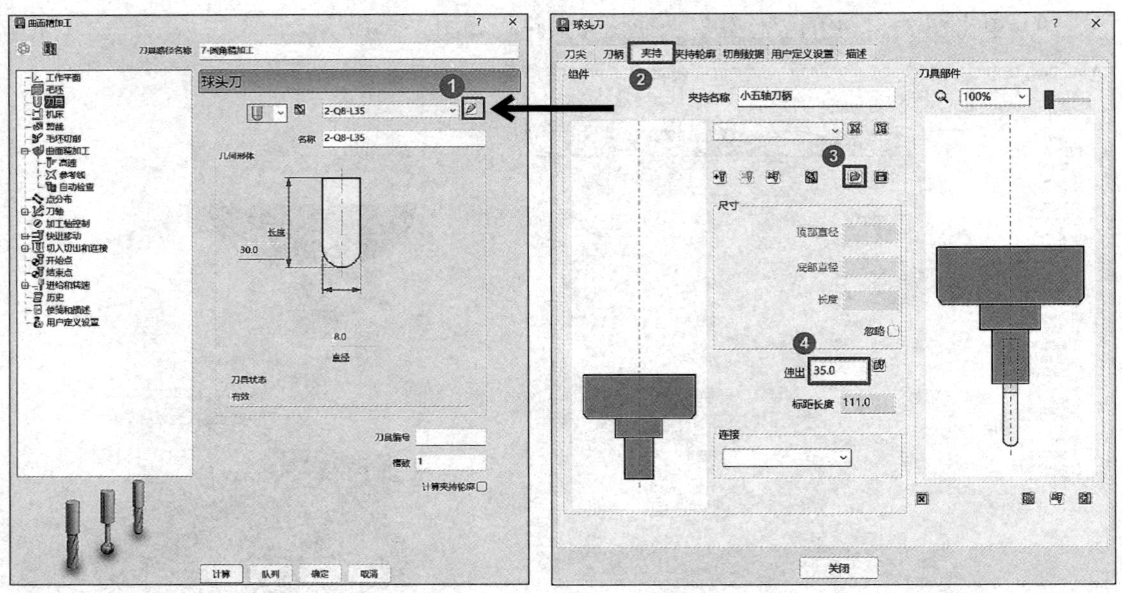

图 3-60

4）曲面精加工：曲面侧“外”，曲面单位“距离”，无过切公差 0.3，公差 0.01，余量 0.0，行距（距离）0.1。参考线子项中：参考线方向“V”，加工顺序“双向”，开始角“最大 U 最大 V”，顺序“无”，如图 3-61 所示。

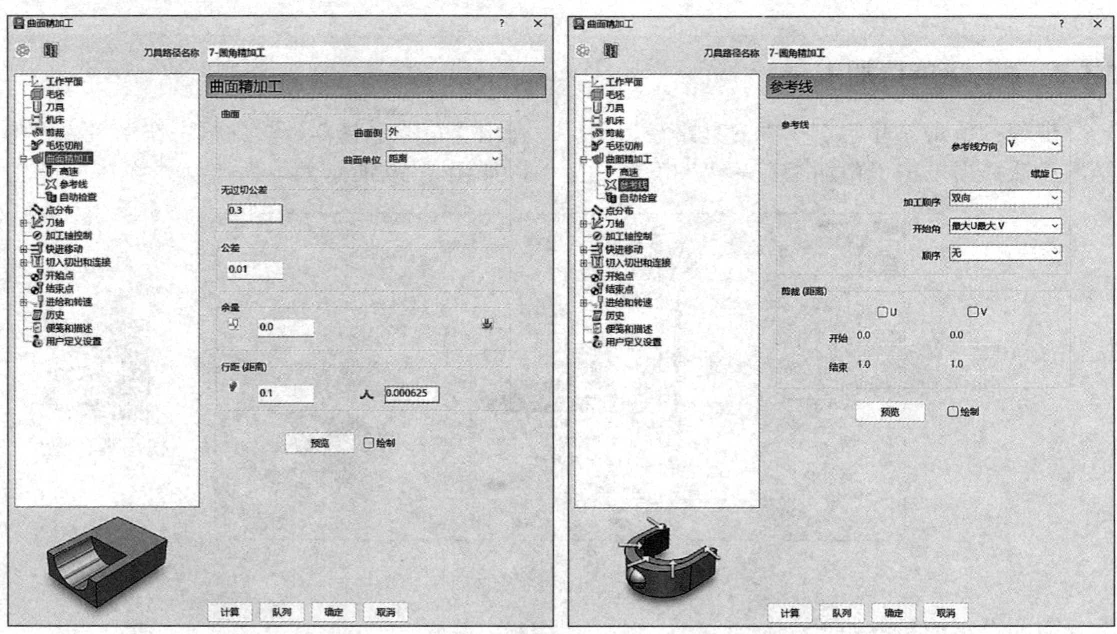

图 3-61

5）刀轴：选择“前倾 / 侧倾”，前倾 / 侧倾角：前倾为 0.0，侧倾为 0.0，模式选择“PowerMill 2012 R2”，勾选“刀轴限界”。刀轴限界子选项：模式“移动刀轴”，角度限界方位角开始 0.0，结束 360.0，仰角开始 0.0，结束 90.0，阻尼角 3.0，如图 3-62 所示。

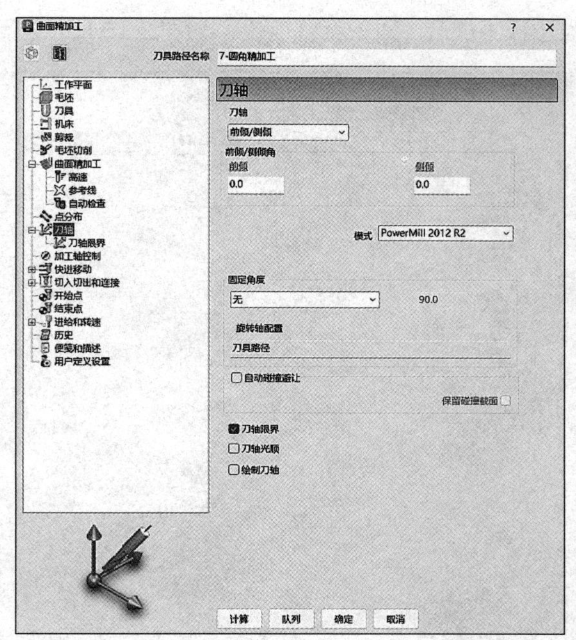

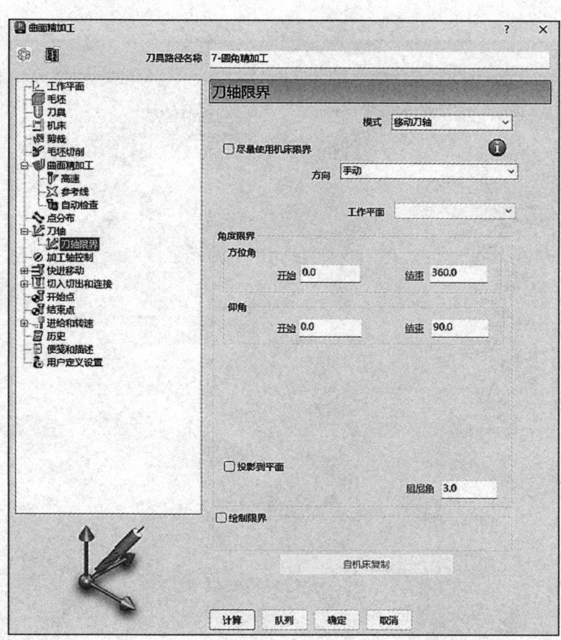

图 3-62

6）快进移动：安全区域类型选择“平面”，工作平面选择“刀具路径工作平面”，法线方向设定为（0.0，0.0，1.0），快进间隙 10.0，下切间隙 5.0，然后单击“计算尺寸”区域的“计算”按钮，如图 3-63 所示。

7）切入切出和连接：切入选择“无”，切出选择“无”，连接：第一连接选择“圆形圆弧”（勾选“应用约束”：距离 <10.0），第二连接选择“掠过”，如图 3-64 所示。

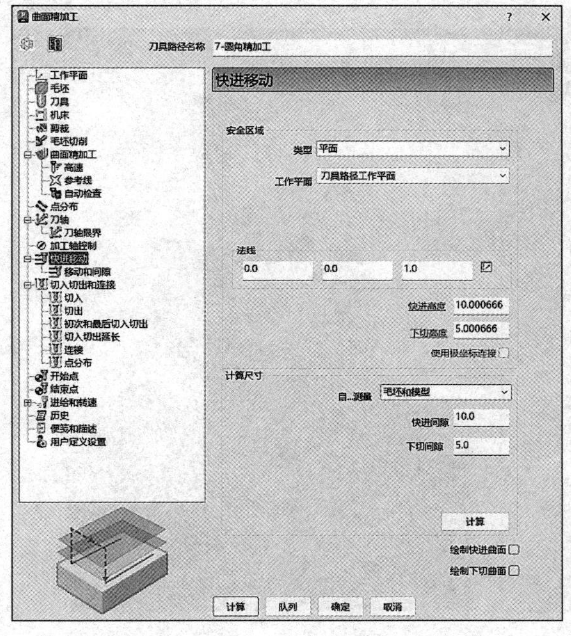

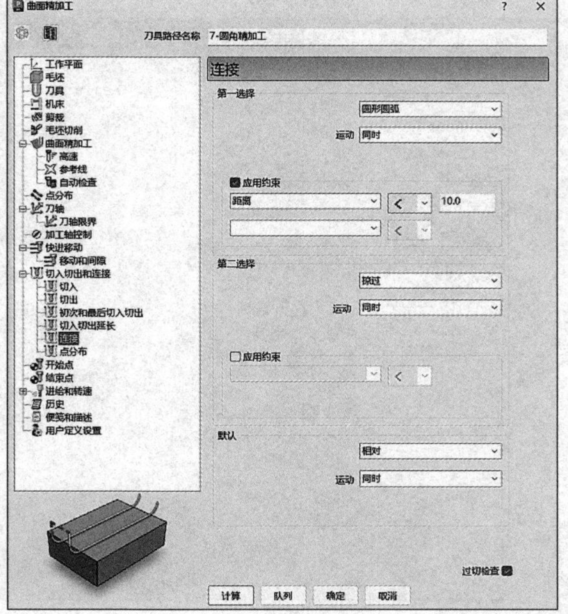

图 3-63　　图 3-64

8）开始点选择“第一点安全高度”，结束点选择“最后一点安全高度”，如图 3-65 所示。

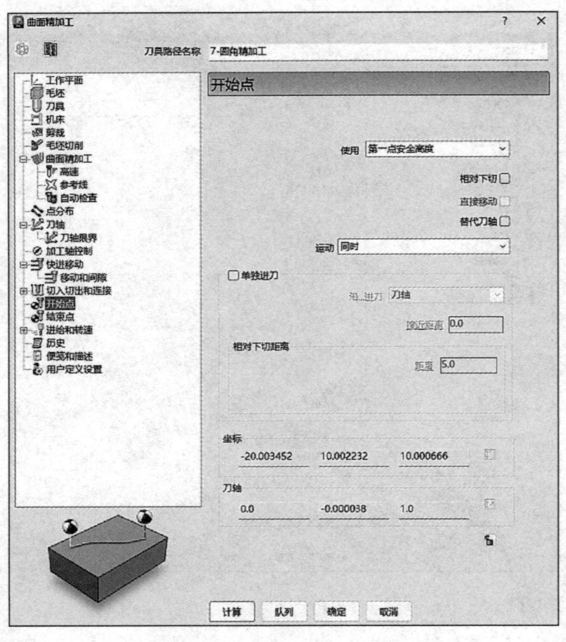

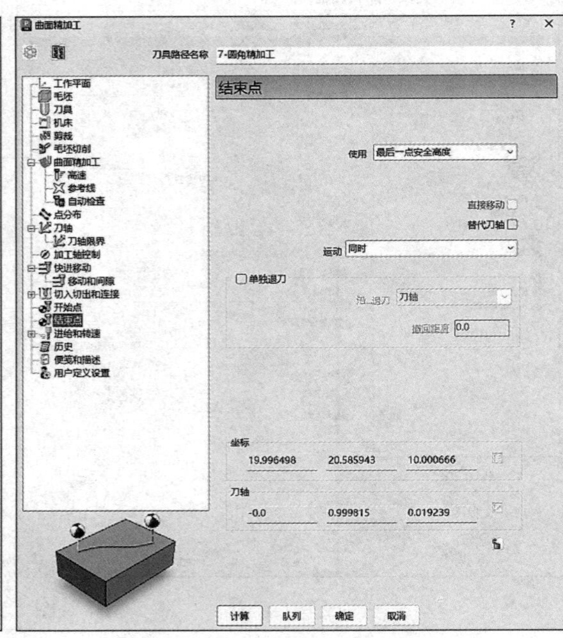

图 3-65

9）进给和转速：设定主轴转速 10000r/min、切削进给率 2000mm/min、下切进给率 600mm/min、掠过进给率 3000mm/min，标准冷却，如图 3-66 所示。

10）单击图 3-66 中的“计算”按钮，刀具路径如图 3-67 所示。

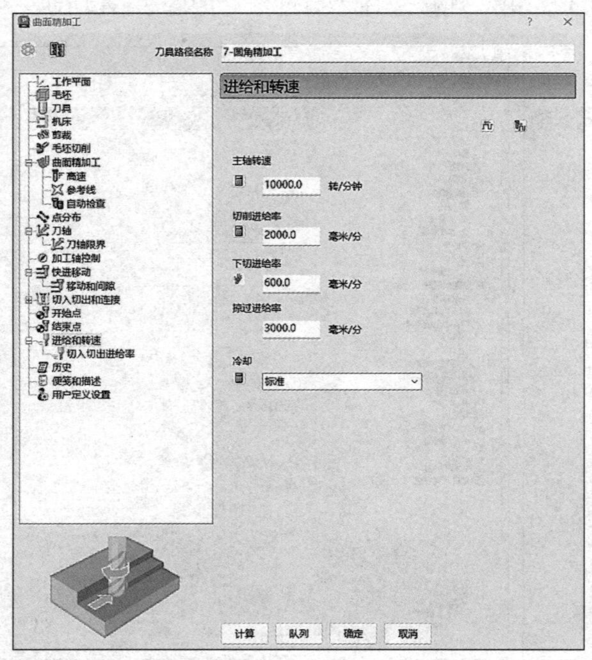

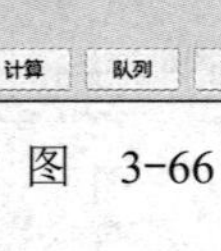

图 3-66

图 3-67

3.5.8 8- 精加工圆柱面

步骤：单击“开始”→“刀具路径”图标→弹出“策略选择器”对话框→在“策略选择器”对话框中单击“精加工”→“曲面投影精加工”，如图 3-68 所示。

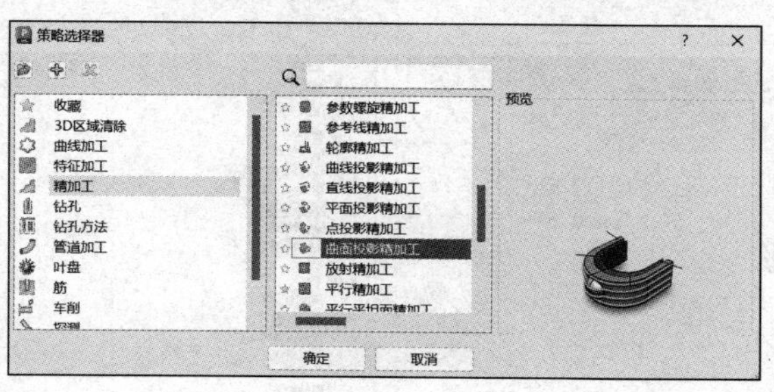

扫码观看视频

图 3-68

需要设定的参数如下：

1）工作平面选择“NC”。

2）毛坯：由“圆柱”定义，选择模型，扩展 1.0，计算即可，如图 3-69 所示。

3）剪裁：最小 -25.0，根据实际情况给定，如图 3-70 所示。

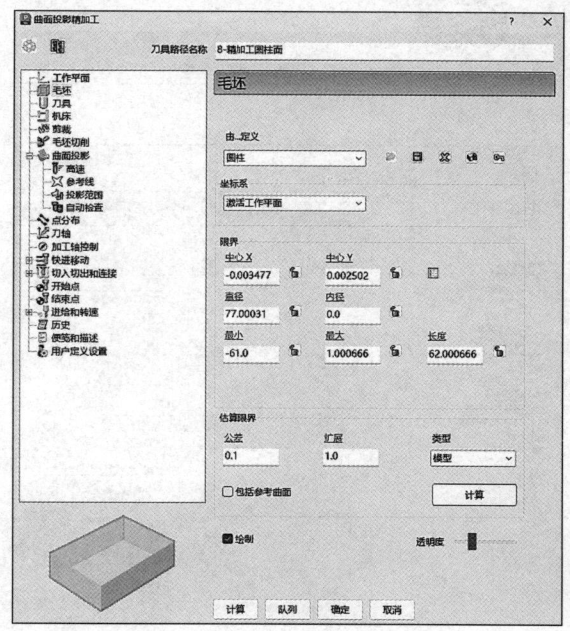

图 3-69

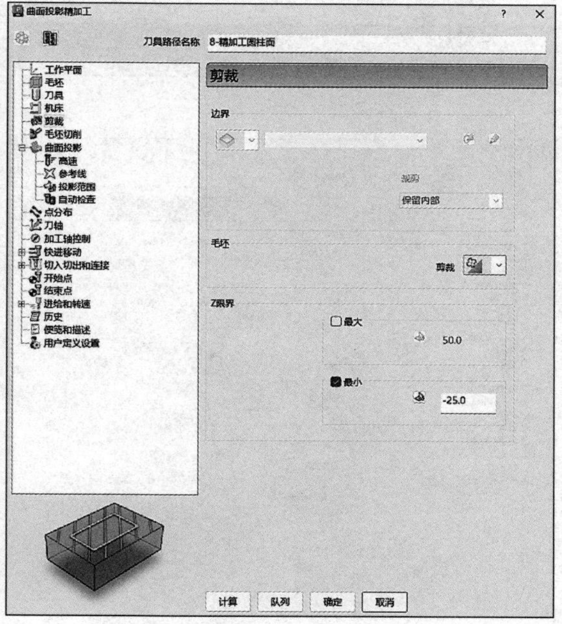

图 3-70

4）刀具选择“2-Q8-L35” ϕ8mm 立铣刀。

5）曲面投影：选择要加工的曲面，公差 0.01，余量 0.0，行距（距离）1.0（实际加工时设置为 0.1）。参考线子项中：参考线方向“V”，勾选“螺旋”，开始角“最大 U 最大 V”，如图 3-71 所示。

6）刀轴：选择“前倾 / 侧倾”，前倾 / 侧倾角：前倾为 0.0，侧倾为 40.0，模式选择“PowerMill 2012 R2”，如图 3-72 所示。

7）快进移动：安全区域类型选择“平面”，工作平面选择“刀具路径工作平面”，法线方向为（0.0，0.0，1.0），快进间隙 10.0，下切间隙 5.0，然后单击“计算尺寸”区域的“计算”按钮，如图 3-73 所示。

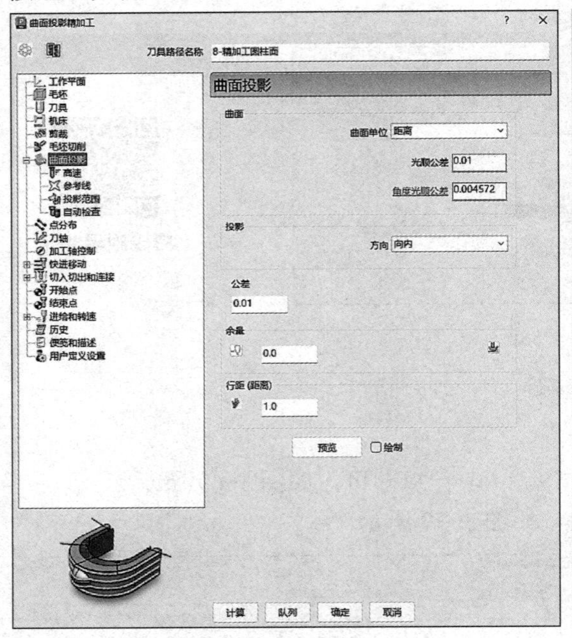

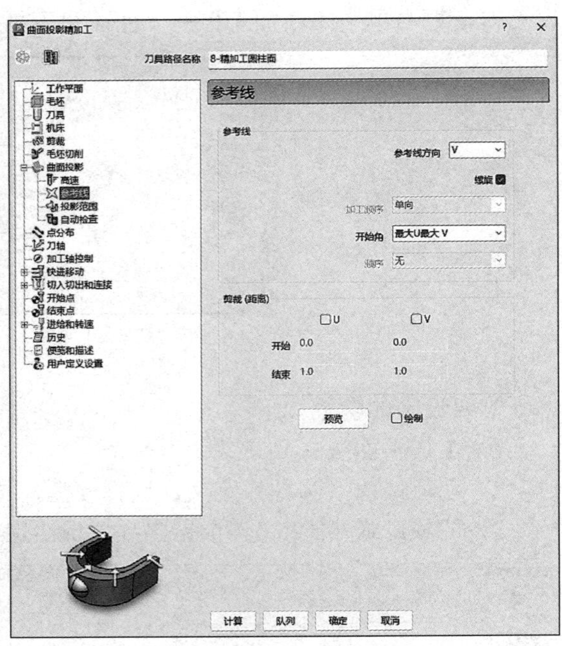

图 3-71

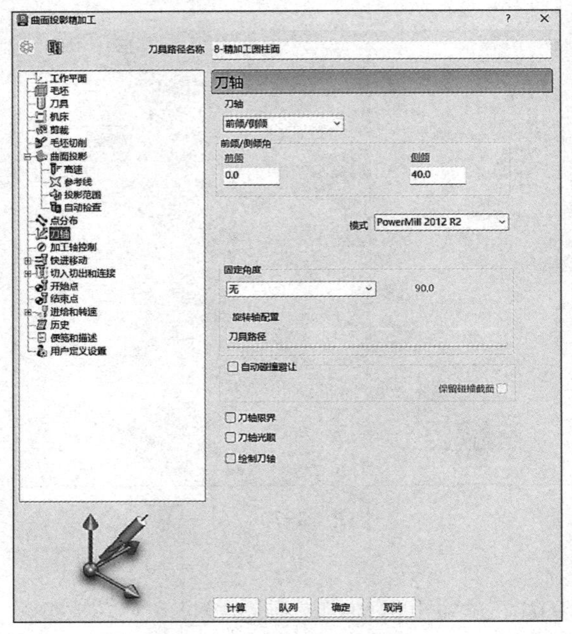

图 3-72

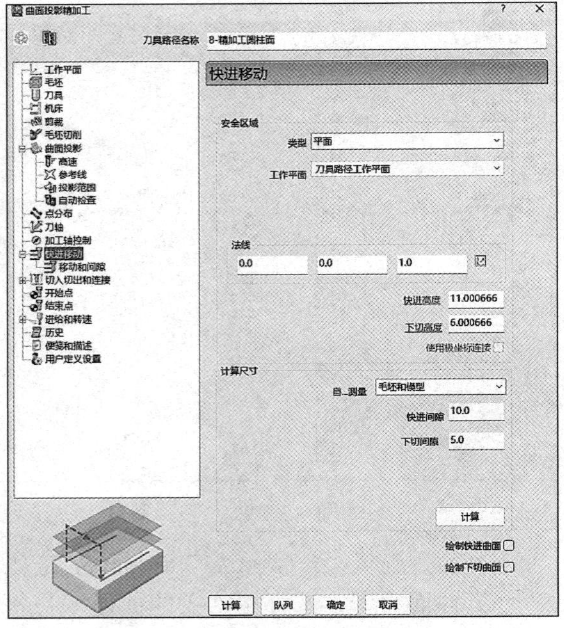

图 3-73

8）切入切出和连接：切入“无”，切出“无”，初次和最后切入切出，勾选“单独初次切入”后选择“垂直圆弧”，线性移动 0.0，角度 45.0，半径 3.0；连接：第一选择“安全高度”，第二选择“安全高度”。

9）开始点选择“第一点安全高度”，结束点选择“最后一点安全高度”，如图 3-74 所示。

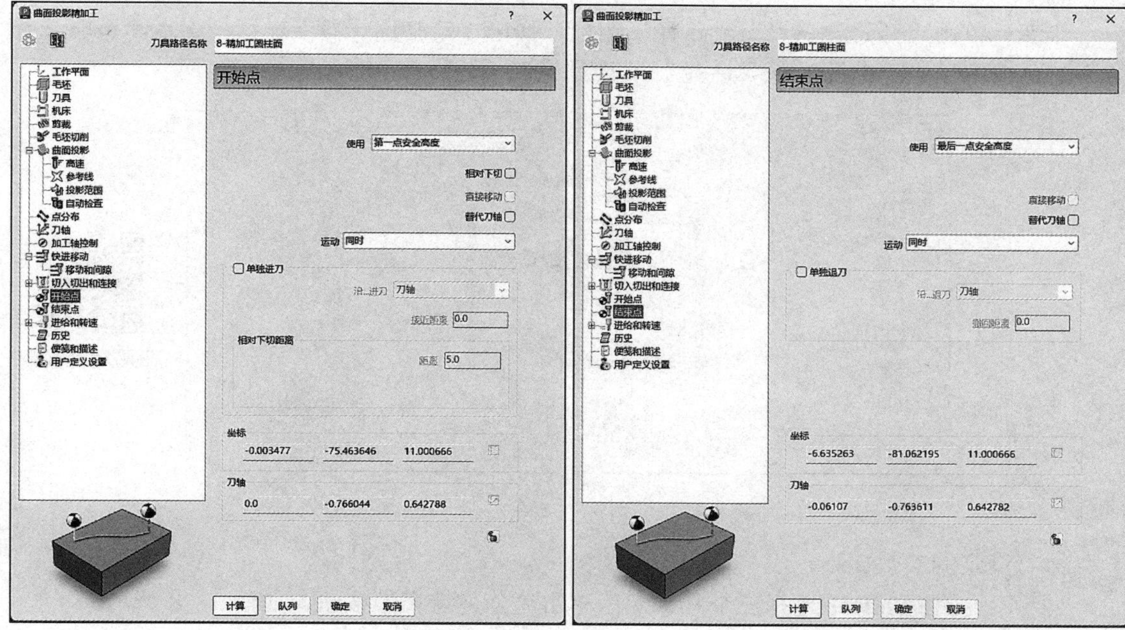

图 3-74

10）进给和转速：设定主轴转速 10000r/min、切削进给率 2000mm/min、下切进给率 600mm/min、掠过进给率 3000mm/min，标准冷却，如图 3-75 所示。

11）单击图 3-75 中的“计算”按钮，刀具路径如图 3-76 所示。

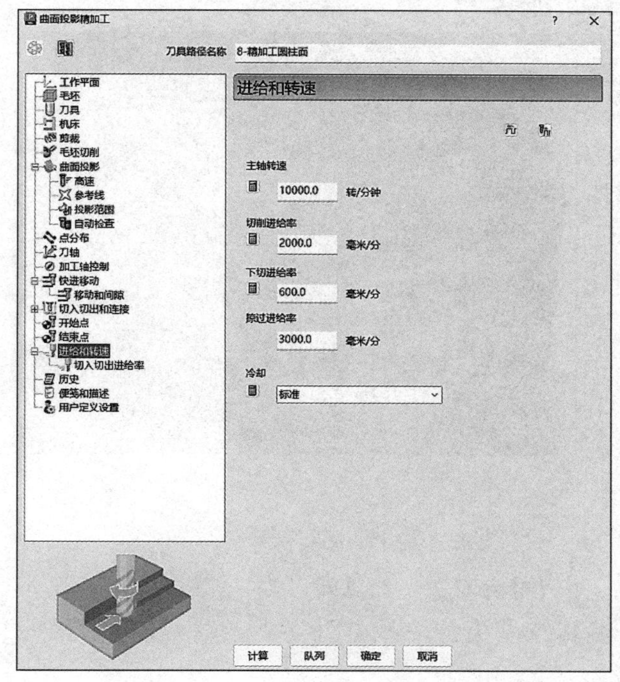

图 3-75

扫码观看
刀具路径彩图

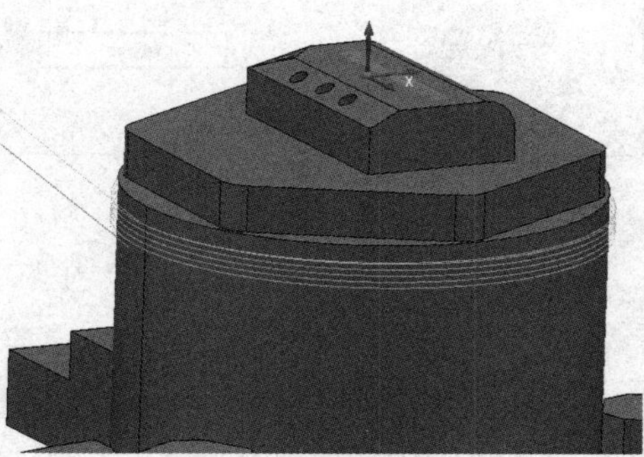

图 3-76

3.5.9　9- 定位钻孔 1

步骤：单击“开始”→“刀具路径”图标→弹出“策略选择器”对话框→在“策略选择器”对话框中单击“钻孔”→“钻孔”，如图 3-77 所示。

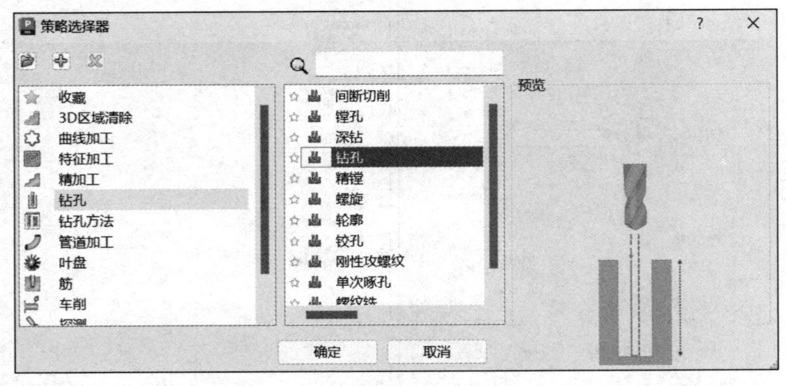

扫码观看视频

图　3-77

需要设定的参数如下：

1）孔：按住 Shift 键选择三个孔，然后单击“创建特征”按钮，如图 3-78 所示。

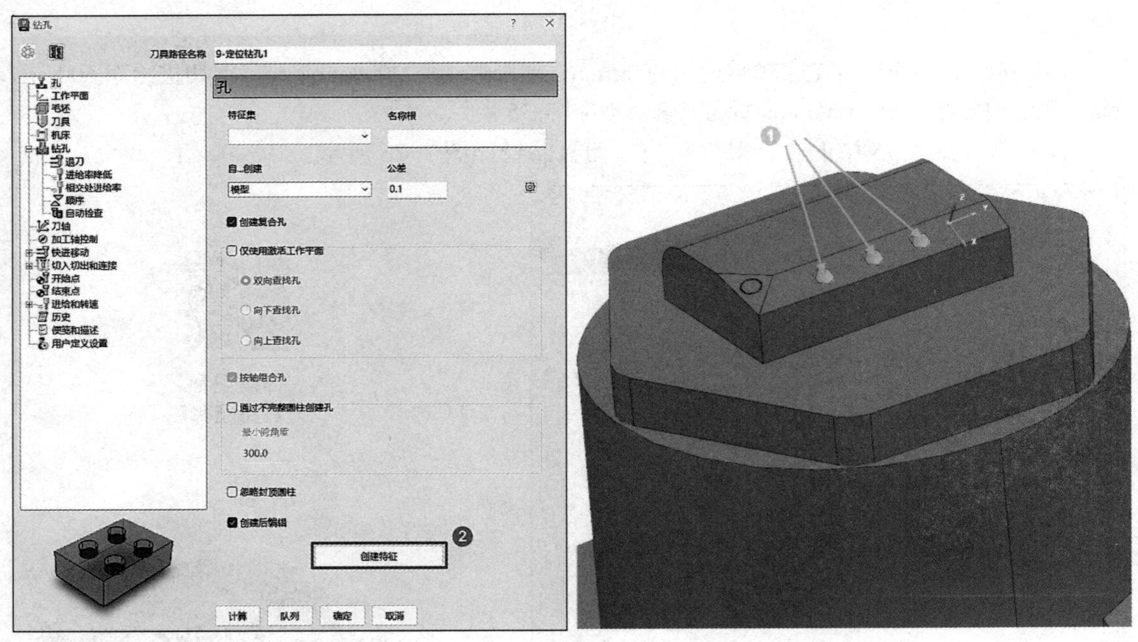

图　3-78

2）工作平面选择“斜面 1”坐标系。

3）毛坯：选择模型，坐标系“命名的工作平面 NC”，计算即可。

4）刀具选择“3-Z3-L35”，选择①编辑→②夹持→③打开“小五轴刀柄”文件→④修改伸出 30mm，如图 3-79 所示。

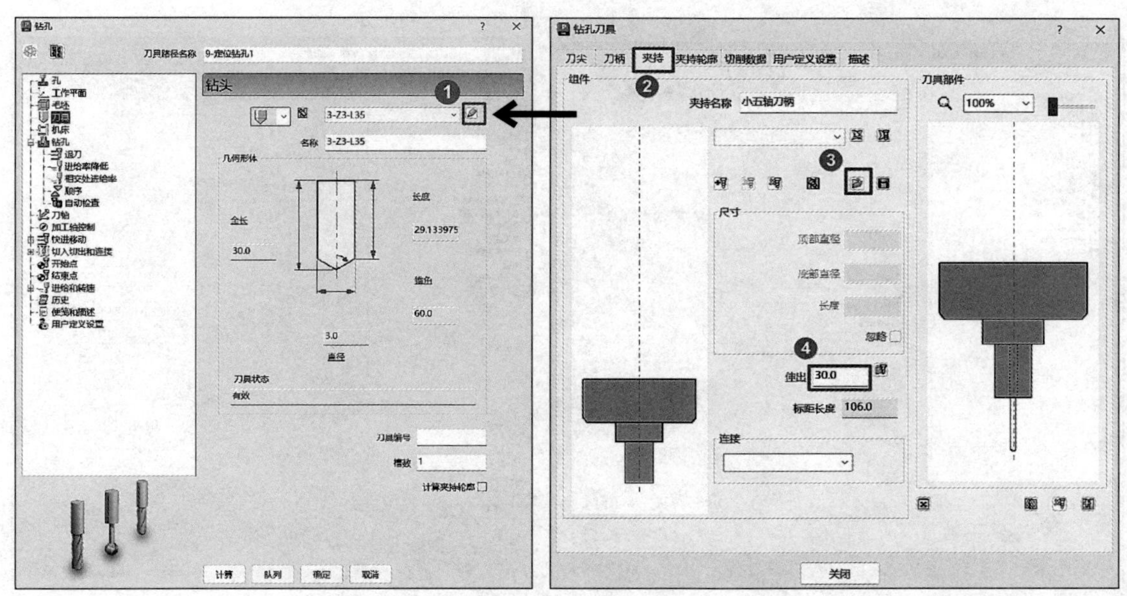

图 3-79

5）钻孔：循环类型“单次啄孔”（如果孔较深，改为“间断切削”），定义顶部“孔顶部”，操作“钻到孔深”，间隙 5.0，开始 0.0，停留时间 0.0，公差 0.1，勾选“钻孔循环输出”，余量 0.0。退刀子选项：退刀“全”，如图 3-80 所示。

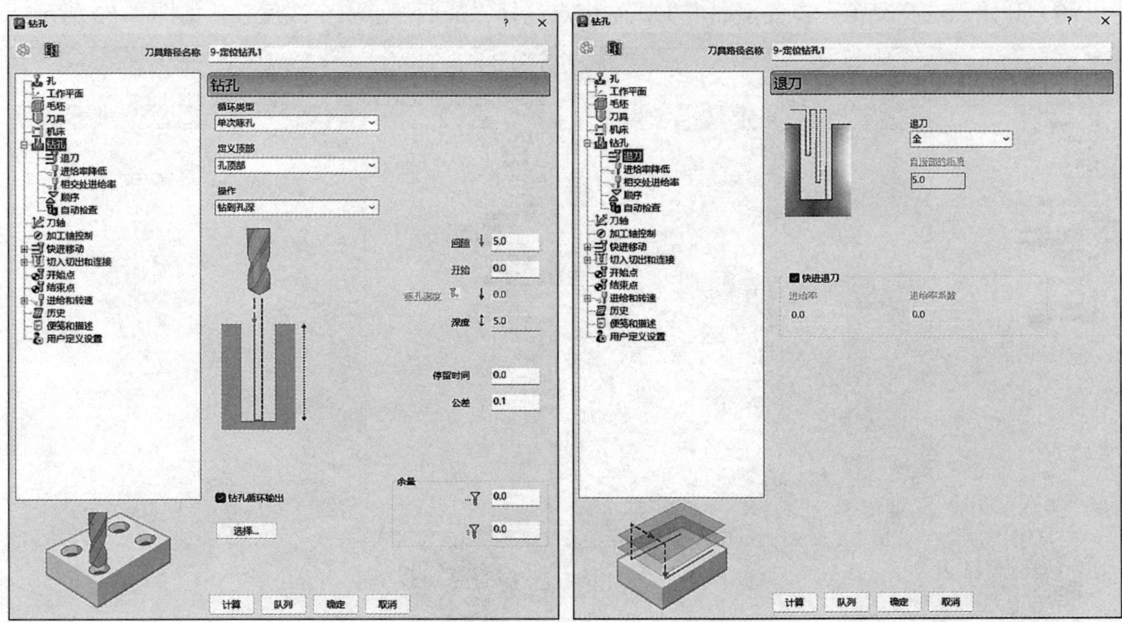

图 3-80

6）刀轴：垂直，如图 3-81 所示。

7）快进移动：安全区域类型选择“平面”，工作平面选择“刀具路径工作平面”，法线方向设定为（0.0，0.0，1.0），快进间隙 10.0，下切间隙 5.0，然后单击“计算”按钮，如图 3-82 所示。

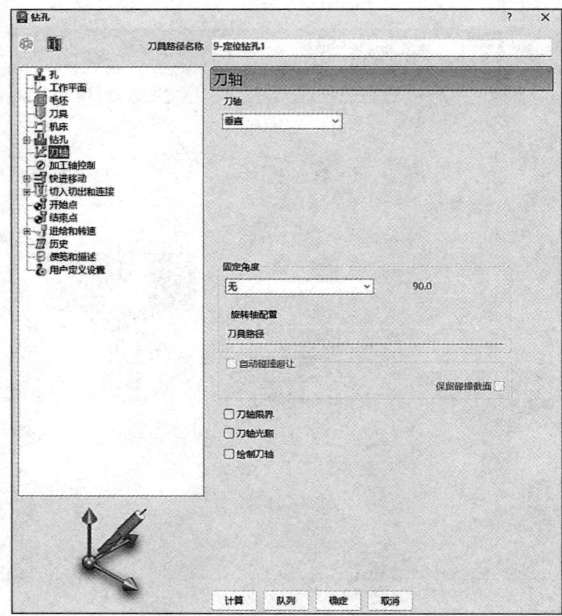

图 3-81

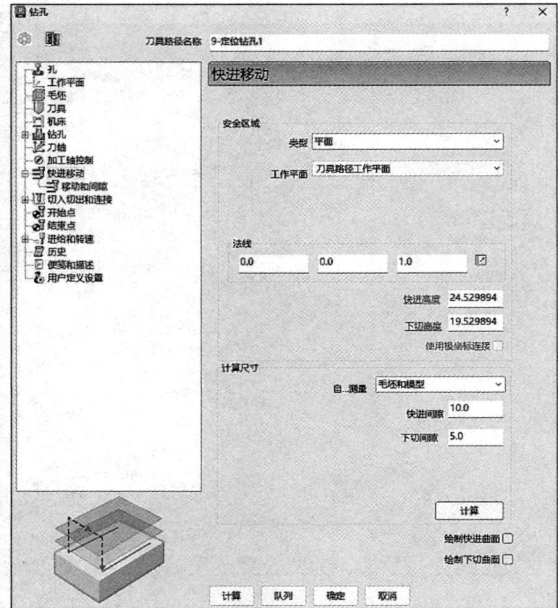

图 3-82

8）切入切出和连接：切入“无”，切出“无”，连接：第一选择“安全高度”，第二选择“安全高度”。

9）开始点选择“第一点安全高度”，结束点选择“最后一点安全高度”，如图 3-83 所示。

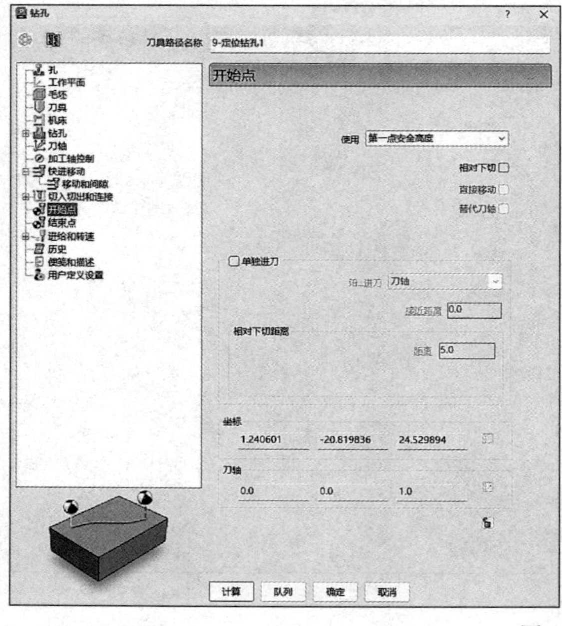

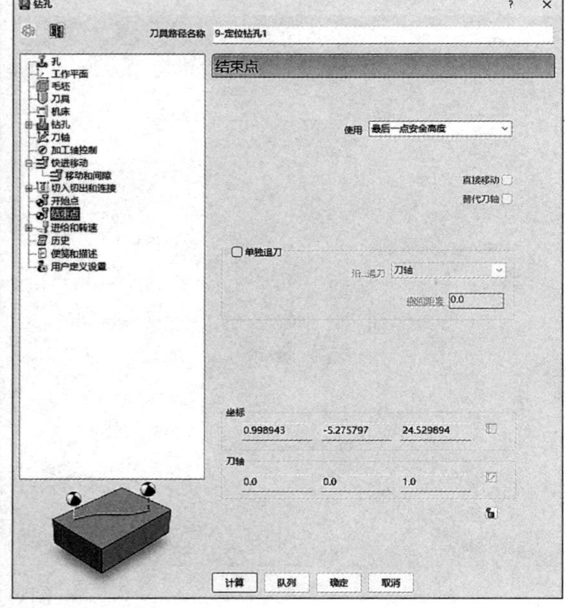

图 3-83

10）进给和转速：主轴转速 2000r/min、切削进给率 60mm/min、下切进给率 60mm/min、掠过进给率 3000mm/min，标准冷却，如图 3-84 所示。

11）单击图 3-85 中的“计算”按钮，刀具路径如图 3-85 所示。

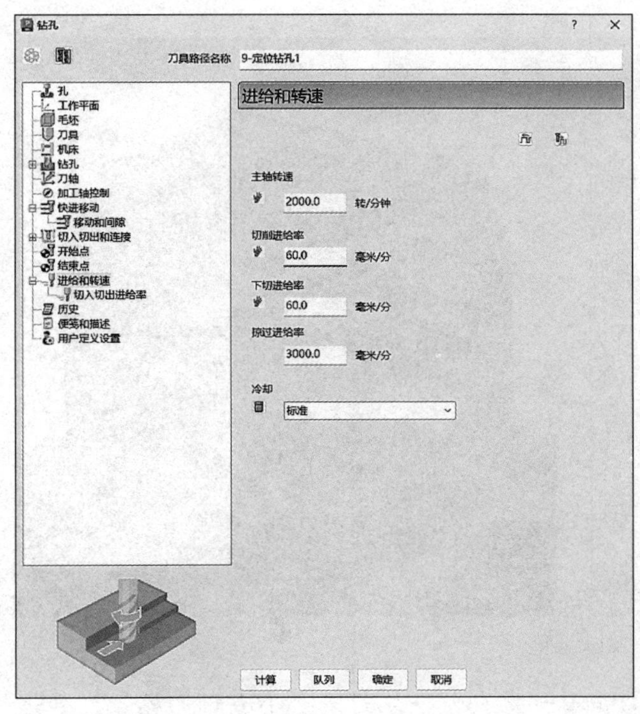

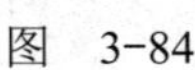

图 3-84

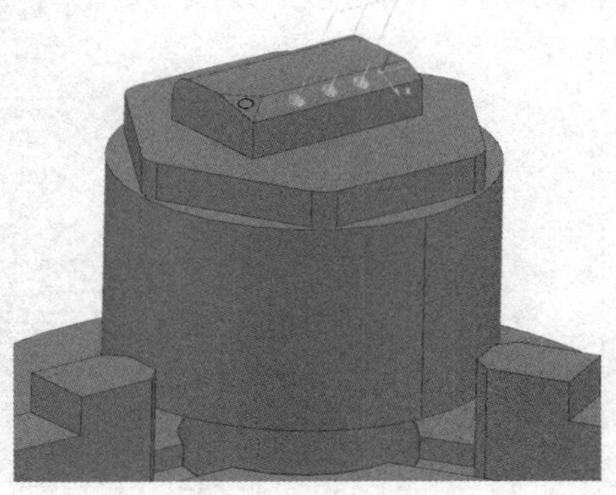

图 3-85

3.5.10 10- 定位钻孔 2

步骤：单击“开始”→“刀具路径”图标→弹出“策略选择器”对话框→在“策略选择器”对话框中单击“钻孔”→“钻孔”，如图 3-86 所示。

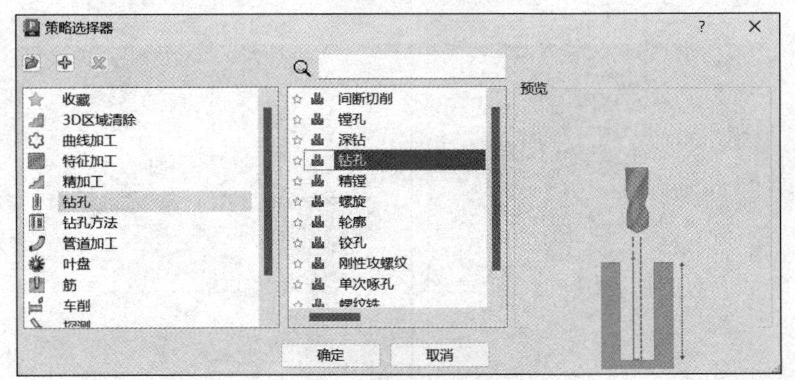

扫码观看视频

图 3-86

需要设定的参数如下：

1）孔：选择孔，然后单击“创建特征”，如图 3-87 所示。

2）工作平面选择“斜面 2”坐标系。

3）毛坯：选择模型，坐标系“命名的工作平面 NC”，计算即可。

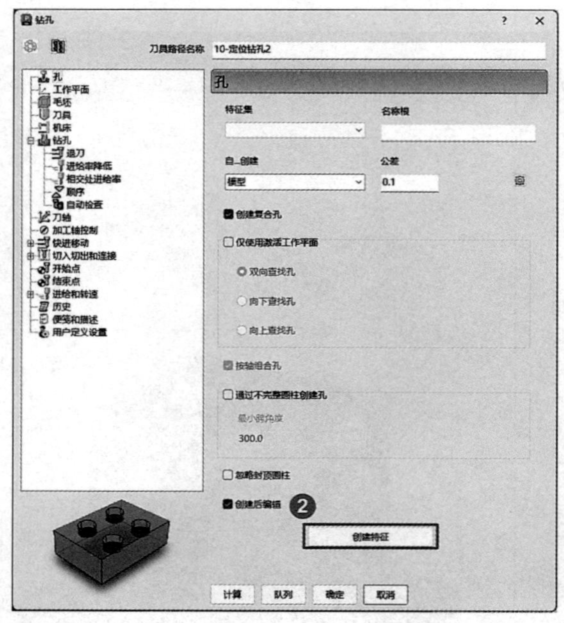

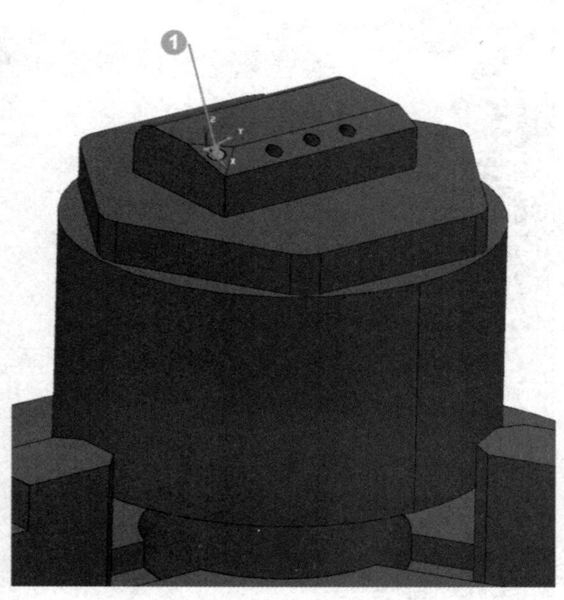

图 3-87

4）刀具选择“3-Z3-L35”，选择①编辑→②夹持→③打开“小五轴刀柄”文件→④修改伸出 30mm，如图 3-88 所示。

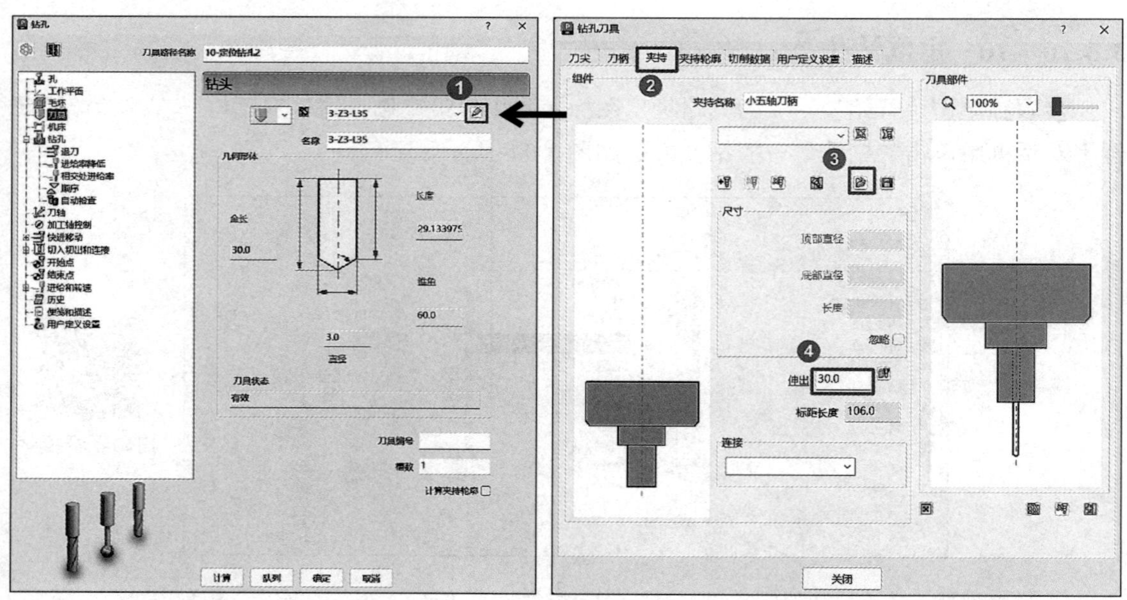

图 3-88

5）钻孔：循环类型“单次啄孔”（如果孔较深，改为“间断切削”），定义顶部“孔顶部”，操作“钻到孔深”，间隙 5.0，开始 0.0，停留时间 0.0，公差 0.1，勾选“钻孔循环输出”，余量 0.0。自动检查子选项：部件余量将工序 4 中补孔的面作为忽略面，如图 3-89 所示。

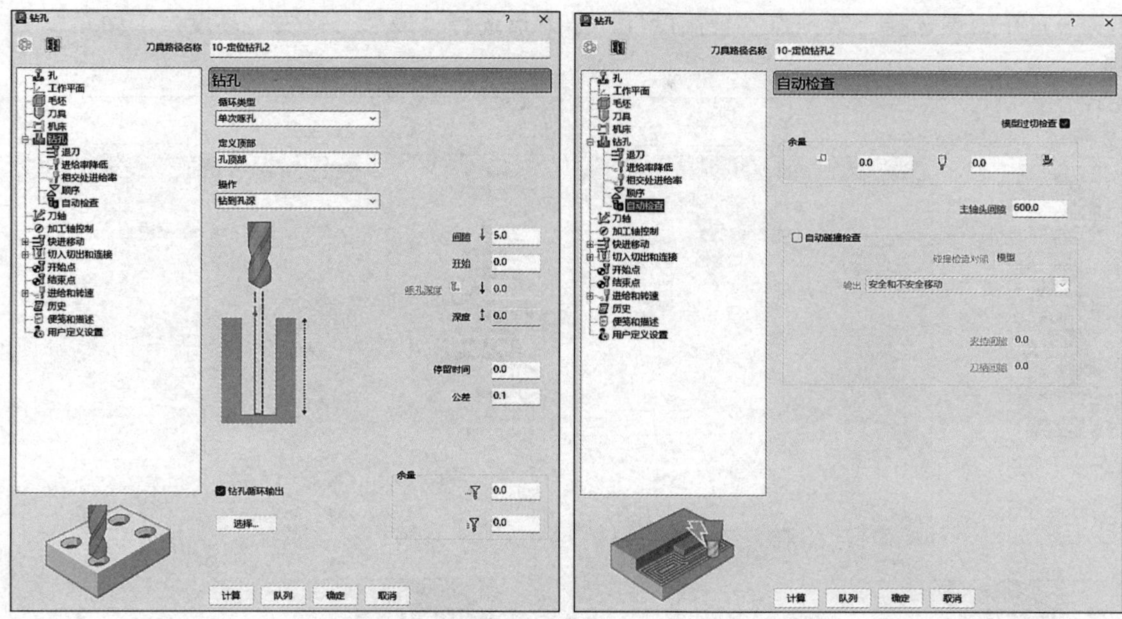

图 3-89

6）刀轴：垂直，如图 3-90 所示。

7）快进移动：安全区域类型选择“平面”，工作平面选择“刀具路径工作平面”，法线方向设定为（0.0，0.0，1.0），快进间隙 10.0，下切间隙 5.0，然后单击“计算”按钮，如图 3-91 所示。

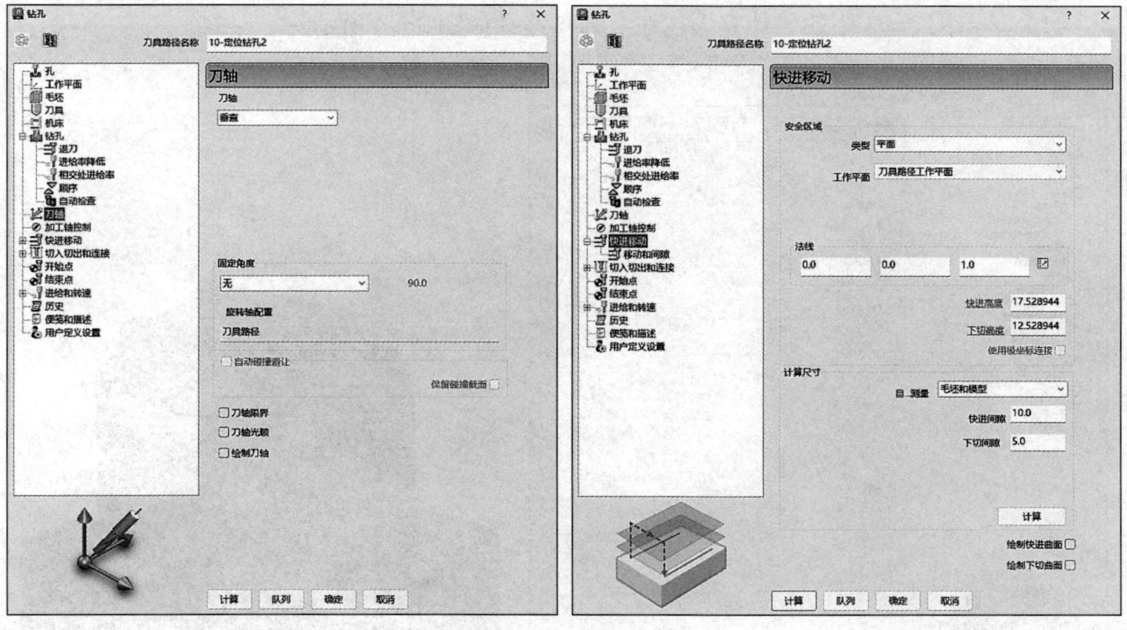

图 3-90　　　　图 3-91

8）切入切出和连接：切入“无”，切出“无”，连接：第一选择“安全高度”，第二选择“安全高度”。

9）开始点选择“第一点安全高度”，结束点选择“最后一点安全高度”，如图 3-92 所示。

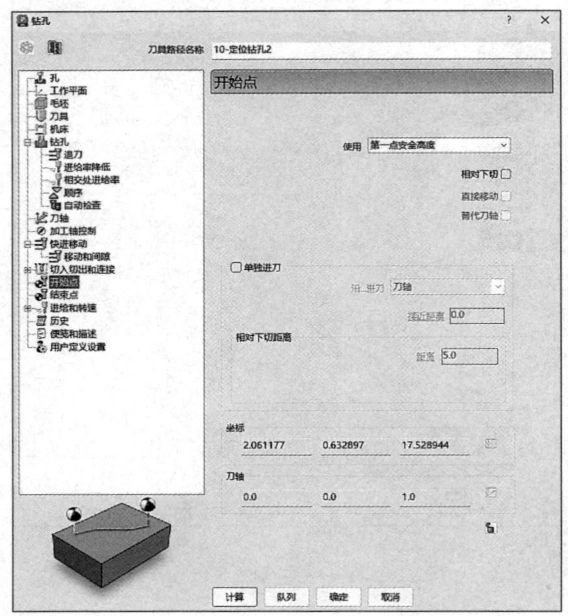

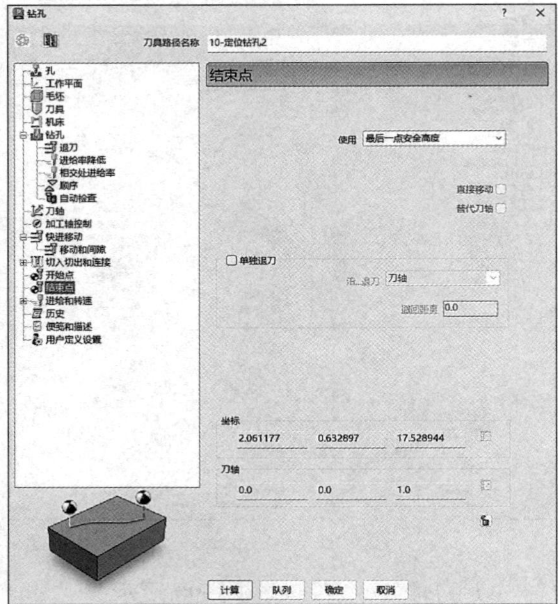

图　3-92

10）进给和转速：主轴转速 2000r/min、切削进给率 60mm/min、下切进给率 60mm/min、掠过进给率 3000mm/min，标准冷却，如图 3-93 所示。

11）单击图 3-93 中的“计算”按钮，刀具路径如图 3-94 所示。

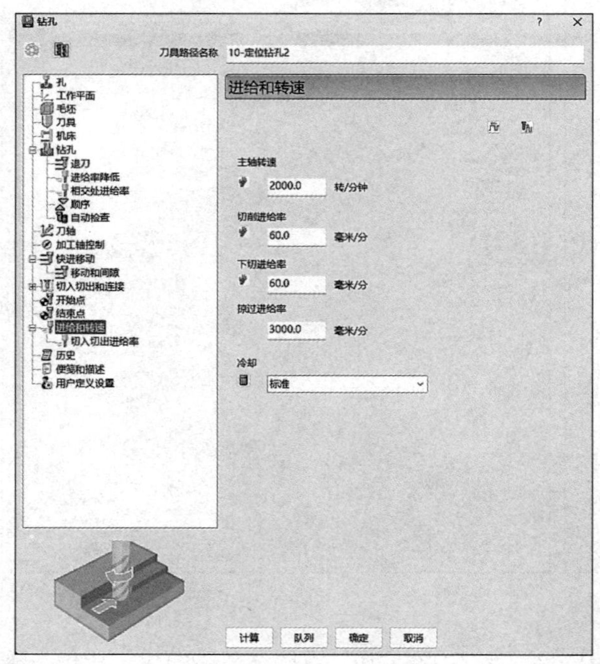

图　3-93

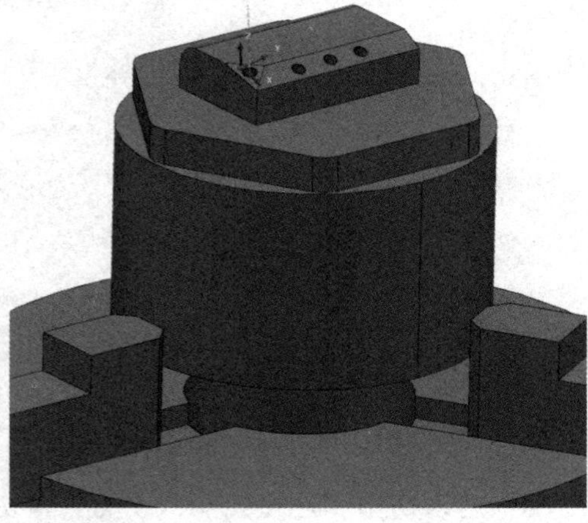

图　3-94

3.5.11　11- 刻字

步骤：单击“开始”→“刀具路径”图标→弹出“策略选择器”对话框→在“策略选择器”对话框中单击“精加工”→“参考线精加工”，如图 3-95 所示。

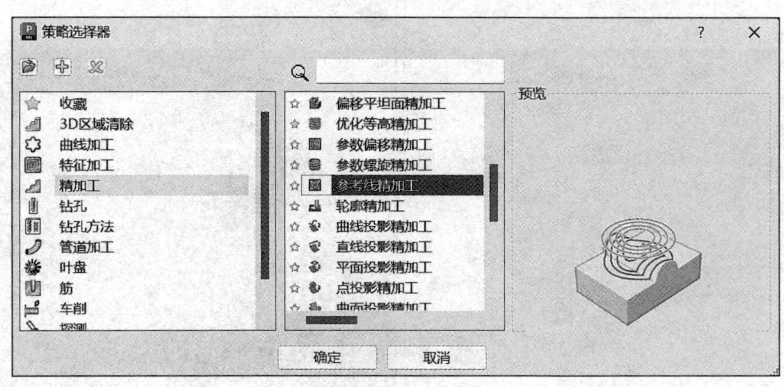

扫码观看视频

图　3-95

需要设定的参数如下：

1）工作平面选择“NC”坐标系。

2）毛坯：选择要加工的曲面计算即可。

3）刀具选择“4-Q0.6-L20”，选择①编辑→②夹持→③打开“小五轴刀柄”文件→④修改伸出 20mm，如图 3-96 所示。

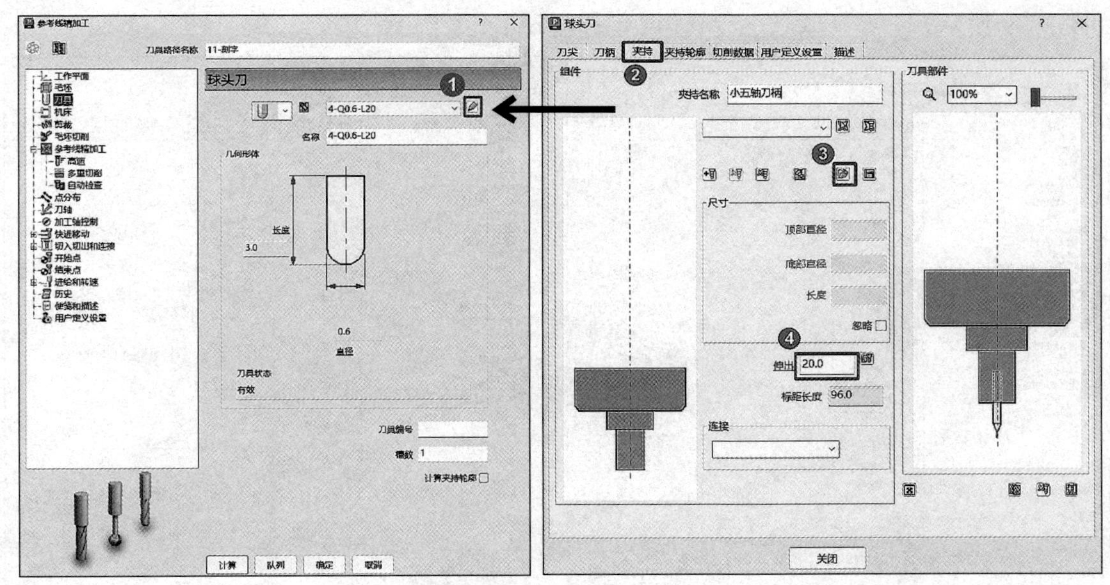

图　3-96

4）参考线精加工：单击创建新的参考线①，在资源管理器中找到参考线 1，右击“曲线编辑器”→②文本→③选单线字体→④高度 3.0 →⑤输入“PowerMill2024”→⑥接受，底部位置“自动”，公差 0.01，加工顺序“参考线”，轴向余量 -0.1，如图 3-97 所示。

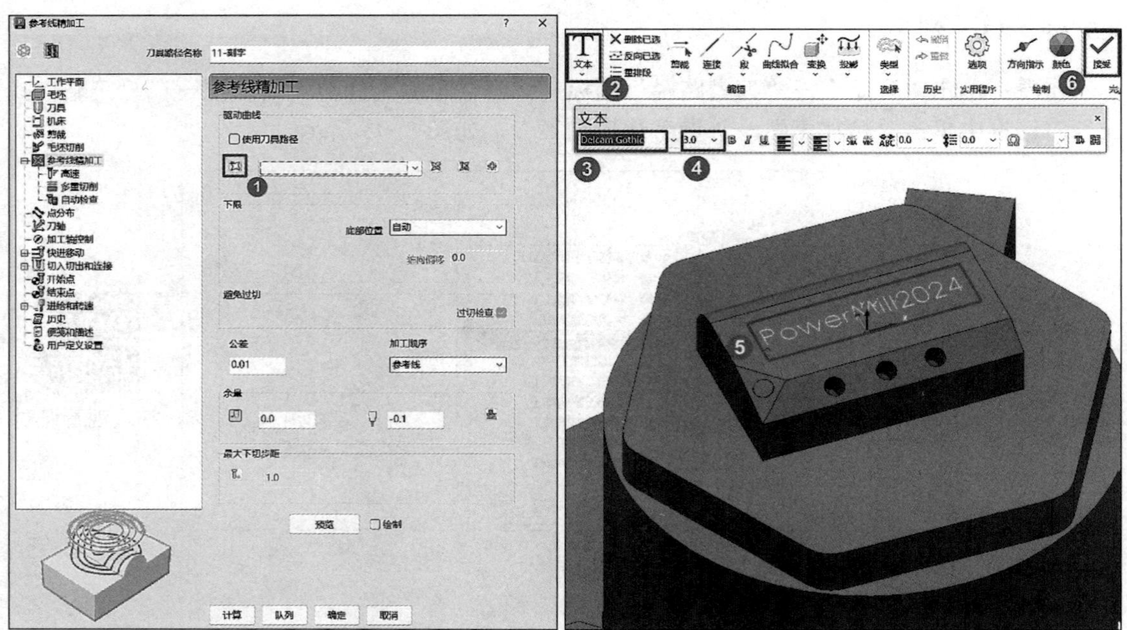

图 3-97

5）刀轴：垂直，如图 3-98 所示。

6）快进移动：安全区域类型选择“平面”，工作平面选择“刀具路径工作平面”，法线方向设定为（0.0，0.0，1.0），快进间隙 10.0，下切间隙 5.0，然后单击“计算”按钮，如图 3-99 所示。

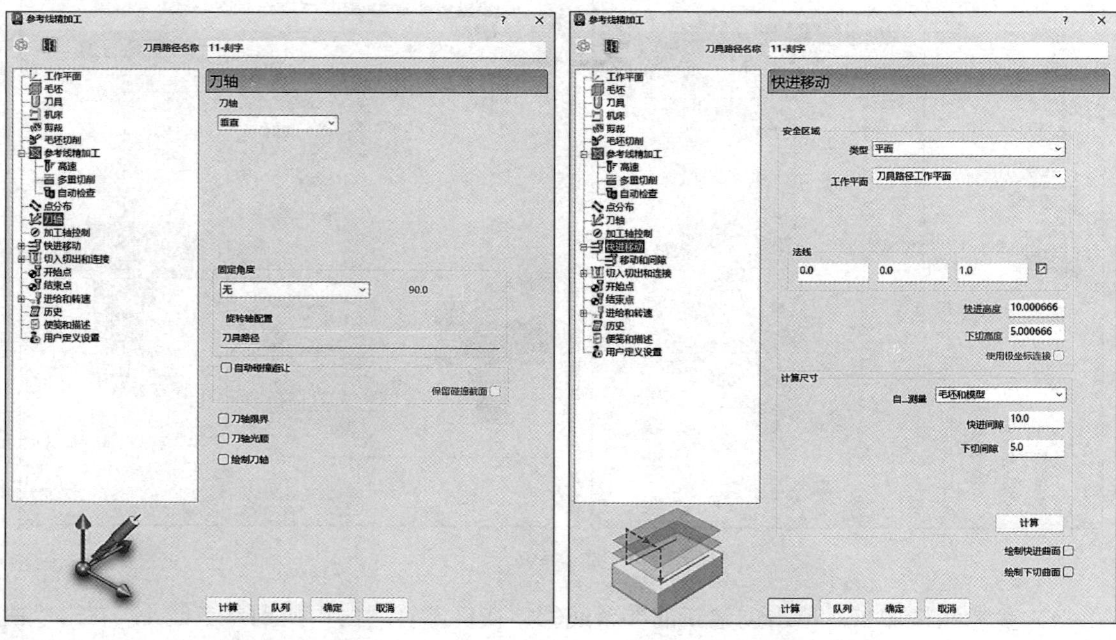

图 3-98　　　　图 3-99

7）切入切出和连接：切入“斜向”，切出“无”，第一连接选择“安全高度”，第二连接选择“掠过”，重叠距离（刀具直径单位）设定为 0.0，勾选“允许移动开始点”及“刀轴不连续处增加切入切出”。切入子选项，第一选择“斜向”（最大左斜角 3.0，高度 0.2）。连接：第一选择“安全高度”，第二选择“掠过”，如图 3-100 所示。

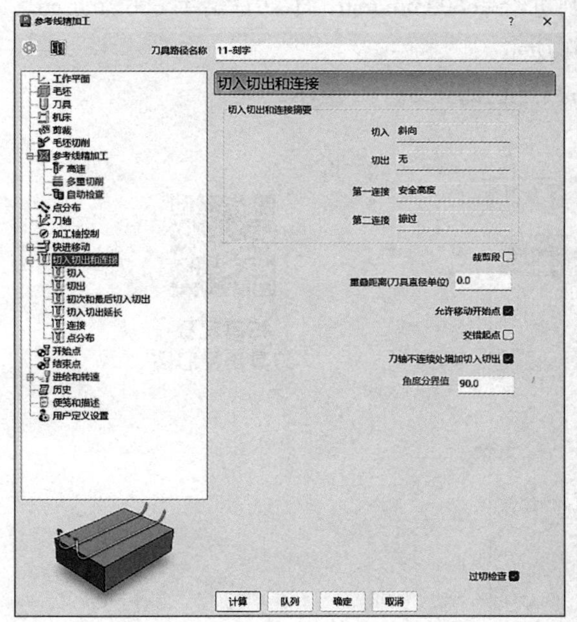

a）

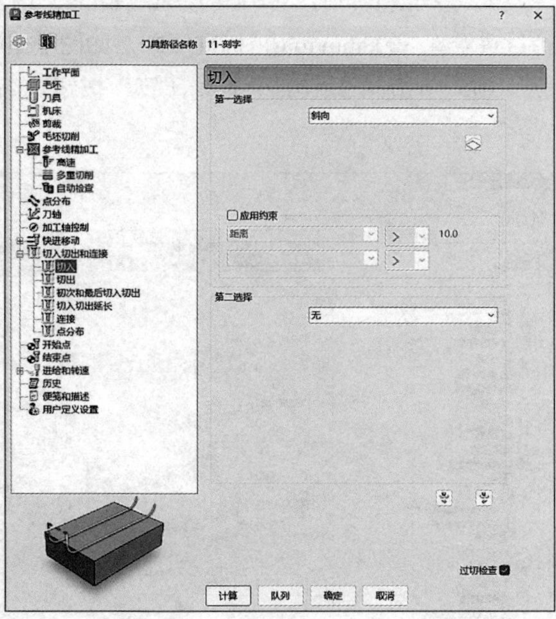

b）

c）

d）

图 3-100

8）开始点选择“第一点安全高度”，结束点选择“最后一点安全高度”。

9）进给和转速：主轴转速 8000r/min、切削进给率 600mm/min、下切进给率 600mm/min、掠过进给率 3000mm/min，标准冷却，如图 3-101 所示。

10）单击图 3-101 中的“计算”按钮，刀具路径如图 3-102 所示。

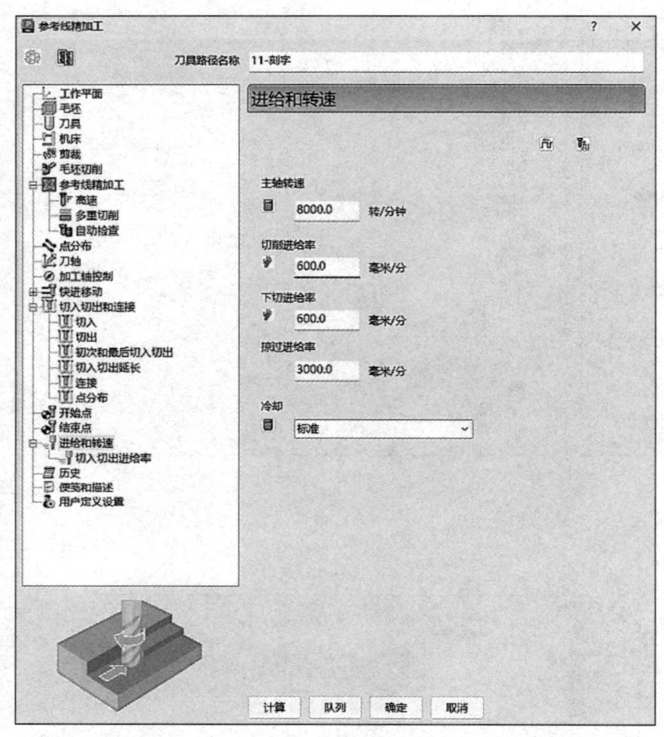

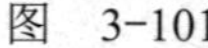

图 3-101

扫码观看
刀具路径彩图

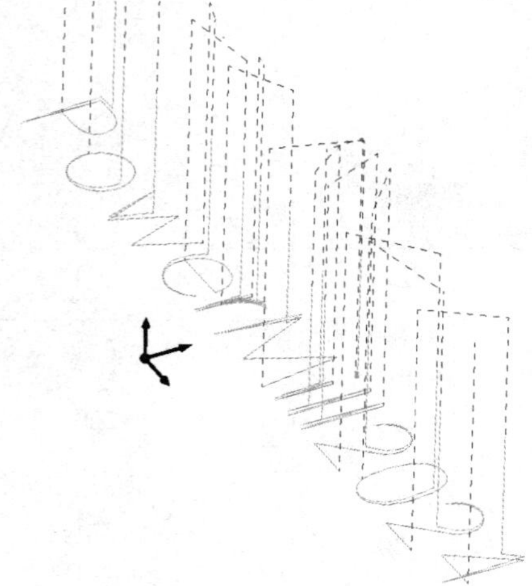

图 3-102

3.6 NC 程序仿真及后处理

3.6.1 NC 程序仿真（以“1- 粗加工”刀具路径为例）

1）打开主界面的“仿真”选项卡，单击“开”按钮使之处于打开状态。

2）在“条目”下拉菜单中点选要进行仿真的刀具路径。

3）单击“运行”按钮来查看仿真。在“仿真控制”栏中可对仿真过程进行暂停、回退等操作。

4）单击“退出 ViewMill”按钮来终止仿真。仿真效果如图 3-103 所示。

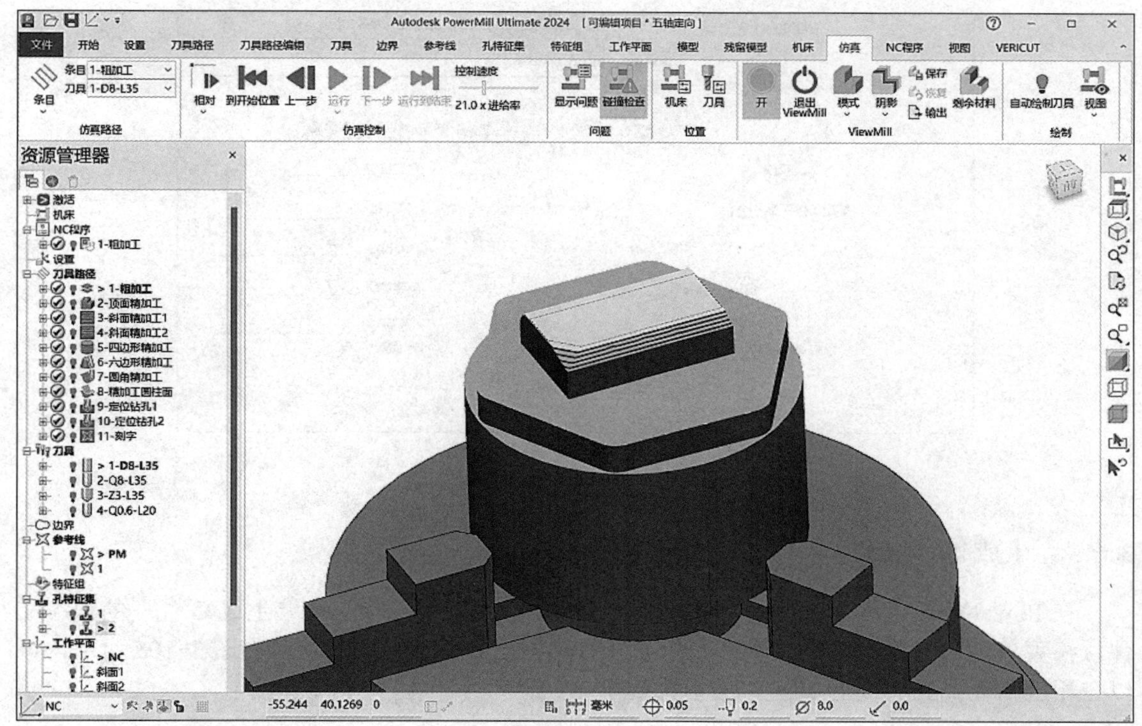

图 3-103

3.6.2 NC 程序后处理

1）在资源管理器中右键单击“NC 程序”→“首选项”，此项设置中 NC 程序是空的，弹出“NC 首选项”对话框，如图 3-104 所示。

2）在输出文件名后键入文件扩展名，例如键入“.nc”，输出的程序文件扩展名即为“.nc”。

3）选择机床选项文件，单击相应的机床后处理文件。

4）输出工作平面选择相应的 NC 工作平面，单击“关闭”按钮。

5）在资源管理器中右键单击要产生 NC 程序的刀路名称，选择“创建独立的 NC 程序”。

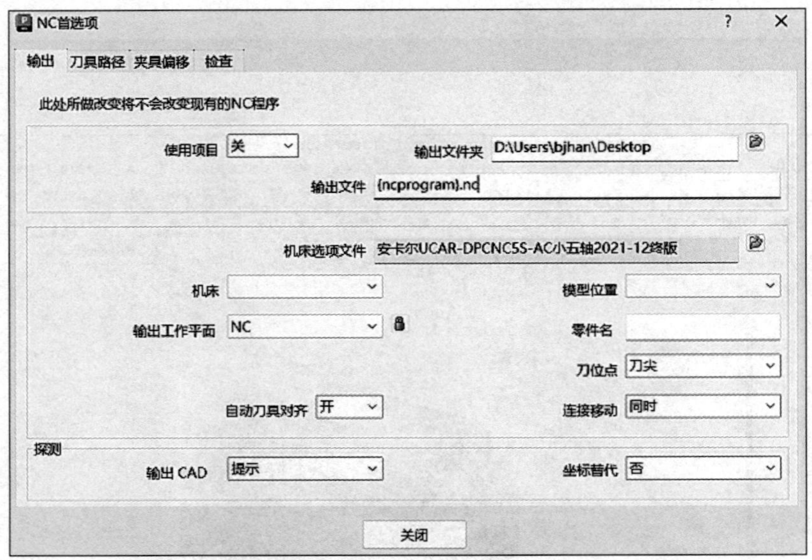

图 3-104

3.6.3 生成 G 代码

在 PowerMill 2024 资源管理器中右键单击“NC 程序”选项卡中要生成 G 代码的程序文件，在菜单中选择“写入”，弹出“信息”对话框。后处理完成后信息如图 3-105 所示，可以在相应路径找到生成的 NC 文件（G 代码）。

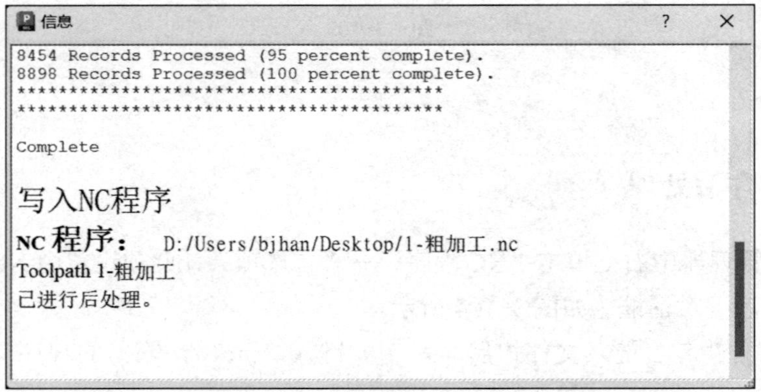

图 3-105

3.7 经验点评及重点策略说明

1. 平行精加工

可使用“平行精加工”页面创建刀具路径，方法是：获取曲线在边界内的参考线，然后将这些曲线中的点投影到模型。

（1）固定方向　选择此选项可在“角度”中指定路径的角度。取消选择此选项时，PowerMill 会自动计算最适当的角度。角度是指输入路径相对于 X 轴的角度。

（2）加工顺序　排序：选择 PowerMill 加工段的顺序。圆弧半径：输入用于在相邻平行路径之间进行修圆的半径。这是最大可能圆弧半径。内部使用的最大值是行距的一半。

注：仅当选择“双向连接”选项时，此选项才可用，如图 3-106 所示。

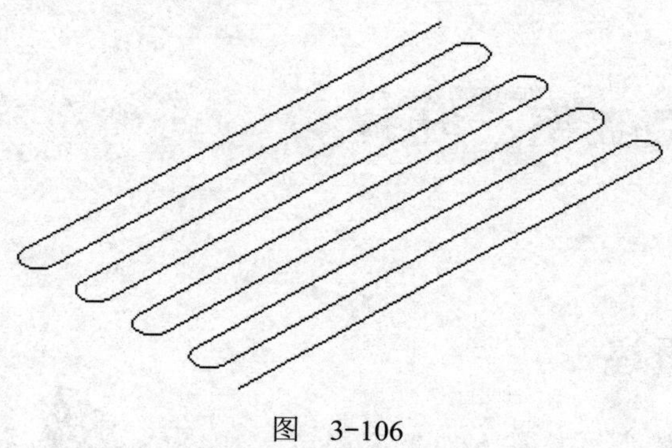

图　3-106

2. 曲面精加工

“曲面精加工”页面与曲面投影精加工页面类似，只不过没有投影。“曲面精加工”只会加工已选曲面，而不会尝试加工任何其他曲面。

（1）曲面侧　选择是加工“外”还是“内”（需要注意）。

（2）曲面单位　选择用于指定行距和限界的单位。

1）距离：用于确定行距和限界的物理距离。第一条路径和最后一条路径位于曲面边缘。中间路径位于小于或等于指定“行距”的距离处。

2）参数：用于确定行距和限界的曲面参数。

3）法向：用于确定行距和限界的曲面法向值（范围 [0,1]）。

（3）行距　输入相邻加工路径之间的距离。

注：如果为“曲面精加工”指定“行距”，则它是刀具接触点的行距。PowerMill 中刀具路径的图形表示会显示刀尖位置。因此，在某些情况下（特定零件和刀具几何形体），PowerMill 中刀具路径的图形表示看起来似乎未考虑行距，但事实并非如此。如果生成接触点刀具路径，可以看到已考虑行距。

第4章

多轴加工实例：叶片

4.1　加工任务概述

图 4-1 所示为叶片模型。其基本加工流程包括曲面投影精加工（方法 1）、单叶片精加工（方法 2）、曲面精加工、参数偏移精加工。假设叶片粗加工工序已完成，在这个例子中使用实体模型来进行刀路的编制。毛坯尺寸为 50mm×75mm×158mm，零件材质为 45 钢。

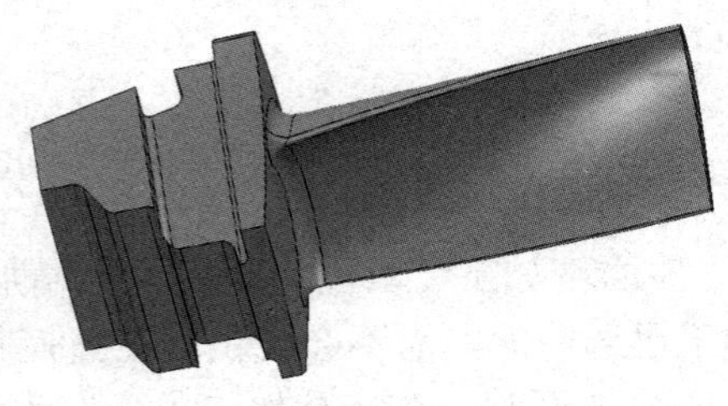

图　4-1

4.2　工艺方案

叶片的加工工艺方案见表 4-1。

表 4-1　叶片的加工工艺方案

工 序 号	加 工 内 容	加 工 方 式	机　床	刀　具
1	叶片精加工（方法 1）	曲面投影精加工	BMEIMT-XKR50	ϕ6mm 球头刀
2	叶片精加工（方法 2）	单叶片精加工	BMEIMT-XKR50	ϕ6mm 球头刀
3	清角精加工	曲面精加工	BMEIMT-XKR50	ϕ6mm 球头刀
4	底面精加工	参数偏移精加工	BMEIMT-XKR50	ϕ6mm 球头刀

此类零件装夹比较简单，利用虎钳夹持即可，如图 4-2 所示，在加工前应做好碰撞检查。

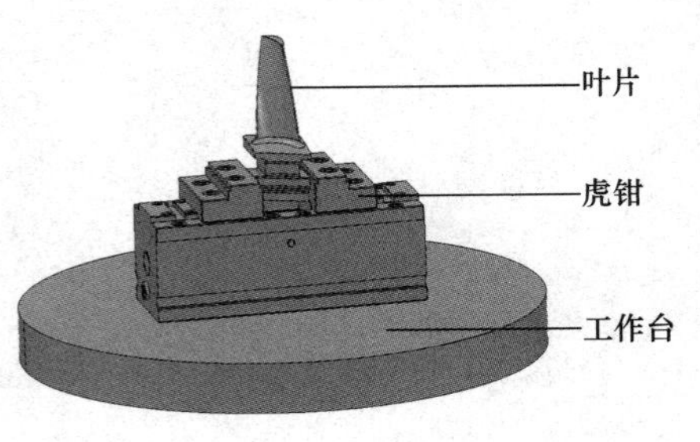

图　4-2

4.3　准备加工模型

打开 PowerMill 2024 软件，进入主界面，输入模型，步骤如下：单击“文件”→“输入”→“输入模型”，选择路径打开文件，如图 4-3 所示。

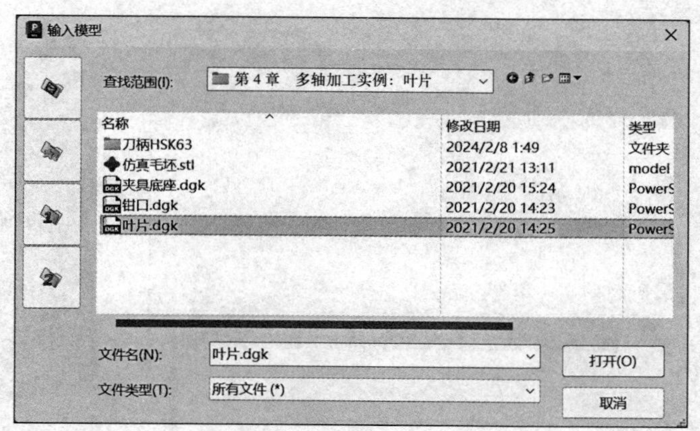

图　4-3

4.4　毛坯的设定

进入“毛坯”对话框，选择叶片模型，选择由“方框”定义，单击“计算”→“接受”，“毛坯”对话框如图 4-4 所示。

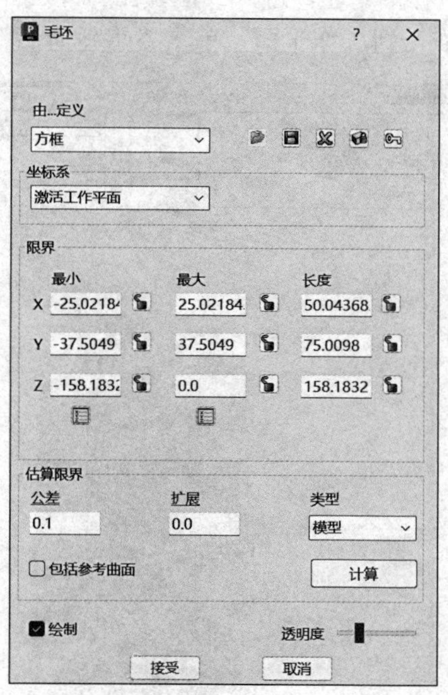

图　4-4

4.5　叶片公共部分定义

1）余量首选项：将叶片辅助面设置为忽略，模型→余量，进入“余量首选项”对话框：①选择要忽略的曲面→②加工模式“忽略”→③“获取组件”→“接受”，如图 4-5 所示。

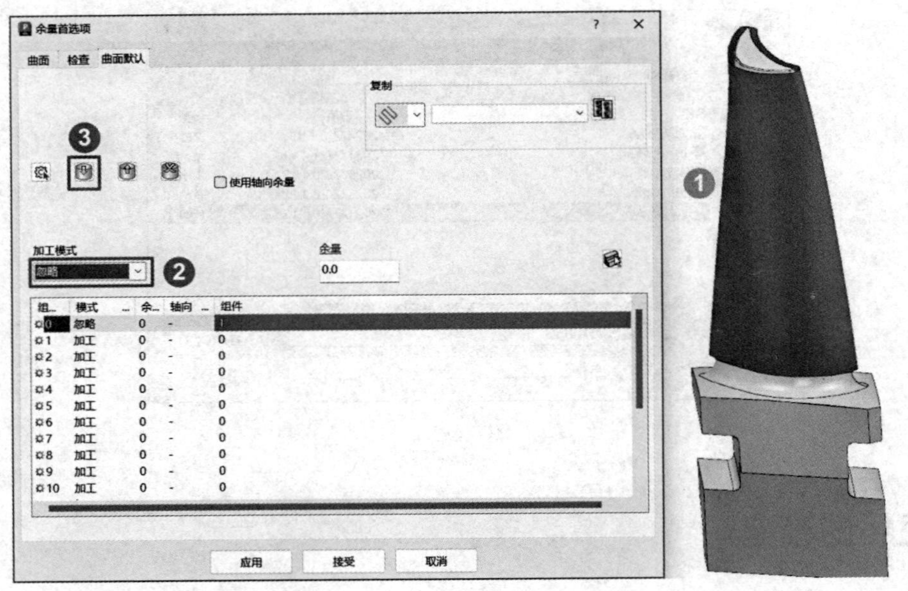

图 4-5

2）单击①工作平面→②对齐毛坯，进入“创建工作平面”对话框→③选择模型最上面的中心点，如图 4-6 所示。右击新工作平面，单击“重新命名”→“NC”。

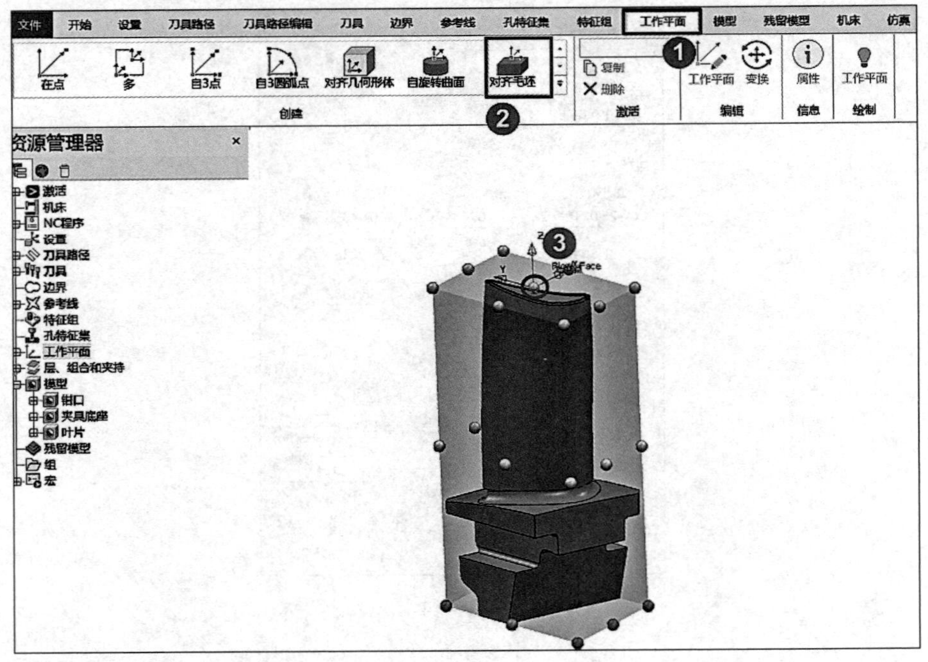

图 4-6

4.6 编程详细操作步骤

根据表 4-1 叶片的加工工艺方案，依次制定工序 1、2、3、4 的刀具路径。

4.6.1 1- 叶片精加工（方法 1）

步骤：单击“开始”→“刀具路径”图标，弹出“策略选择器”对话框→在“策略选择器”对话框中单击“精加工”→“曲面投影精加工”，如图 4-7 所示。

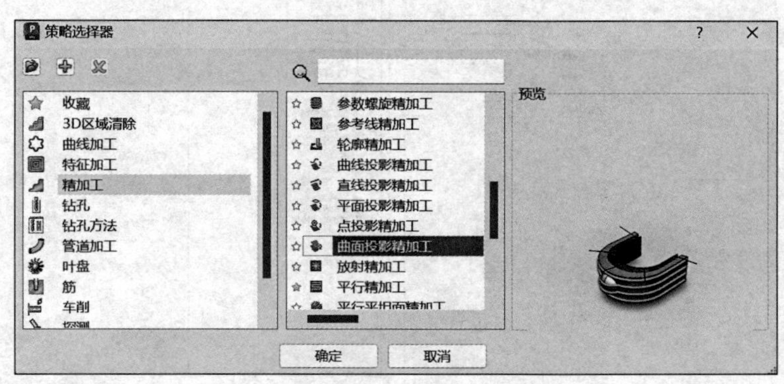

扫码观看视频

图 4-7

需要设定的参数如下：

1）刀具路径名称“YP-A1”。

2）工作平面选择“NC”。

3）选择模型，由“方框”定义，单击“计算”按钮。

4）创建球头刀，名称为“R3-T1”，直径为 6.0，长度为 30.0，选择①编辑→②刀柄→③增加刀柄组件→④长度为 30.0 →⑤夹持→⑥打开“HSKA63-SF06-150-NS”文件→⑦修改伸出 40mm，如图 4-8 所示。

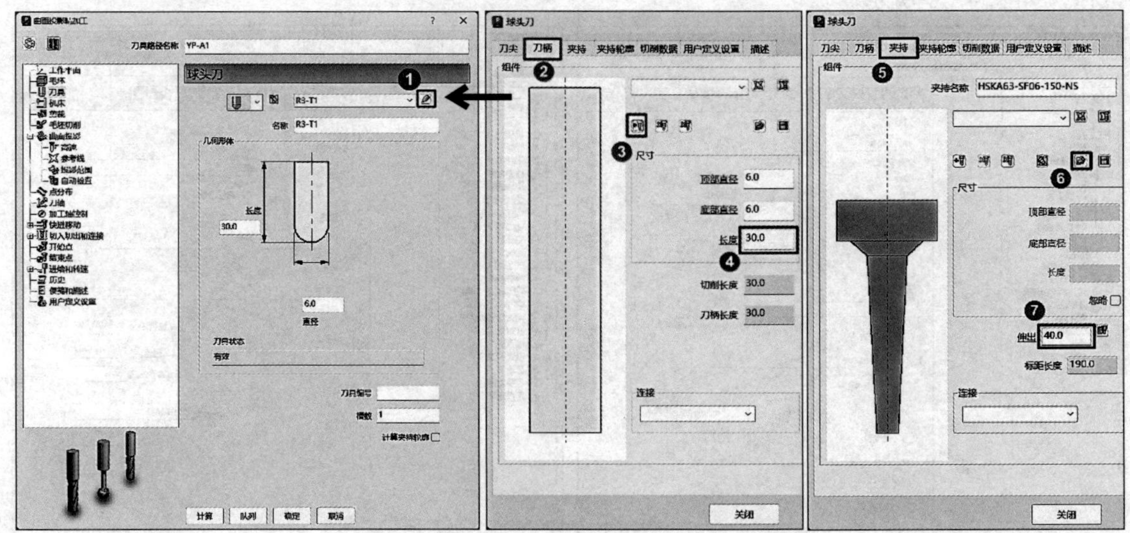

图 4-8

5）曲面投影：曲面选择辅助曲面，投影方向“向内”，公差 0.01，余量 0.0，行距（距离）5.0，（实际加工时设置为 0.1）。参考线子项中：参考线方向“V”，勾选“螺旋”，开始角“最小 U 最小 V”，如图 4-9 所示。

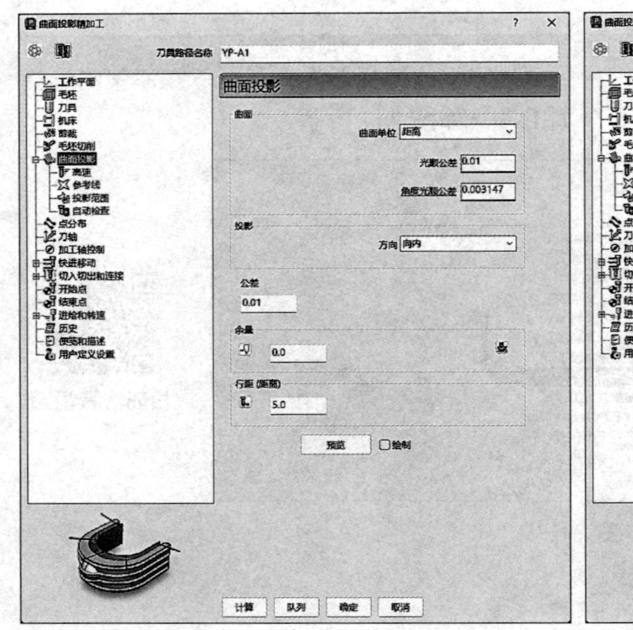
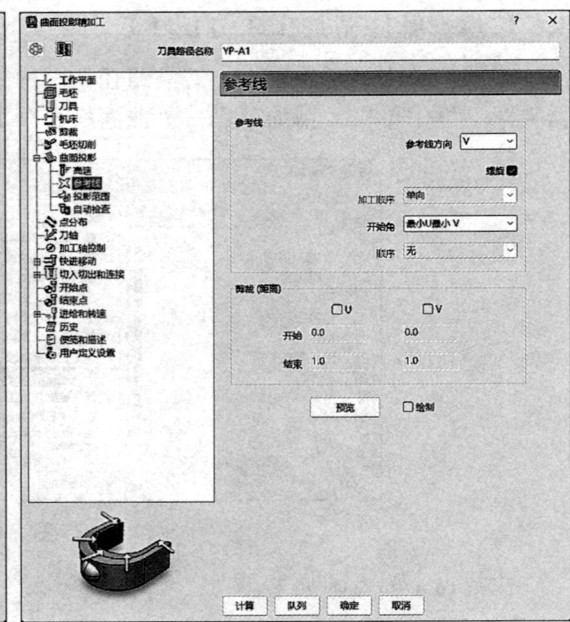

图 4-9

6）刀轴：选择“前倾 / 侧倾”，前倾 / 侧倾角：前倾为 0.0，侧倾为 30.0，模式选择“PowerMill 2012 R2”，如图 4-10 所示。

7）快进移动：安全区域类型选择“圆柱”，工作平面选择“刀具路径工作平面”，方向（0.0，0.0，1.0），快进间隙 10.0，下切间隙 5.0，然后单击“计算尺寸”区域的“计算”按钮，如图 4-11 所示。

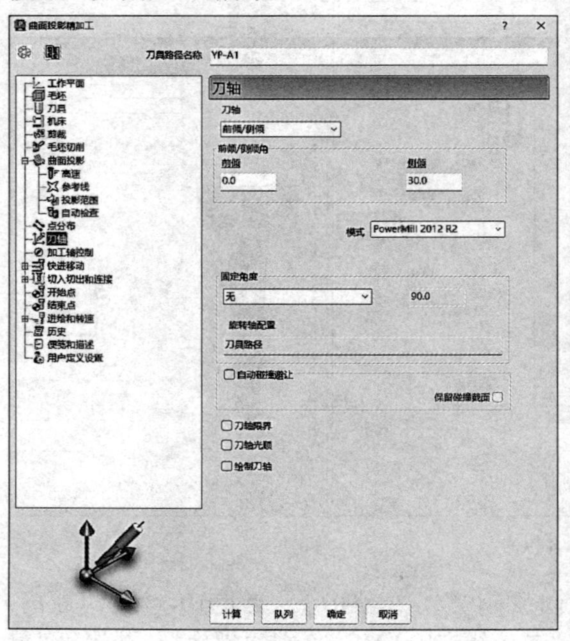

图 4-10

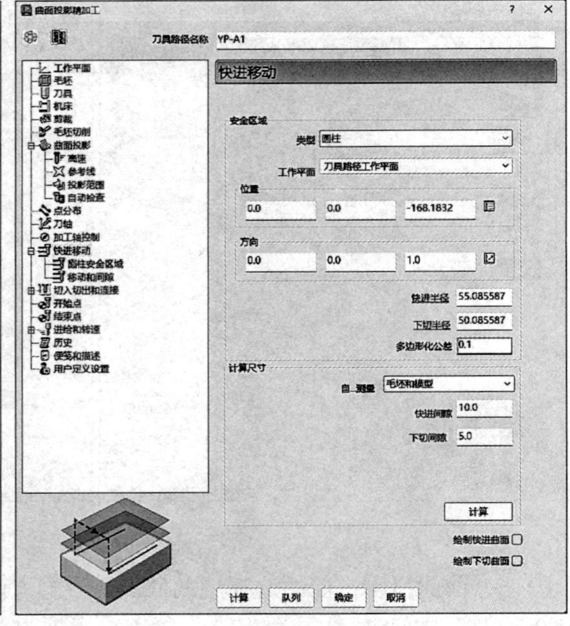

图 4-11

8）切入切出和连接：切入“无”，切出 “无”，连接：第一连接“安全高度”，第二连接“安全高度”。

9）开始点选择“第一点安全高度”，结束点选择“最后一点安全高度”，如图 4-12 所示。

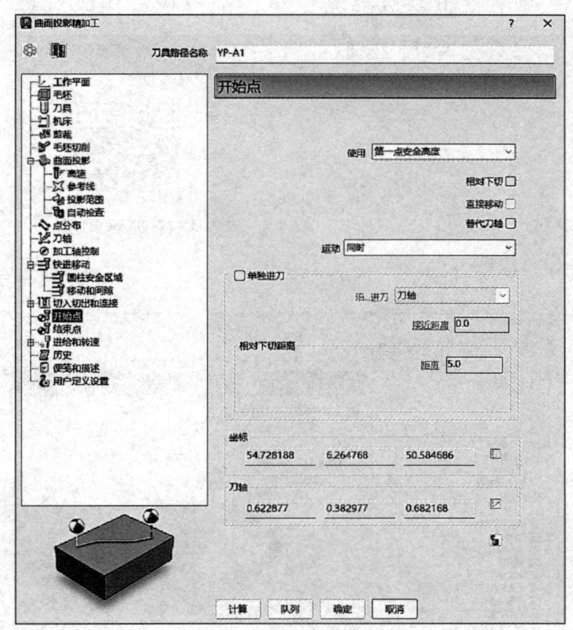

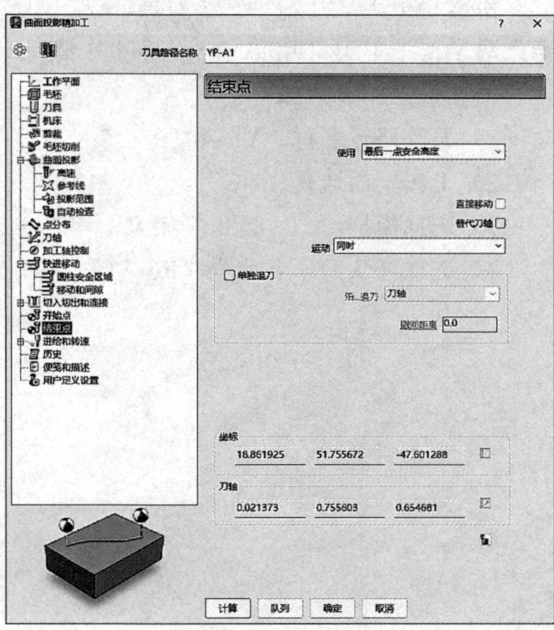

图 4-12

10）进给和转速：设定主轴转速 7500r/min、切削进给率 2000mm/min、下切进给率 600mm/min、掠过进给率 3000mm/min，标准冷却，如图 4-13 所示。

11）单击图 4-13 中的“计算”按钮，刀具路径如图 4-14 所示。

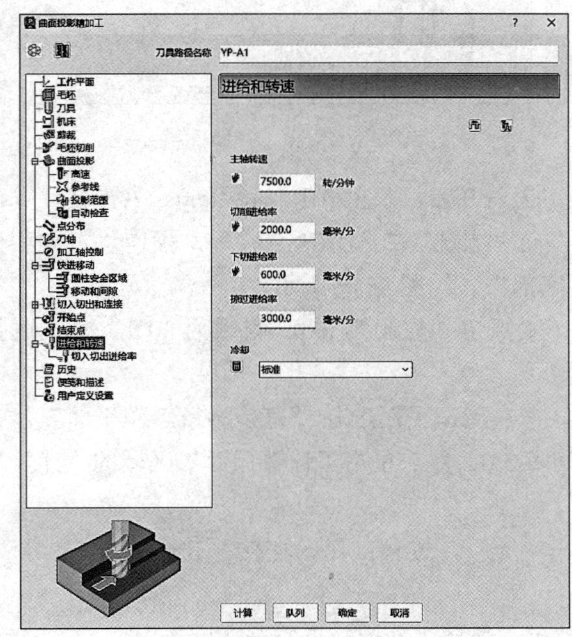

图 4-13

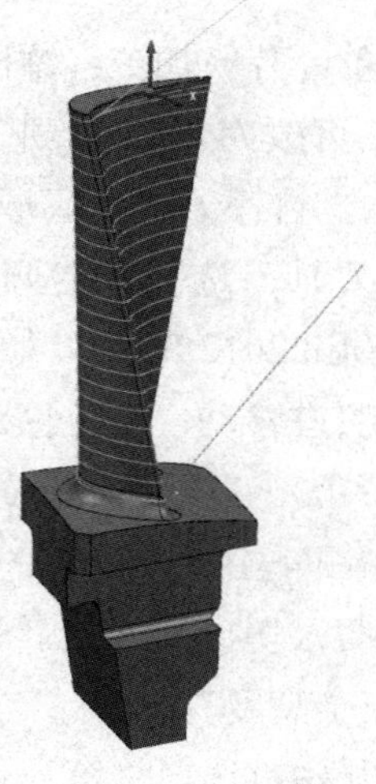

图 4-14

4.6.2 2- 叶片精加工（方法 2）

步骤：单击“开始”→“刀具路径”图标→弹出“策略选择器”对话框→在“策略选择器”对话框中单击“叶盘”→“单叶片精加工”，如图 4-15 所示。

需要设定的参数如下：

扫码观看视频

1）刀具路径名称“YP-A2”。

2）工作平面选择“NC”。

3）选择模型，由“方框”定义，单击“计算”按钮。

4）选择球头刀，名称为“R3-T1”，如图 4-16 所示。

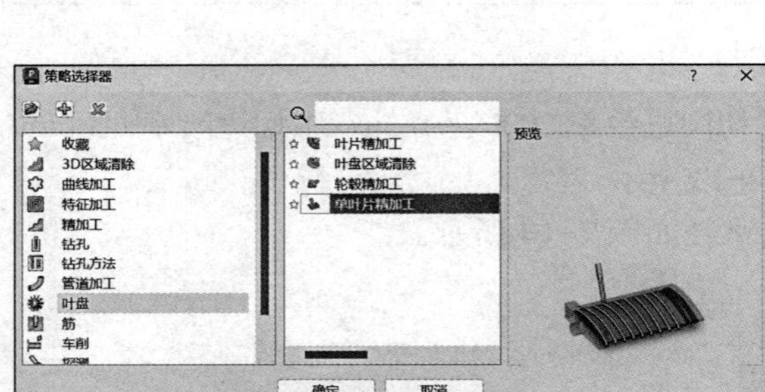

图 4-15

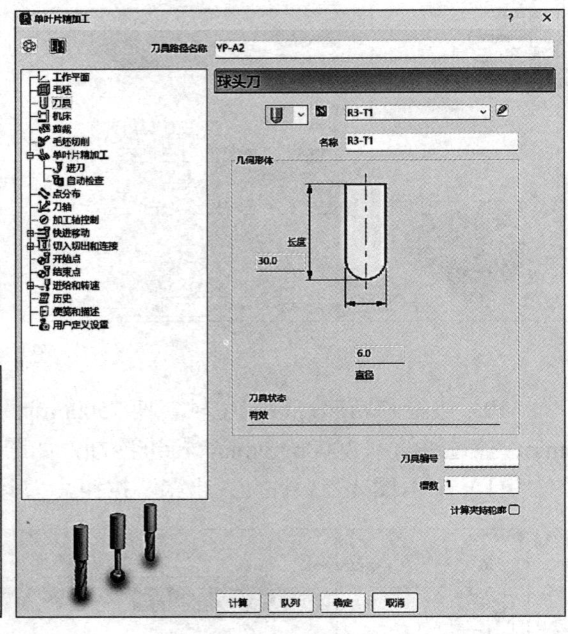

图 4-16

5）单叶片精加工：镶嵌参考线选“1”，公差 0.01，余量 0.0，行距 5.0（为方便计算，实际加工可改为 0.1）。进刀子项中：切削方向“顺铣”，偏移“合并”，操作“左翼和分流叶片”，排序方式“区域”，开始位置“底部”，如图 4-17 所示。

6）刀轴：选择“前倾 / 侧倾”，前倾 / 侧倾角：前倾为 0.0，侧倾为 30.0，模式选择“PowerMill 2012 R2”，如图 4-18 所示。

7）快进移动：安全区域类型选择“圆柱”，工作平面选择“刀具路径工作平面”，方向（0.0，0.0，1.0），快进间隙 10.0，下切间隙 5.0，然后单击“计算尺寸”区域的“计算”按钮，如图 4-19 所示。

8）切入切出和连接：切入“无”，切出“无”，连接：第一连接“安全高度”，第二连接“安全高度”。

9）开始点选择“第一点安全高度”，结束点选择“最后一点安全高度”。

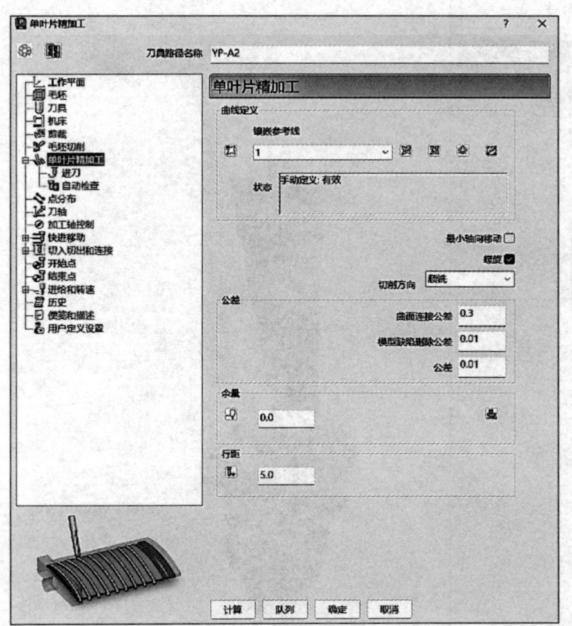

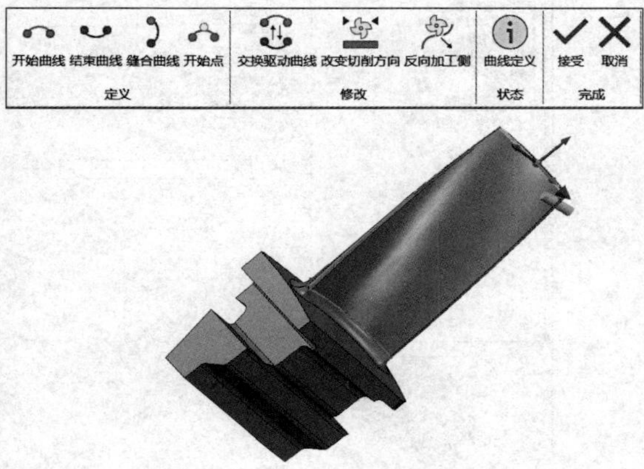

图 4-17

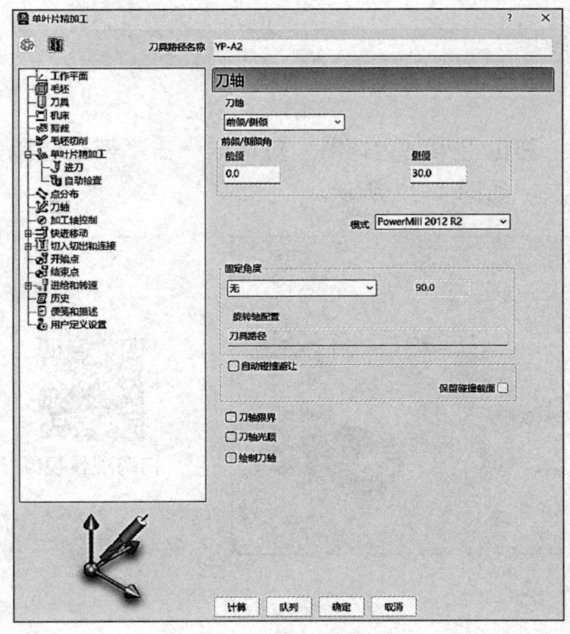

图 4-18

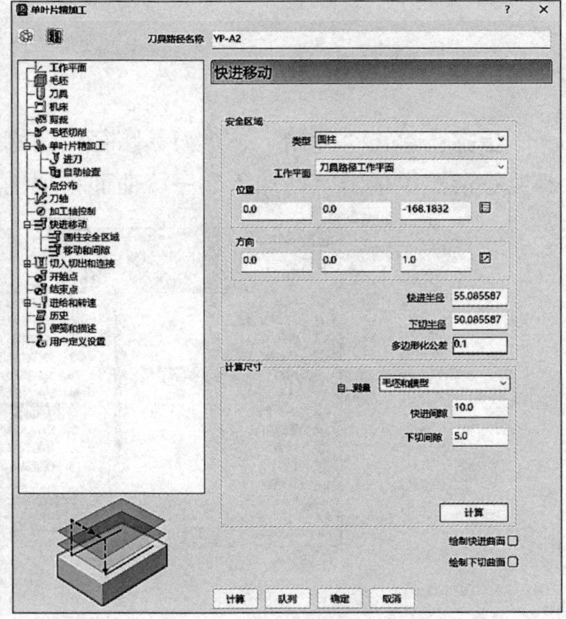

图 4-19

10）进给和转速：设定主轴转速 7500r/min、切削进给率 2000mm/min、下切进给率 1600mm/min、掠过进给率 3000mm/min，标准冷却，如图 4-20 所示。

11）单击图 4-20 中的“计算”按钮，刀具路径如图 4-21 所示。

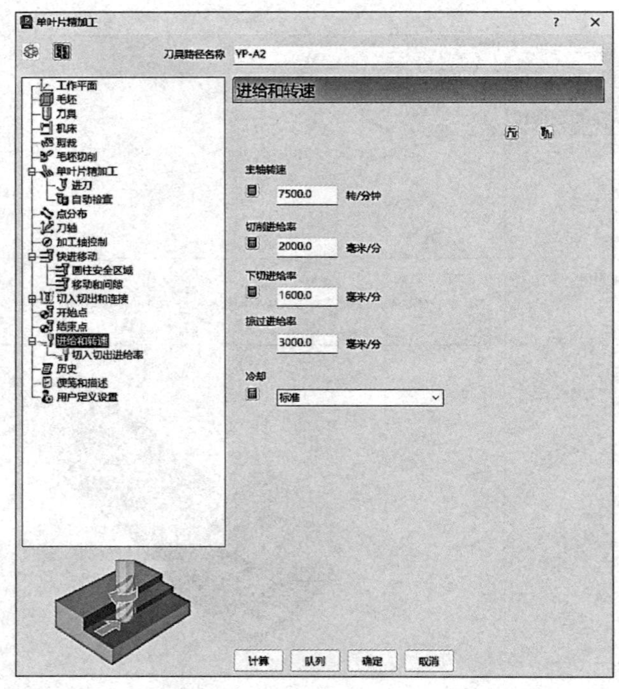

图 4-20

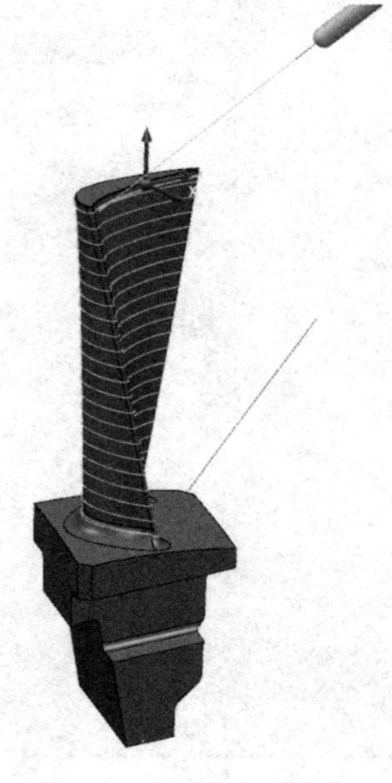

图 4-21

4.6.3 3- 清角精加工

步骤： 单击“开始”→“刀具路径”图标→弹出“策略选择器”对话框→在“策略选择器”对话框中单击“精加工”→“曲面精加工”，如图 4-22 所示。

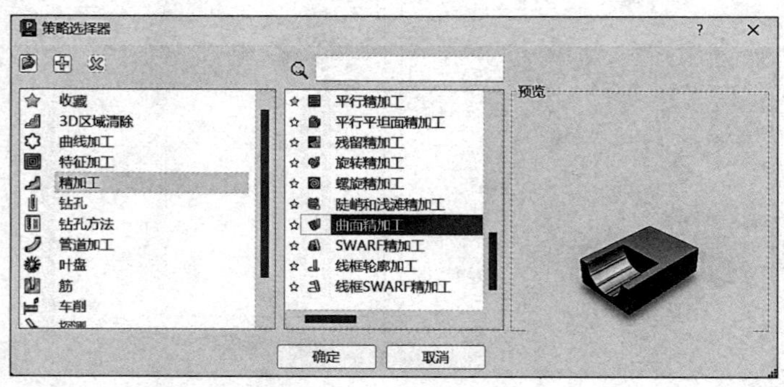

图 4-22

扫码观看视频

需要设定的参数如下：

1）刀具路径名称“YP-A3”。

2）工作平面选择“NC”。

3）选择模型，由“方框”定义，单击“计算”按钮。

4）选择球头刀，名称为“R3-T1”，如图 4-23 所示。

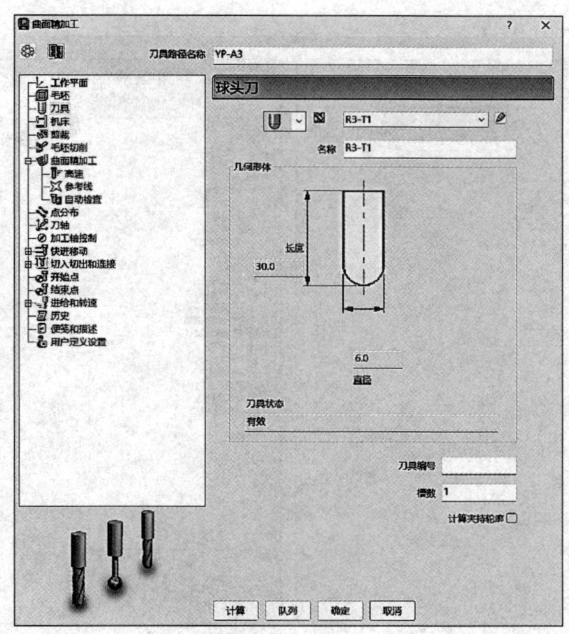

图 4-23

5）曲面精加工：公差 0.01，余量 0.0，行距（距离）0.2。参考线子项中：参考线方向“U”，勾选“螺旋”，开始角“最小 U 最小 V”，如图 4-24 所示。

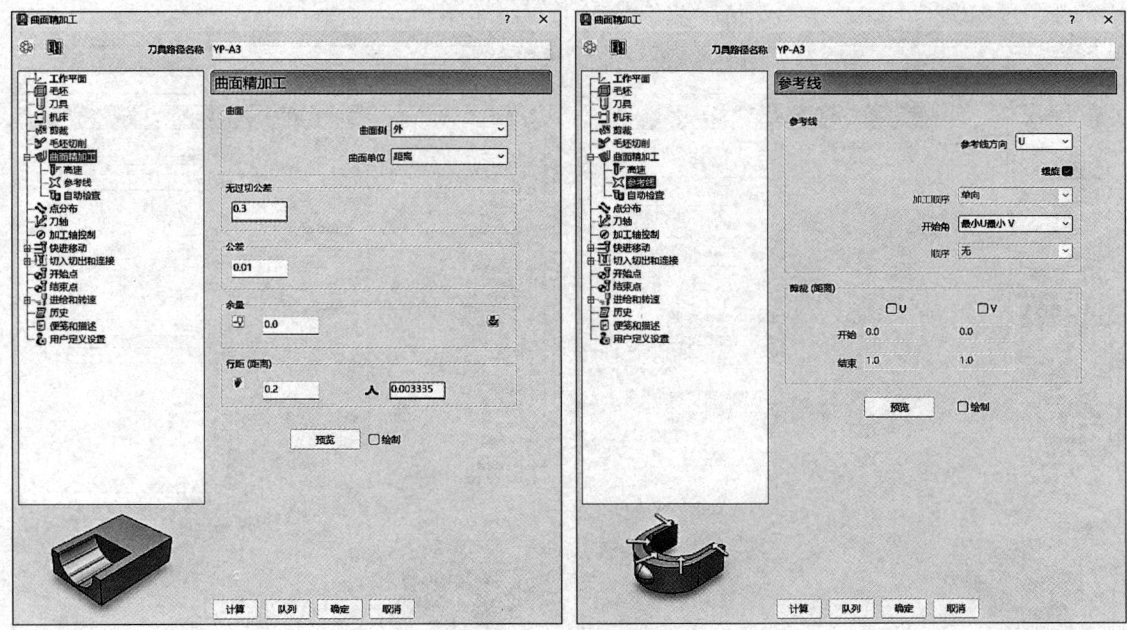

图 4-24

6）刀轴：选择“朝向点”，点（-9.0，-5.0，-110.0），如图 4-25 所示。

7）快进移动：安全区域类型选择“圆柱”，工作平面选择“刀具路径工作平面”，方向设定为（0.0，0.0，1.0），快进间隙 10.0，下切间隙 5.0，然后单击“计算尺寸”区域的

“计算”按钮，如图 4-26 所示。

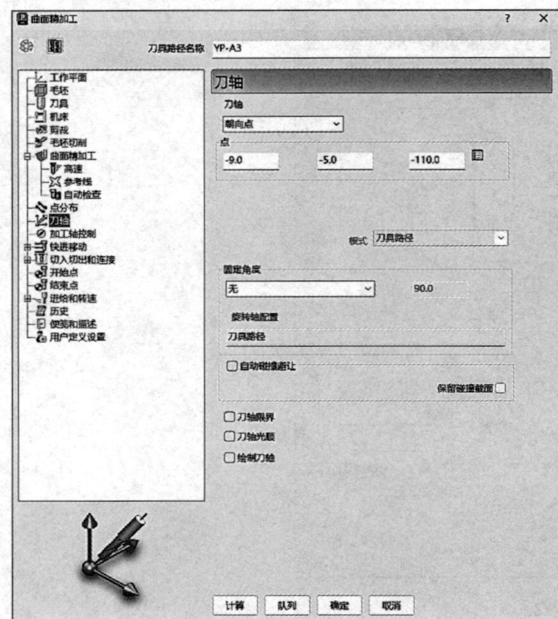

图 4-25

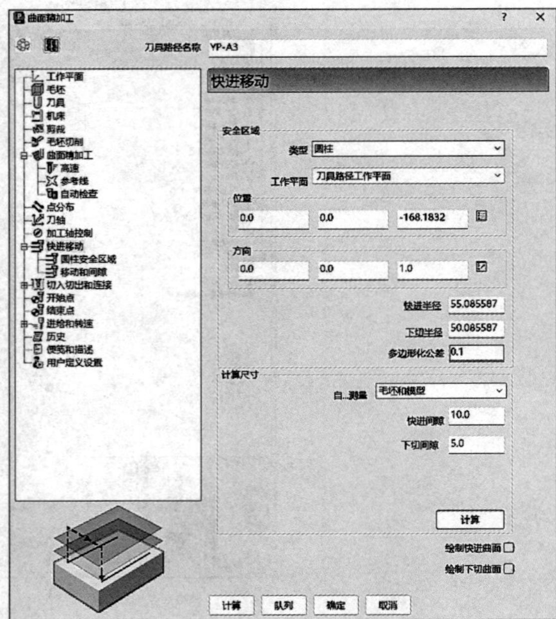

图 4-26

8）切入切出和连接：切入“无”，切出“无”，连接：第一选择“曲面上”（勾选“应用约束”：距离 <10.0），第二选择“安全高度”，如图 4-27 所示。

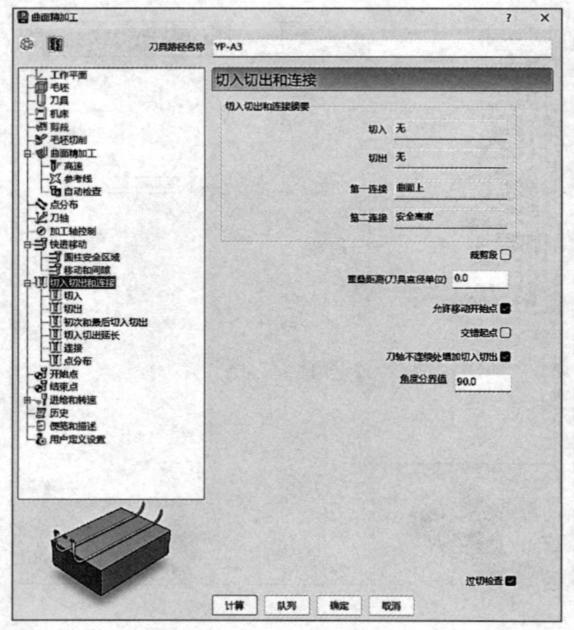

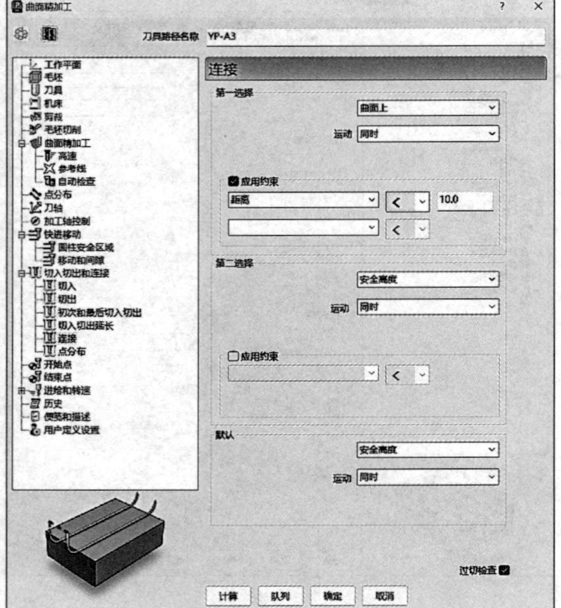

图 4-27

9）开始点选择“第一点安全高度”，结束点选择“最后一点安全高度”，如图 4-28 所示。

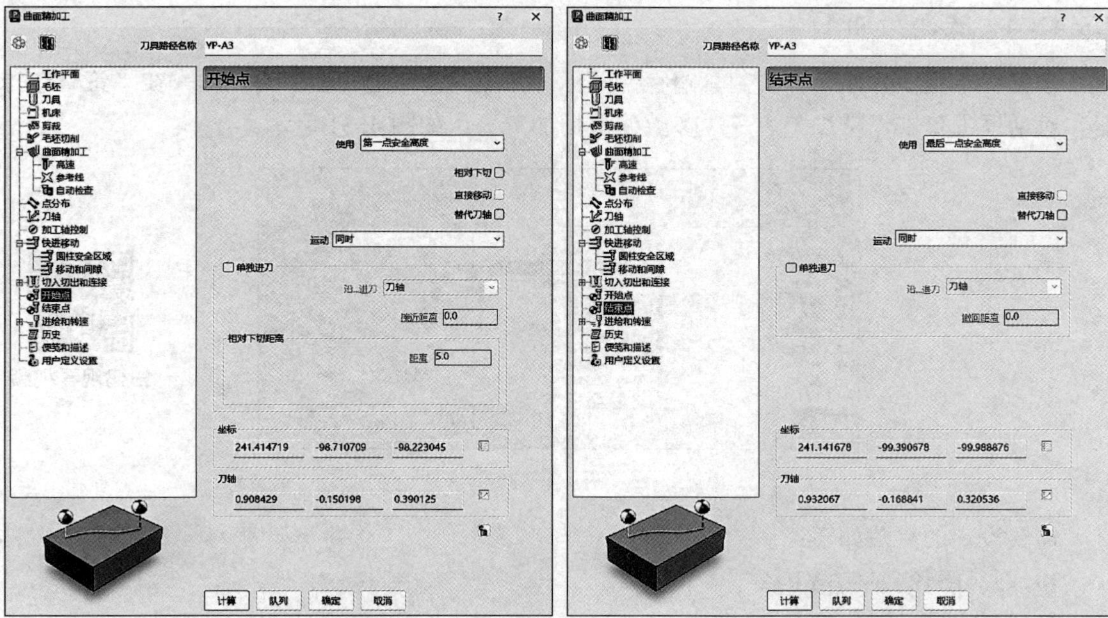

图 4-28

10）进给和转速：设定主轴转速 7500r/min、切削进给率 1000mm/min、下切进给率 800mm/min、掠过进给率 3000mm/min，标准冷却，如图 4-29 所示。

11）单击图 4-29 中的“计算”按钮，刀具路径如图 4-30 所示。

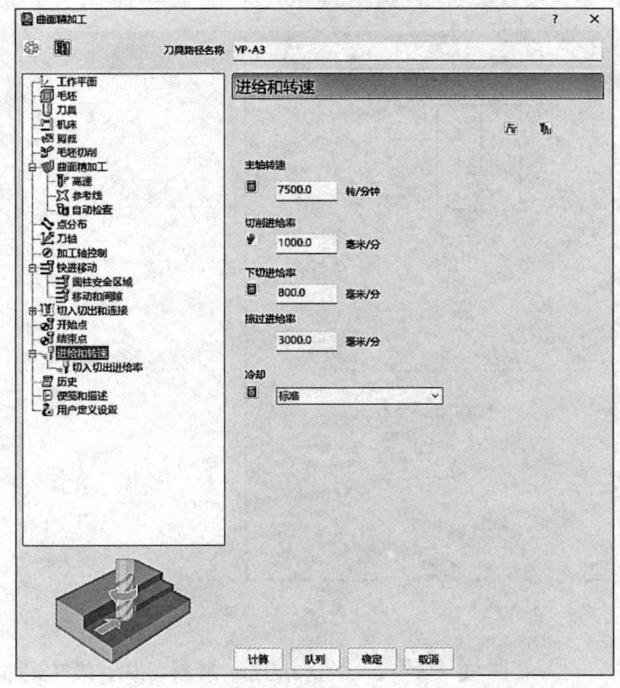

图 4-29

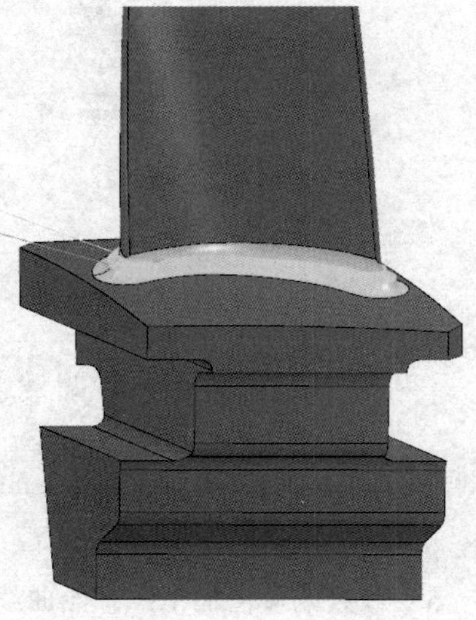

图 4-30

4.6.4 4-底面精加工

步骤：单击“开始”→“刀具路径”图标→弹出“策略选择器”对话框→在“策略选择器”对话框中单击“精加工”→“参数偏移精加工”，如图 4-31 所示。

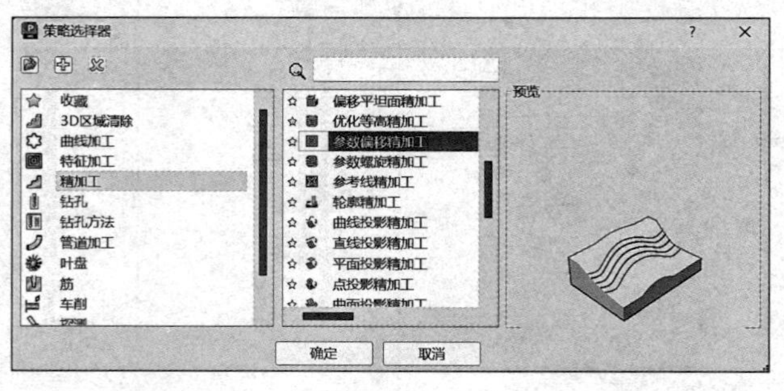

扫码观看视频

图 4-31

需要设定的参数如下：

1）刀具路径名称“YP-A4”。

2）工作平面选择“NC”。

3）选择模型，由“方框”定义，单击“计算”按钮。

4）选择球头刀，名称为“R3-T1”，如图 4-32 所示。

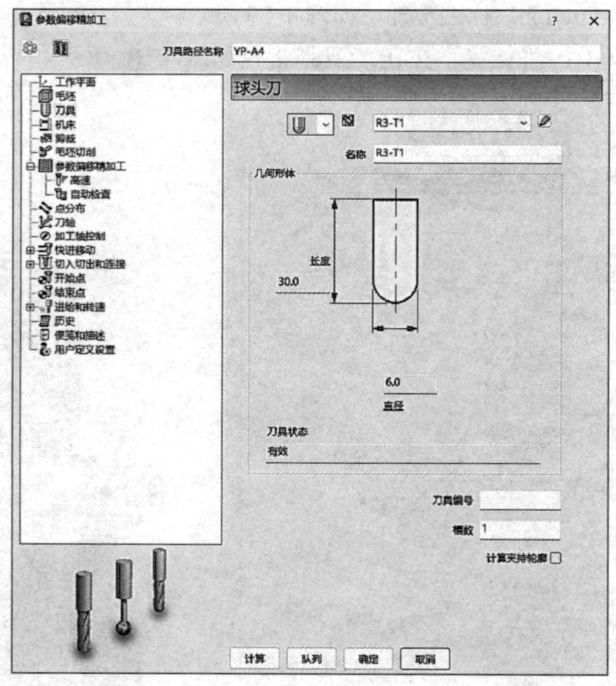

图 4-32

5）参数偏移精加工：开始曲线“2”，结束曲线“3”，公差 0.01，余量 0.0，最大行距 0.2。两条曲线，余量组件把叶片上半部分选为忽略，如图 4-33 所示。

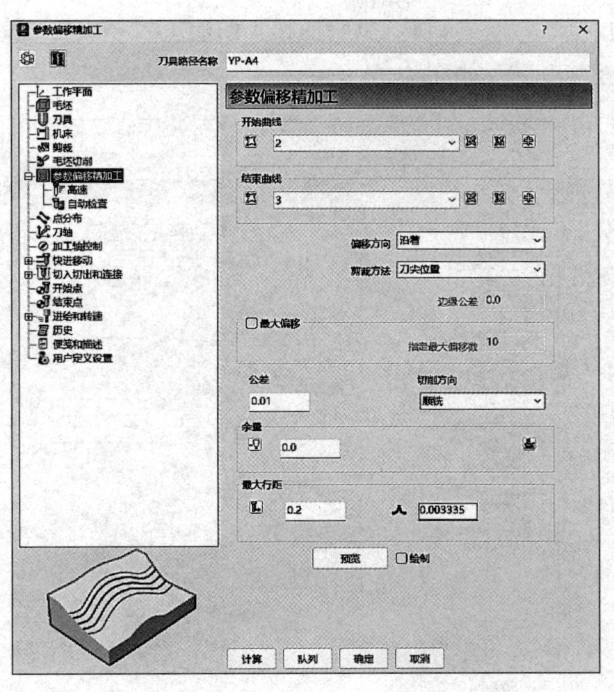

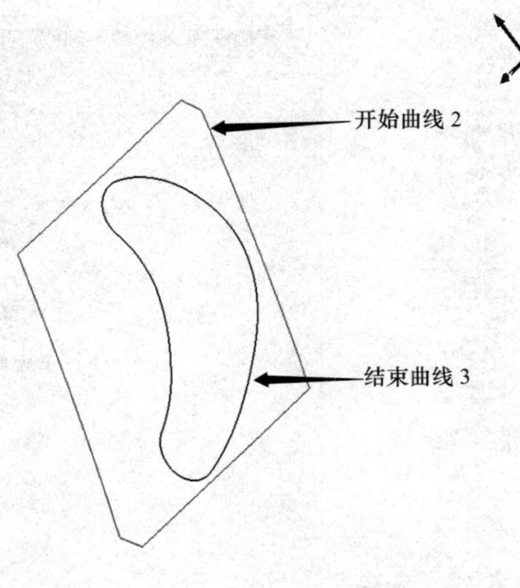

图 4-33

6）刀轴：选择“朝向点”，点（-9.0，-5.0，-110.0），如图 4-34 所示。

7）快进移动：安全区域类型选择“圆柱”，工作平面选择“刀具路径工作平面”，方向设定为（0.0，0.0，1.0），快进间隙 10.0，下切间隙 5.0，然后单击“计算尺寸”区域的“计算”按钮，如图 4-35 所示。

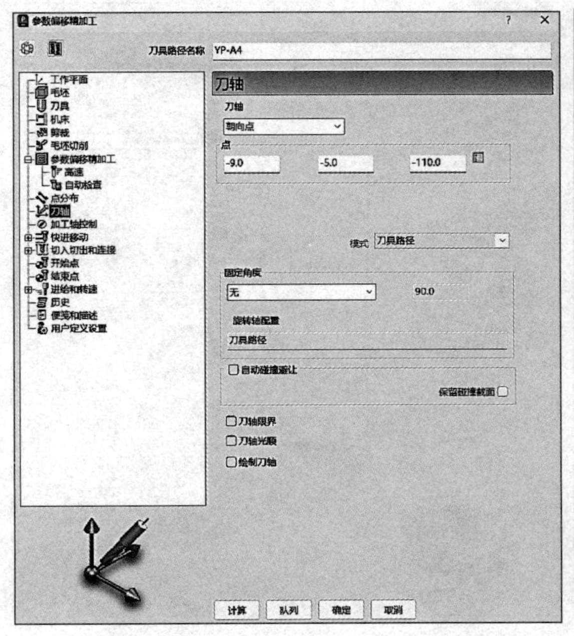

图 4-34

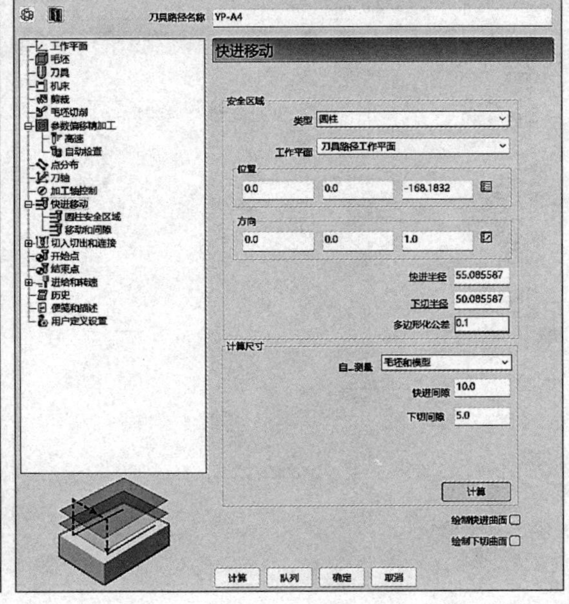

图 4-35

8）切入切出和连接：切入“无”，切出“无”，连接：第一选择“曲面上”（勾选“应用约束”：距离 <10.0），第二选择“安全高度”，如图 4-36 所示。

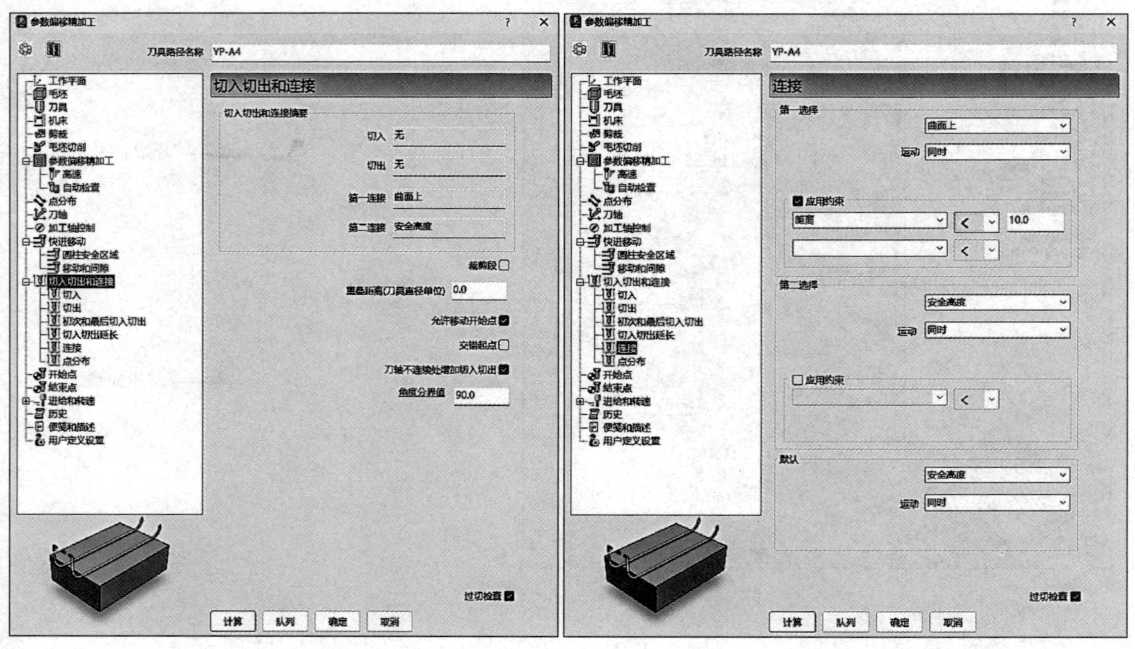

图 4-36

9）开始点选择“第一点安全高度”，结束点选择“最后一点安全高度”，如图 4-37 所示。

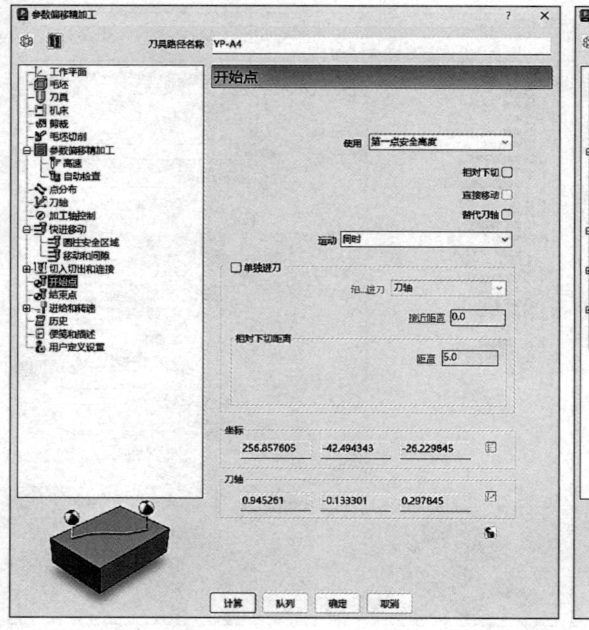

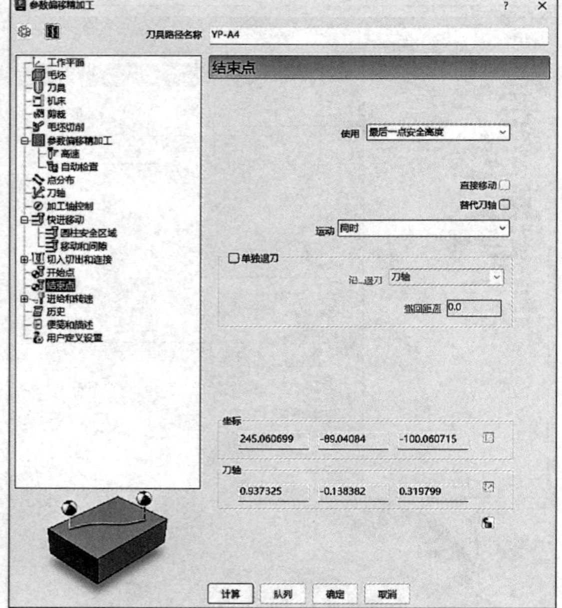

图 4-37

10）进给和转速：设定主轴转速 7500r/min、切削进给率 2000mm/min、下切进给率 1600mm/min、掠过进给率 3000mm/min，标准冷却，如图 4-38 所示。

11）单击图 4-38 中的“计算”按钮，刀具路径如图 4-39 所示。

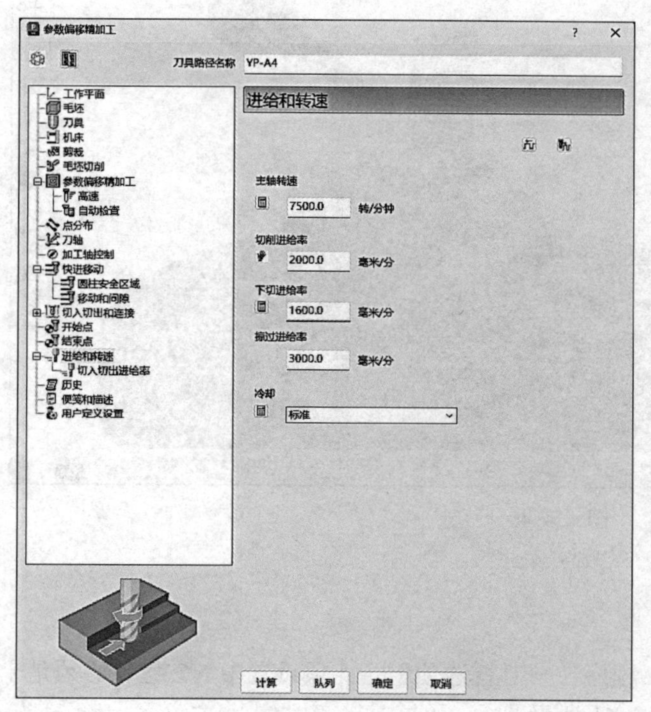

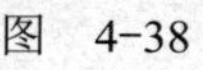
图 4-38

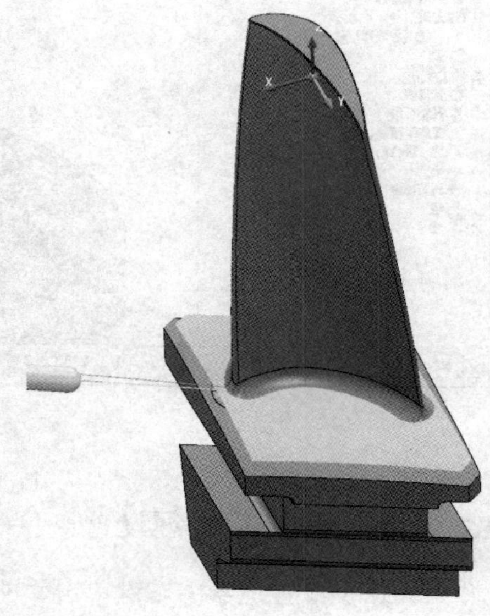
图 4-39

4.7 NC 程序仿真及后处理

4.7.1 NC 程序仿真（以“1- 叶片精加工”刀具路径为例）

1）毛坯由“三角形”定义，打开自文件加载毛坯，选择“仿真毛坯”文件，坐标系选择“命名的工作平面 1”。

2）打开主界面的“仿真”选项卡，单击“开”使之处于打开状态。

3）在“条目”下拉菜单中单击要进行仿真的刀具路径。

4）单击“运行”按钮来查看仿真。在“仿真控制”栏中可对仿真过程进行暂停、回退等操作。

5）单击“退出 ViewMill”按钮来终止仿真。仿真效果如图 4-40 所示。

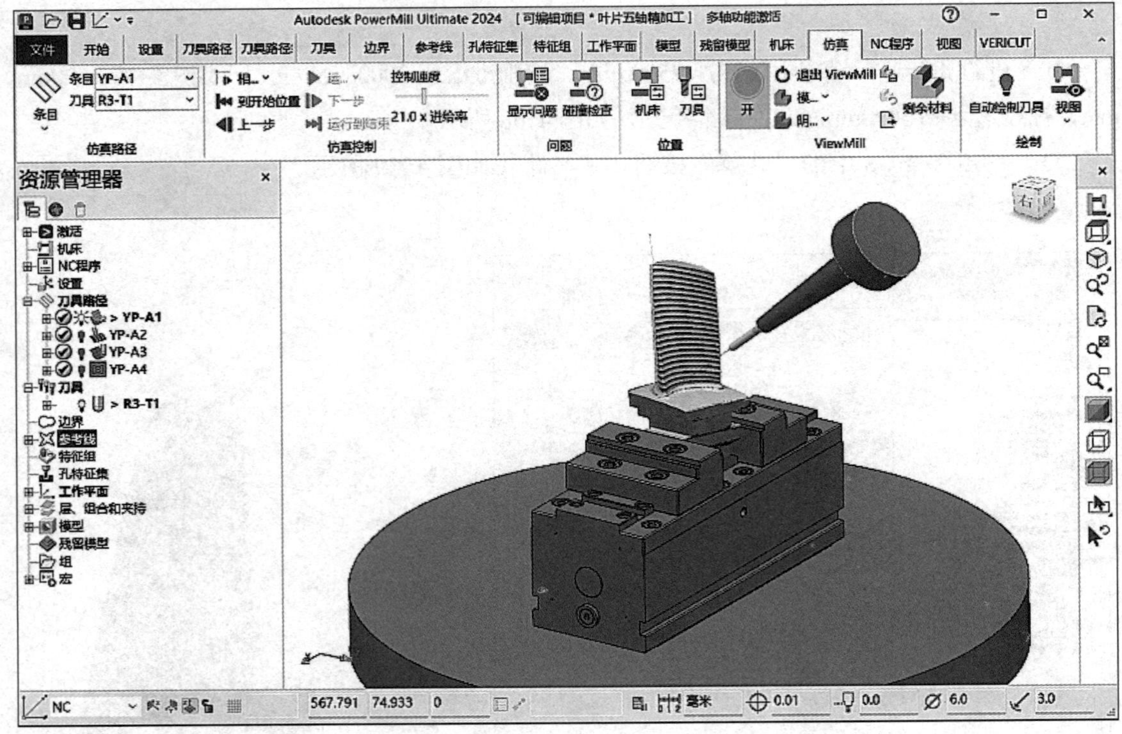

图 4-40

4.7.2 NC 程序后处理设置

1）在资源管理器中右键单击“NC 程序”→“首选项”，此项设置中 NC 程序必须是空的，弹出的“NC 首选项”对话框如图 4-41 所示。

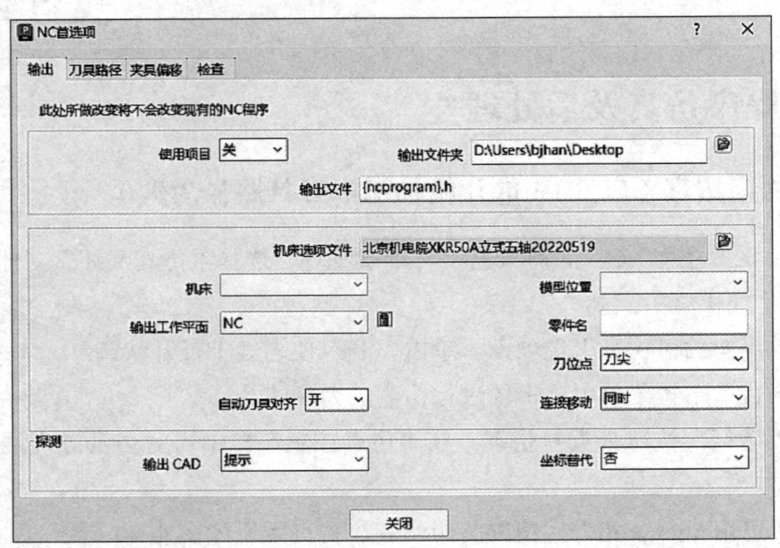

图 4-41

2）在输出文件名后键入文件扩展名，例如键入“.h”，输出的程序文件扩展名即为“.h”。

3）选择机床选项文件，单击相应的机床后处理文件。

4）输出工作平面选择相应的 NC 工作平面。

5）在资源管理器中右键单击要产生 NC 程序的刀路名称，选择“创建独立的 NC 程序”。

4.7.3 生成 G 代码

在 Autodesk PowerMill 2024 资源管理器中单击“NC 程序”选项下要生成 G 代码的程序文件，单击右键选择“写入”，弹出“信息”对话框，如图 4-42 所示，并可以在相应路径找到生成的 NC 文件（G 代码）。

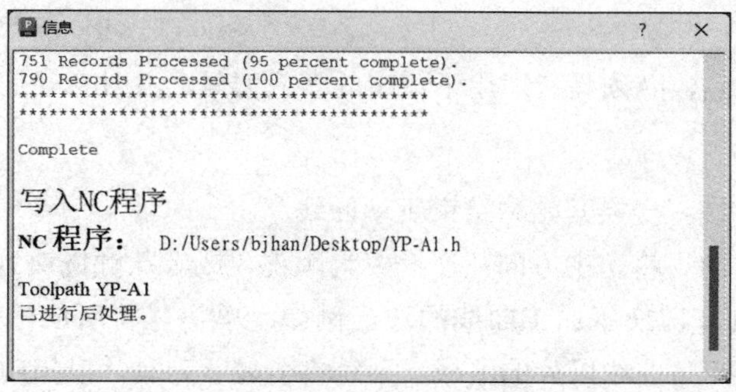

图 4-42

4.8 经验点评及重点策略说明

本章介绍了叶片精加工策略，此零件是典型的 5 轴加工零件。

使用“单叶片曲线”选项卡来执行以下操作：①指定开始、结束和中间曲线，以限定要加工的区域边界。②为所指定的曲线添加加工属性。

要显示“单叶片曲线”选项卡，请单击单叶片精加工策略界面上的“选择曲线”按钮。该选项卡包含以下选项：

1. “定义”面板

（1）开始曲线　选择一条闭合曲线，以表明您希望从何处开始加工，如图 4-43 所示。

（2）结束曲线　选择一条闭合曲线，以表明您希望在何处结束加工，如图 4-44 所示。

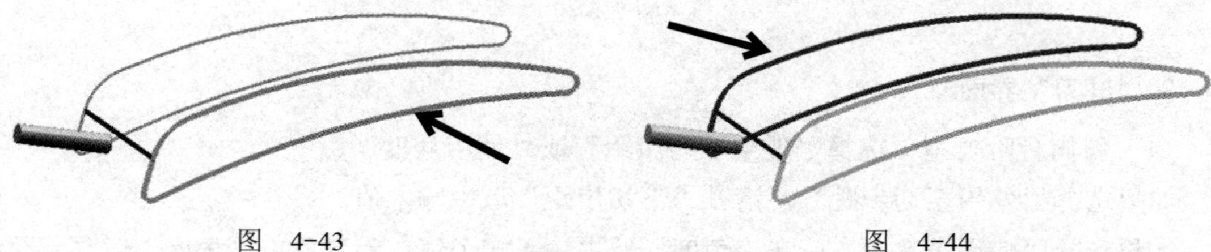

图 4-43　　　　图 4-44

（3）缝合曲线　选择一条开放曲线，将开始曲线与结束曲线相连接。此曲线定义各刀具路径段的起点，必须连接到开始曲线和结束曲线，如图 4-45 所示。

提示：要最大限度地减小在加工后的部件上留下停留标记的可能性，缝合曲线的位置应根据叶片的前后边缘确定。

（4）开始点　如果没有缝合曲线可供选择，请单击“开始点”以定义曲线的开始点，如图 4-46 所示。

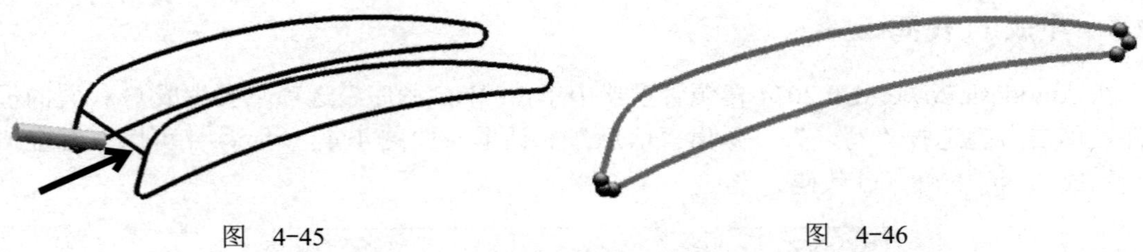

图　4-45　　　　图　4-46

注：要选择开始点，必须具有适用于策略的有效刀具，并且直径应大于零。

2.“修改”面板

（1）交换驱动曲线　交换开始和结束驱动曲线。

（2）改变切削方向　将切削方向从逆铣改为顺铣，或者从顺铣改为逆铣。

（3）反向加工侧　切换所加工曲线的边。例如，单击以将所创建的刀具路径从两条曲线之间的区域切换到两条曲线以外的区域。系统将会显示刀具，以指明加工的是曲线的哪个边，如图 4-47 所示。图中①为生成刀具路径的区域，②为未生成刀具路径的区域。刀具会显示在加工区域中。

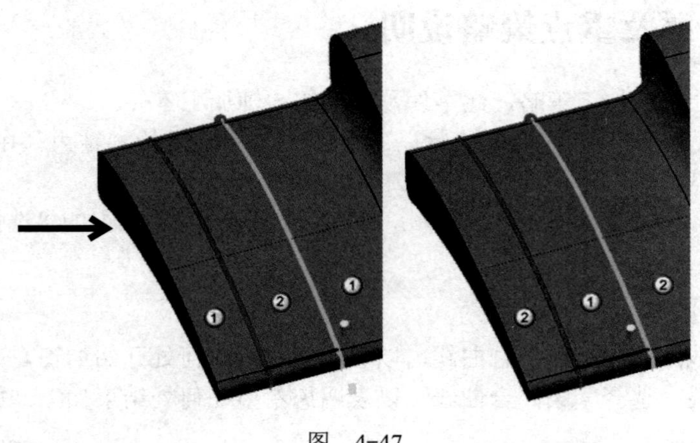

图　4-47

3.“进刀”界面

（1）斜向台阶类型　选择“使用下切步距”或“使用角度”。

如果选择“使用下切步距”，请在“下切步距”域中输入值。

如果选择“使用角度”，请在“角度”域中输入一个值，或者单击“角度”以显示“测量工具”选项卡。

（2）下切步距　输入不同加工层之间的距离。仅当为“斜向台阶类型”选择“使用下切步距”时，此选项才可用。

例如，输入“高度”为 20，“下切步距”为 5，如图 4-48 所示。输入“高度”为 20，“下切步距”为 20，如图 4-49 所示。

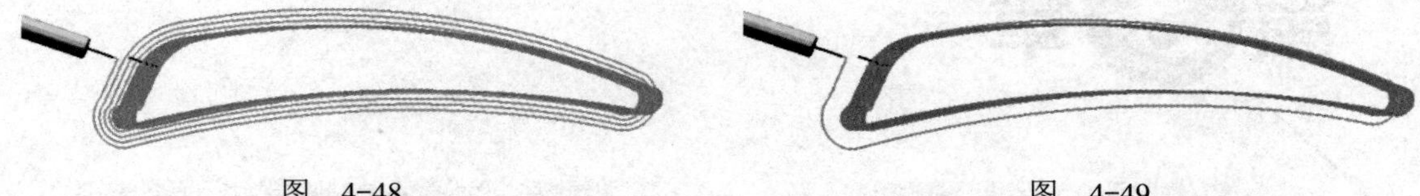

图 4-48　　图 4-49

（3）角度　输入斜向进入材料的角度，或者单击“角度”以显示“测量工具”选项卡。仅当您为“斜向台阶类型”选择“角度”时，此选项才可用。

例如，输入“高度”为 20，“角度”为 5，如图 4-50 所示。输入“高度”为 20，“角度”为 1，如图 4-51 所示。

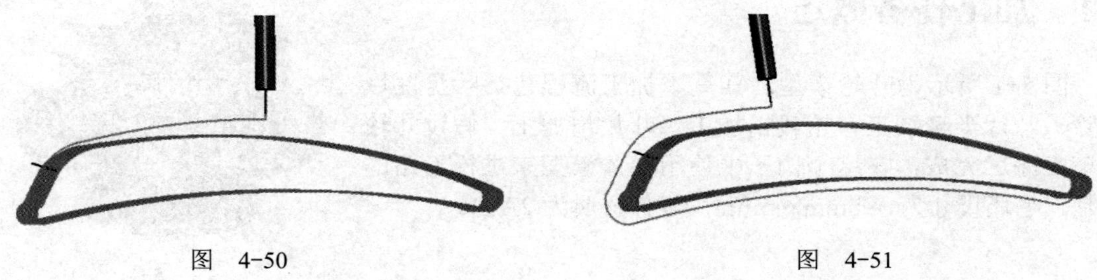

图 4-50　　图 4-51

第5章 多轴加工实例：叶轮

5.1 加工任务概述

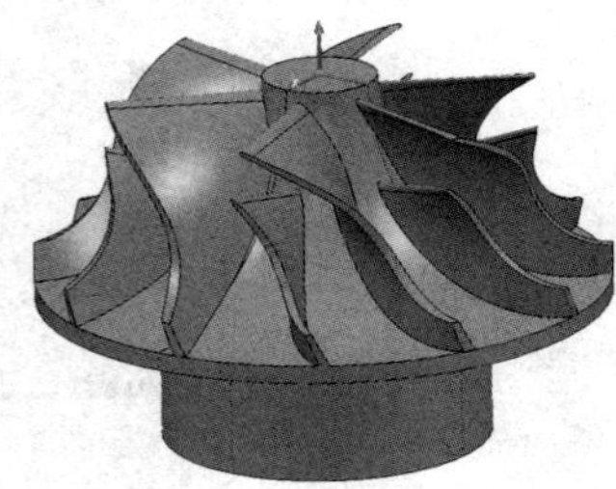
图 5-1

图 5-1 所示为叶轮模型。其基本加工流程包括叶盘区域清除、叶片半精加工、轮毂精加工、叶片精加工。假设叶轮精车工序已完成，在这个例子中使用实体模型来进行刀路的编制。毛坯尺寸为ϕ98mm×65mm，零件材质为 2A12。

5.2 工艺方案

叶轮的加工工艺方案见表 5-1。

表 5-1 叶轮的加工工艺方案

工 序 号	加 工 内 容	加 工 方 式	机 床	刀 具
1	叶盘区域清除	叶盘区域清除	BMEIMT-XKR50	ϕ6mm 球头刀
2	叶片半精加工	叶片半精加工	BMEIMT-XKR50	ϕ4mm 球头刀
3	轮毂精加工	轮毂精加工	BMEIMT-XKR50	ϕ4mm 球头刀
4	叶片精加工	叶片精加工	BMEIMT-XKR50	ϕ4mm 球头刀

此类零件装夹比较简单，利用自定心卡盘夹持 15mm 即可，如图 5-2 所示，在加工前，做好碰撞检查。

图 5-2

5.3 准备加工模型

打开 Autodesk PowerMill 2024 软件，进入主界面，输入模型，步骤如下：

单击“文件”→“输入”→“输入模型”，选择路径打开文件，如图 5-3 所示。

图　5-3

5.4　毛坯的设定

进入“毛坯”对话框，如图 5-4 所示，选择①由“三角形”定义→②自文件加载毛坯→③选择毛坯模型→④打开→⑤接受。

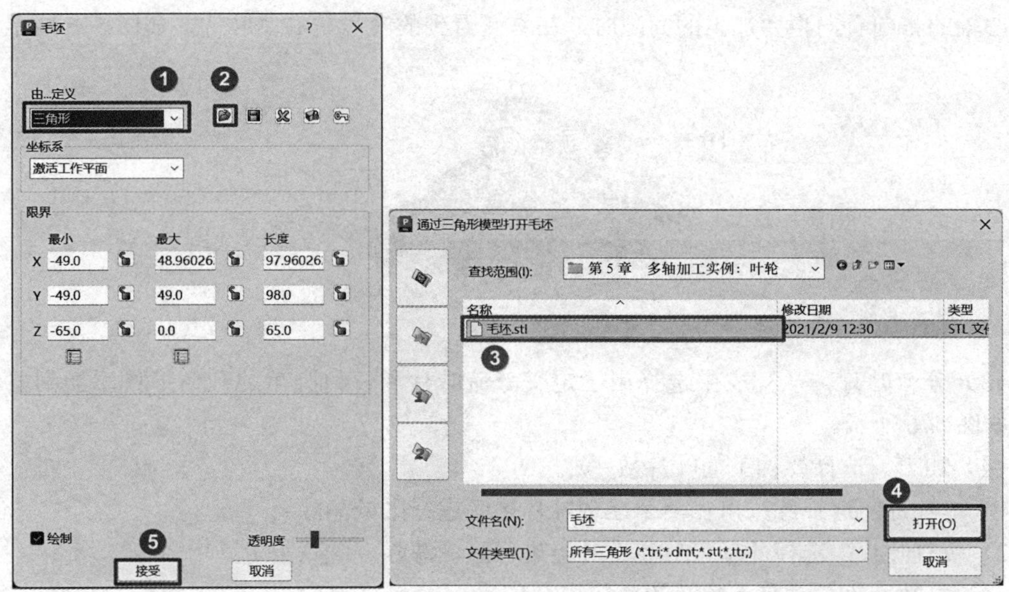

图　5-4

5.5　叶轮公共部分定义

5.5.1　叶盘

（1）轮毂　从列表中选择用于定义轮毂的几何形体添加到层或组合，如图 5-5 所示。

（2）套　从列表中选择用于定义初始未加工毛坯的几何形体添加到层或组合，如图 5-5 所示。

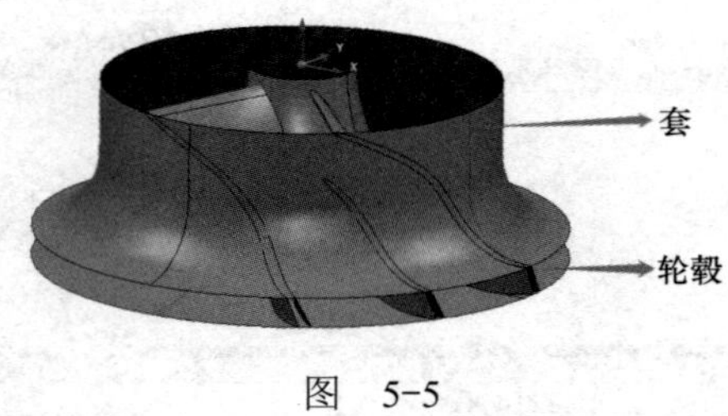

图　5-5

5.5.2　叶片

（1）左翼叶片　从列表中选择用于定义左翼叶片和任何圆角的几何形体添加到层或组合。左翼叶片必须位于右翼叶片的顺时针方向。因此，在激活工作平面的 Z 轴指向上且沿着中心轴的方向看向将要加工的间隙时，在左侧看到的叶片是左翼叶片，如图 5-6 所示。

（2）右翼叶片　从列表中选择用于定义右翼叶片和任何圆角的几何形体添加到层或组合。右翼叶片必须位于左翼叶片的逆时针方向。因此，在激活工作平面的 Z 轴指向上且沿着中心轴的方向看向将要加工的间隙时，在右侧看到的叶片是右翼叶片，如图 5-6 所示。

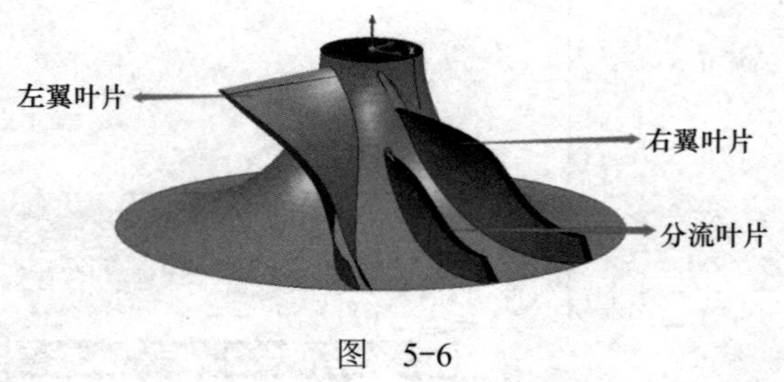

图　5-6

（3）分流叶片　从列表中选择用于定义分流叶片和任何圆角的几何形体添加到层或组合，如图 5-6 所示。

（4）加工　选择要加工的叶片数。

1）单叶片：选择此项可在两个已选叶片之间进行区域清除。

2）所有叶片：选择此项可对整个叶盘进行区域清除。

（5）总数　输入叶盘上的叶片总数。

注：此选项仅在从“加工”列表中选择“所有叶片”时可用。在“余量首选项”对话框中将套设置为忽略。

5.6　编程详细操作步骤

根据表 5-1 叶轮的加工工艺方案，依次制定工序 1、2、3、4 的刀具路径。

5.6.1 1- 叶盘区域清除

步骤：单击“开始”→“刀具路径”图标→弹出“策略选择器”对话框→在“策略选择器”对话框中单击“叶盘”→“叶盘区域清除”，如图 5-7 所示。

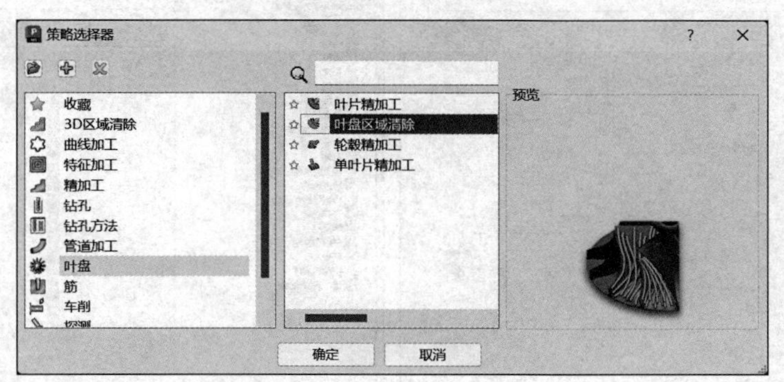

图 5-7

需要设定的参数如下：

1）刀具路径名称“YL-A1”。

2）工作平面选择“NC”。

3）毛坯由“三角形”定义，打开自文件加载毛坯，选择毛坯文件，坐标系选择“激活工作平面”。

4）刀具选择“R3-T1”，选择①编辑→②夹持→③打开“刀柄”文件→④修改伸出 32mm，如图 5-8 所示。

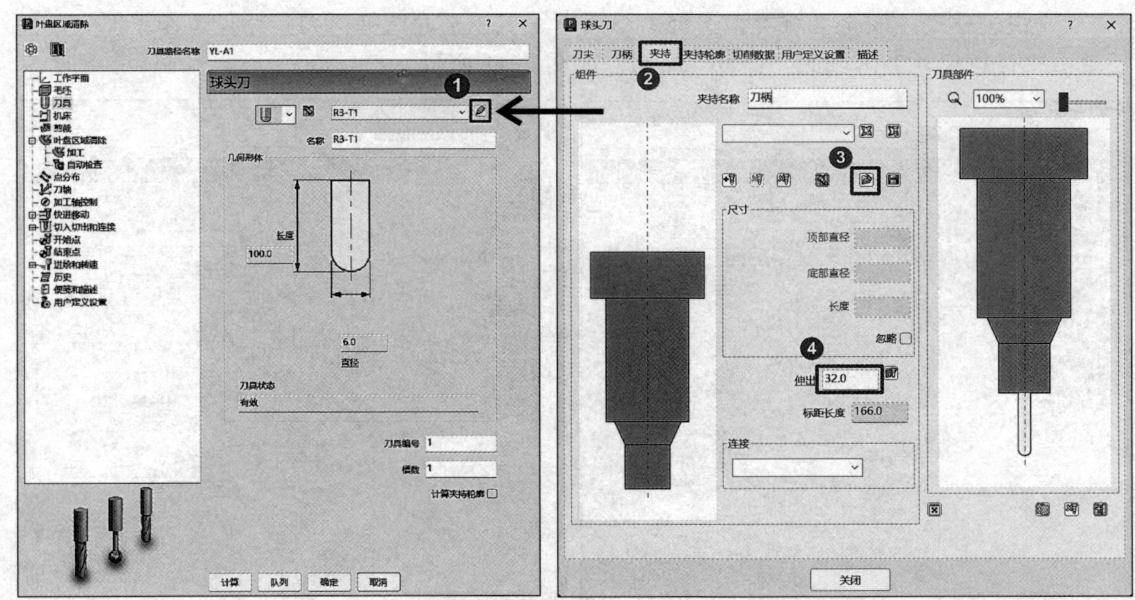

图 5-8

5）叶盘区域清除：在“余量首选项”对话框中将套设置为忽略。叶盘定义：轮毂定义为“轮毂”，套选择“套”；叶片：左翼叶片选择“左翼叶片”，右翼叶片选择“右翼叶片”，分流叶片选择“分流叶片”，加工选择“所有叶片”，总数为“6”；公差 0.1，余量 0.3，行距 1.5，下切步距 5.0（实际加工时设置为 1）。“加工”子项中：切削方向“顺铣”，偏移“合并”，方法“平行”，排序方式“区域”，如图 5-9 所示。

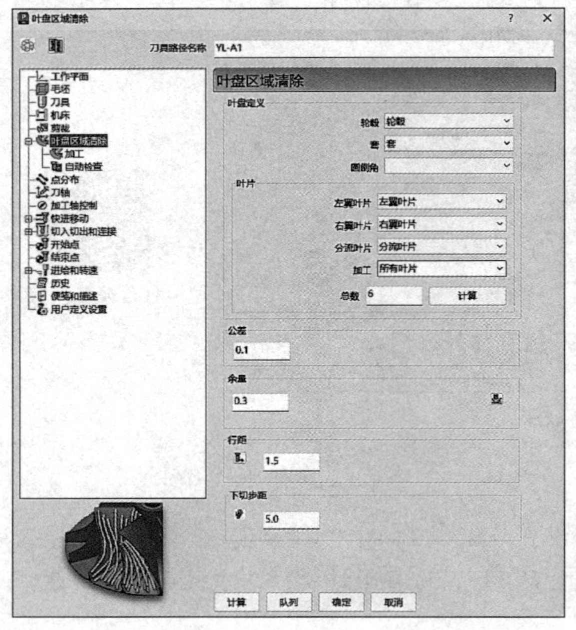

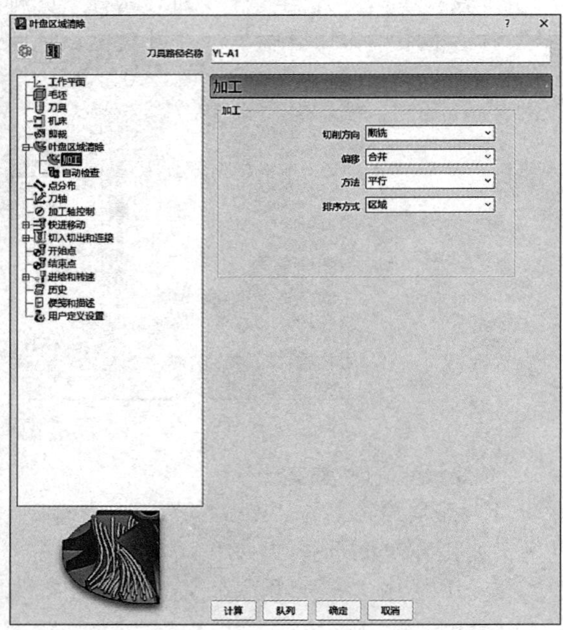

图 5-9

6）刀轴：选择“自动”；刀轴仰角自偏移法线，如图 5-10 所示。

7）快进移动：安全区域类型选择“平面”，工作平面选择“刀具路径工作平面”，然后单击“计算尺寸”区域的“计算”按钮，如图 5-11 所示。

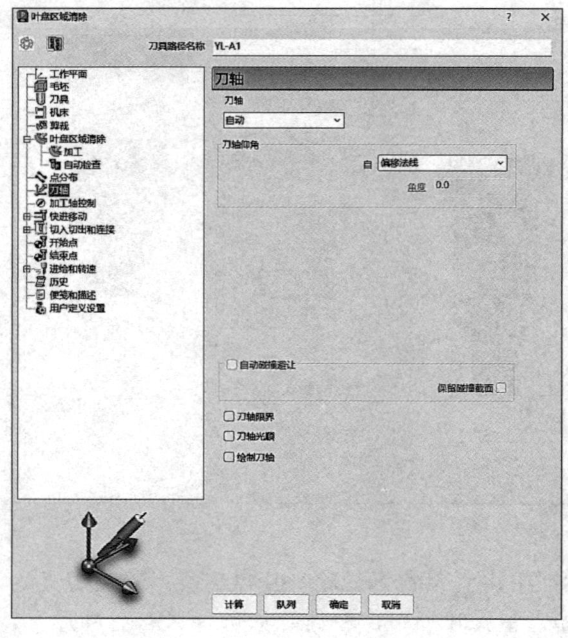

图 5-10

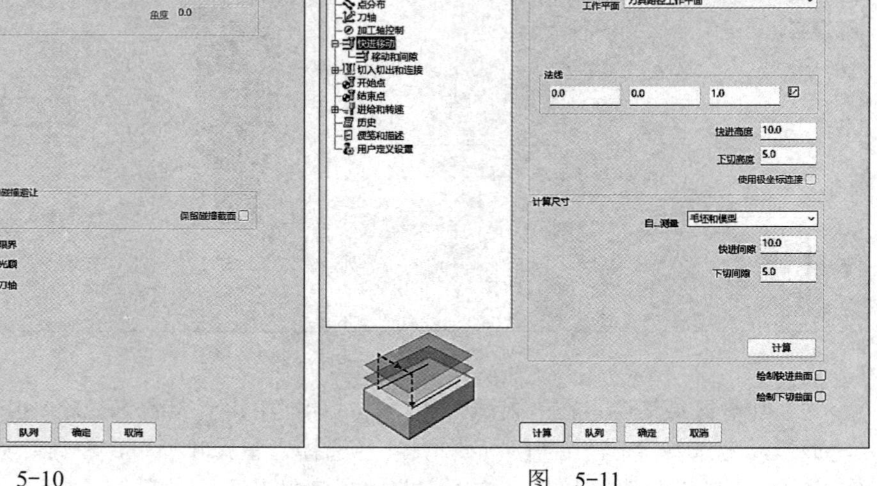

图 5-11

8）切入切出和连接：切入“水平圆弧”（线性移动 0.2，角度 30.0，半径 0.5），切出“水平圆弧”（线性移动 0.2，角度 30.0，半径 0.5），连接：第一连接“圆形圆弧”（勾选“应用约束”：距离 <80.0），第二连接“掠过”，如图 5-12 所示。

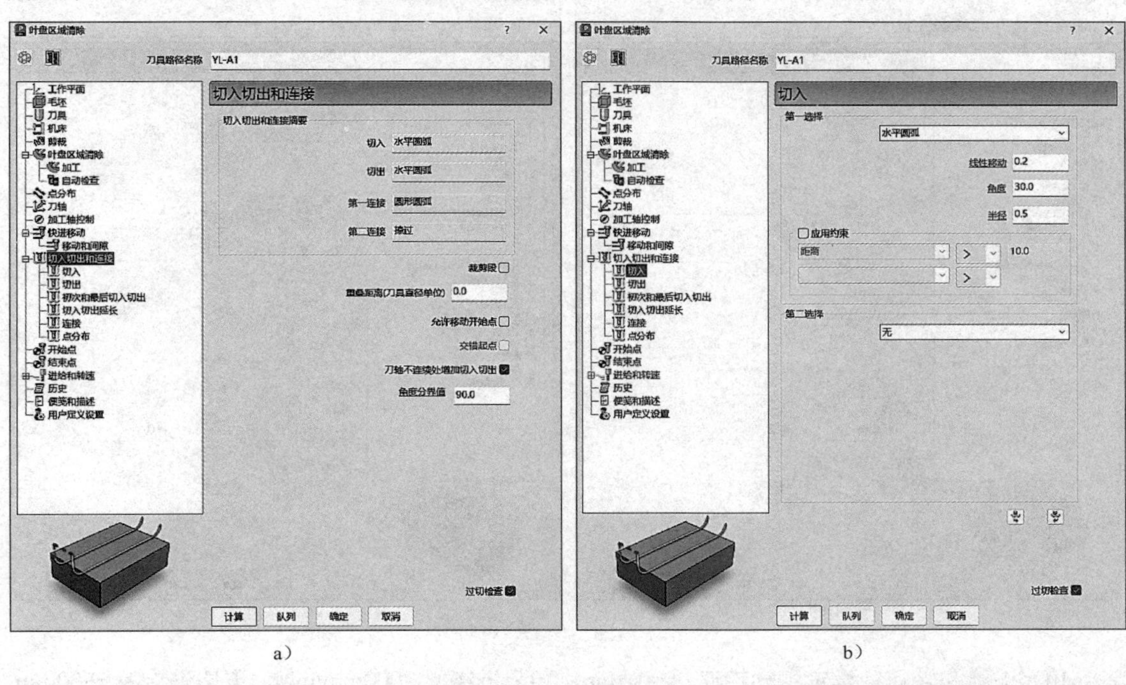

a）　　b）

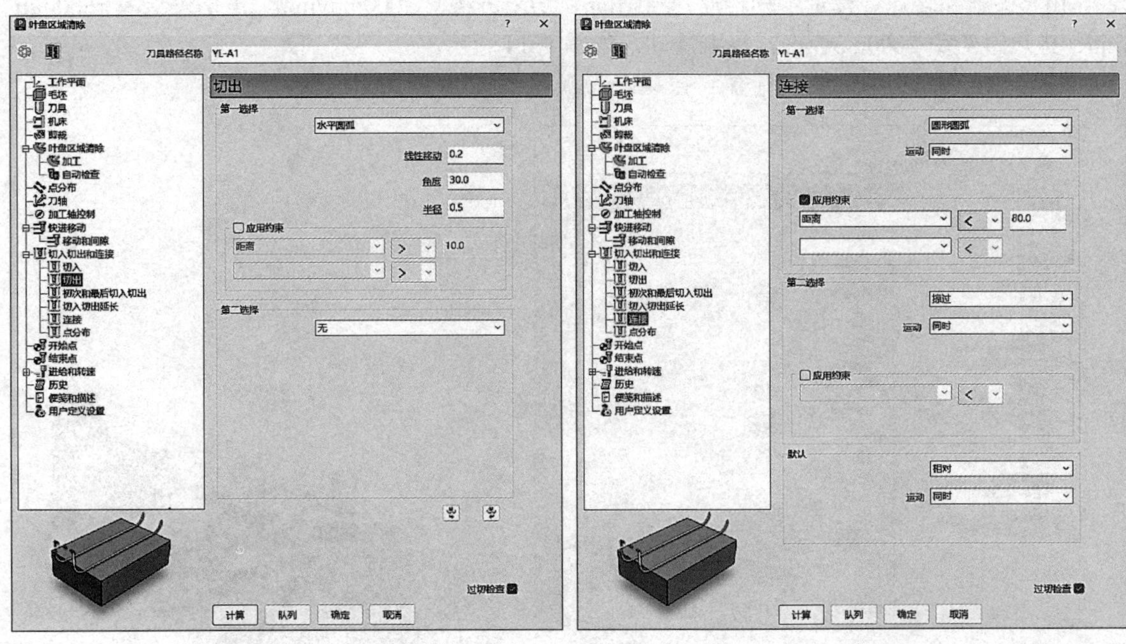

c）　　d）

图　5-12

9）开始点选择“第一点安全高度”，结束点选择“最后一点安全高度”。勾选“单独进

刀”及“单独退刀”，设定：接近距离 10.0，撤回距离 10.0，沿“刀轴”进刀与退刀，如图 5-13 所示。

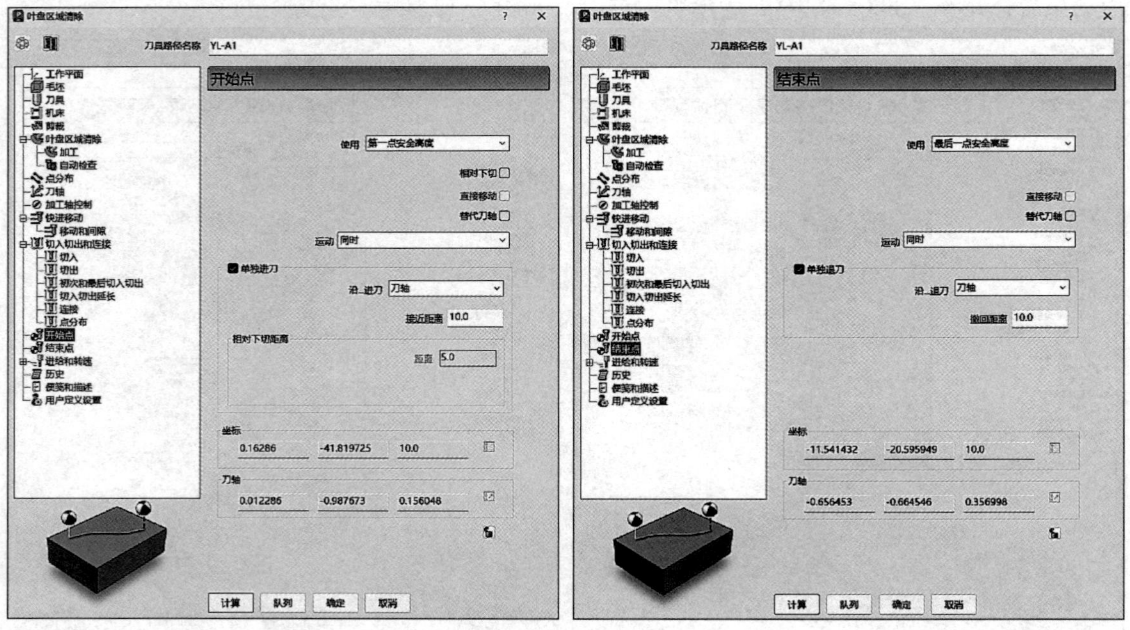

图 5-13

10）进给和转速：设定主轴转速 7000r/min、切削进给率 2000mm/min、下切进给率 1600mm/min、掠过进给率 5000mm/min，标准冷却，如图 5-14 所示。

11）单击图 5-14 中的“计算”按钮，刀具路径如图 5-15 所示。

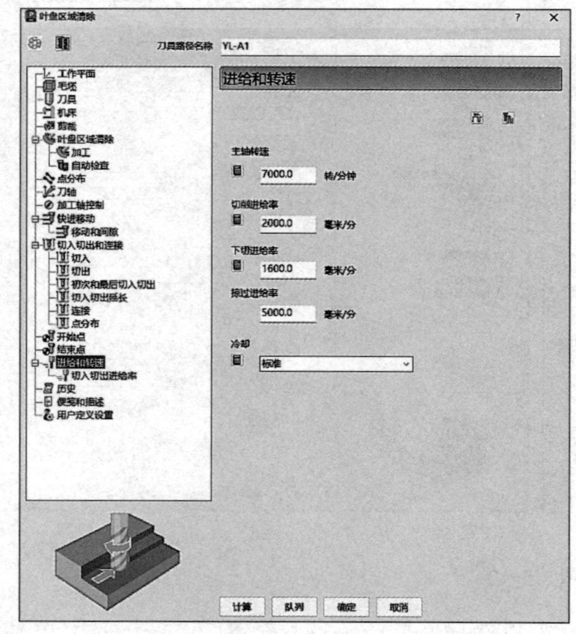

图 5-14

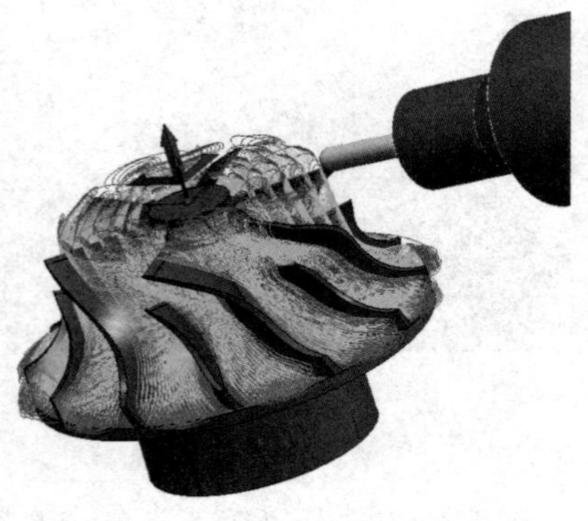

图 5-15

5.6.2 2- 叶片半精加工

步骤：单击“开始”→“刀具路径”图标→弹出“策略选择器”对话框→在“策略选择器”对话框中单击“叶盘”→“叶片精加工”，如图 5-16 所示。

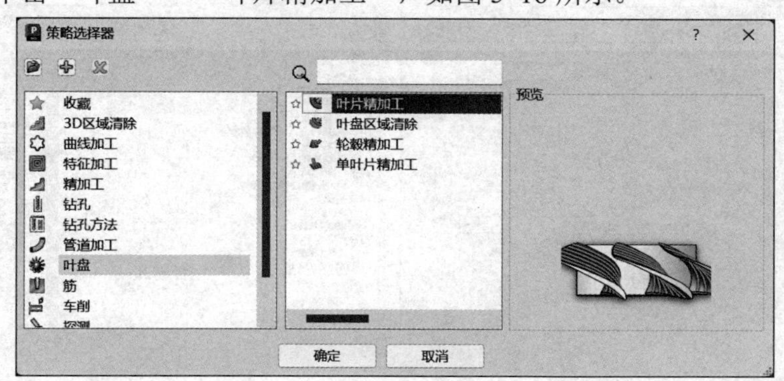

图 5-16

需要设定的参数如下：

1）刀具路径名称“YL-A2”。

2）工作平面选择“NC”。

3）毛坯由“三角形”定义，打开自文件加载毛坯，选择毛坯文件，坐标系选择“激活工作平面”。

4）刀具选择“R2-T2”，选择①编辑→②夹持→③打开“刀柄 60MS”文件→④修改伸出 28mm，如图 5-17 所示。

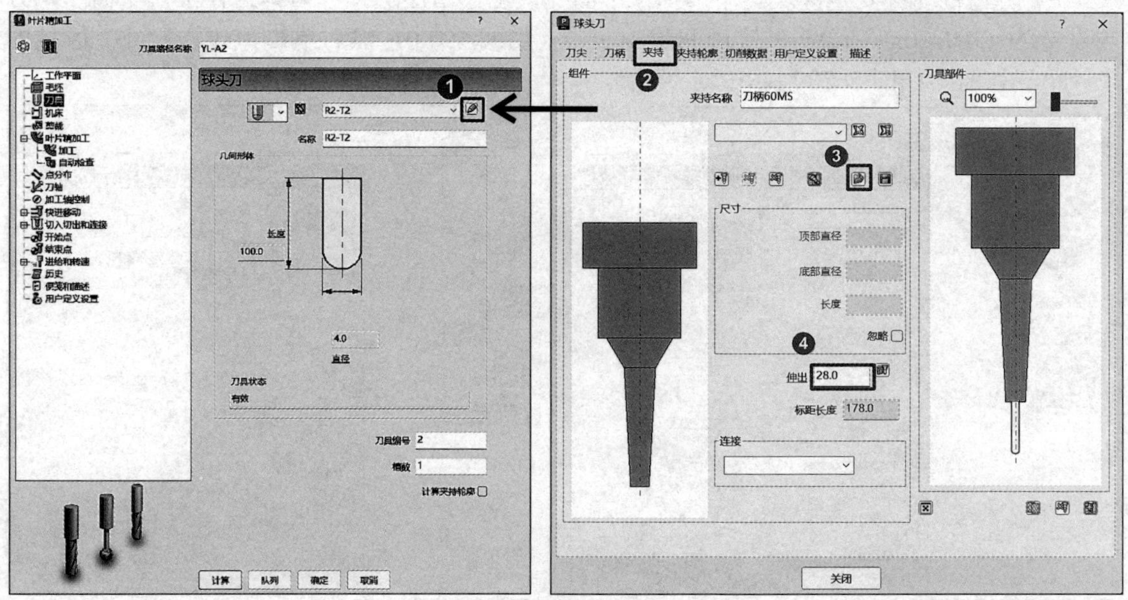

图 5-17

5）叶片精加工：叶盘定义中，轮毂定义为“轮毂”，套选择“套”，叶片中左翼叶片选择“左翼叶片”，右翼叶片选择“右翼叶片”，分流叶片选择“分流叶片”，加工选择“所有叶片”，总数为“6”，公差 0.08，余量 0.2，下切步距 1.0。加工子项中：切削方向“顺铣”，偏移“合并”，操作“左翼和分流叶片”，排序方式“区域”，开始位置“底部”，如图 5-18 所示。

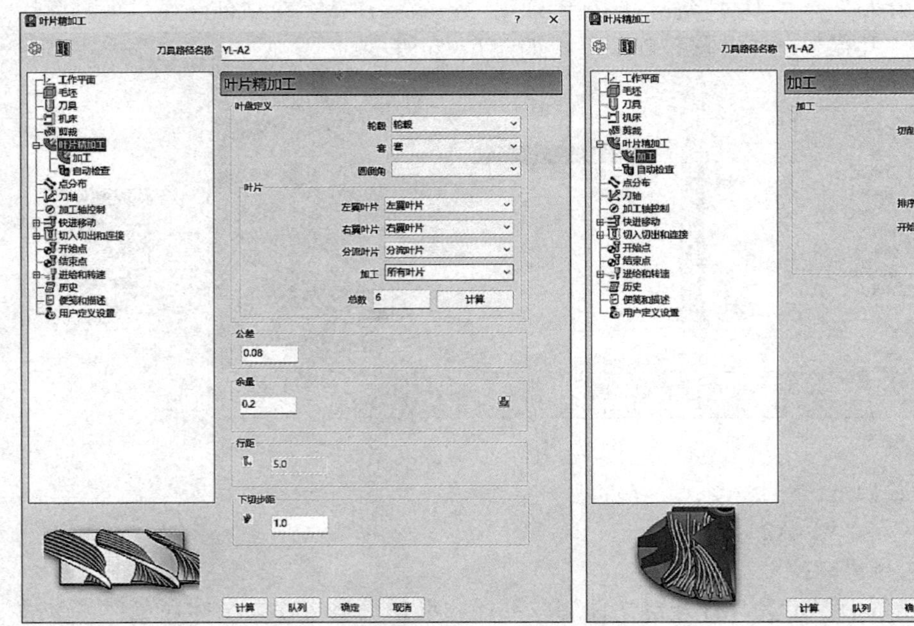

图 5-18

6）刀轴：选择“自动”；刀轴仰角自“套法线”，如图 5-19 所示。

7）快进移动：安全区域类型选择“平面”，工作平面选择“刀具路径工作平面”，方向设定为（0.0，0.0，1.0），快进间隙 10.0，下切间隙 5.0，然后单击“计算尺寸”区域的“计算”按钮，如图 5-20 所示。

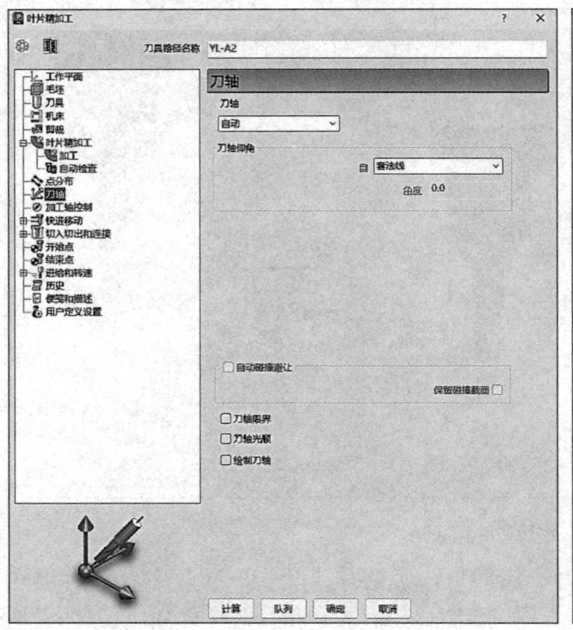

图 5-19

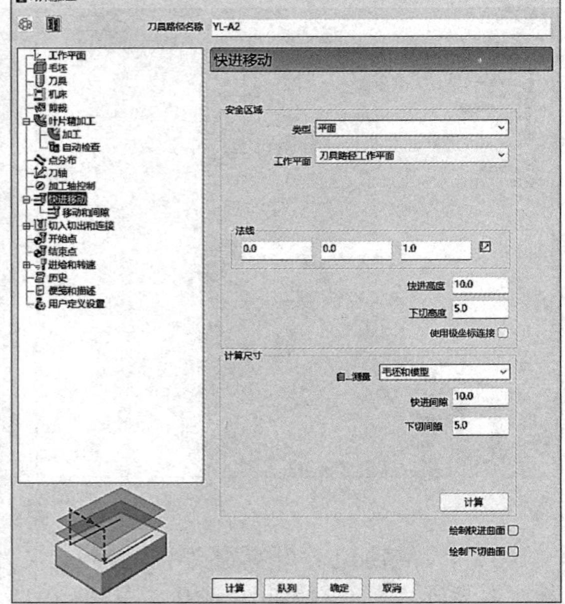

图 5-20

8）切入切出和连接：切入“延长移动”（长度 3.0），切出“延长移动”（长度 3.0），连接：第一连接“圆形圆弧”（勾选“应用约束”：距离 <80.0），第二连接“掠过”，如图 5-21 所示。

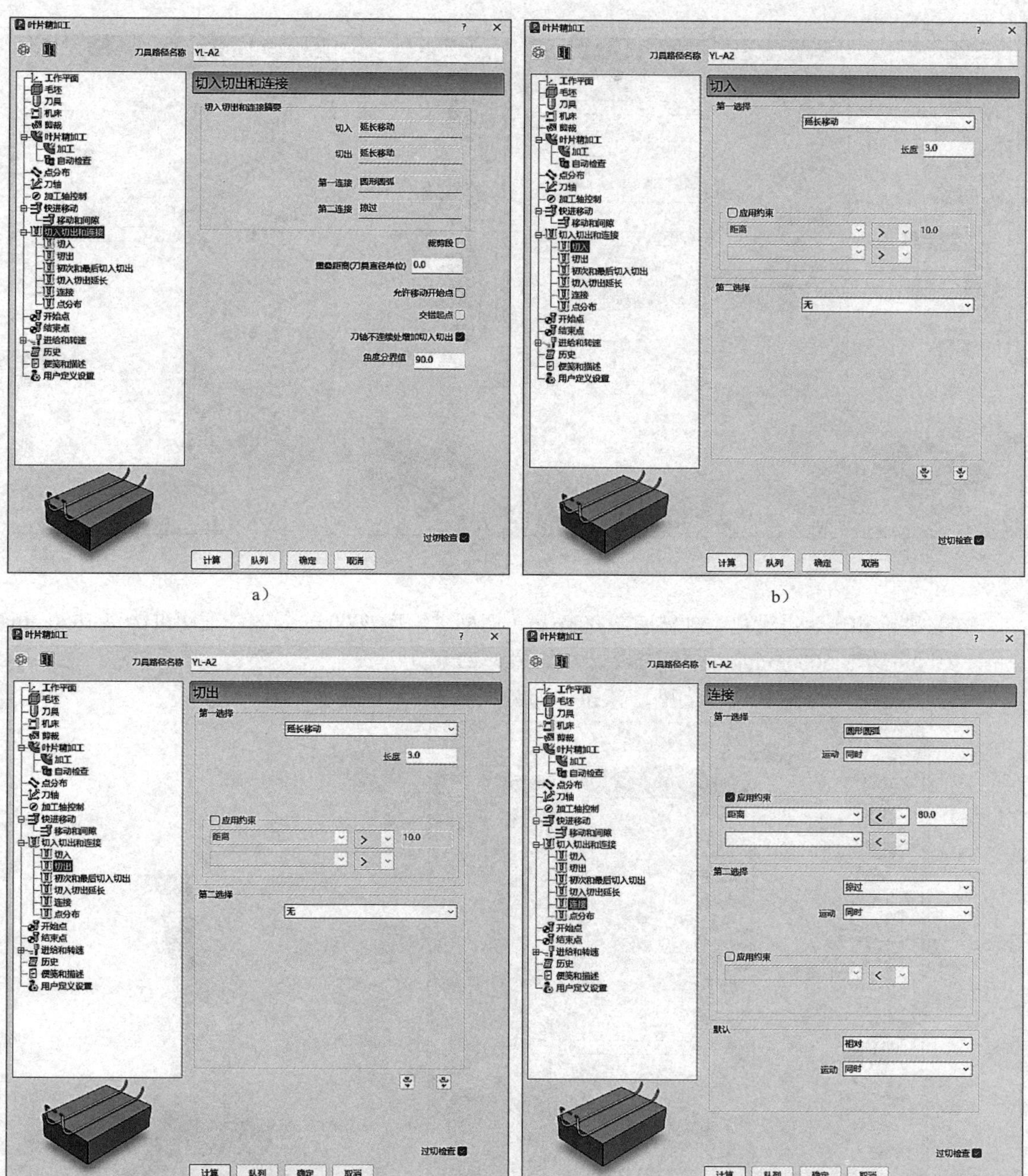

图　5-21

9）开始点选择“第一点安全高度”，结束点选择“最后一点安全高度”。勾选“单独进

刀”及“单独退刀”，设定：接近距离 10.0，撤回距离 10.0，沿“刀轴”进刀与退刀，如图 5-22 所示。

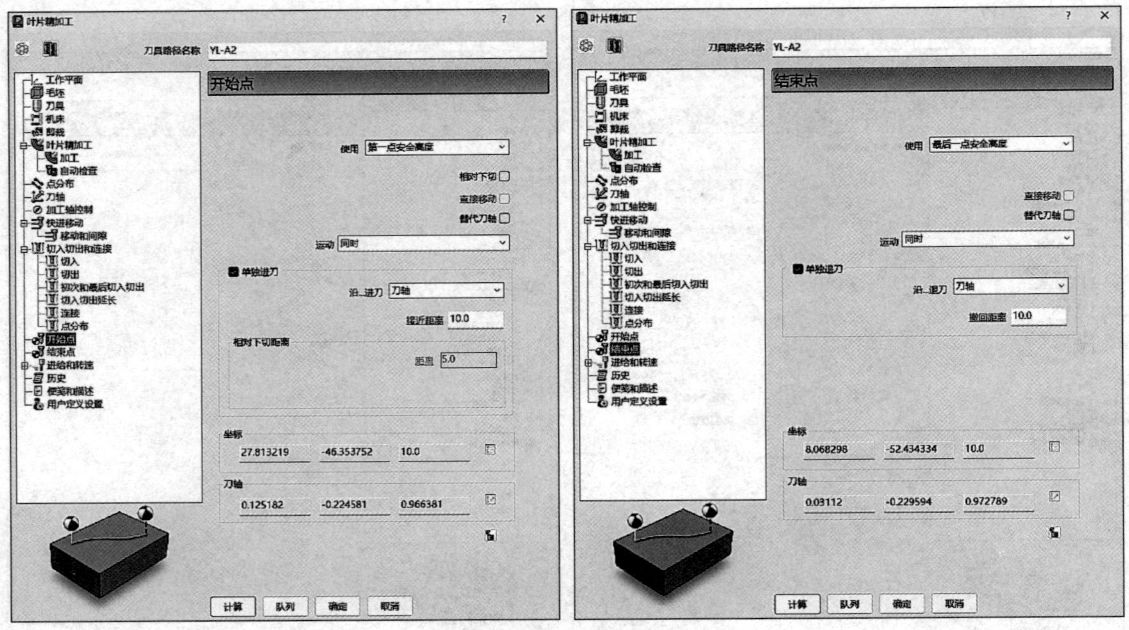

图 5-22

10）进给和转速：设定主轴转速 7000r/min、切削进给率 2000mm/min、下切进给率 1600mm/min、掠过进给率 5000mm/min，标准冷却，如图 5-23 所示。

11）单击图 5-23 中的“计算”按钮，刀具路径如图 5-24 所示。

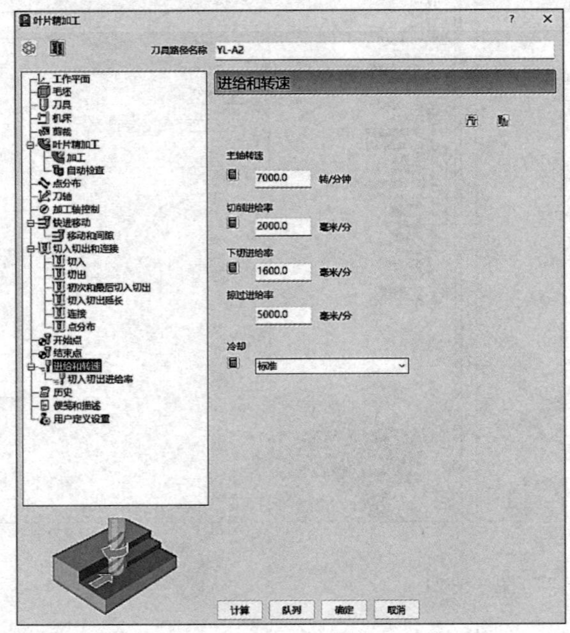

图 5-23

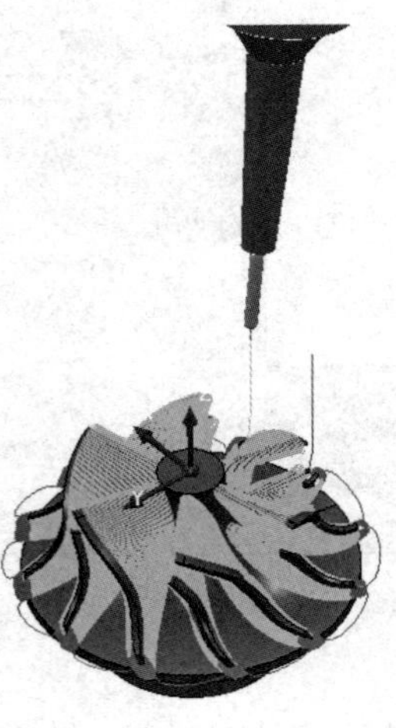

图 5-24

5.6.3 3- 轮毂精加工

步骤：单击“开始”→“刀具路径”图标→弹出“策略选择器”对话框→在“策略选择器”对话框中单击“叶盘”→“轮毂精加工”，如图 5-25 所示。

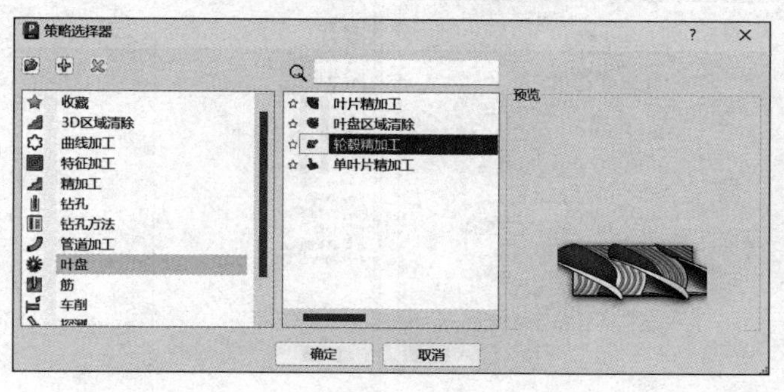

扫码观看视频

图 5-25

需要设定的参数如下：

1）刀具路径名称“YL-A3”。

2）工作平面选择“NC”。

3）毛坯由“三角形”定义，打开自文件加载毛坯，选择毛坯文件，坐标系选择“激活工作平面”，如图 5-26 所示。

4）刀具选择“R2-T2”，如图 5-27 所示。

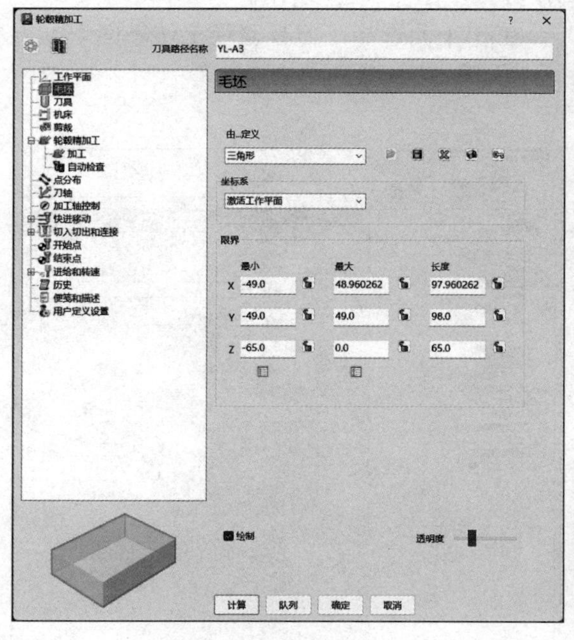

图 5-26

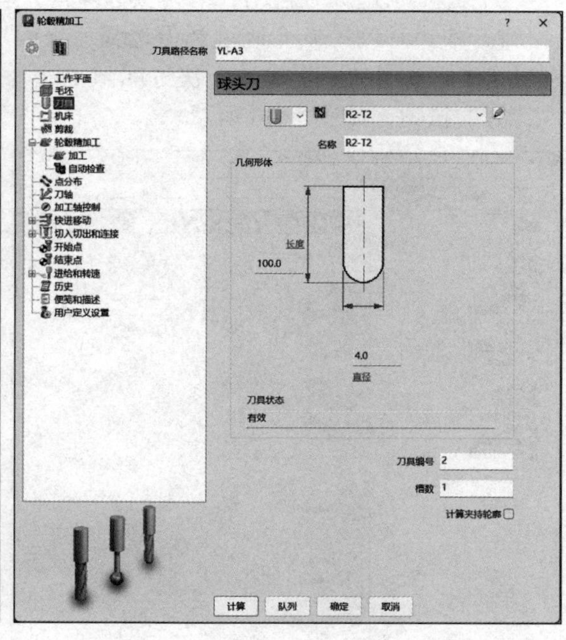

图 5-27

5）轮毂精加工：叶盘定义中轮毂选择“轮毂”，套选择“套”，叶片中左翼叶片选择“左翼叶片”，右翼叶片选择“右翼叶片”，分流叶片选择“分流叶片”，加工选择“所有叶片”，总数为“6”，公差 0.08，余量 0.0，行距 1.5。加工子项中：切削方向

“顺铣”，如图 5-28 所示。

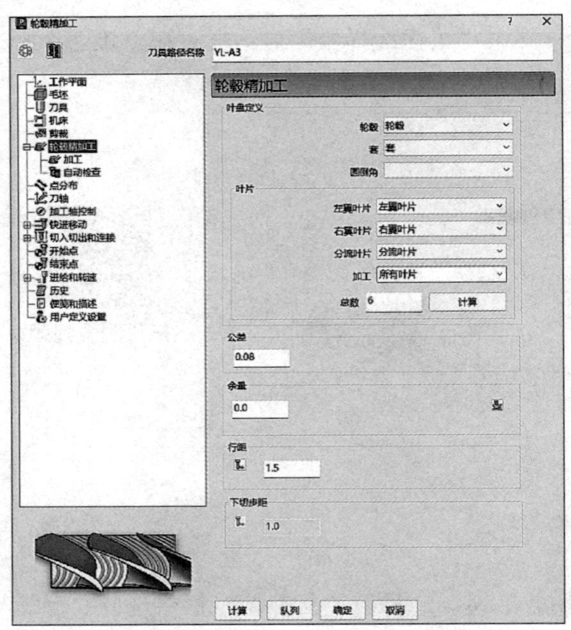
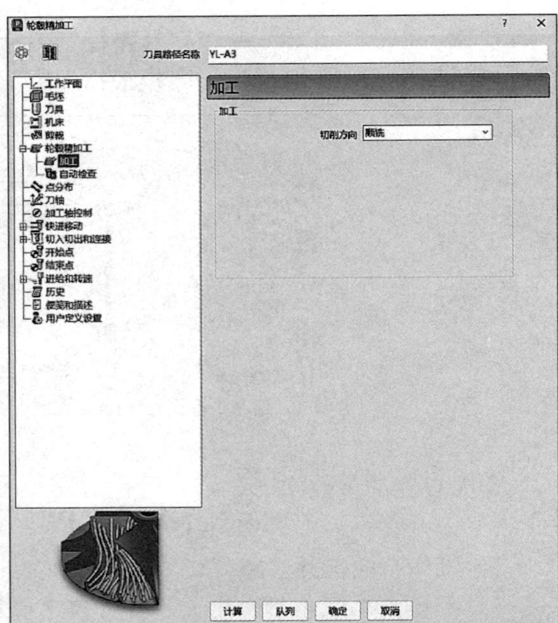

图 5-28

6）刀轴：选择“自动”；刀轴仰角自“套法线”，如图 5-29 所示。

7）快进移动：安全区域类型选择“平面”，工作平面选择“刀具路径工作平面”，方向设定为（0.0，0.0，1.0），快进间隙 10.0，下切间隙 5.0，然后单击“计算尺寸”区域的“计算”按钮，如图 5-30 所示。

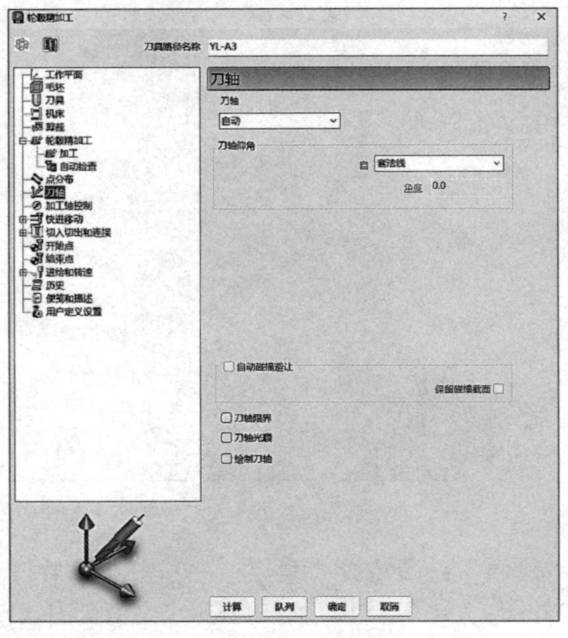

图 5-29

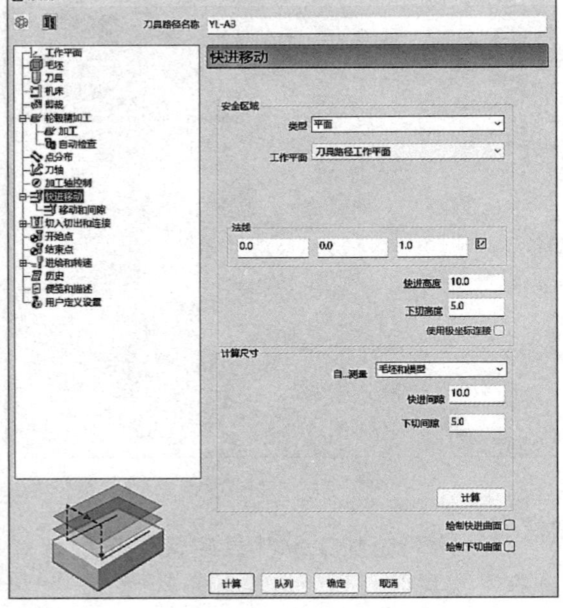

图 5-30

8）切入切出和连接：切入“延长移动”（长度 3.0），切出“延长移动”（长度 3.0），连接：第一连接“圆形圆弧”（勾选“应用约束”：距离 <50.0），第二连接“掠过”，如图 5-31 所示。

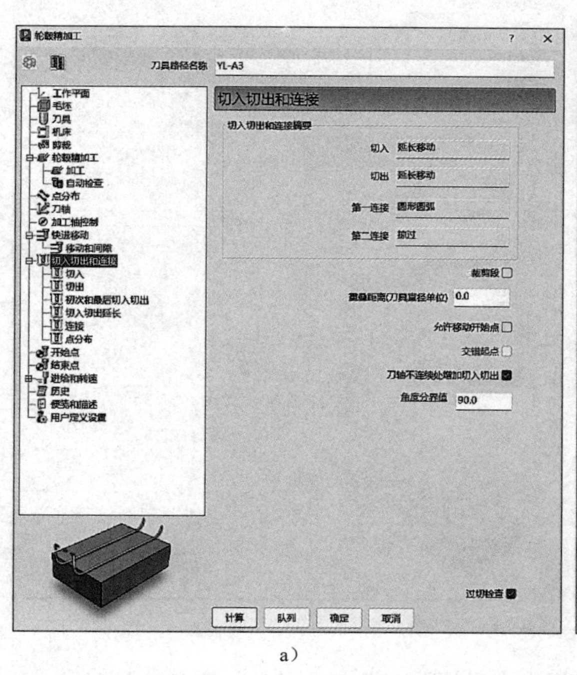

a）

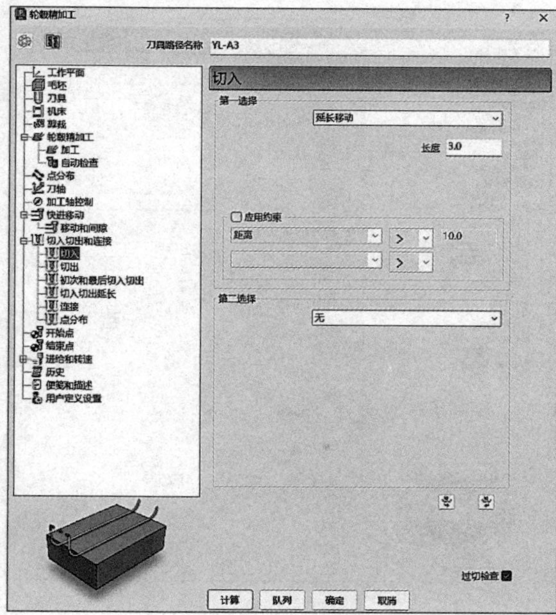

b）

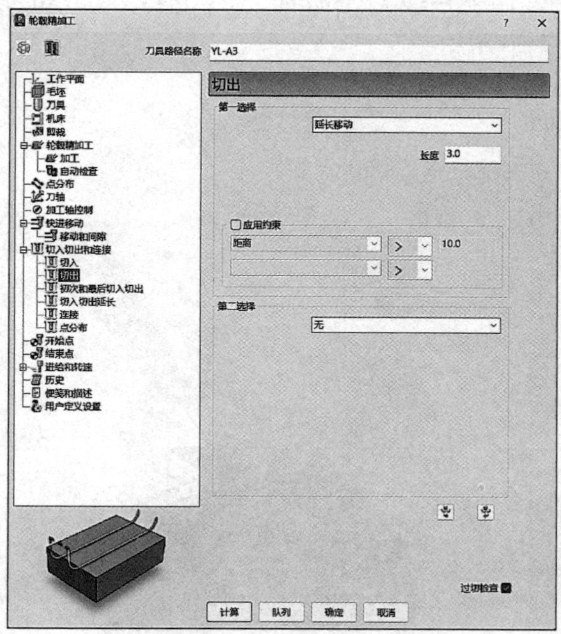

c）

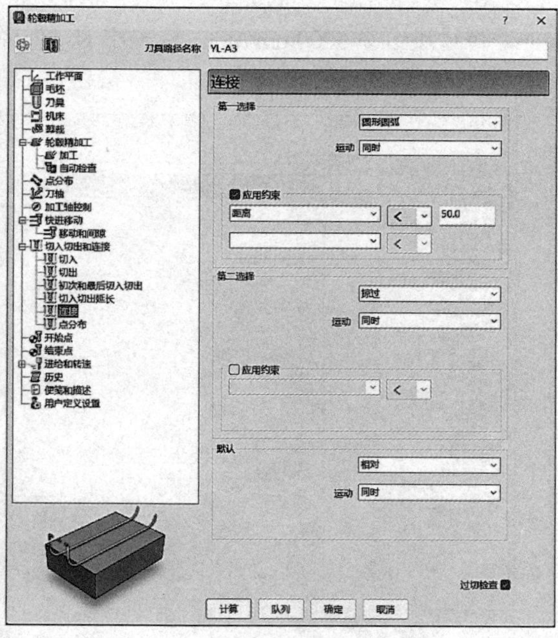

d）

图 5-31

9）开始点选择“第一点安全高度”，结束点选择“最后一点安全高度”。勾选“单独进

刀”及“单独退刀”，设定：接近距离 10.0，撤回距离 10.0，沿“刀轴”进刀与退刀，如图 5-32 所示。

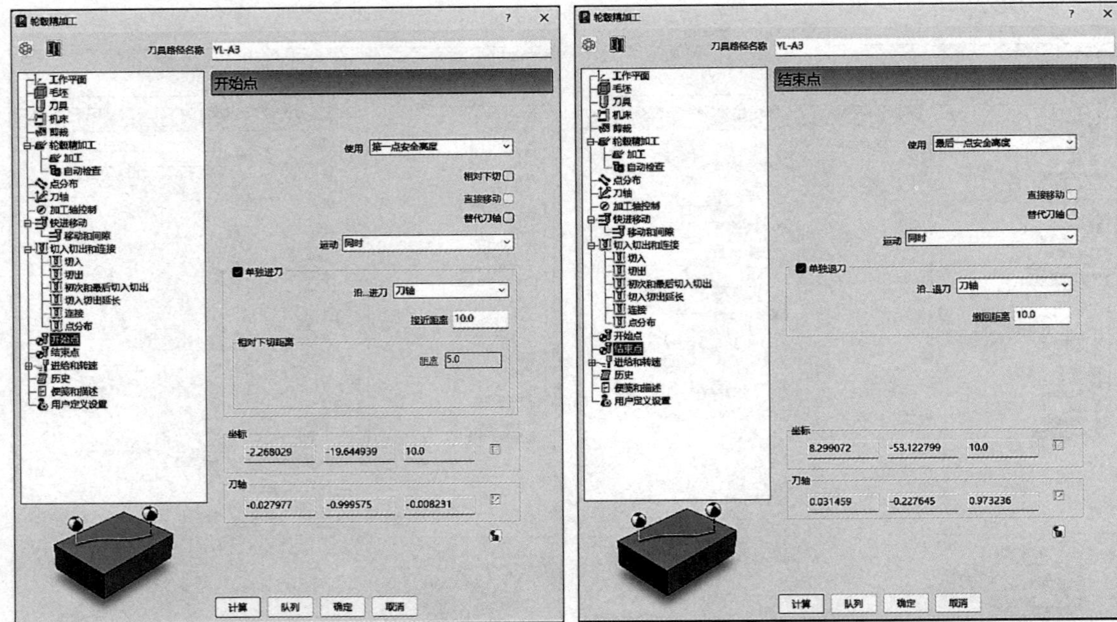

图 5-32

10）进给和转速：设定主轴转速 7000r/min、切削进给率 2000mm/min、下切进给率 1600mm/min、掠过进给率 5000mm/min，标准冷却，如图 5-33 所示。

11）单击图 5-33 中的“计算”按钮，刀具路径如图 5-34 所示。

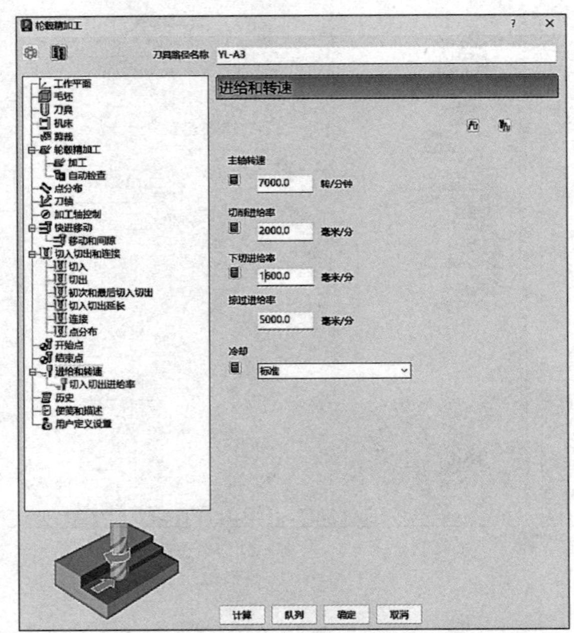

图 5-33

图 5-34

5.6.4　4- 叶片精加工

步骤：单击“开始”→“刀具路径”图标→弹出“策略选择器”对话框→在“策略选择器”对话框中单击“叶盘”→“叶片精加工”，如图 5-35 所示。

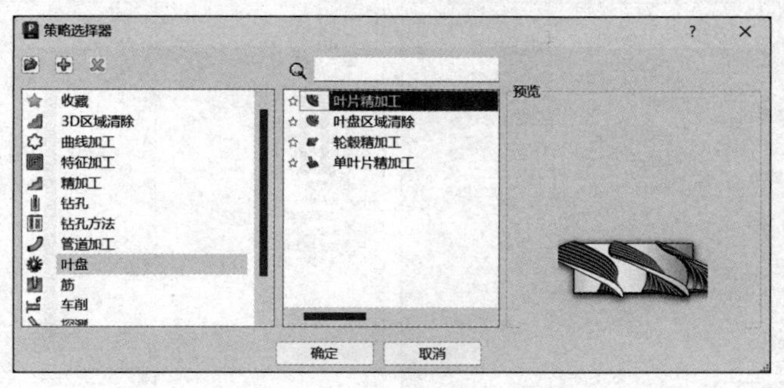

图　5-35

需要设定的参数如下：

1）刀具路径名称“YL-A4”。

2）工作平面选择“NC”。

3）毛坯由“三角形”定义，打开自文件加载毛坯，选择毛坯文件，坐标系选择“激活工作平面”，如图 5-36 所示。

4）刀具选择“R2-T2”，如图 5-37 所示。

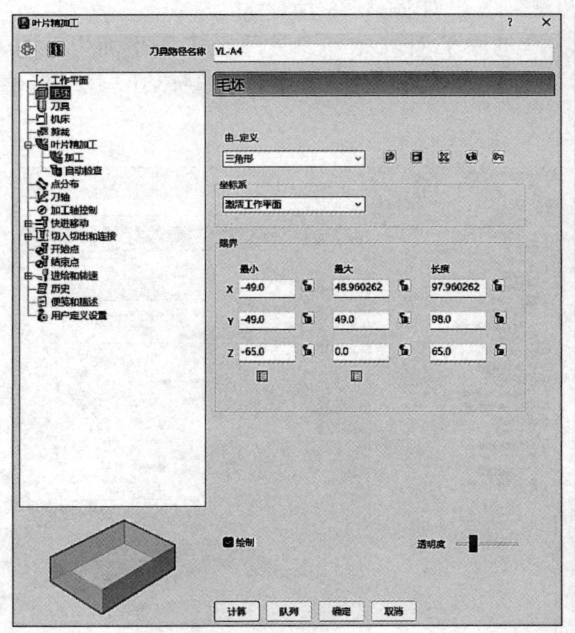

图　5-36

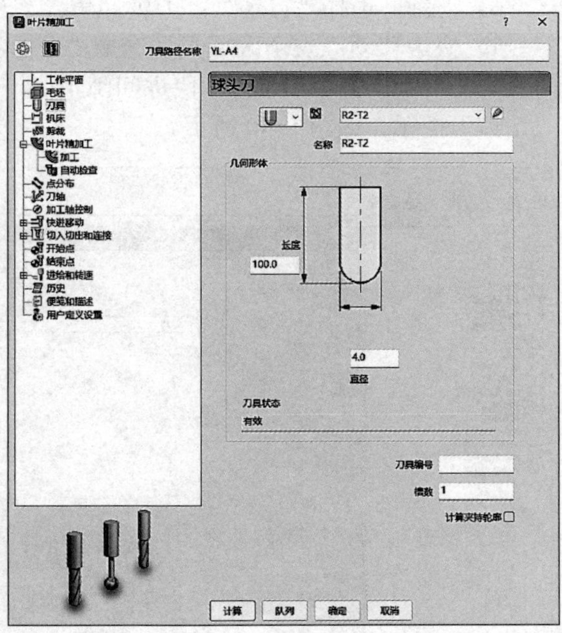

图　5-37

5）叶片精加工：叶盘定义中轮毂定义为“轮毂”，套选择“套”，叶片中左翼叶片选择“左翼叶片”，右翼叶片选择“右翼叶片”，分流叶片选择“分流叶片”，加工选择“所有叶片”，总数为“6”，公差 0.08，余量 0.0，下切步距 0.5。加工子项中：切削方向“顺铣”，偏移“合并”，操作“左翼和分流叶片”，排序方式“区域”，开始位置“底部”，如图 5-38 所示。

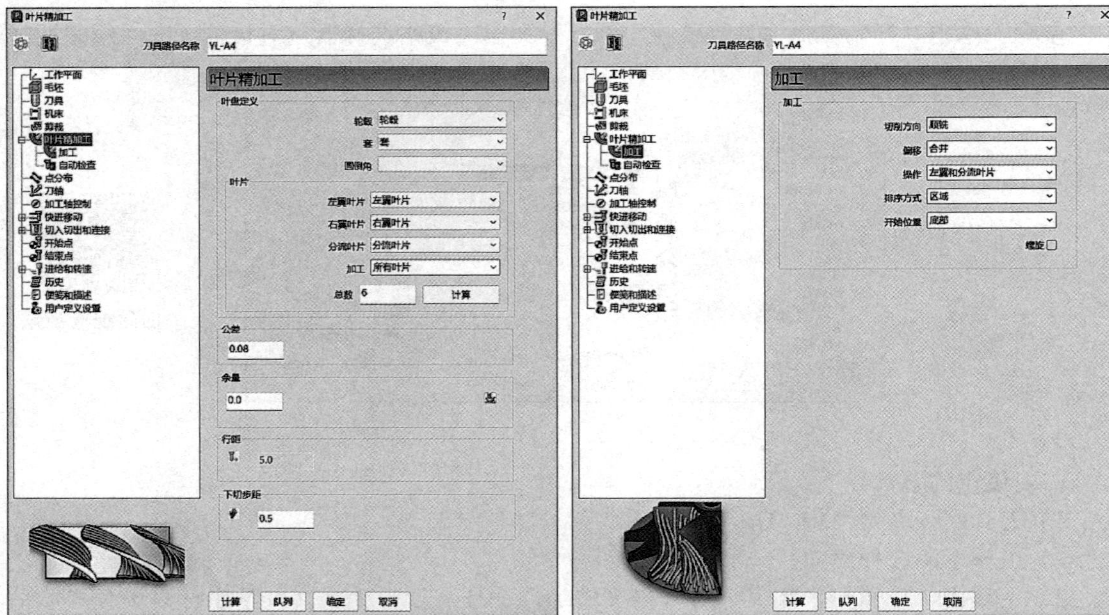

图 5-38

6）刀轴：选择“自动”；刀轴仰角自“套法线”，如图 5-39 所示。

7）快进移动：安全区域类型选择“平面”，工作平面选择“刀具路径工作平面”，方向设定为（0.0，0.0，1.0），快进间隙 10.0，下切间隙 5.0，然后单击“计算尺寸”区域的“计算”按钮，如图 5-40 所示。

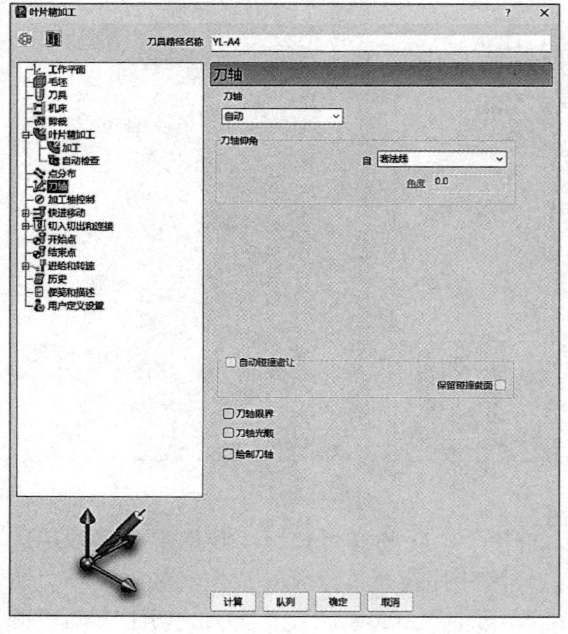

图 5-39

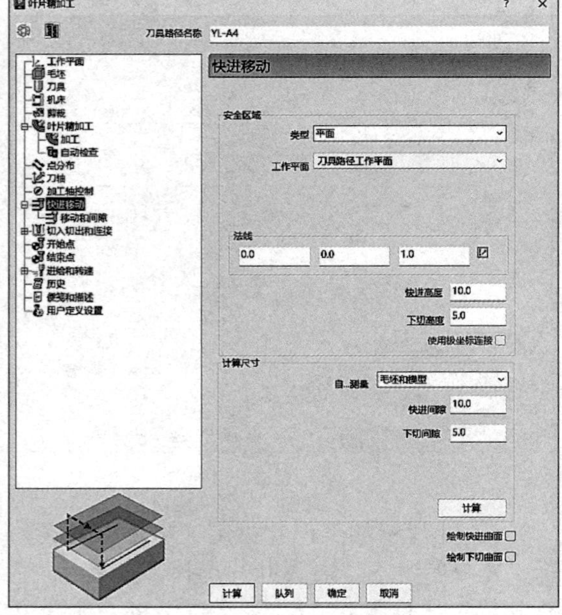

图 5-40

8）切入切出和连接：切入“延长移动”（长度 3.0），切出“延长移动”（长度 3.0），连接：第一连接“圆形圆弧”（勾选“应用约束”：距离 <80.0），第二连接“掠过”，如图 5-41 所示。

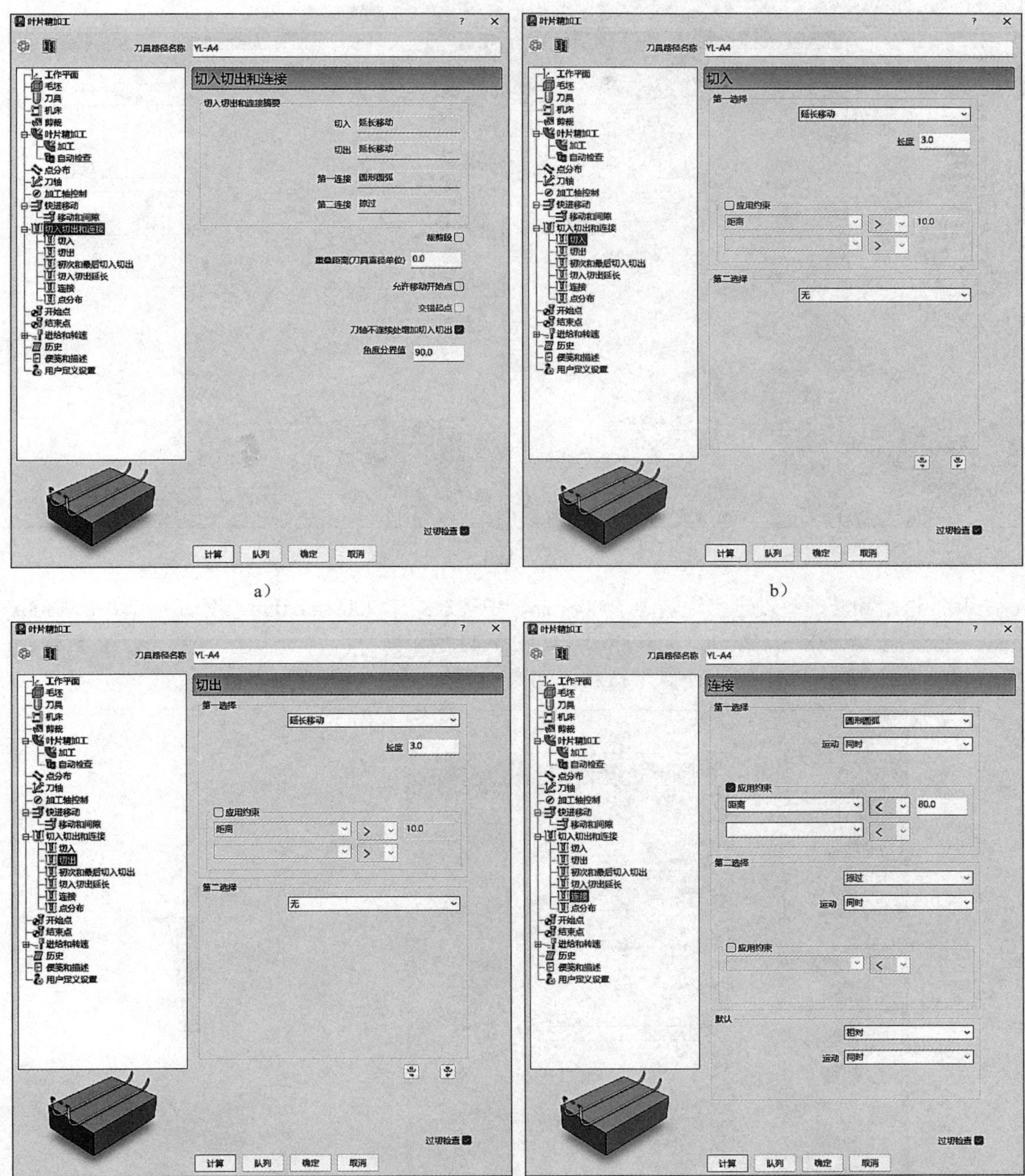

a） b） c） d）

图 5-41

9）开始点选择“第一点安全高度”，结束点选择“最后一点安全高度”。勾选“单独进

刀”及“单独退刀”，设定：接近距离 10.0，撤回距离 10.0，沿“刀轴”进刀与退刀，如图 5-42 所示。

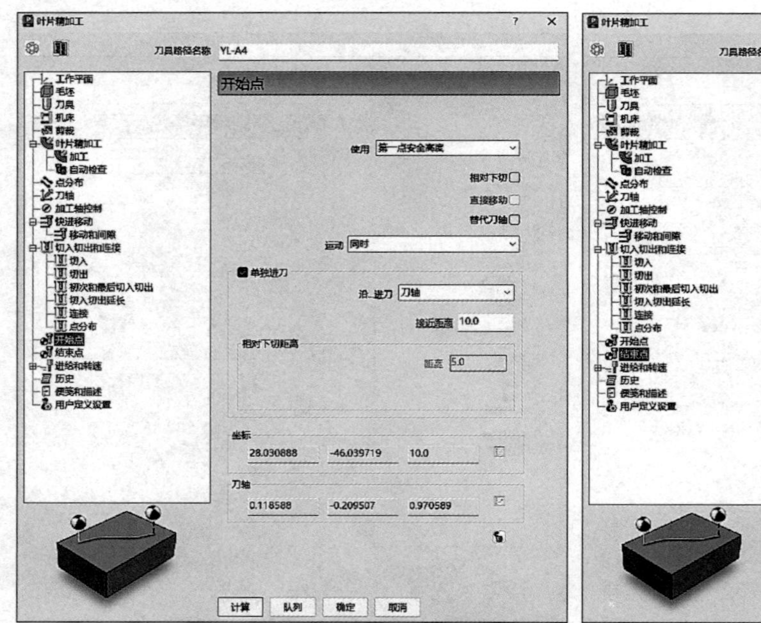

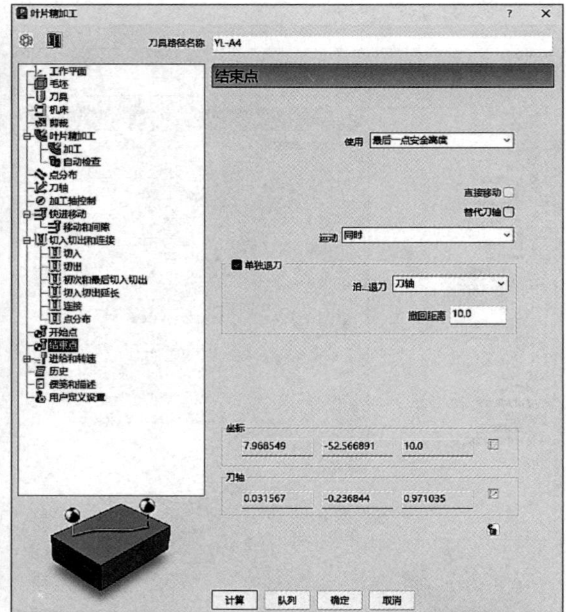

图 5-42

10）进给和转速：设定主轴转速 7000r/min、切削进给率 2000mm/min、下切进给率 1600mm/min、掠过进给率 5000mm/min，标准冷却，如图 5-43 所示。

11）单击图 5-43 中的“计算”按钮，刀具路径如图 5-44 所示。

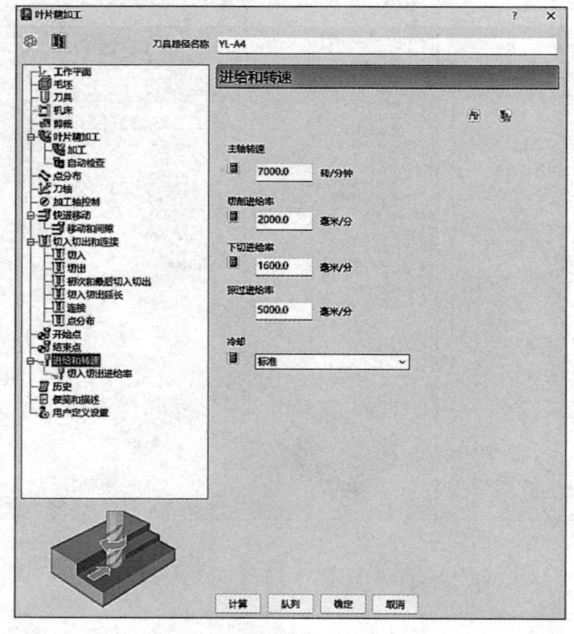

图 5-43

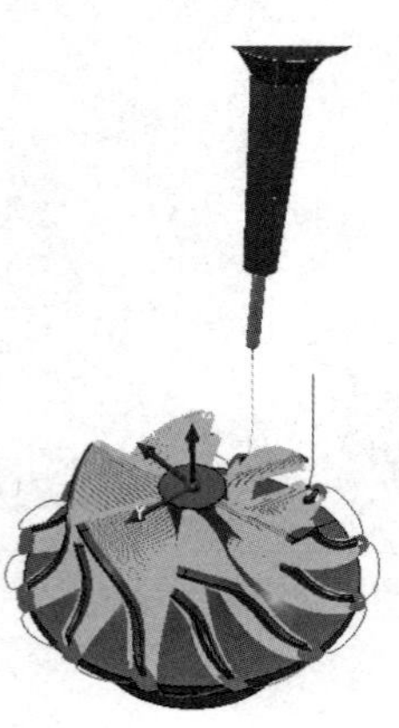

图 5-44

5.7 NC 程序仿真及后处理

5.7.1 NC 程序仿真（以“1- 叶盘区域清除”刀具路径为例）

1）打开主界面的“仿真”选项卡，单击“开”使之处于打开状态。

2）在“条目”下拉菜单中点选要进行仿真的刀具路径。

3）单击“运行”按钮来查看仿真。在“仿真控制”栏中可对仿真过程进行暂停、回退等操作。

4）单击“退出 ViewMill”按钮来终止仿真。仿真效果如图 5-45 所示。

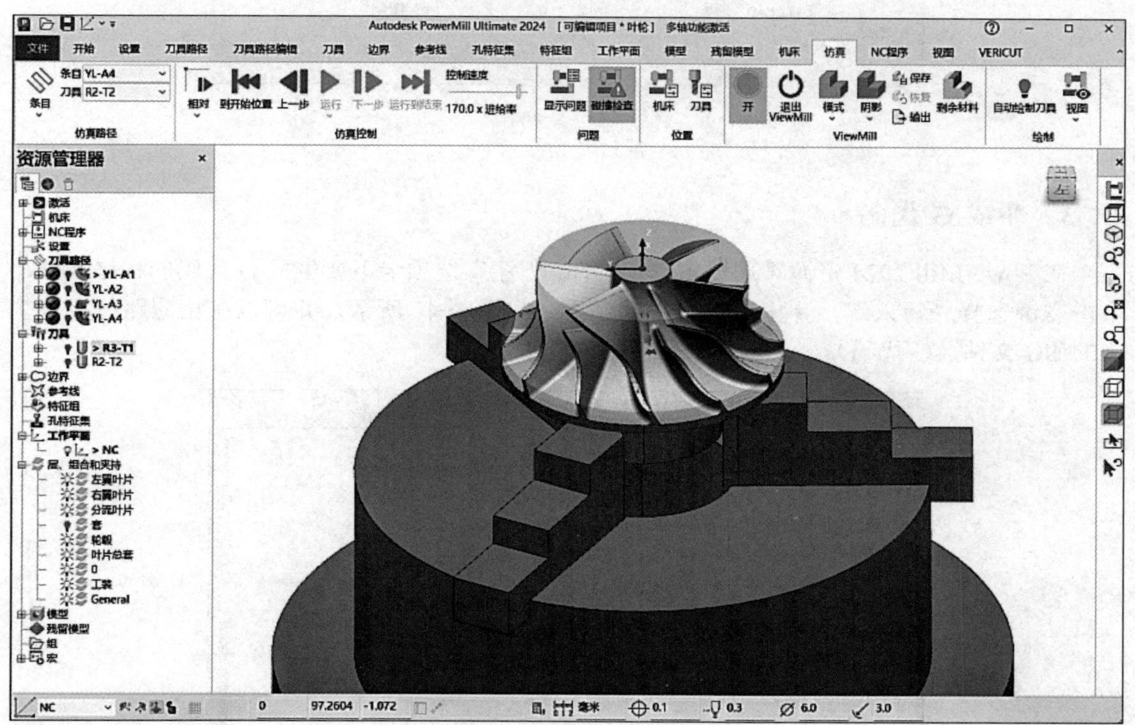

图 5-45

5.7.2 NC 程序后处理设置

1）在资源管理器中右键单击“NC 程序”→“首选项”，弹出“NC 首选项”对话框，此项设置中 NC 程序是空的，如图 5-46 所示。

2）在输出文件名后键入文件扩展名，例如键入“.h”，输出的程序文件扩展名即为“.h”。

3）选择机床选项文件，单击相应的机床后处理文件。

4）输出工作平面选择相应的 NC 工作平面，单击“关闭”按钮。

5）在资源管理器中右键单击要产生 NC 程序的刀路名称，选择“创建独立的 NC 程序”。

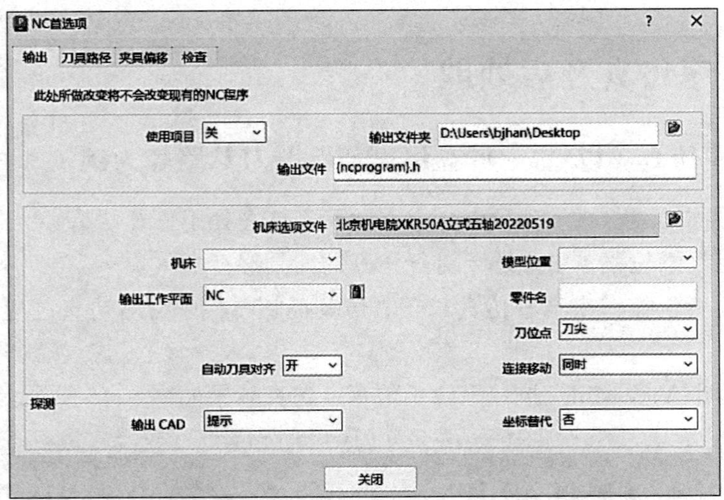

图 5-46

5.7.3 生成 G 代码

在 PowerMill 2024 资源管理器中单击“NC 程序”选项卡下要生成 G 代码的程序文件，单击右键选择“写入”，弹出“信息”对话框，如图 5-47 所示，并可以在相应路径找到生成的 NC 文件（G 代码）。

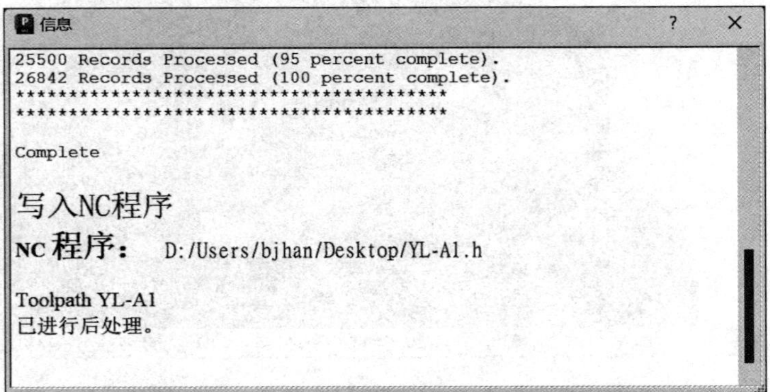

图 5-47

5.8 经验点评及重点策略说明

本章介绍了叶盘策略，此零件是典型的 5 轴加工零件，叶片上的特征分类：选中要添加的部位单独添加到层。刀具路径跳刀多，可尝试修改加工精度。

第6章 多轴加工实例：狮子

6.1 加工任务概述

图 6-1 所示为狮子模型工艺品，要求直径为 45mm，长度为 70mm，材质为 2A12。

图 6-1

6.2 工艺方案

狮子的加工工艺方案见表 6-1。

表 6-1 狮子的加工工艺方案

工序号	加工内容	加工方式	机床	刀具
1	D6-0 度粗加工	模型区域清除	UCAR-DPCNC5S	ϕ6mm 立铣刀
2	D6-180 度粗加工	模型区域清除	UCAR-DPCNC5S	ϕ6mm 立铣刀
3	D4R2 半精加工	曲面投影精加工	UCAR-DPCNC5S	ϕ4mm 球头刀
4	D4R2 精加工	直线投影精加工	UCAR-DPCNC5S	ϕ4mm 球头刀
5	D2R1 精加工	曲面投影精加工	UCAR-DPCNC5S	ϕ2mm 球头刀
6	D2R1 精加工	曲面投影精加工	UCAR-DPCNC5S	ϕ2mm 球头刀

此类工艺品零件装夹比较简单，由一个简单的工装固定即可。

6.3 准备加工模型

打开 Autodesk PowerMill 2024 软件，进入主界面，输入模型，步骤如下：

单击“文件”→“输入”→“输入模型”，选择文件路径，将 3 个模型全部打开，如图 6-2 所示。

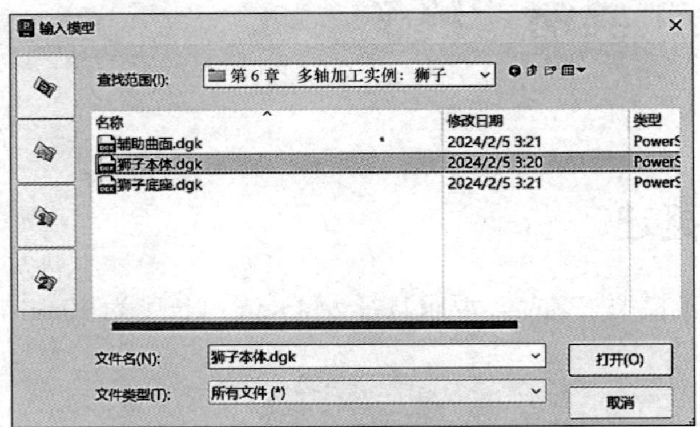

图　6-2

6.4 毛坯的设定

进入“毛坯”对话框，选择由“圆柱”定义，选择需要加工的曲面→“计算”→毛坯直径改为 45.0（毛坯料实际值），最小 -60.0，最大 -2.0，显示“毛坯”对话框，如图 6-3 所示。

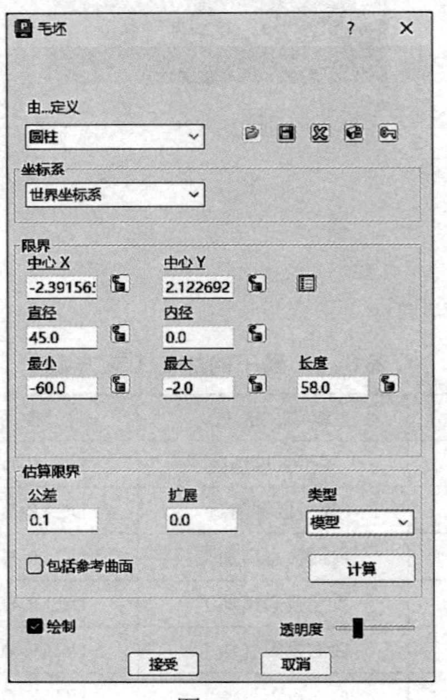

图　6-3

6.5 编程详细操作步骤

创建工作平面→在资源管理器中右键单击工作平面→①创建并定向工作平面→②使用毛坯定位工作平面→单击③毛坯上表面中点。将创建好的工作平面重命名“HCL”，如图 6-4 所示。

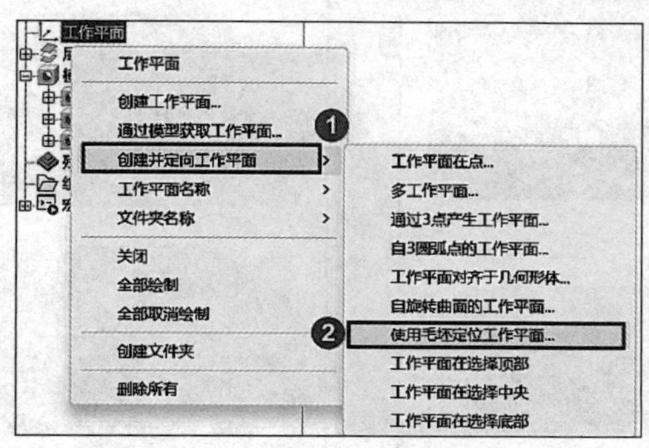

图 6-4

复制 HCL 工作平面，重命名为“0 度”，右键单击 0 度工作平面→单击①工作平面编辑器→单击②交换轴→③单击指定 Z 轴→④单击指定 X 轴→⑤单击“接受”按钮，完成工作平面编辑，如图 6-5 所示。

复制 0 度工作平面，重命名为“180 度”，右键单击 180 度工作平面→单击①工作平面编辑器→单击②交换轴→③单击指定 Z 轴→④单击指定 X 轴→⑤单击“接受”按钮，完成工作平面编辑，如图 6-6 所示。

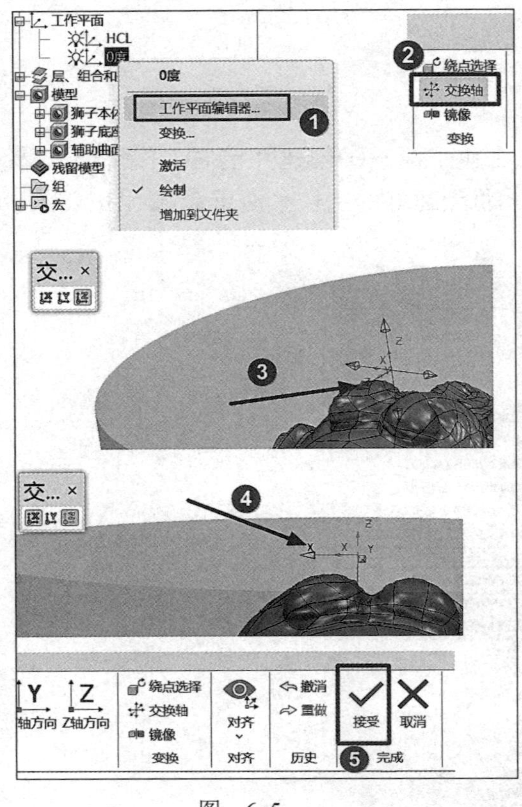

图 6-5

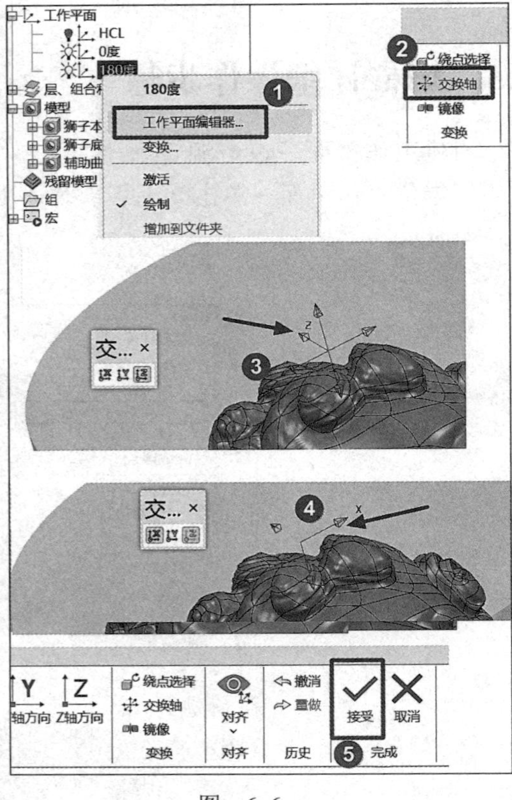

图 6-6

6.5.1 1-D6-0 度粗加工

步骤：单击“开始”→“刀具路径”图标→弹出“策略选择器”对话框→在“策略选择器”对话框中单击“3D 区域清除”→“模型区域清除”，如图 6-7 所示。

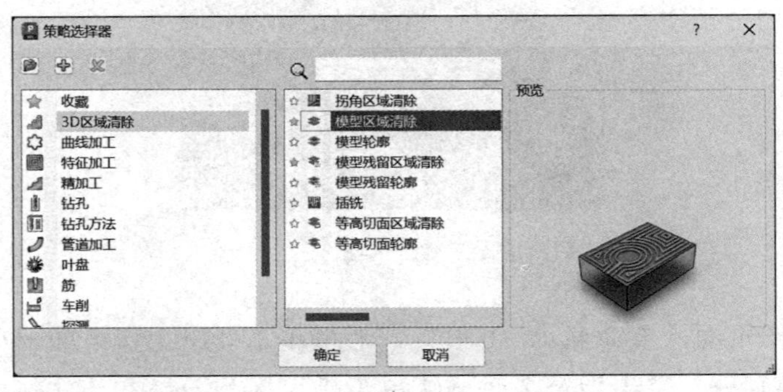

图 6-7

扫码观看视频

需要设定的参数如下：

1）工作平面选择“0 度”坐标系。

2）毛坯：选择需要加工的曲面，直径 45.0，最小 −60.0，最大 0.0，如图 6-8 所示。

3）新建 ϕ6mm 立铣刀，名称为“1-D6”，露出 35.0mm 即可，如图 6-9 所示。

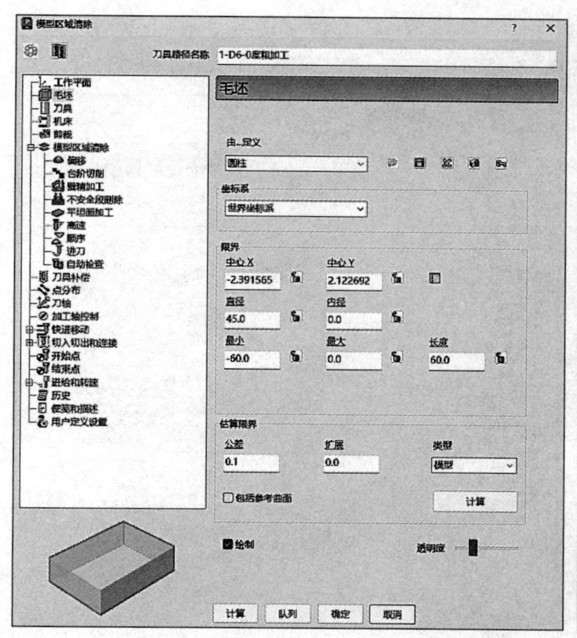
图 6-8

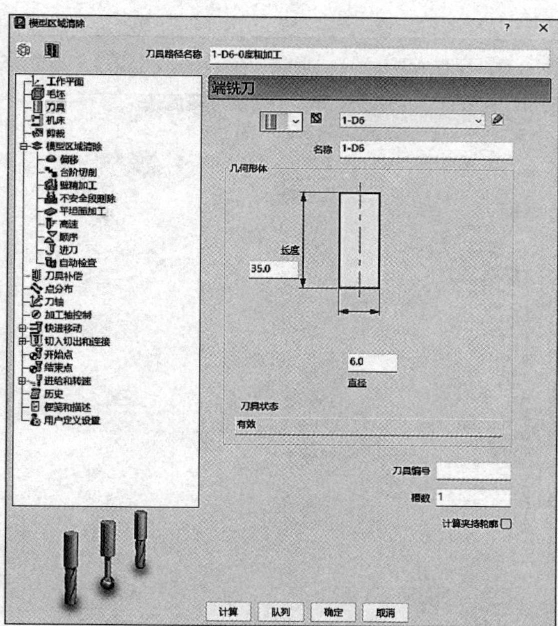
图 6-9

4）剪裁：设定 Z 限界最小值为 -1.0，如图 6-10 所示。

5）模型区域清除：样式选择“偏移模型”，切削方向轮廓选择“任意”，区域选择“任意”。公差 0.1，余量 0.9，行距 3.5，下切步距 0.5，勾选“恒定下切步距”。不安全段删除：勾选删除小于分界值的段，如图 6-11 所示。

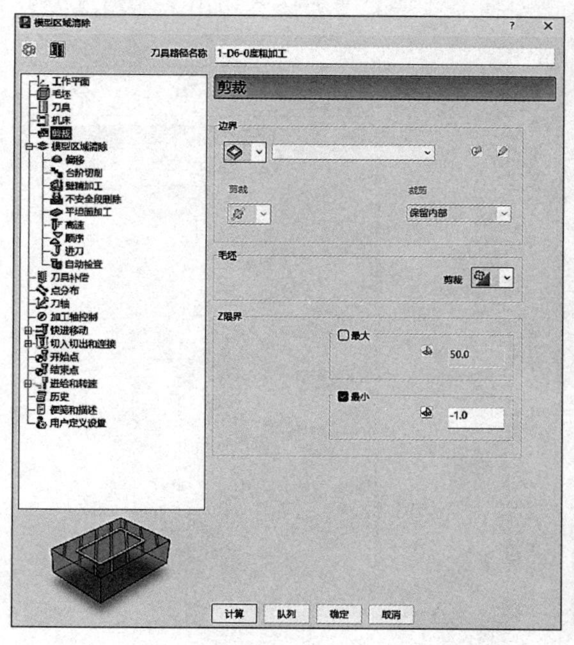
图 6-10

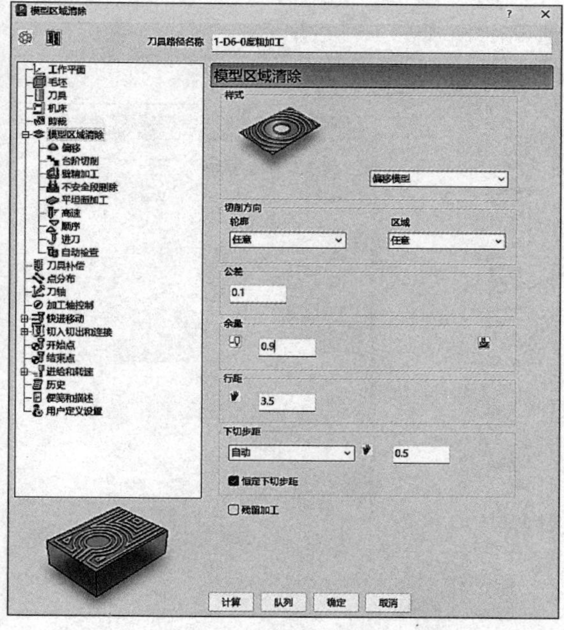
图 6-11

6）刀轴：垂直，如图 6-12 所示。

7）快进移动：安全区域类型选择“平面”，工作平面选择“0度”，方向设定为（0.0，0.0，1.0），快进间隙10.0，下切间隙5.0，然后单击“计算”按钮，如图6-13所示。

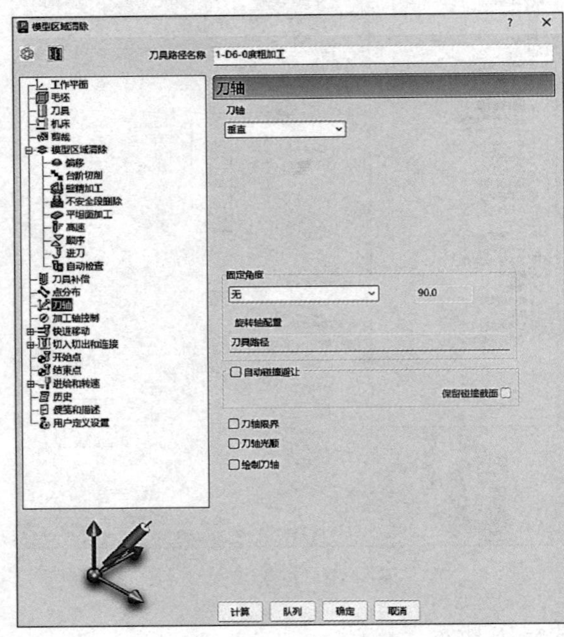

图 6-12

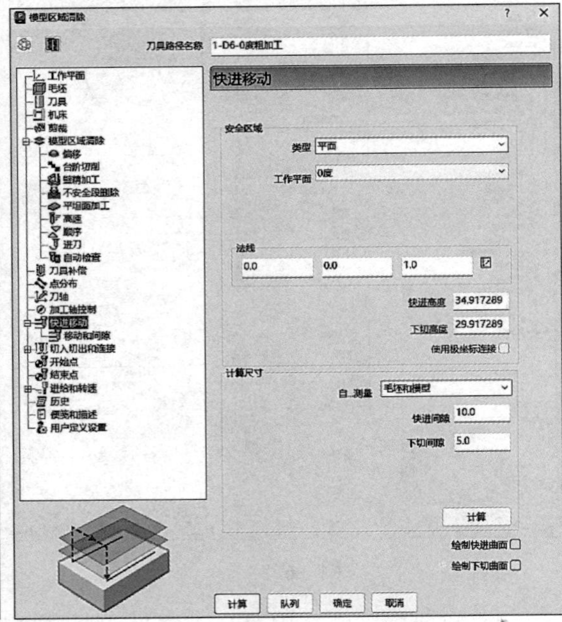

图 6-13

8）切入切出和连接：切入“曲面法向圆弧”，线性移动0.0，角度45.0，半径5.0，切出“无”，第一连接选择“掠过”，第二连接选择“掠过”，重叠距离（刀具直径单位）设定为0.0，勾选“允许移动开始点”及“刀轴不连续处增加切入切出”，角度分界值90.0，如图6-14所示。

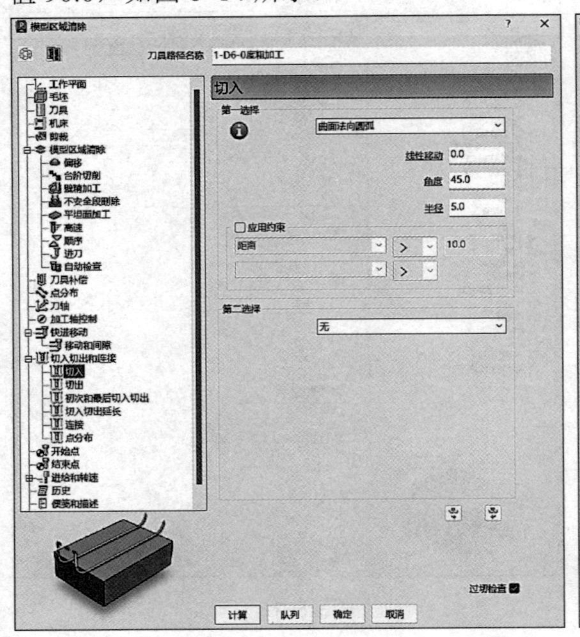

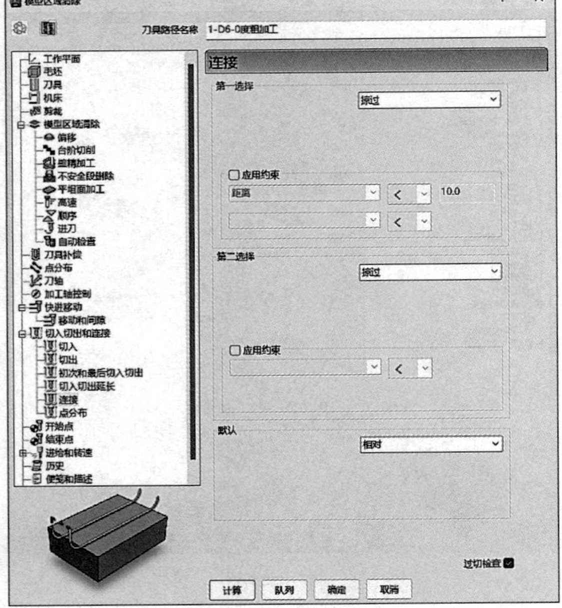

图 6-14

9）开始点选择“第一点安全高度”，结束点选择“最后一点安全高度”。勾选“相对下切”、“单独进刀”及“单独退刀”，设定：进刀接近距离 5.0，相对下切距离 5.0（自毛坯测量）；退刀撤回距离 5.0，沿“刀轴”进刀与退刀，如图 6-15 所示。

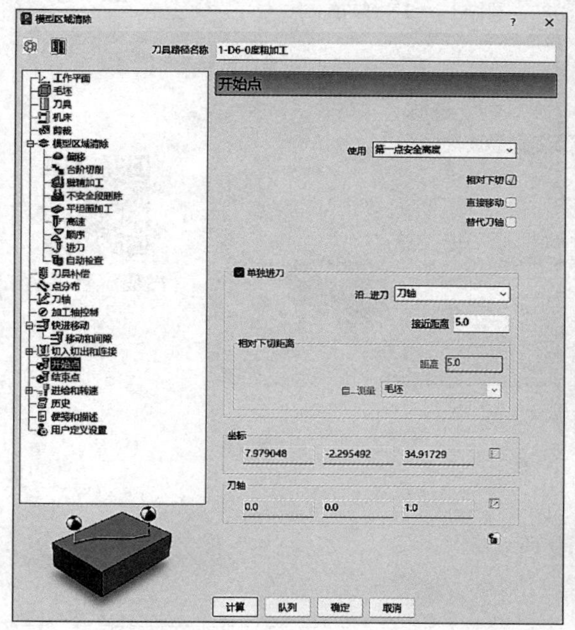

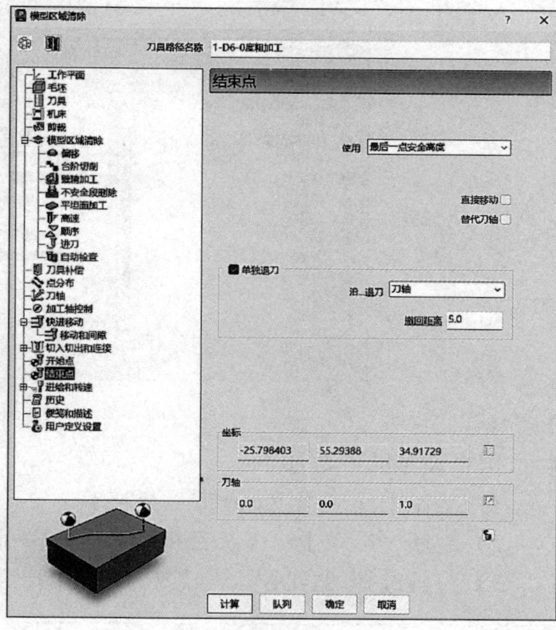

图 6-15

10）进给和转速：主轴转速 15000r/min、切削进给率 4300mm/min、下切进给率 4300mm/min、掠过进给率 3000mm/min，标准冷却，如图 6-16 所示。

11）单击图 6-16 中的“计算”按钮，刀具路径如图 6-17 所示。

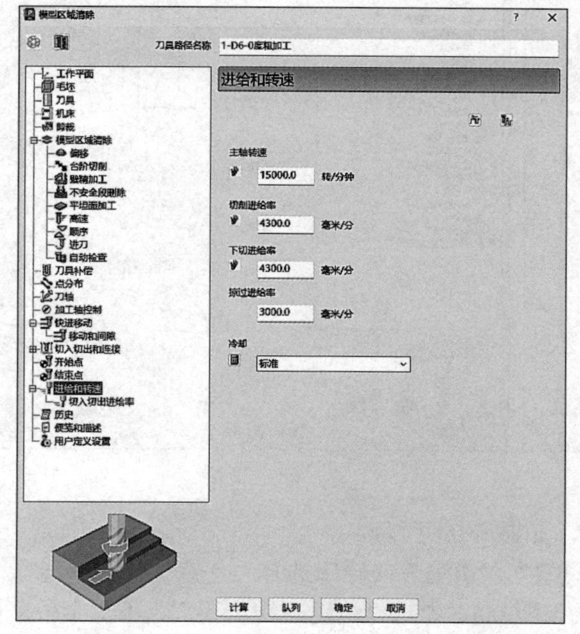

图 6-16

图 6-17

6.5.2 2−D6−180 度粗加工

步骤：单击“开始”→“刀具路径”图标→弹出“策略选择器”对话框→在“策略选择器”对话框中“3D 区域清除”→“模型区域清除”如图 6-18 所示。

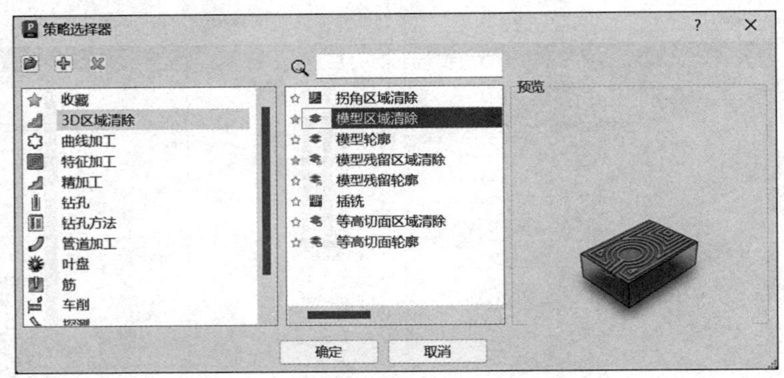

扫码观看视频

图 6-18

需要设定的参数如下：

1）工作平面选择“180 度”坐标系。

2）毛坯：继承上一条刀路即可，如图 6-19 所示。

3）刀具选择“1-D6”，如图 6-20 所示。

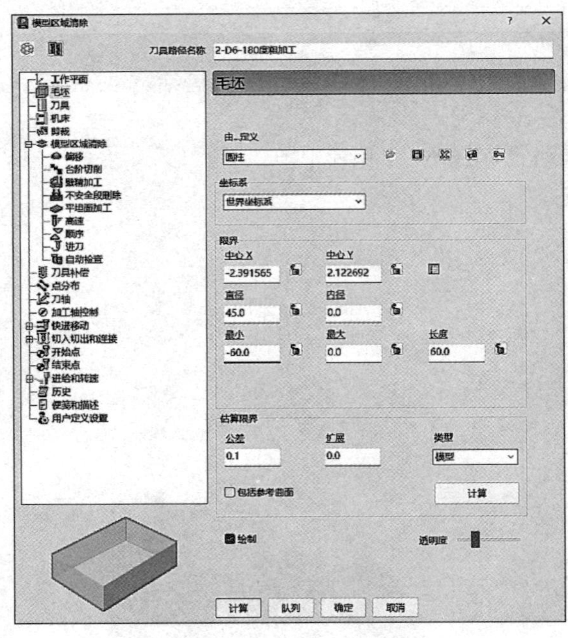

图 6-19

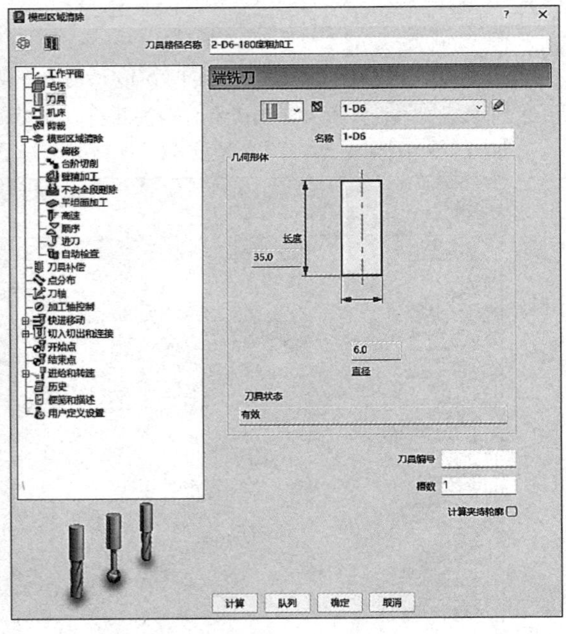

图 6-20

4）剪裁：设定 Z 限界最小值为 −1.0，如图 6-21 所示。

5）模型区域清除：样式选择“偏移模型”，切削方向轮廓选择“任意”，区域选择“任意”。公差 0.1，余量 0.9，行距 3.5，下切步距 0.5，勾选“恒定下切步距”。不安全段删除：勾选删除小于分界值的段，如图 6-22 所示。

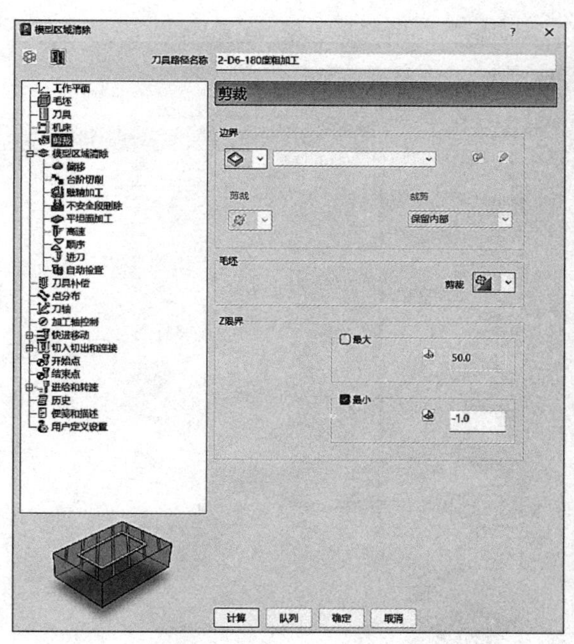

图 6-21

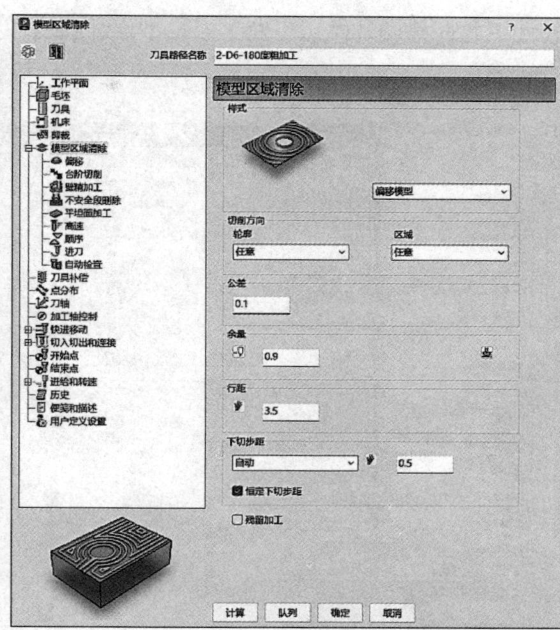

图 6-22

6）刀轴：垂直，如图 6-23 所示。

7）快进移动：安全区域类型选择“平面”，工作平面选择“180 度”，方向设定为（0.0，0.0，1.0），快进间隙 10.0，下切间隙 5.0，然后单击“计算”按钮，如图 6-24 所示。

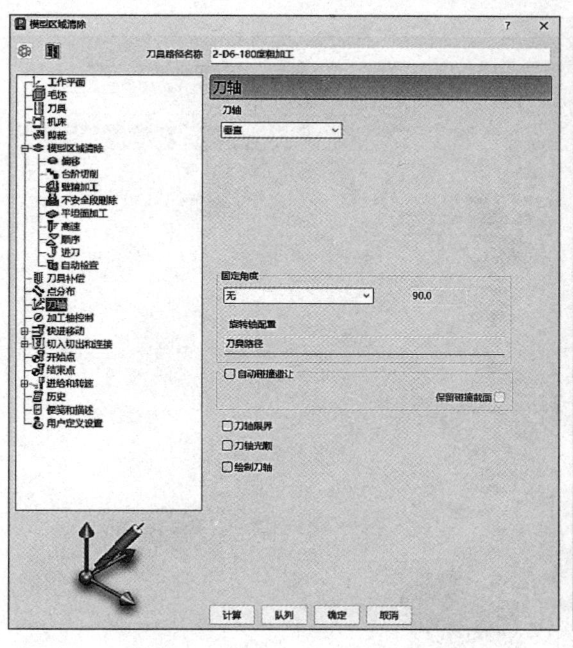

图 6-23

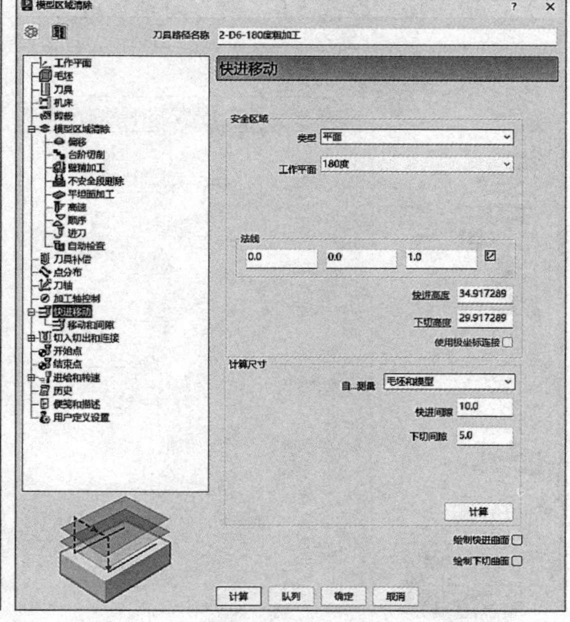

图 6-24

8）切入切出和连接：切入“曲面法向圆弧”，线性移动 0.0，角度 45.0，半径 5.0，切出“无”，连接第一选择“掠过”，第二选择“掠过”，重叠距离（刀具直径单位）设定为 0.0，勾选“允许移动开始点”及“刀轴不连续处增加切入切出”，角度分界值 90.0，如图 6-25 所示。

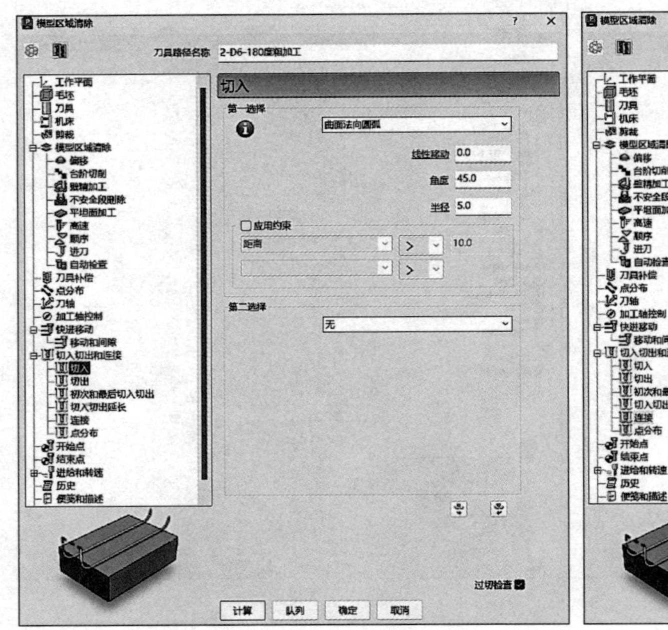
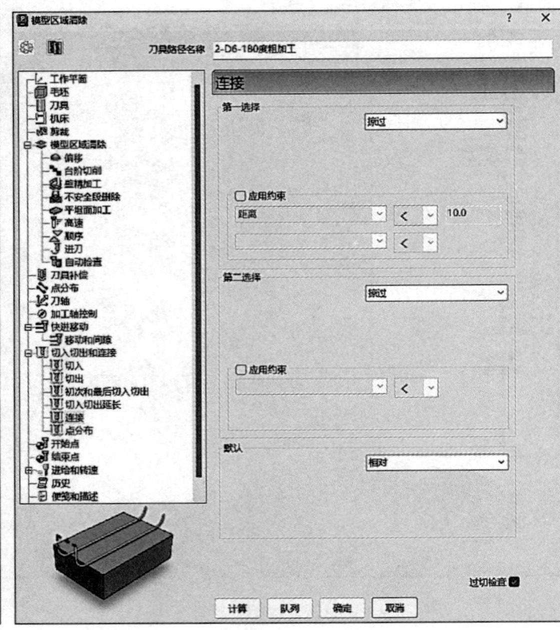

图 6-25

9）开始点选择“第一点安全高度”，结束点选择“最后一点安全高度”。勾选“相对下切”、“单独进刀”及“单独退刀”，设定：进刀接近距离 5.0，相对下切距离 5.0（自毛坯测量）；退刀撤回距离 5.0，沿“刀轴”进刀与退刀，如图 6-26 所示。

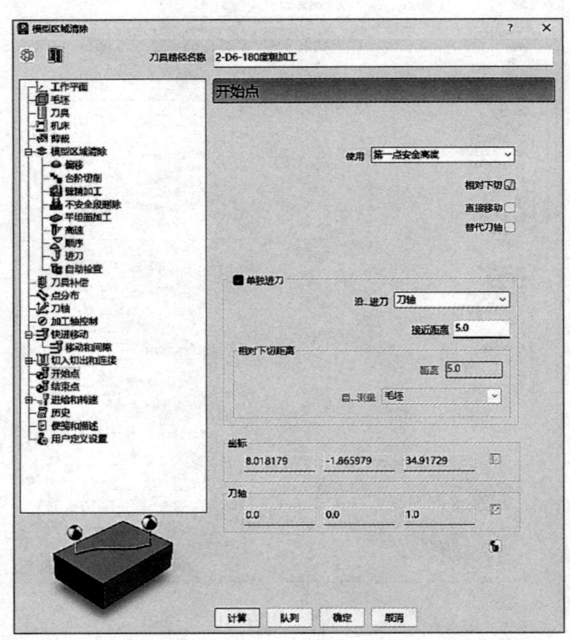
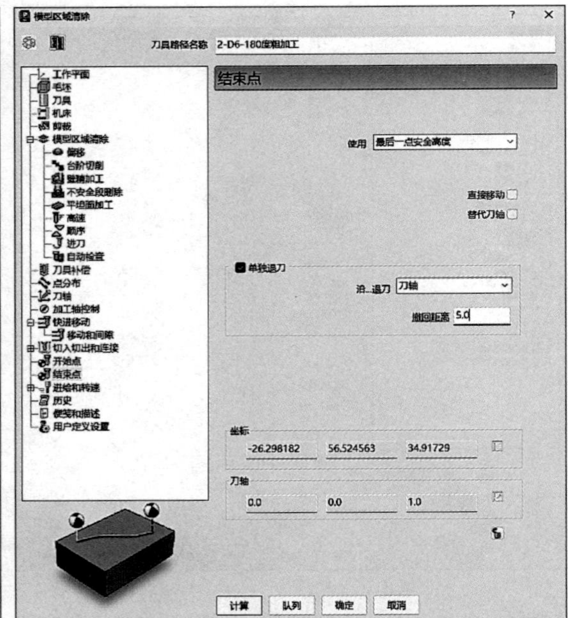

图 6-26

10）进给和转速：主轴转速 15000r/min、切削进给率 4300mm/min、下切进给率 4300mm/

min、掠过进给率 3000mm/min，标准冷却，如图 6-27 所示。

11）单击图 6-27 中的“计算”按钮，刀具路径如图 6-28 所示。

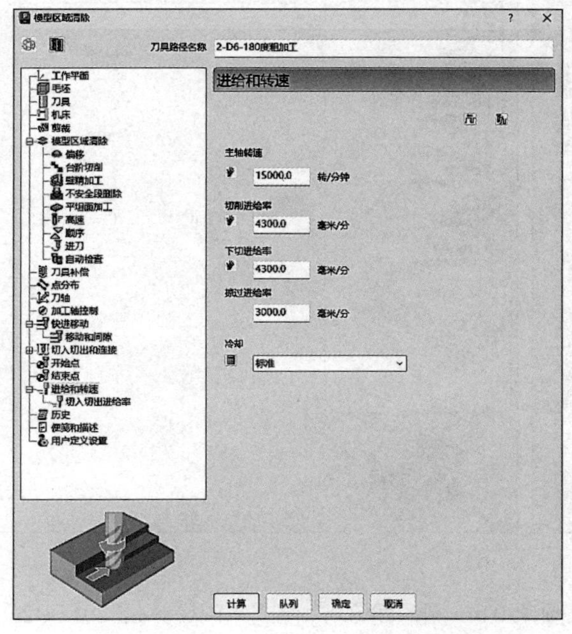

图 6-27

图 6-28

6.5.3 3-D4R2 半精加工

步骤：单击“开始”→“刀具路径”图标→弹出“策略选择器”对话框→在“策略选择器”对话框中单击“精加工”→“曲面投影精加工”，如图 6-29 所示。

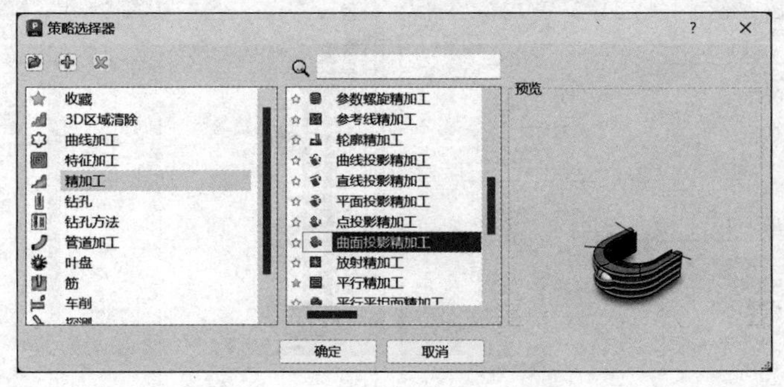

扫码观看视频

图 6-29

需要设定的参数如下：

1）坐标系选择“HCL”。

2）毛坯：选择要加工的曲面计算，改最大 0.0，直径 45.0 即可。

3）新建 ϕ4mm 球头刀，名称“2-D4R2”，刃长 15mm，伸出 30mm 即可。

4）曲面投影：曲面单位选择“距离”，设定光顺公差 0.1；投影方向“向内”，公差 0.1；余量设为 0.2，行距（距离）设为 0.2。参考线：参考线方向“V”，勾选“螺旋”，开始角“最小 U 最小 V”，如图 6-30 所示。

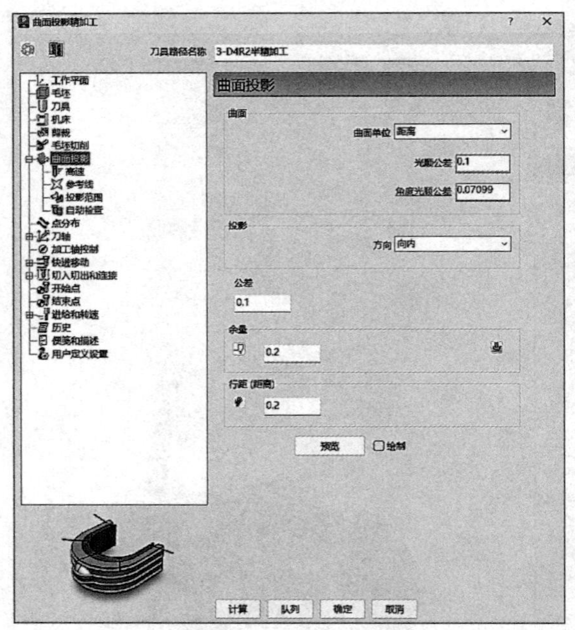
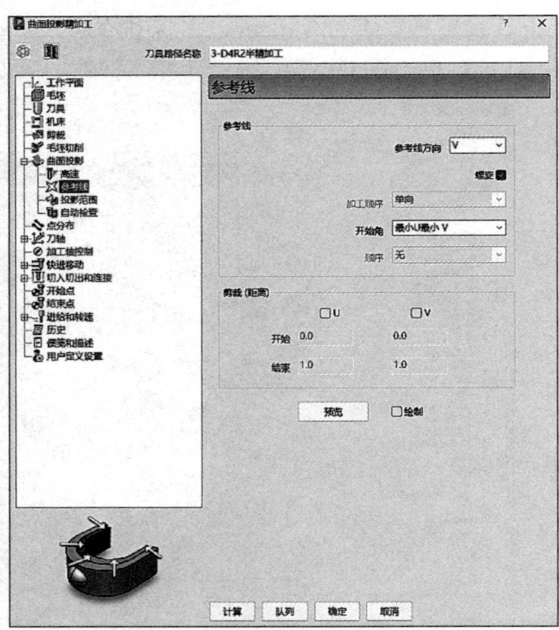

图 6-30

5）刀轴：选择“前倾 / 侧倾”；设定前倾角 0.0，侧倾角 0.0，模式“PowerMill 2012 R2”，如图 6-31 所示。

6）快进移动：安全区域类型选择“圆柱”，工作平面选择“世界坐标系”，方向设定为（0.0，0.0，1.0），快进间隙 10.0，下切间隙 5.0，然后单击“计算”按钮，如图 6-32 所示。

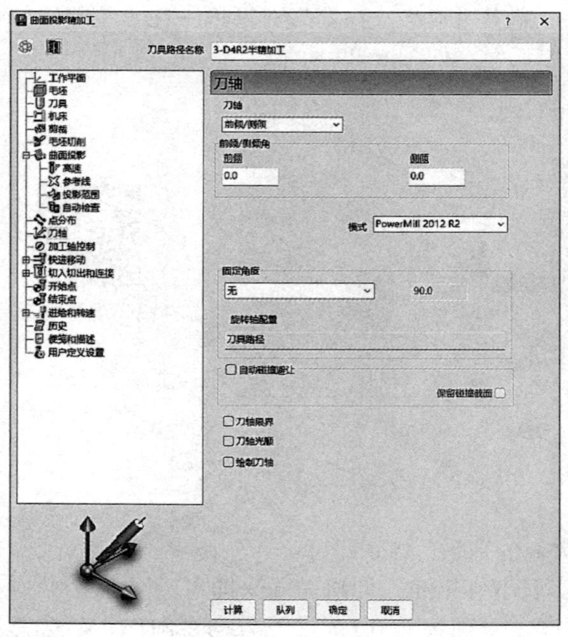

图 6-31

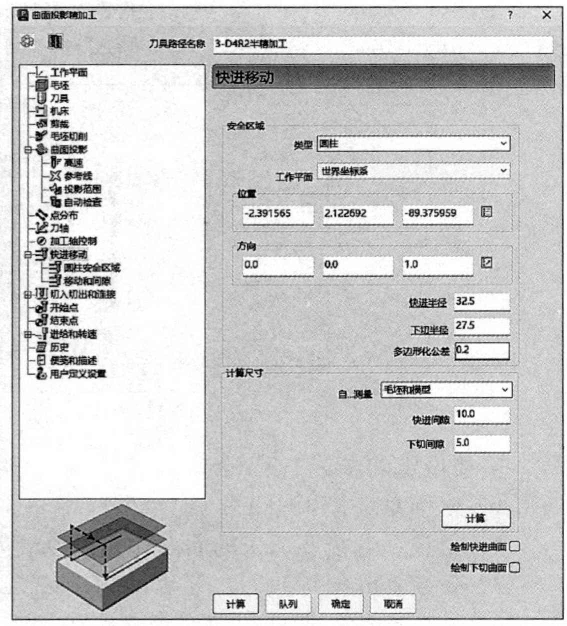

图 6-32

7）切入切出和连接：切入“无”，切出“无”，初次和最后切入切出，勾选“单独初次切入”后选择“垂直圆弧”，线性移动 0.0，角度 90.0，半径 5.0；单击最后切出和初次切入相同按钮可以复制单独初次切入的参数到单独最后切出，第一连接选择“曲面上”，勾选“应用约束”（距离 <10.0），第二连接选择“安全高度”，如图 6-33 所示。

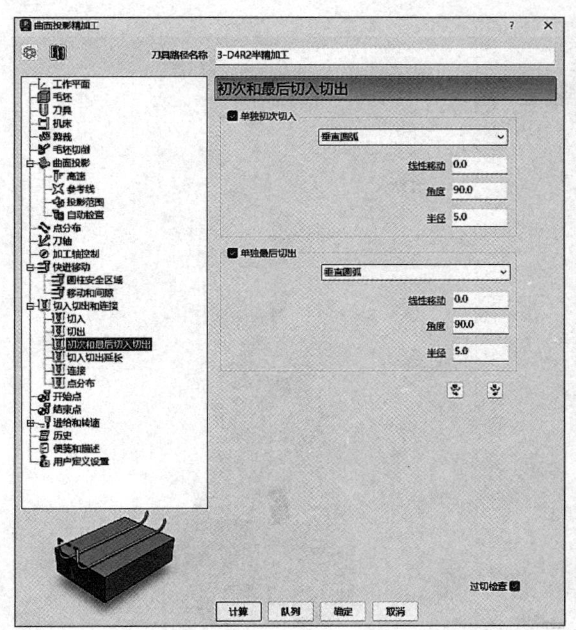

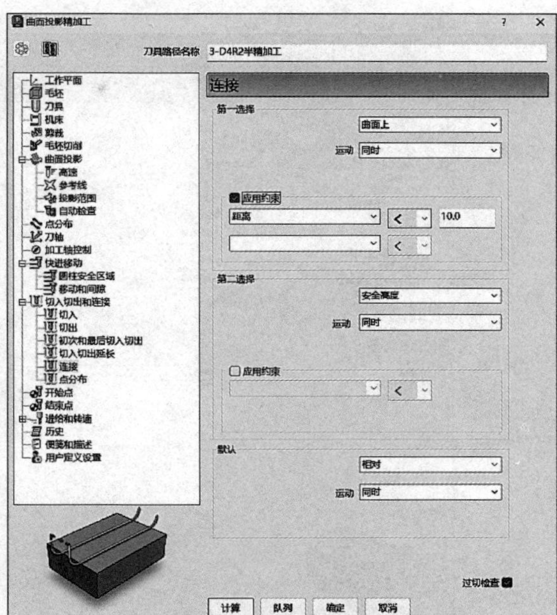

图 6-33

8）开始点选择“第一点”，结束点选择“最后一点安全高度”，如图 6-34 所示。

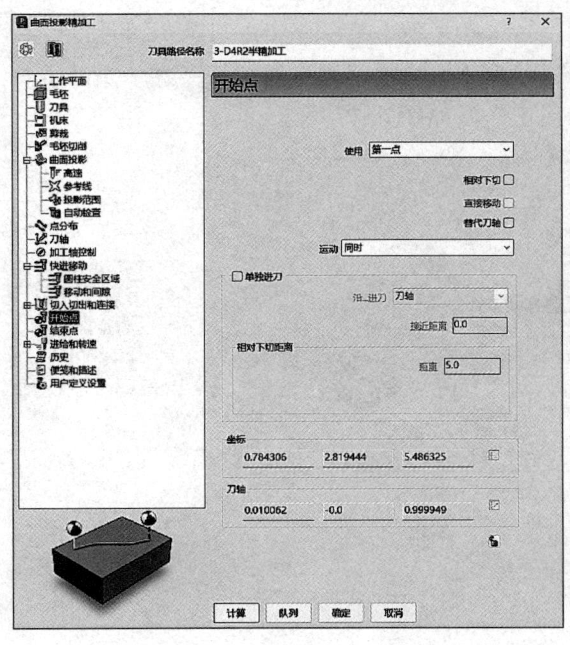

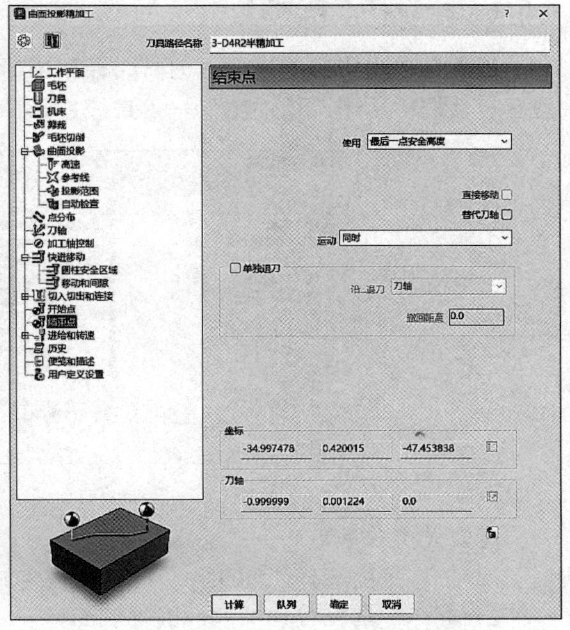

图 6-34

9）进给和转速：设定主轴转速 15000r/min、切削进给率 3000mm/min、下切进给率

3000mm/min、掠过进给率 3000mm/min，标准冷却，如图 6-35 所示。

10）右键单击模型中的辅助曲面→选择所有，作为参考曲面，单击图 6-35 中的“计算”按钮，刀具路径如图 6-36 所示。

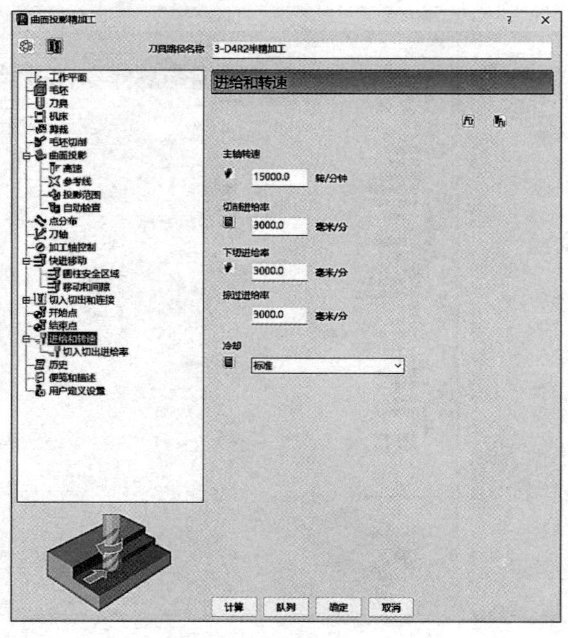

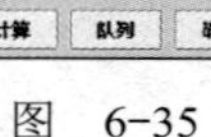

图 6-35

图 6-36

6.5.4 4-D4R2 精加工

步骤：单击“开始”→“刀具路径”图标→弹出“策略选择器”对话框→在“策略选择器”对话框中单击“精加工”→“直线投影精加工”，如图 6-37 所示。

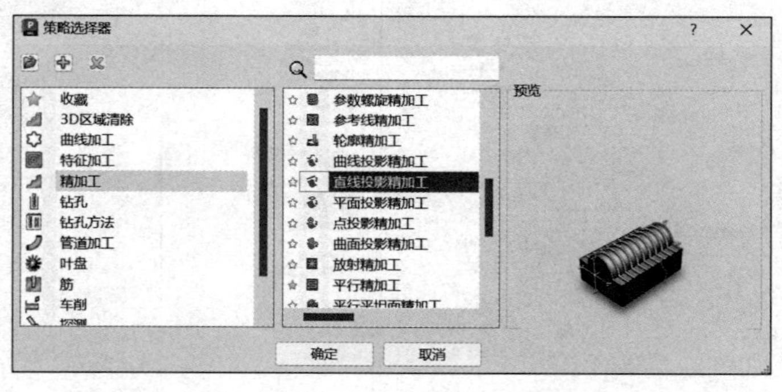

扫码观看视频

图 6-37

需要设定的参数如下：

1）工作平面选择“HCL”。

2）毛坯：选择要加工的曲面计算即可。

3）刀具选择“2-D4R2”。

4）直线投影：样式“螺旋”，定位（0.0，0.0，0.0），方位角 0.0，仰角 0.0，投影方向

“向内”；公差 0.02，余量 0.0，行距 0.1，参考线样式为“螺旋”，方向“顺时针”，剪裁高度开始 −45.5，结束 −55.3），如图 6-38 所示。

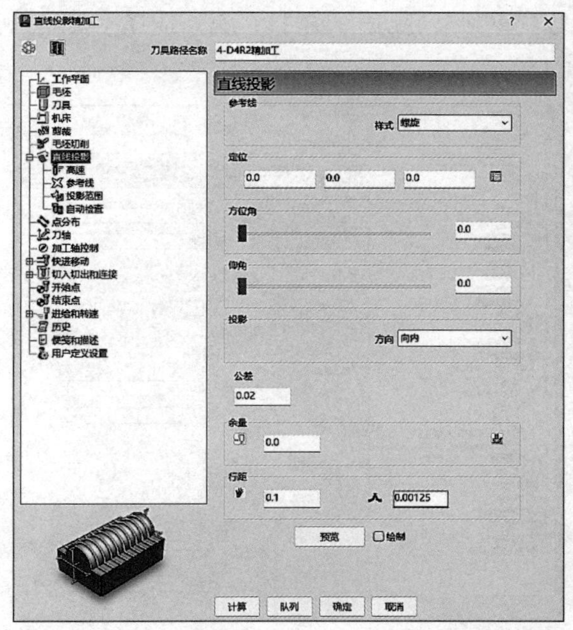

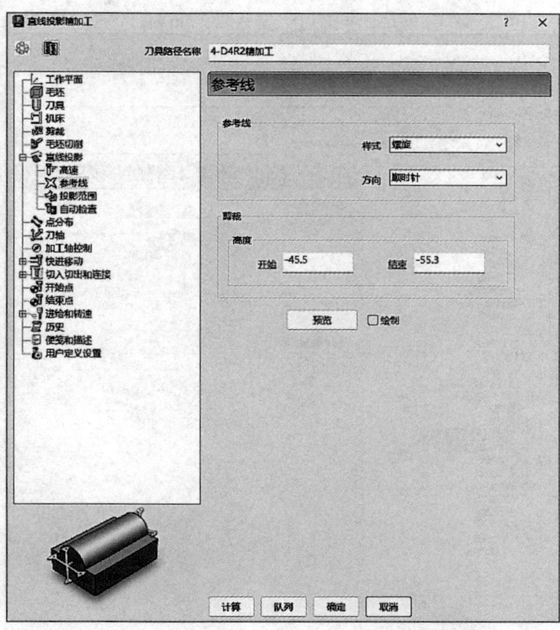

图 6-38

5）刀轴：刀轴“前倾 / 侧倾”；前倾 / 侧倾角（前倾 0.0，侧倾 90.0），模式“垂直”，固定角度“无”，如图 6-39 所示。

6）快进移动：安全区域类型选择“圆柱”，工作平面选择“世界坐标系”，方向设定为（0.0，0.0，1.0），快进间隙 10.0，下切间隙 5.0，然后单击“计算”按钮，如图 6-40 所示。

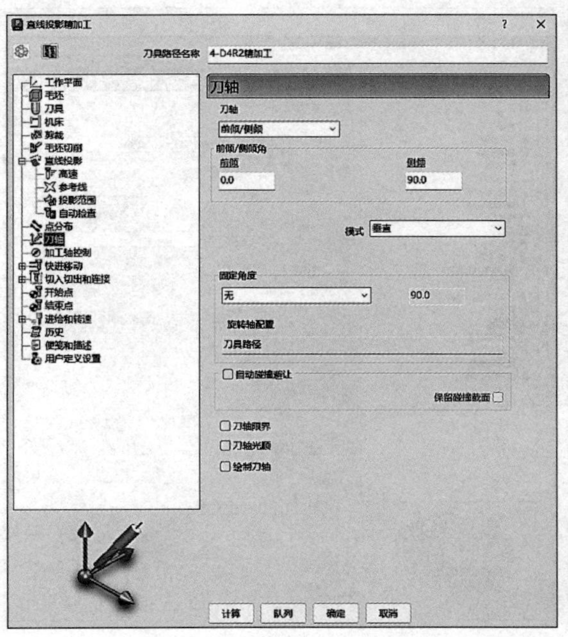

图 6-39

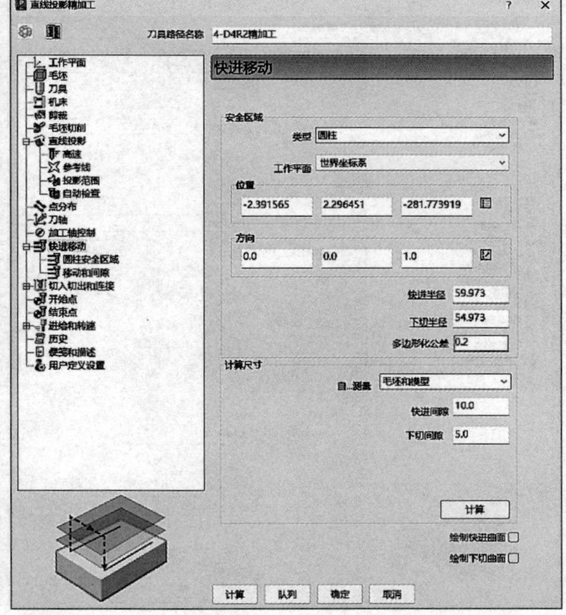

图 6-40

7）切入切出和连接：切入“无”，切出“无”，初次和最后切入切出，勾选“单独初次切入”后选择“垂直圆弧”，线性移动 0.0，角度 45.0，半径 3.0；单击最后切出和初次切入相同按钮可以复制单独初次切入的参数到单独最后切出，连接：第一选择“安全高度”，第二选择“安全高度”，如图 6-41 所示。

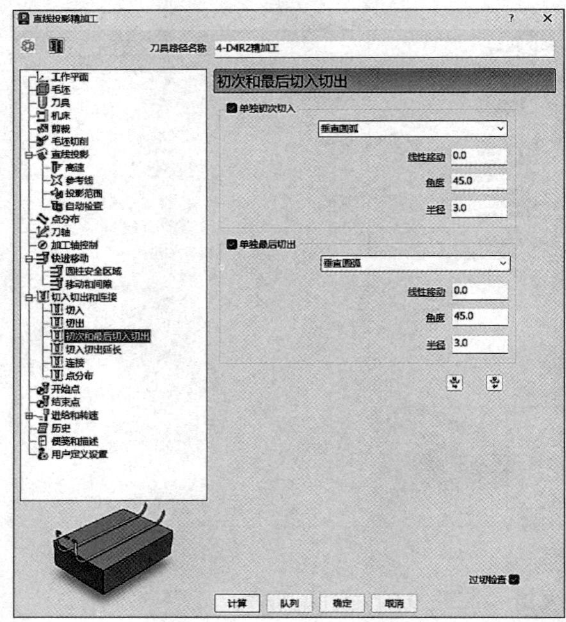

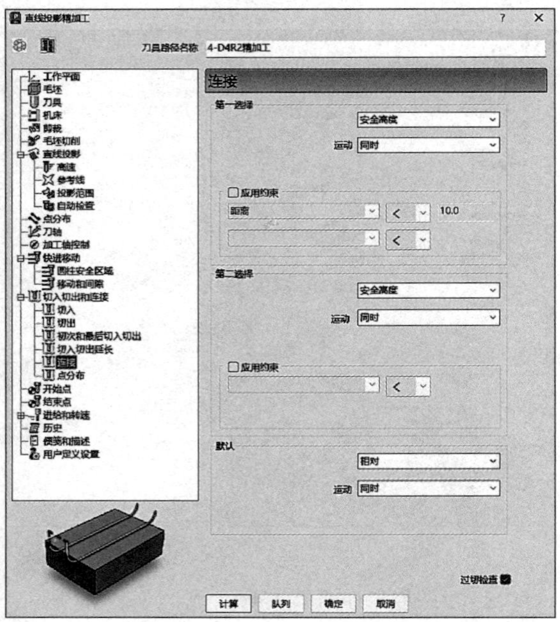

图 6-41

8）开始点选择“第一点安全高度”，结束点选择“最后一点安全高度”，如图 6-42 所示。

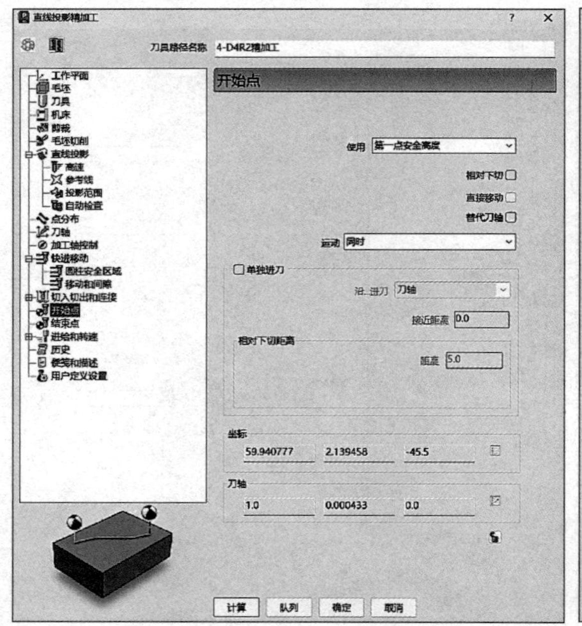

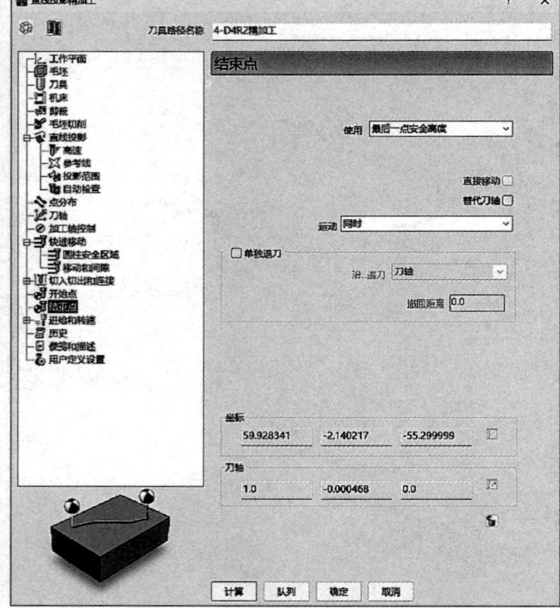

图 6-42

9）进给和转速：设定主轴转速 15000r/min、切削进给率 3000mm/min、下切进给率 3000mm/min、掠过进给率 3000mm/min，标准冷却，如图 6-43 所示。

10）单击图 6-43 中的“计算”按钮，刀具路径如图 6-44 所示。

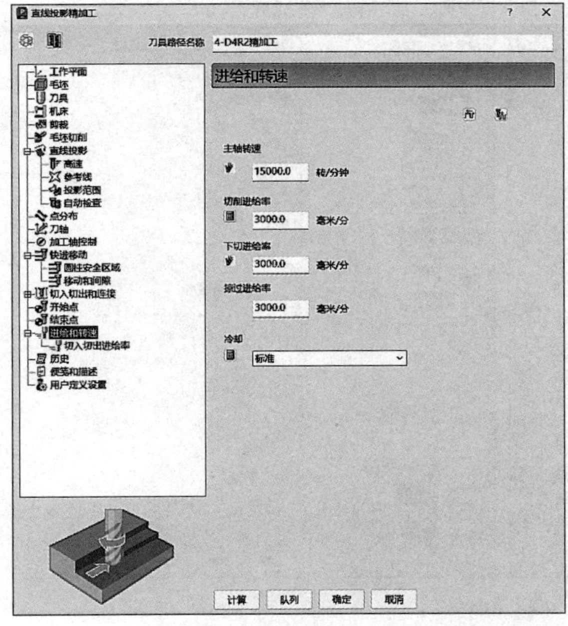

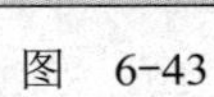

图 6-43

图 6-44

6.5.5 5-D2R1 精加工

步骤：单击“开始”→“刀具路径”图标→弹出“策略选择器”对话框→在“策略选择器”对话框中单击“精加工”→“曲面投影精加工”，如图 6-45 所示。

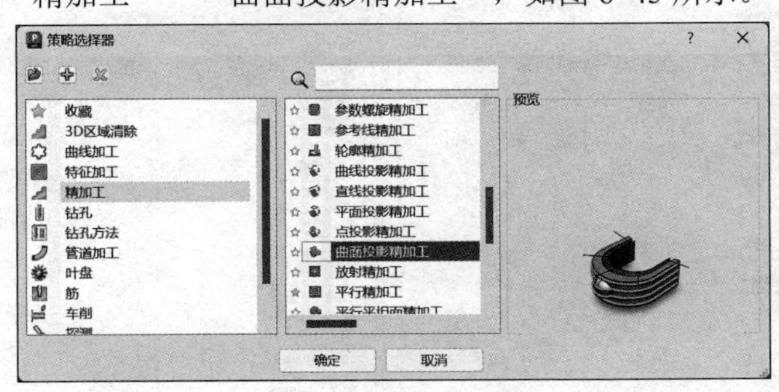

图 6-45

扫码观看视频

需要设定的参数如下：

1）坐标系选择“HCL”。

2）毛坯：选择要加工的曲面计算，改最大 0.0，直径 45.0 即可。

3）新建 ϕ2mm 球头刀，名称“3-D2R1”，刃长 10mm，伸出 30mm 即可。

4）裁剪：Z 限界，最小 −49.5。

5）曲面投影：曲面单位选择“距离”，设定光顺公差 0.01，角度光顺公差 0.01；投影方向“向内”，公差0.01；余量设为0.0，行距（距离）设为0.07。参考线：参考线方向“V”，勾选“螺旋”，开始角“最小U最小V”，如图6-46所示。

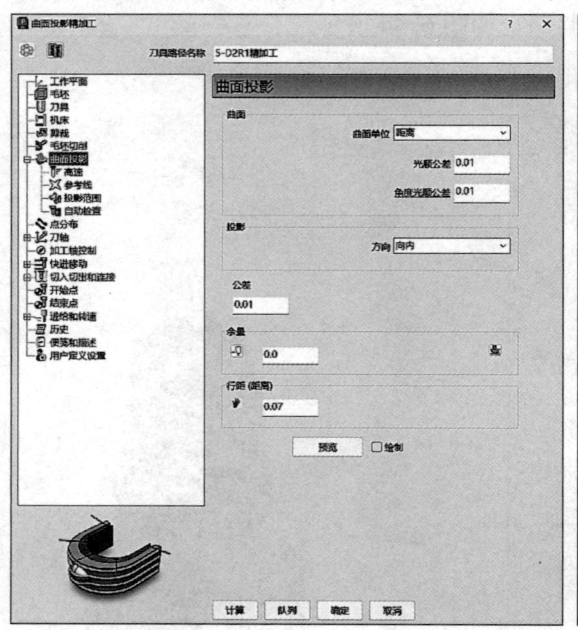

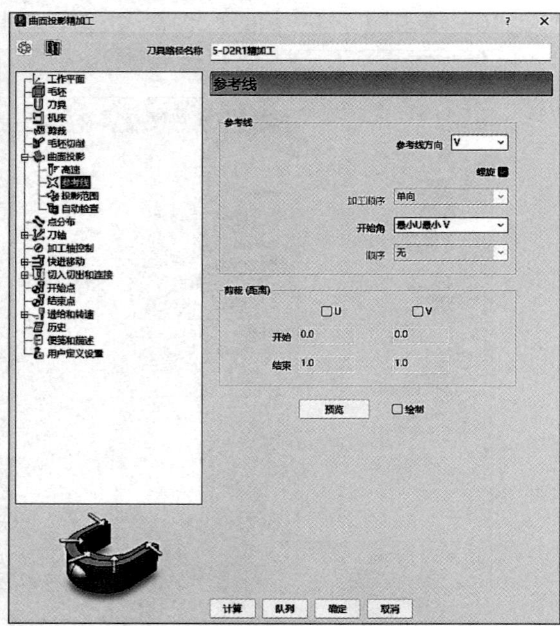

图 6-46

6）刀轴：选择“前倾/侧倾”；设定前倾角0.0，侧倾角0.0，模式“PowerMill 2012 R2”，如图6-47所示。

7）快进移动：安全区域类型选择“圆柱”，工作平面选择“世界坐标系”，方向设定为（0.0，0.0，1.0），快进间隙10.0，下切间隙5.0，然后单击“计算”按钮，如图6-48所示。

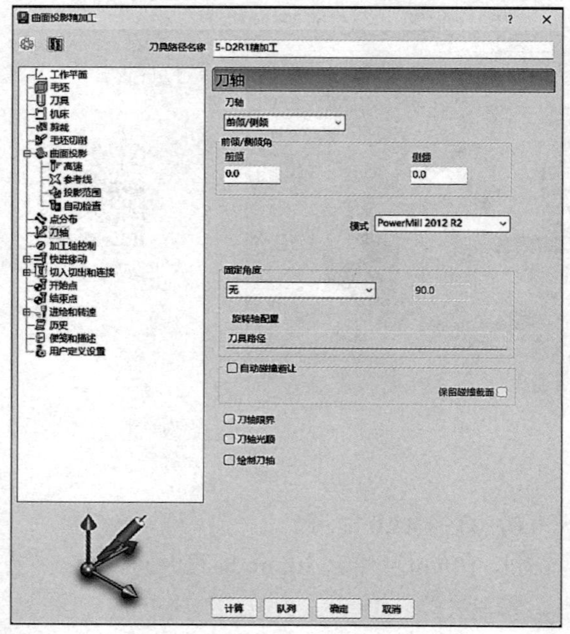

图 6-47

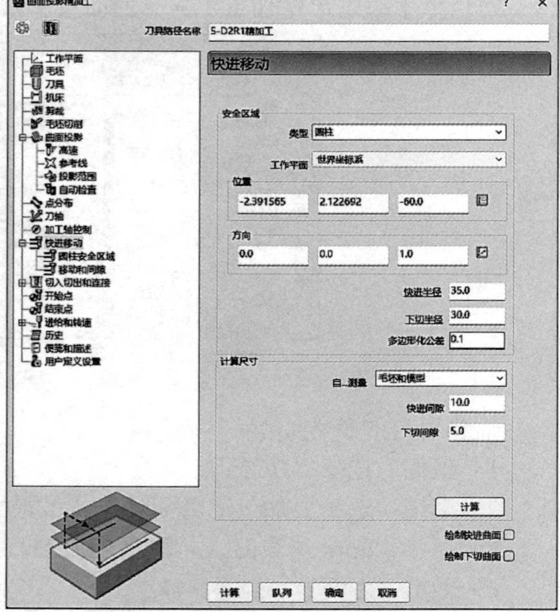

图 6-48

8）切入切出和连接：切入“无”，切出“无”，初次和最后切入切出，勾选“单独初次切入”后选择“垂直圆弧”，线性移动 0.0，角度 45.0，半径 3.0；连接：第一选择“曲面上”，勾选“应用约束”（距离 <10.0），第二选择“安全高度”，如图 6-49 所示。

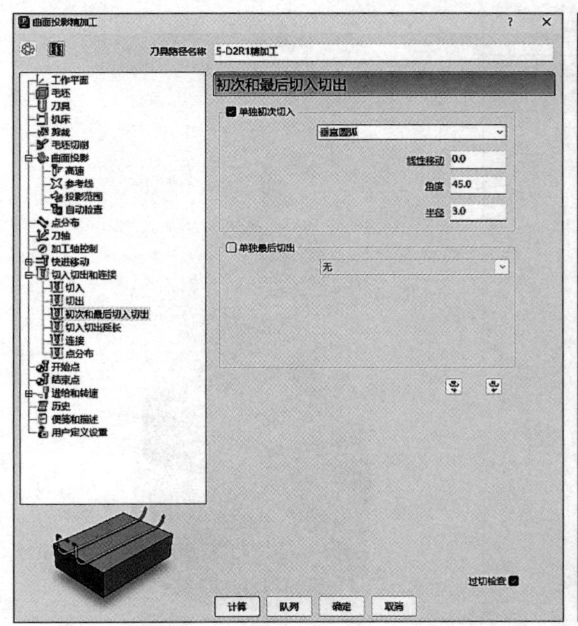
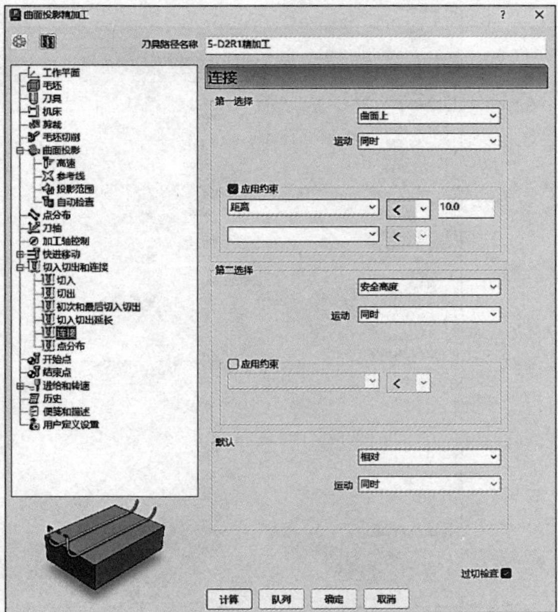

图 6-49

9）开始点选择“第一点”，结束点选择“最后一点安全高度”，如图 6-50 所示。

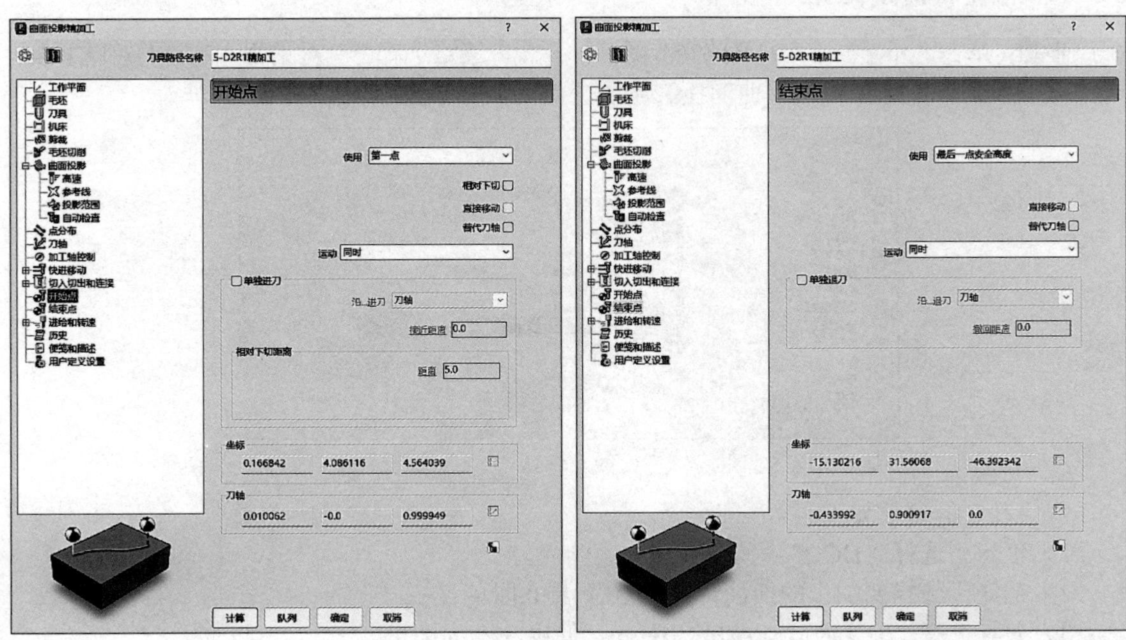

图 6-50

10）进给和转速：设定主轴转速 15000r/min、切削进给率 3000mm/min、下切进给率

3000mm/min、掠过进给率 3000mm/min，标准冷却，如图 6-51 所示。

11）右键单击模型中的“辅助曲面”→选择所有，作为参考曲面，单击图 6-51 中的“计算”按钮，刀具路径如图 6-52 所示。

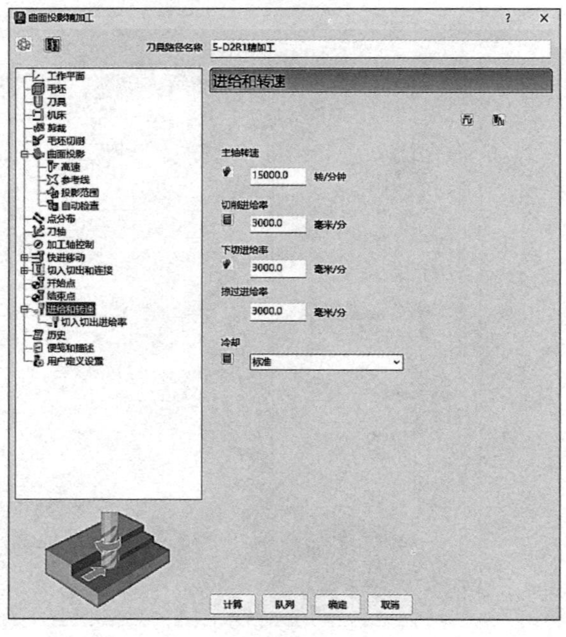

图 6-51

图 6-52

6.5.6 清底面辅助刀路

步骤：单击“开始”→“刀具路径”图标→弹出“策略选择器”对话框→在“策略选择器”对话框中单击“精加工”→“曲面投影精加工”，如图 6-53 所示。

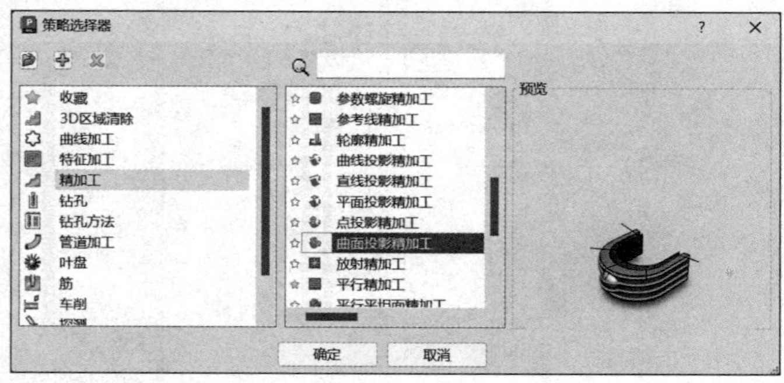

图 6-53

需要设定的参数如下：

1）坐标系选择“HCL”。

2）毛坯：选择要加工的曲面计算，直径 45.0 即可。

3）刀具选择“3-D2R1”，刃长 10mm，伸出 30mm 即可。

4）曲面投影：曲面单位选择“距离”，设定光顺公差 0.01，角度光顺公差 0.01；投影方向“向内”，公差 0.02；余量设为 0.0，行距（距离）设为 0.01。参考线：参考线方向“V”，加工顺序“单向”，开始角“最小 U 最小 V”，顺序“无”，剪裁（距离）勾选“U”，开始 47.576，结束 47.5765，如图 6-54 所示。

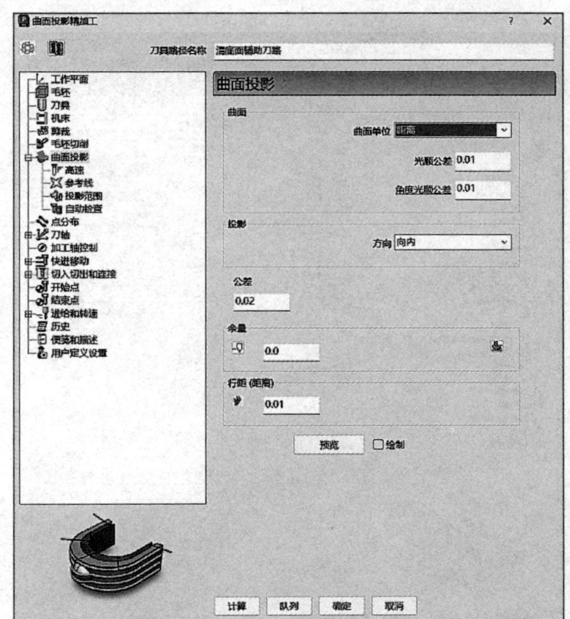

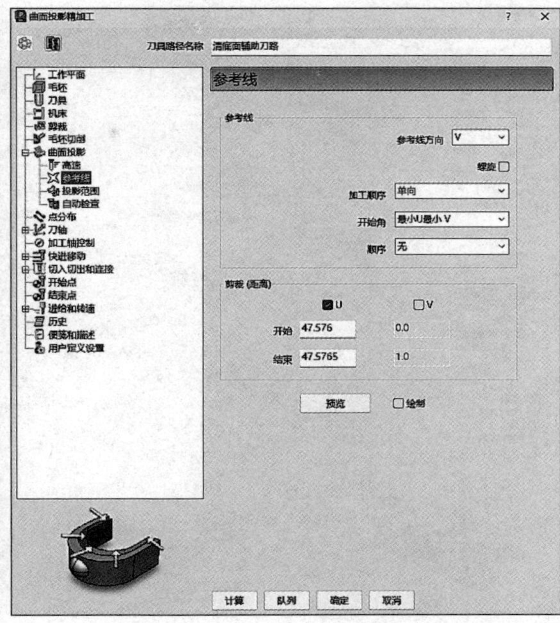

图 6-54

5）刀轴：选择“前倾 / 侧倾”；设定前倾角 0.0，侧倾角 0.0，模式“PowerMill 2012 R2”，如图 6-55 所示。

6）快进移动：安全区域类型选择“圆柱”，工作平面选择“世界坐标系”，方向设定为（0.0，0.0，1.0），快进间隙 10.0，下切间隙 5.0，然后单击“计算”按钮，如图 6-56 所示。

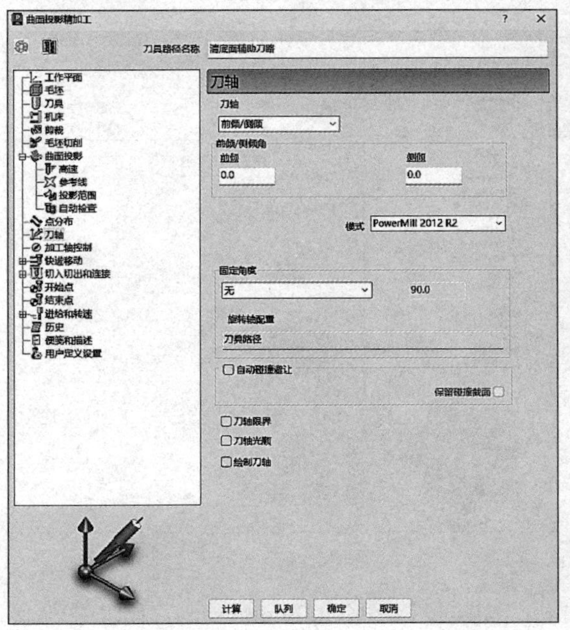

图 6-55

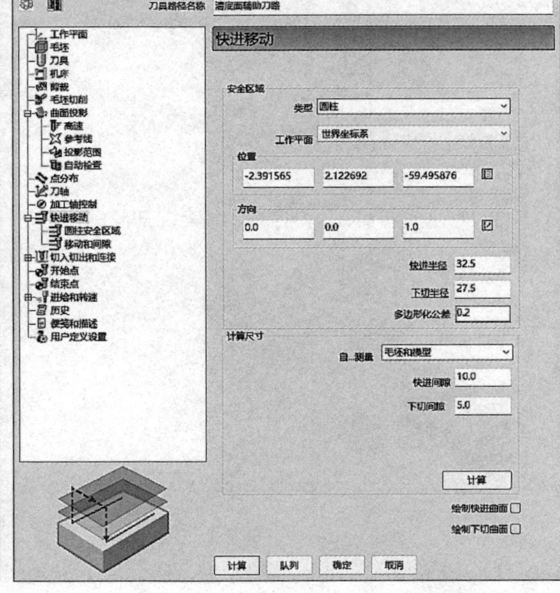

图 6-56

7）切入切出和连接：切入“无”，切出“无”；连接：第一选择“曲面上”，勾选“应用约束”（距离 <10.0），第二选择“安全高度”，如图 6-57 所示。

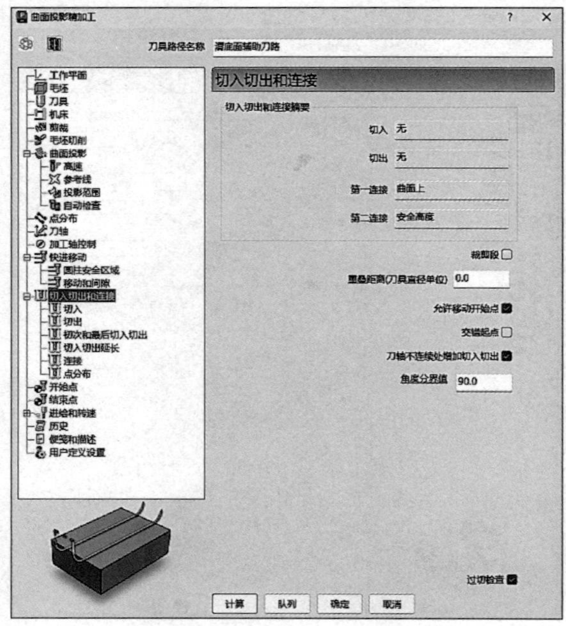

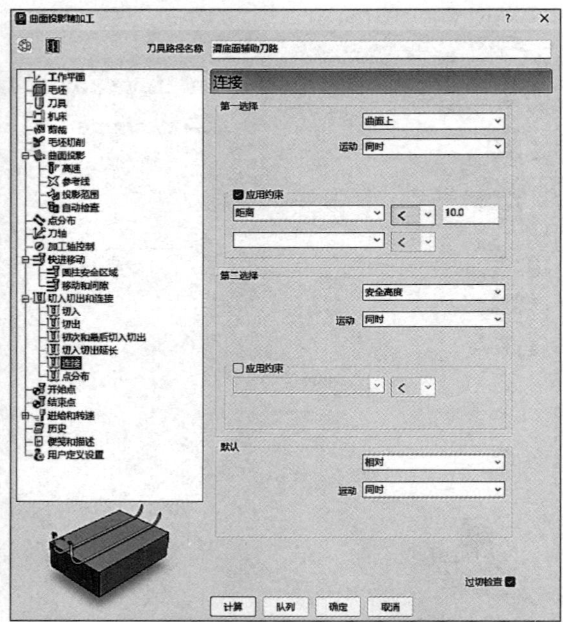

图 6-57

8）开始点选择“第一点”，结束点选择“最后一点”，如图 6-58 所示。

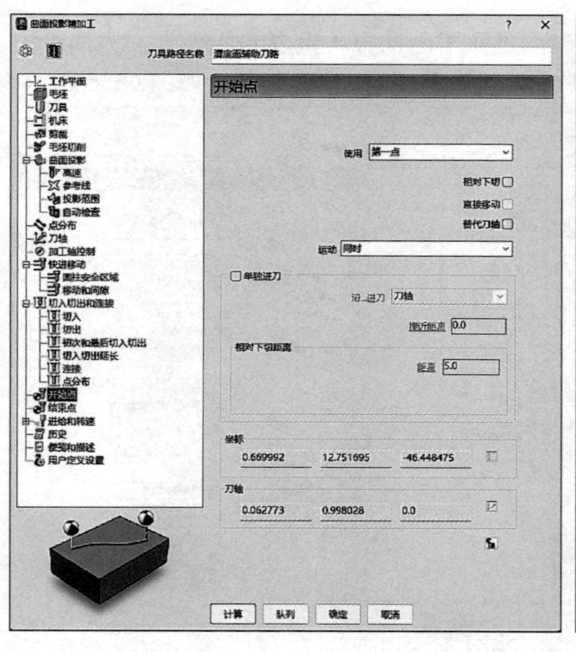

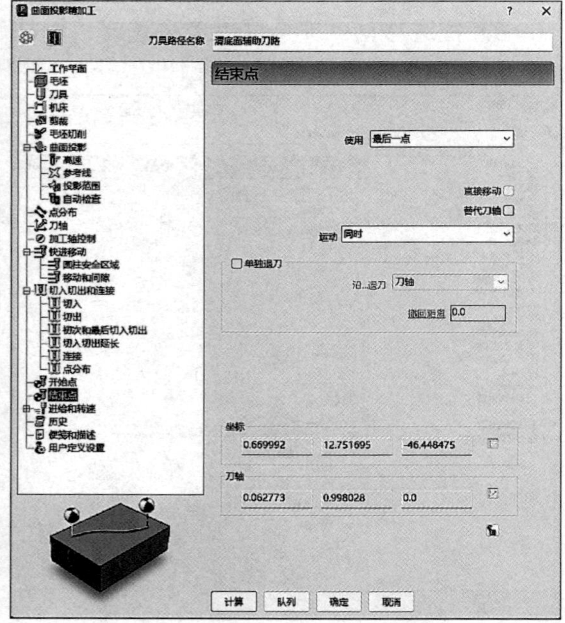

图 6-58

9）进给和转速：设定主轴转速 15000r/min、切削进给率 3000mm/min、下切进给率 3000mm/min、掠过进给率 3000mm/min，标准冷却，如图 6-59 所示。

10）右键单击模型中的“辅助曲面”→选择所有，作为参考曲面，单击图 6-59 中的“计算”按钮，刀具路径如图 6-60 所示。

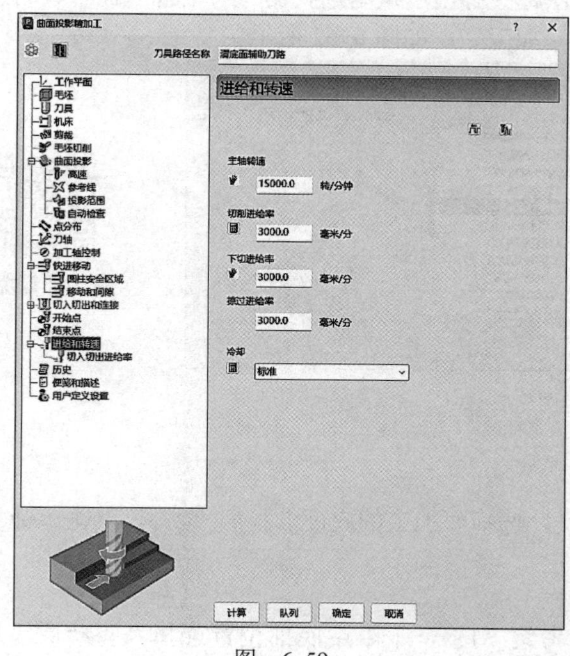

图 6-59

扫码观看
刀具路径彩图

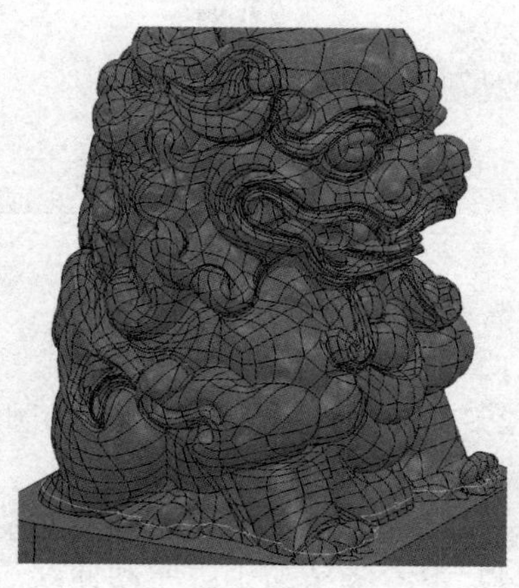

图 6-60

6.5.7 创建参考线

步骤：①右键单击资源管理器中的参考线→②创建参考线→③右键单击新创建的参考线“1”→④插入→⑤激活刀具路径，如图 6-61 所示。

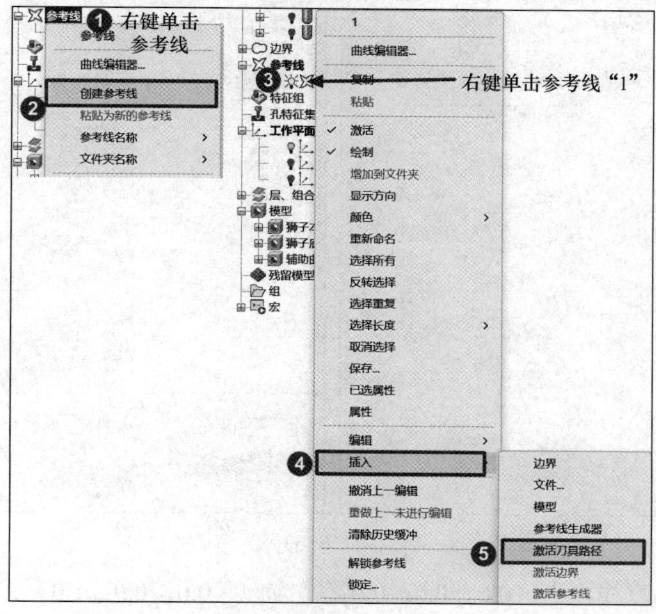

图 6-61

6.5.8 6-D2R1 精加工

步骤：单击“开始”→“刀具路径”图标→弹出“策略选择器”对话框→在“策略选择器”对话框中单击“精加工”→“参考线精加工”，如图 6-62 所示。

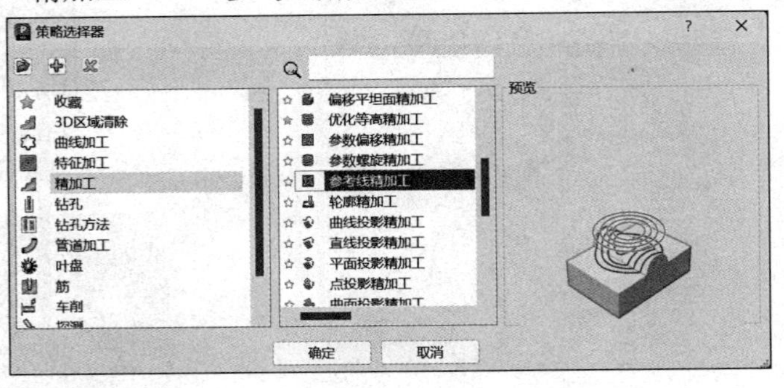

扫码观看视频

图 6-62

需要设定的参数如下：

1）工作平面选择“HCL”。

2）毛坯：选择世界坐标系由圆柱定义，选择要加工的底面，扩展“2”，单击“计算”按钮。

3）刀具选择“3-D2R1”。

4）参考线精加工：驱动曲线选择参考线“1”，下限中底部位置选择“驱动曲线”，轴向偏移 0.0，勾选“过切检查”，公差 0.01，加工顺序“参考线”，余量 0.0。多重切削：模式“关”，如图 6-63 所示。

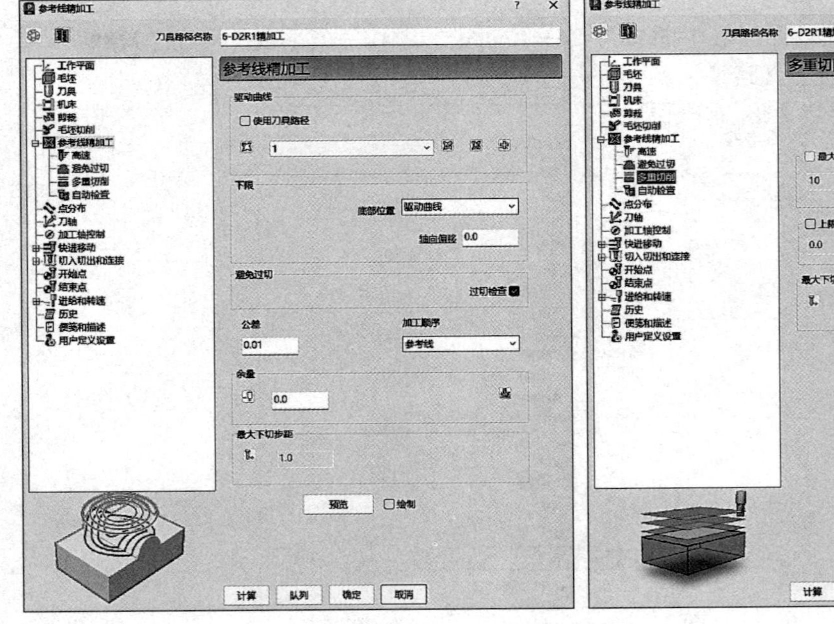

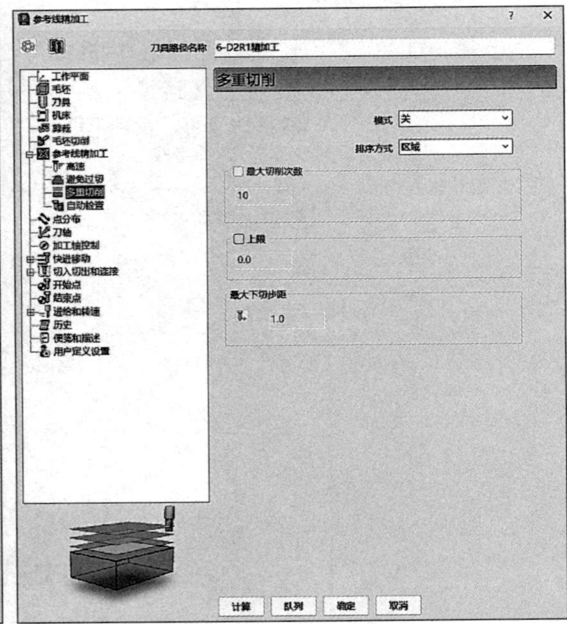

图 6-63

5）刀轴：朝向直线，点（0.0，0.0，0.0），方向（0.0，0.0，1.0），固定角度“无”，如图 6-64 所示。

6）快进移动：安全区域类型选择“圆柱”，工作平面选择“世界坐标系”，方向设定为（0.0，0.0，1.0），快进间隙 10.0，下切间隙 5.0，然后单击“计算”按钮，如图 6-65 所示。

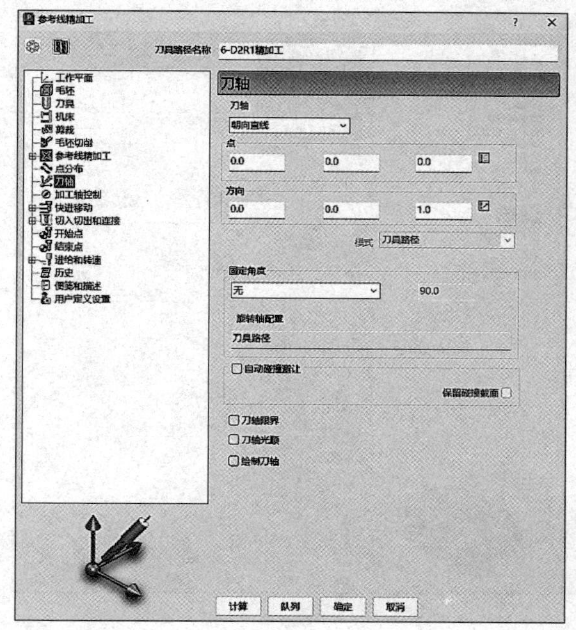

图 6-64

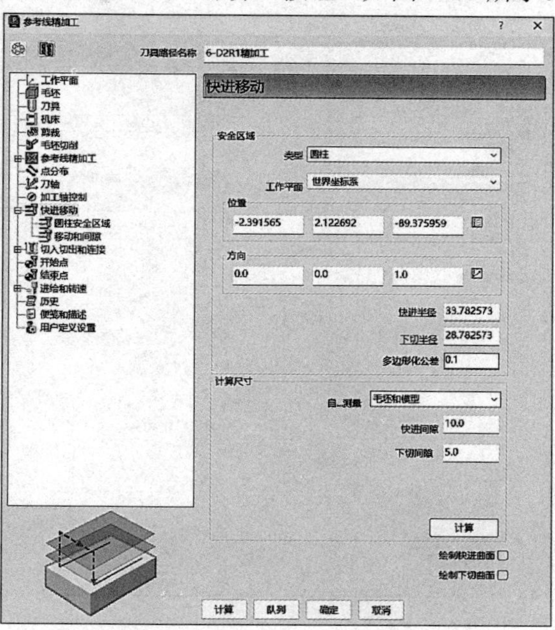

图 6-65

7）切入切出和连接：切入“无”，切出“无”，初次和最后切入切出勾选“单独初次切入”后选择“曲面法向圆弧”，线性移动 0.0，角度 45.0，半径 0.3；单击最后切出和初次切入相同按钮可以复制单独初次切入的参数到单独最后切出，连接第一选择“曲面上”，勾选“应用约束”（距离 <10.0），第二选择“安全高度”，如图 6-66 所示。

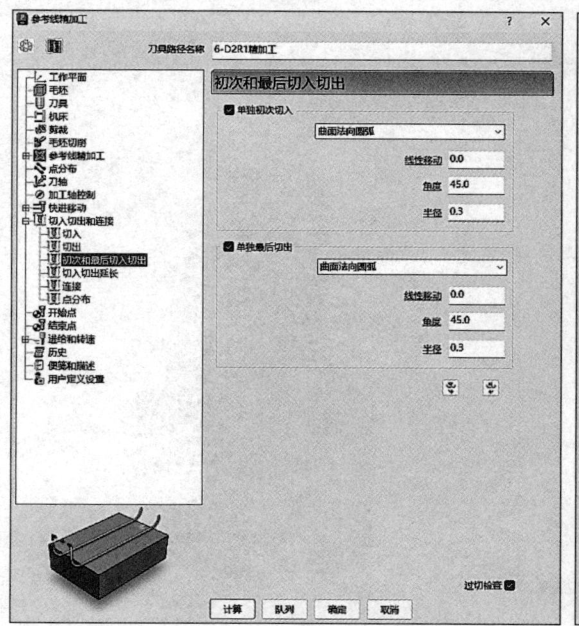

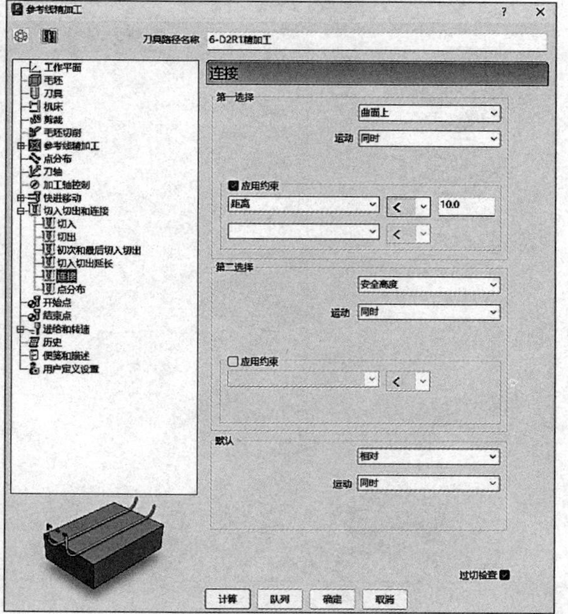

图 6-66

8）开始点选择“第一点安全高度”，结束点选择“最后一点安全高度”，如图 6-67 所示。

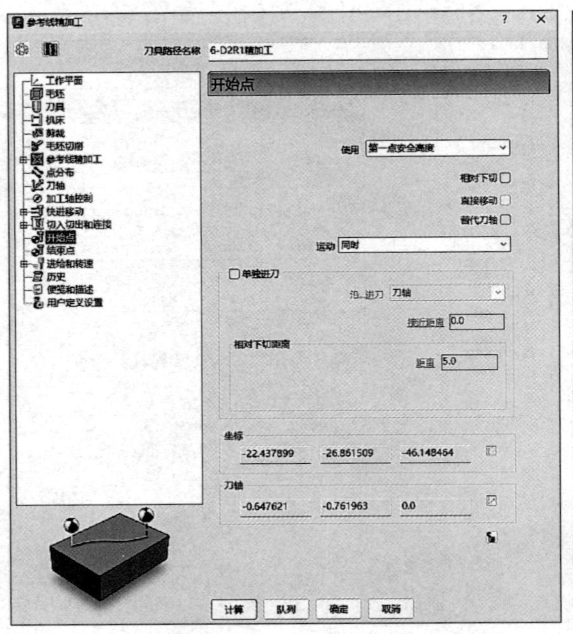

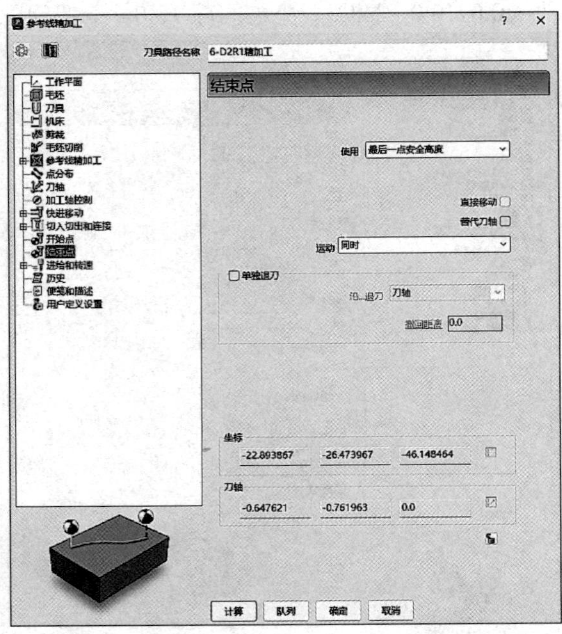

图 6-67

9）进给和转速：设定主轴转速 15000r/min、切削进给率 1000mm/min、下切进给率 1000mm/min、掠过进给率 3000mm/min，标准冷却，如图 6-68 所示。

10）单击图 6-68 中的“计算”按钮，刀具路径如图 6-69 所示。

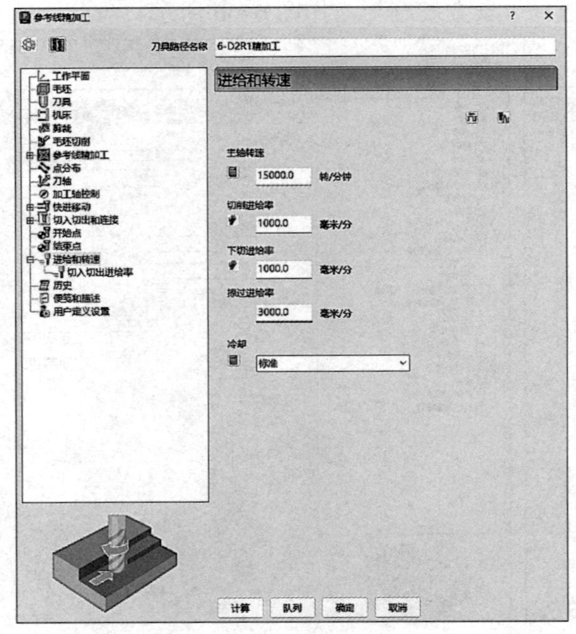

图 6-68

图 6-69

6.6 NC 程序仿真及后处理

6.6.1 NC 程序仿真（以“1-D6-0 度粗加工”刀具路径为例）

1）打开主界面的“仿真”选项卡，单击开关使之处于打开状态。

2）在“条目”下拉菜单中点选要进行仿真的刀具路径。

3）单击“运行”按钮来查看仿真。在“仿真控制”栏中可对仿真过程进行暂停、回退等操作。

4）单击“退出 ViewMill”按钮来终止仿真。仿真效果如图 6-70 所示。

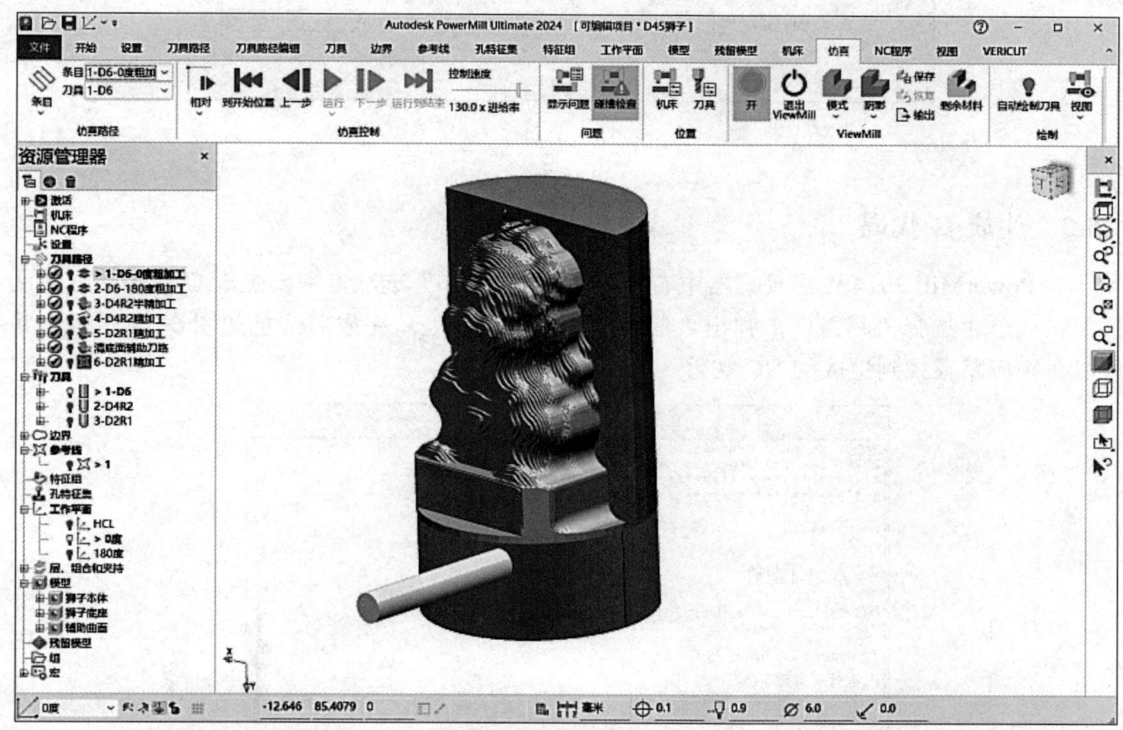

图 6-70

6.6.2 NC 程序后处理

1）在资源管理器中右键单击 NC 程序→首选项，弹出“NC 首选项”对话框，此项设置中 NC 程序是空的，如图 6-71 所示。

2）在输出文件名后键入文件扩展名，例如键入“.nc”，输出的程序文件扩展名即为“.nc”。

3）选择机床选项文件，单击相应的机床后处理文件。

4）输出工作平面选择相应的后处理工作平面，单击“关闭”按钮。

5）在资源管理器中右键单击要产生 NC 程序的刀路名称，选择“创建独立的 NC 程序”。

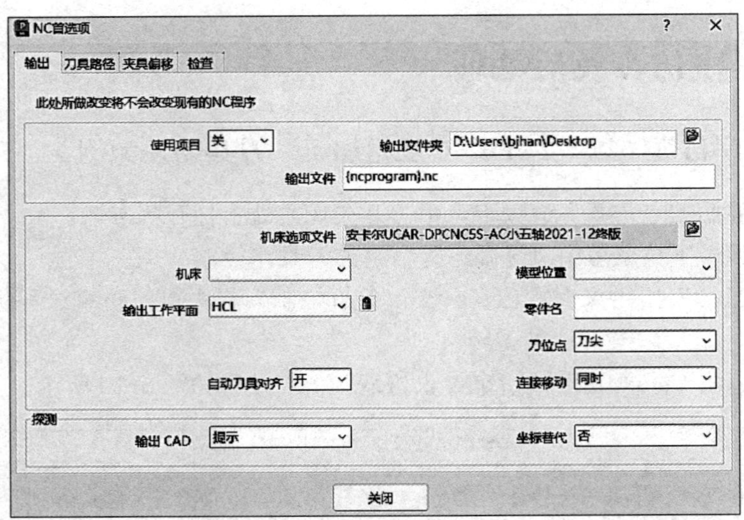

图 6-71

6.6.3 生成 G 代码

在 PowerMill 2024 资源管理器中右键单击“NC 程序”选项卡中要生成 G 代码的程序文件，在菜单中选择“写入”，弹出“信息”对话框。后处理完成后信息如图 6-72 所示，并可以在相应路径找到生成的 NC 文件（G 代码）。

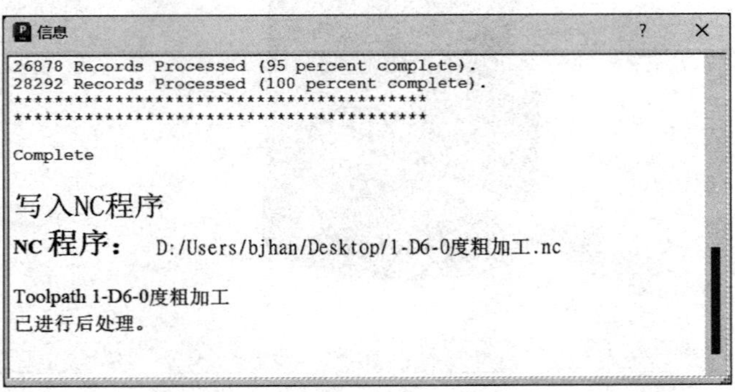

图 6-72

6.7 经验点评及重点策略说明

1. 曲面投影精加工

使用“曲面投影精加工”界面可创建属于一种驱动曲面加工的刀具路径。必须选择参考曲面，该策略才起作用。系统会在该参考曲面上创建参考线。参考曲面不一定是要加工的曲面，也可以是构造曲面。

（1）曲面单位　选择用于指定行距和限界的单位。

a）距离：用于确定行距和限界的物理距离。第一条路径和最后一条路径位于曲面边缘。

中间路径位于小于或等于指定“行距”的距离处。

b）参数：用于确定行距和限界的曲面参数。

c）法向：用于确定行距和限界的曲面法向值（范围 [0,1]）。

（2）投影方向　选择方向以确定对哪些区域进行加工。

（3）行距　输入相邻加工路径之间的距离。

注：“行距”使用在“曲面单位”域中定义的单位。如果将“曲面单位”设置为“法向”，“行距”值必须介于 0 和 1 之间。

2. 直线投影精加工

使用“直线投影精加工”界面可将圆柱形参考线投影到模型。此圆柱的中心是参考线的焦点，且其由“方位角”和“仰角”滑块定义。参考线的范围通过高度限界和角度限界来描述。

通过此设置，可以投影到非垂直线（通常为水平线）或从非垂直线投影。假设对位于一个平面上的半圆柱进行加工。向内投影会形成凸圆柱，向外投影会形成凹圆柱。90°“仰角”会将投影线设为水平并沿着圆柱长度生成刀具路径段。

第7章

多轴加工实例：大力神杯

7.1　加工任务概述

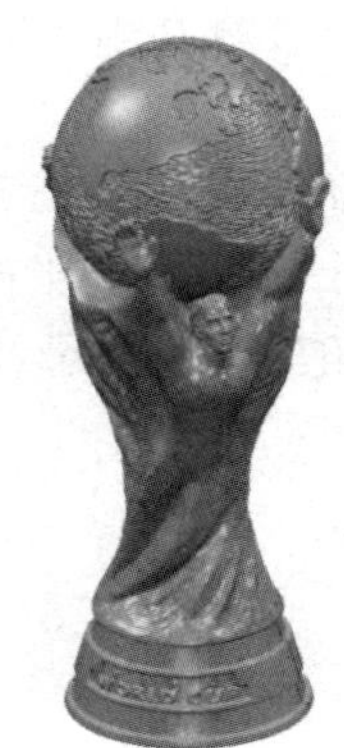

图　7-1

图 7-1 所示为大力神杯模型工艺品，要求直径为 130mm，长度为 350mm，材质为 2A12。

7.2　工艺方案

大力神杯的加工工艺方案见表 7-1（精车工序与粗加工工序已完成）。

表 7-1　大力神杯的加工工艺方案

工　序　号	加　工　内　容	加　工　方　式	机　　床	刀　　具
1	1-1 半精加工	螺旋精加工	C.B.Ferrari A176	ϕ6mm 球头刀
2	1-2 半精加工	直线投影精加工	C.B.Ferrari A176	ϕ6mm 球头刀
3	1-3 半精加工	直线投影精加工	C.B.Ferrari A176	ϕ6mm 球头刀
4	1-4 半精加工（例）	直线投影精加工	C.B.Ferrari A176	ϕ6mm 球头刀
5	1-16 半精加工	直线投影精加工	C.B.Ferrari A176	ϕ6mm 球头刀
6	2-1 半精加工	螺旋精加工	C.B.Ferrari A176	ϕ3mm 球头刀
7	2-2 半精加工	直线投影精加工	C.B.Ferrari A176	ϕ3mm 球头刀
8	2-3 半精加工	直线投影精加工	C.B.Ferrari A176	ϕ3mm 球头刀
9	2-4 半精加工（例）	直线投影精加工	C.B.Ferrari A176	ϕ3mm 球头刀
10	2-16 半精加工	直线投影精加工	C.B.Ferrari A176	ϕ3mm 球头刀
11	3-1 精加工字	直线投影精加工	C.B.Ferrari A176	ϕ1.5 mm 球头刀

此类工艺品零件装夹比较简单，利用自定心卡盘夹持工艺台，工艺台露出 20mm 以上即可。

7.3 准备加工模型

打开 PowerMill 2024 软件，进入主界面，输入模型，步骤如下：

单击“文件”→“输入”→“输入模型”，选择路径打开文件，如图 7-2 所示。

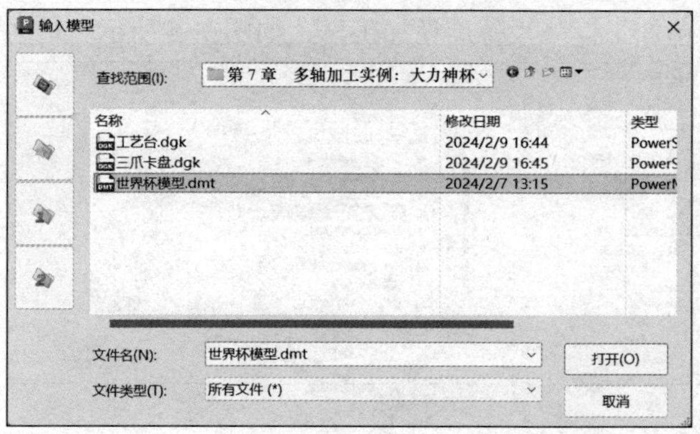

图 7-2

7.4 毛坯的设定

进入“毛坯”对话框，选择由“圆柱”定义→“计算”→将“长度”锁住→毛坯直径改为 130.0（毛坯料实际值），如图 7-3 所示。

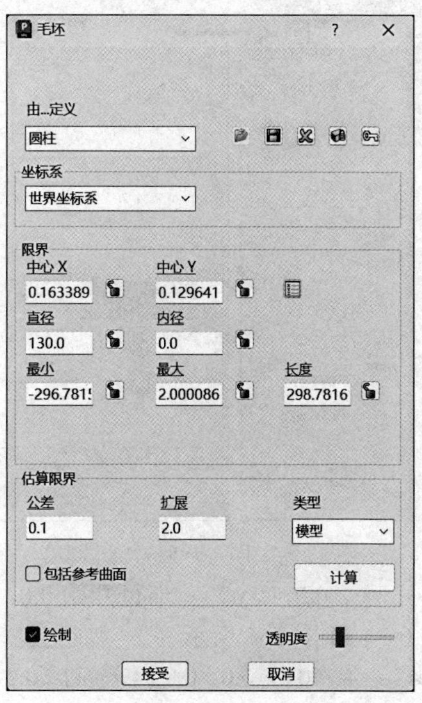

图 7-3

7.5 编程详细操作步骤

7.5.1 1-1 半精加工

步骤：单击“开始”→“刀具路径”图标→弹出“策略选择器”对话框→在“策略选择器”对话框中单击“精加工”→“螺旋精加工”，如图 7-4 所示。

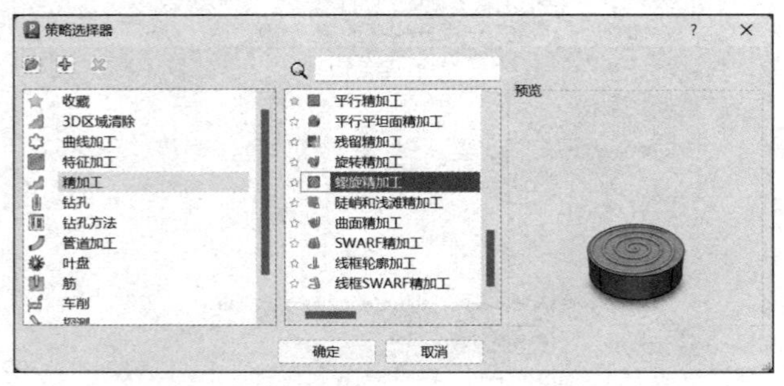

扫码观看视频

图 7-4

需要设定的参数如下：

1）工作平面选择“无”。

2）毛坯：选择世界坐标系，由圆柱定义，单击“计算”按钮。

3）刀具选择“R3-H25.5”的 ϕ6mm 球头刀，选择①编辑→②夹持→③打开“刀柄 C5-390.410-63”文件→④修改伸出 30mm，如图 7-5 所示。

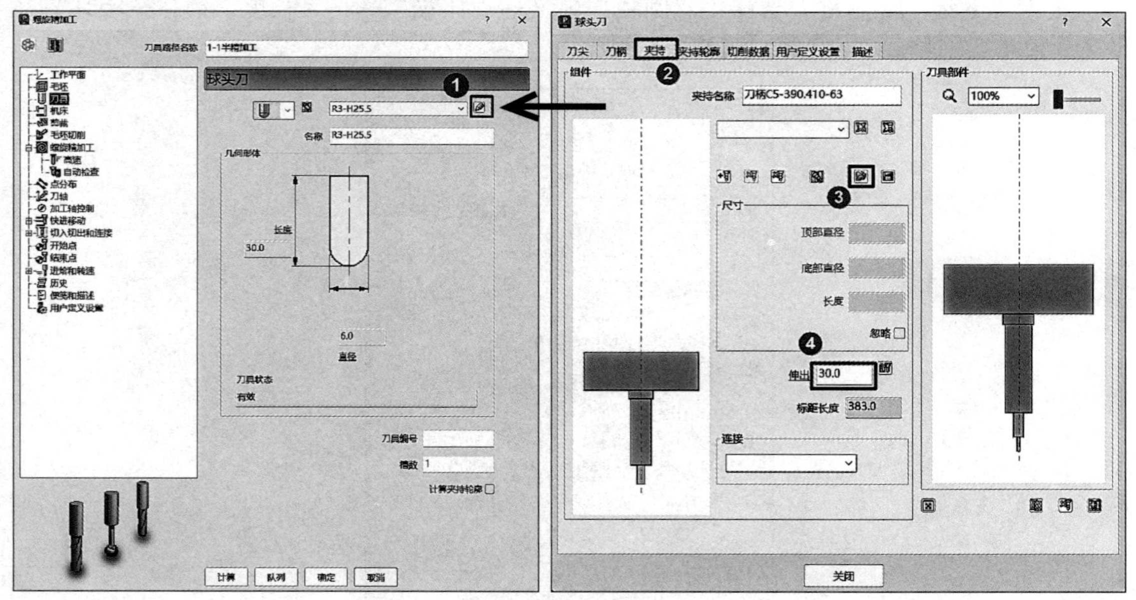

图 7-5

4）螺旋精加工：设置中心点（0.0，0.0），半径开始 0.0，结束 30.0；设定公差 0.01，方向顺时针；余量 0.2，行距 0.3，如图 7-6 所示。

5）刀轴：刀轴“朝向直线”，点（0.0，0.0，0.0），方向（0.0，0.0，1.0），模式“PowerMill 2012 R2”，固定角度仰角 15.0，如图 7-7 所示。

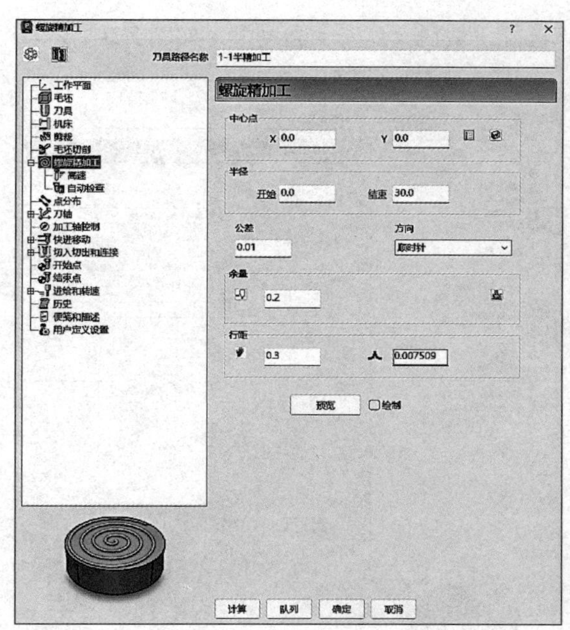

图 7-6

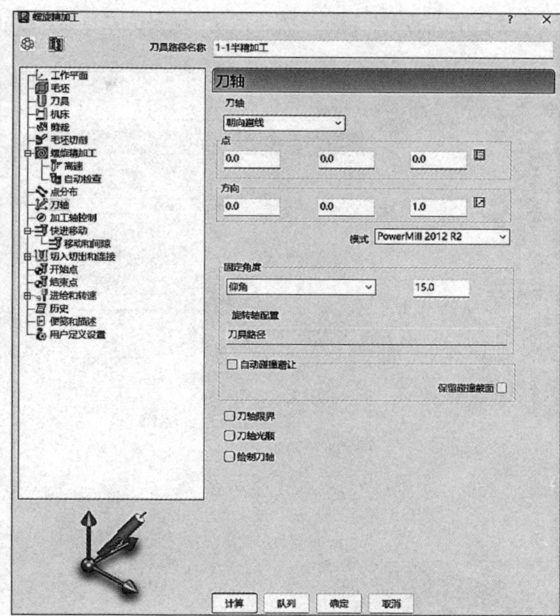

图 7-7

6）快进移动：安全区域类型选择“平面”，工作平面选择“刀具路径工作平面”，方向设定为（0.0，0.0，1.0），快进间隙 10.0，下切间隙 5.0，然后单击“计算”按钮。

7）切入切出和连接：切入第一选择“曲面法向圆弧”，线性移动 0.0，角度 45.0，半径 1.0，第二选择“无”；连接第一选择“曲面上”，勾选“应用约束”（距离 <20.0），第二选择“掠过”，如图 7-8 所示。

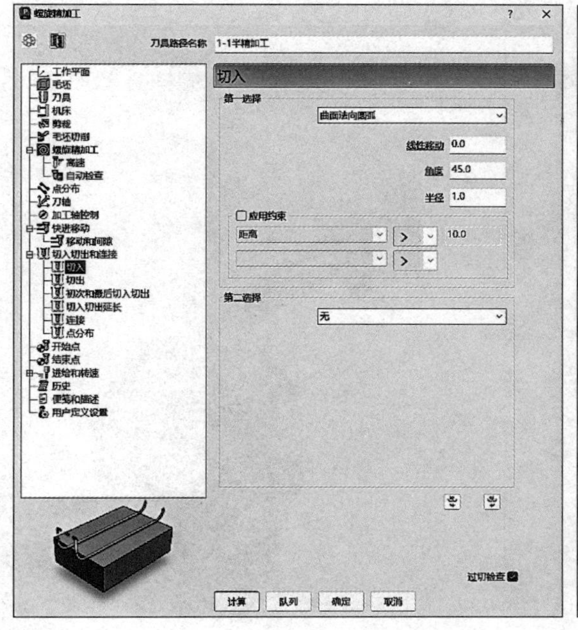

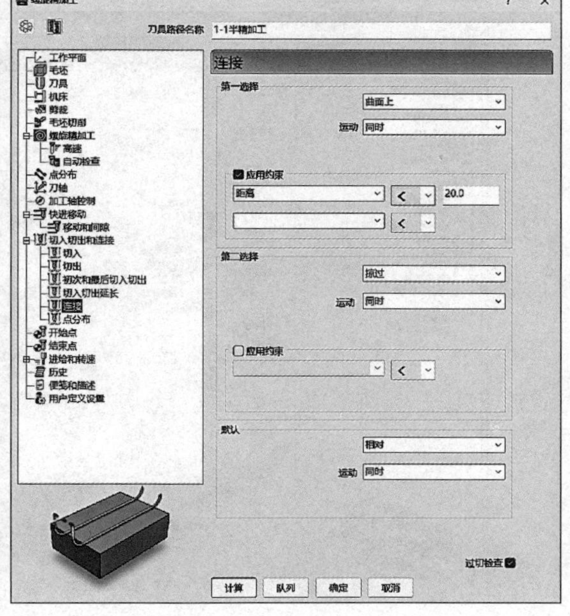

图 7-8

8）开始点选择“第一点安全高度”，结束点选择“最后一点安全高度”，如图 7-9 所示。

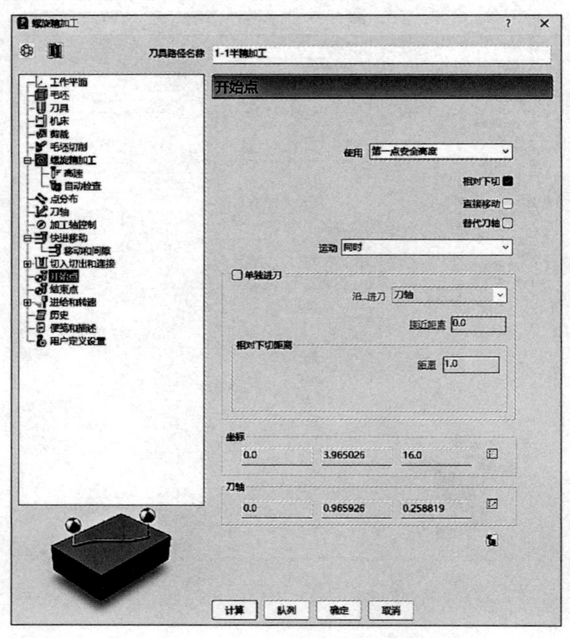

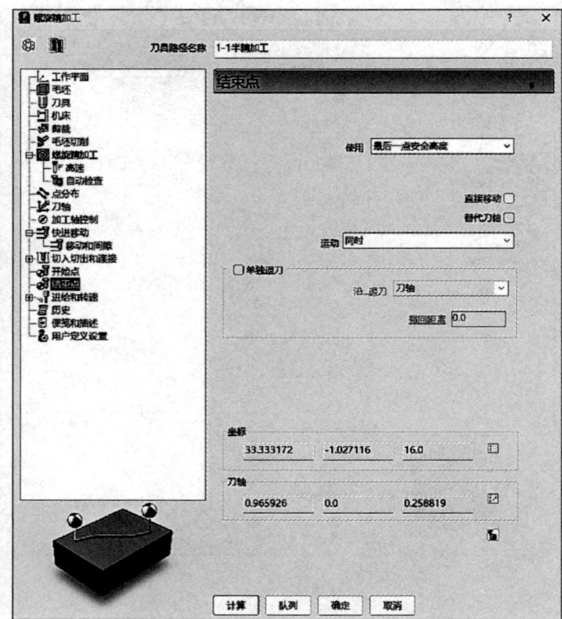

图 7-9

9）进给和转速：设定主轴转速 8500r/min、切削进给率 2000mm/min、下切进给率 1600mm/min、掠过进给率 8000mm/min，标准冷却，如图 7-10 所示。

10）单击图 7-10 中的“计算”按钮，刀具路径如图 7-11 所示。

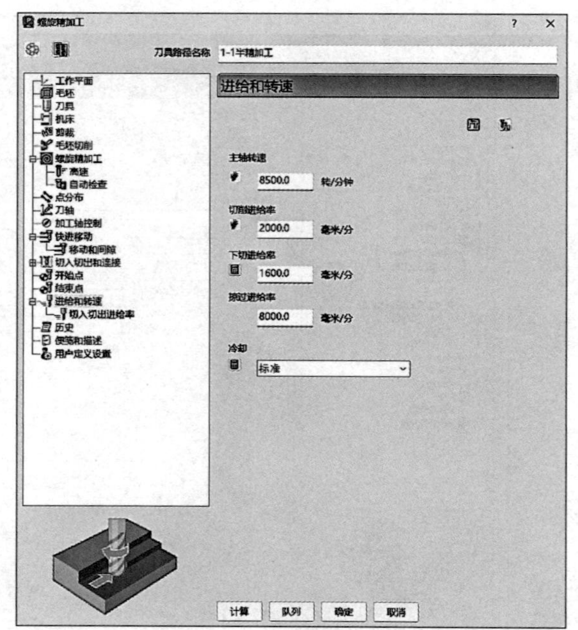

图 7-10

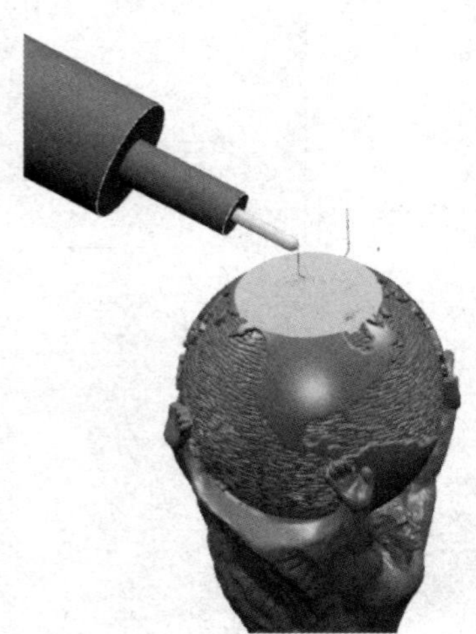

图 7-11

7.5.2 1-2 半精加工

步骤：单击“开始”→“刀具路径”图标→“策略选择器”对话框→在“策略选择器”对话框中单击“精加工”→“直线投影精加工”，如图 7-12 所示。

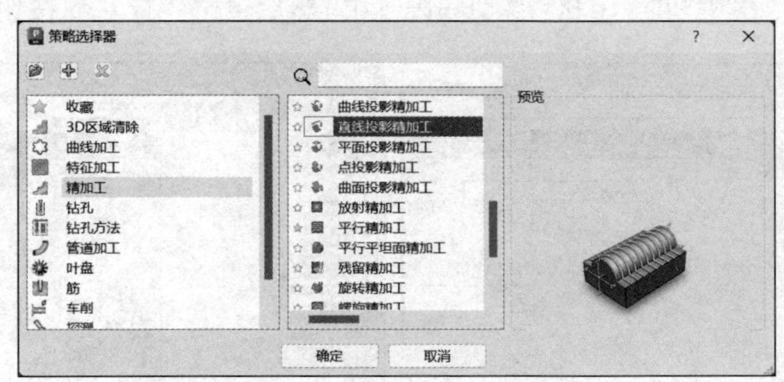

扫码观看视频

图 7-12

需要设定的参数如下：

1）工作平面选择“无”。

2）毛坯：由圆柱定义，坐标系选择“世界坐标系”，直径 135.0，最小 −22.0，最大 −4.0，如图 7-13 所示。

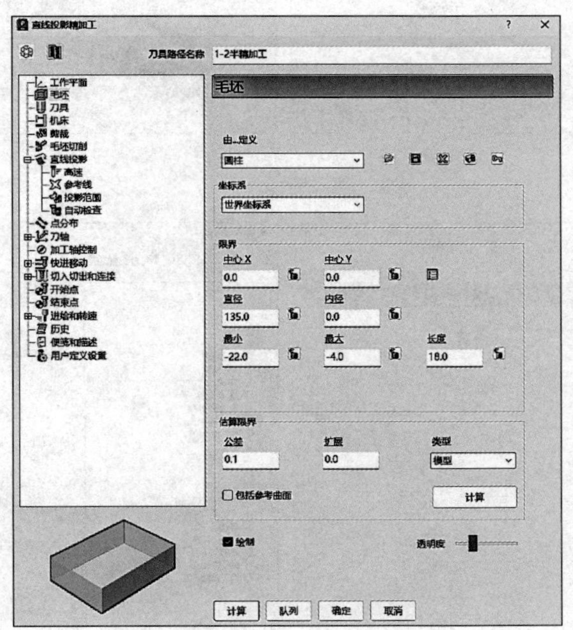

图 7-13

3）刀具选择“R3-H25.5”的 ϕ6mm 球头刀。

4）直线投影：样式“螺旋”，定位（0.0，0.0，0.0），方位角 0.0，仰角 0.0，投影方向“向内”，公差 0.01，余量 0.2，行距 0.3。参考线样式“螺旋”，方向“顺时针”，裁剪高度开始 −4.0，结束 −22.0，如图 7-14 所示。

5）刀轴：刀轴“朝向直线”，点（0.0，0.0，0.0），方向（0.0，0.0，1.0），模式选择

"PowerMill 2012 R2"，固定角度仰角 15.0，勾选"刀轴限界"；刀轴限界模式"移动刀轴"，角度限界方位角开始 0.0、结束 360.0，仰角开始 15.0、结束 15.0，如图 7-15 所示。

6）快进移动：安全区域类型选择"圆柱"，工作平面选择"世界坐标系"，方向设定为（0.0，0.0，1.0），快进间隙 10.0，下切间隙 5.0，然后单击"计算"按钮。

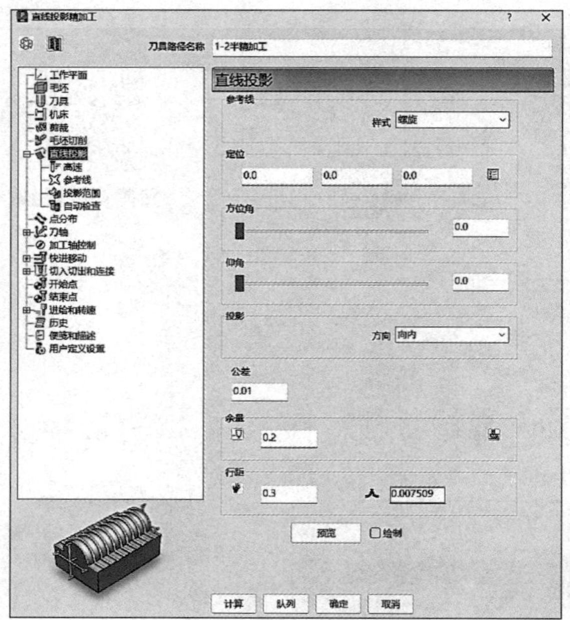

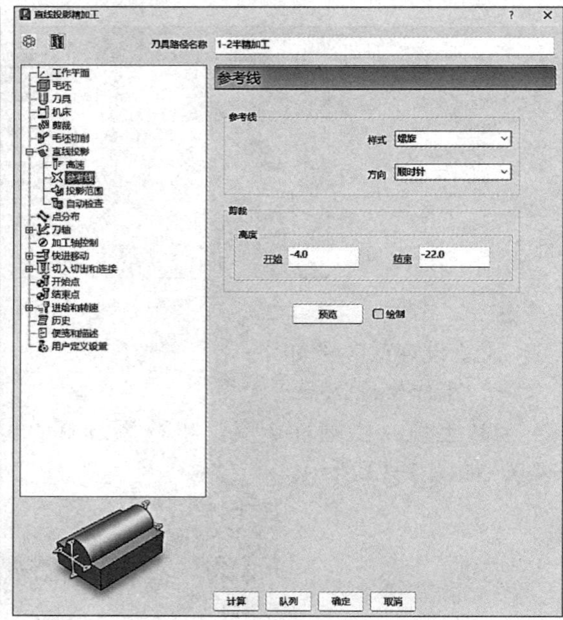

图 7-14

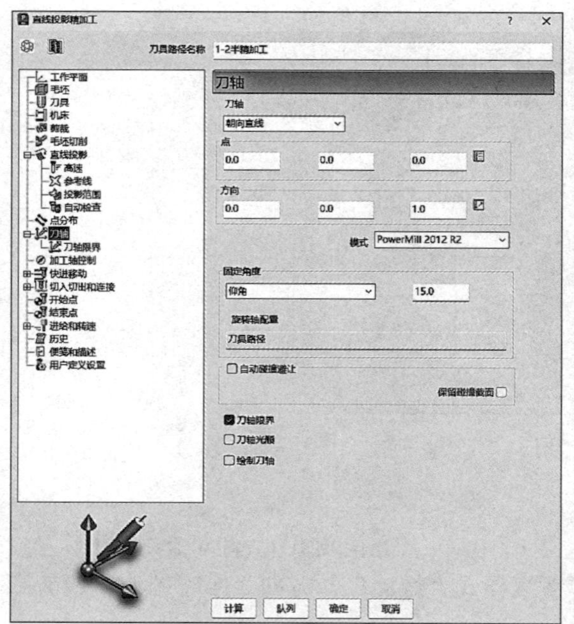

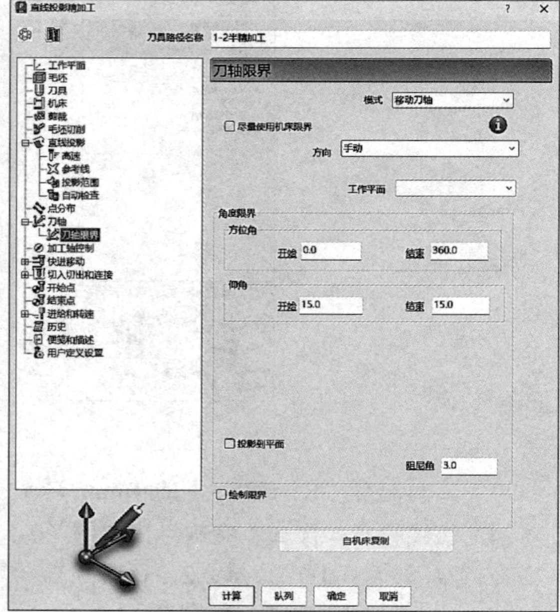

图 7-15

7）切入切出和连接：切入第一选择“曲面法向圆弧”，线性移动 0.0，角度 90.0，半径 1.0，第二选择“无”；连接第一选择“曲面上”，勾选“应用约束”，距离 <10.0，第二选择“掠过”，如图 7-16 所示。

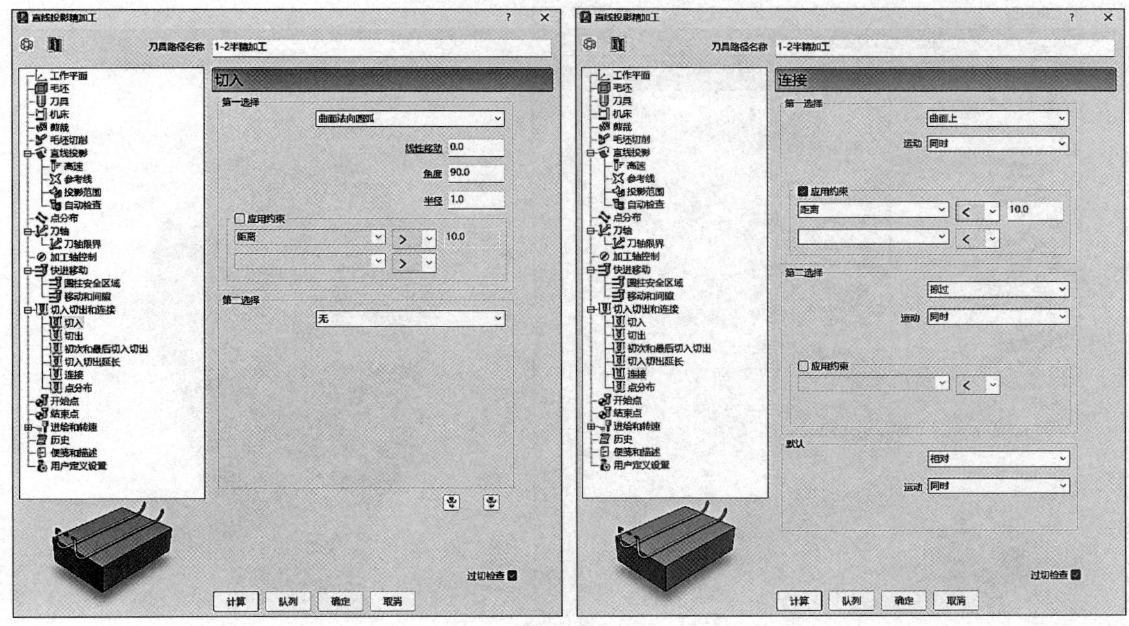

图 7-16

8）开始点选择“第一点安全高度”，结束点选择“最后一点安全高度”，如图 7-17 所示。

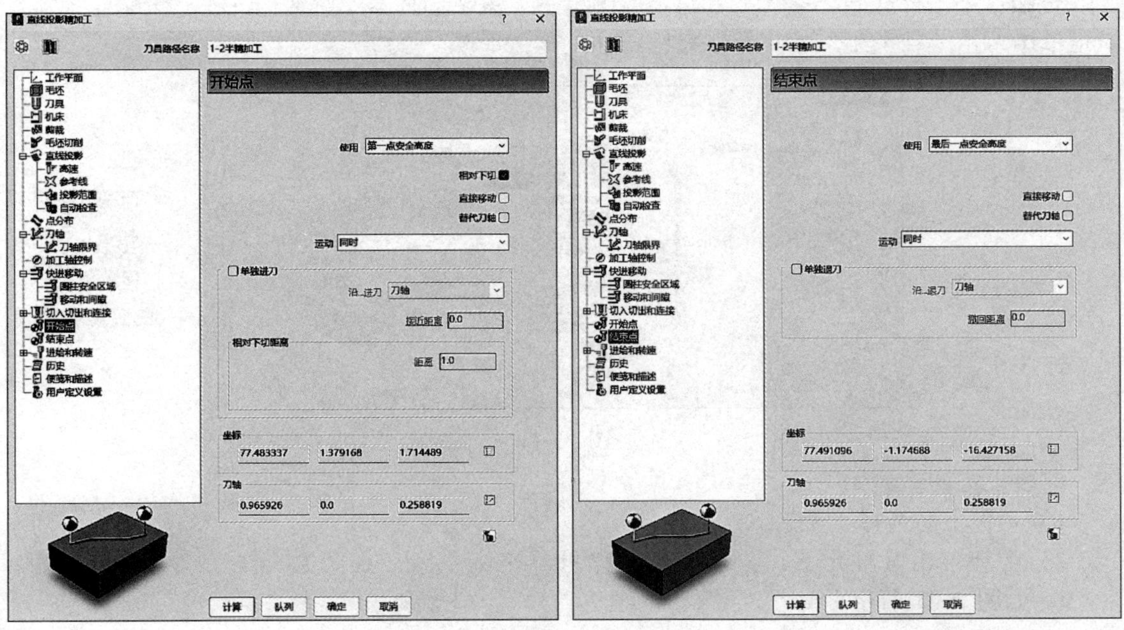

图 7-17

9）进给和转速：设定主轴转速 8500r/min、切削进给率 2000mm/min、下切进给率 1600mm/min、掠过进给率 8000mm/min，标准冷却，如图 7-18 所示。

10）单击图 7-17 中的“计算”按钮，刀具路径如图 7-19 所示。

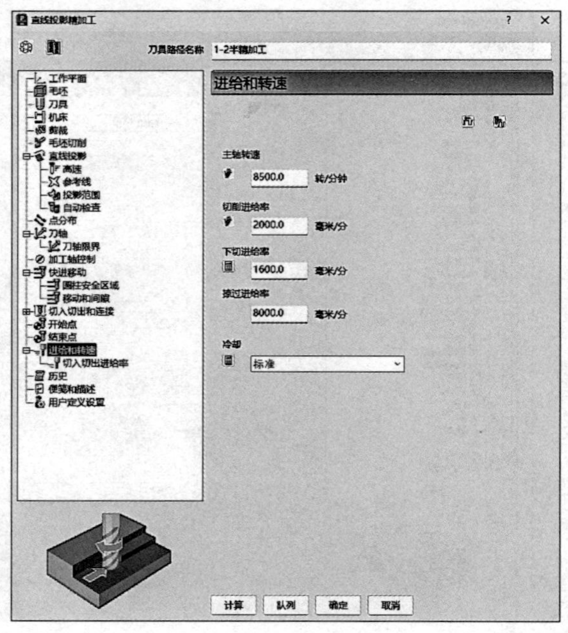

图 7-18

图 7-19

7.5.3 1-3 半精加工

步骤：单击“开始”→“刀具路径”图标→“策略选择器”对话框→在“策略选择器”对话框中单击“精加工”→“直线投影精加工”，如图 7-20 所示。

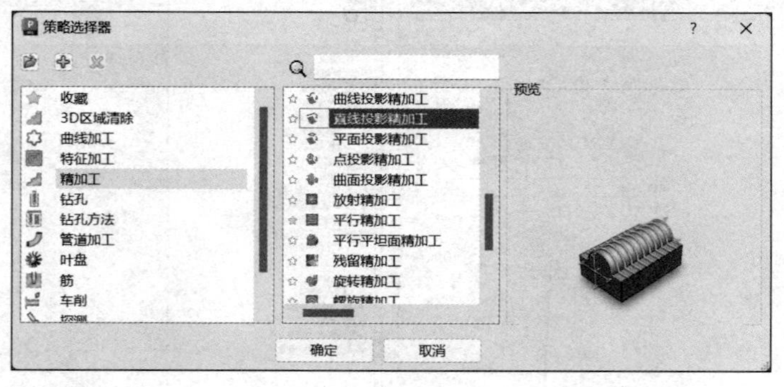

图 7-20

扫码观看视频

需要设定的参数如下：

1）工作平面选择“无”。

2）毛坯：由圆柱定义，坐标系选择“世界坐标系”，直径 135.0，最小 −40.0，最大 −21.9，如图 7-21 所示。

3）刀具选择“R3-H25.5”的 ϕ6mm 球头刀。

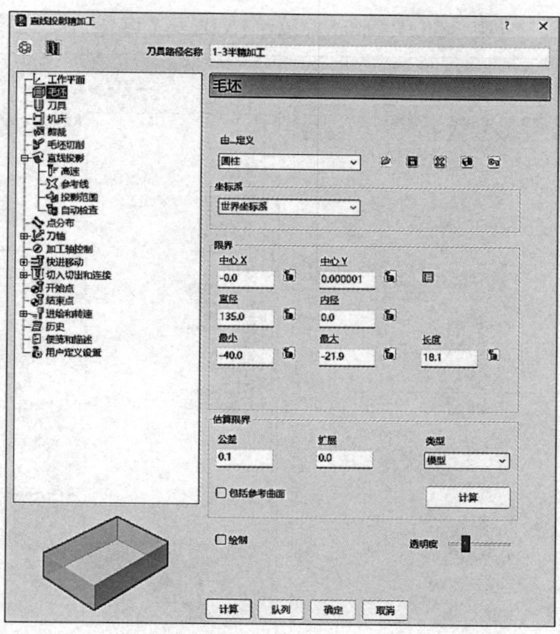

图 7-21

4）直线投影：样式“螺旋”，定位（0.0，0. 0，0. 0），方位角 0.0，仰角 0.0，投影方向“向内”，公差 0.01，余量 0.2，行距 0.3。参考线样式“螺旋”，方向“顺时针”，裁剪高度开始 −21.9、结束 −40.0，如图 7-22 所示。

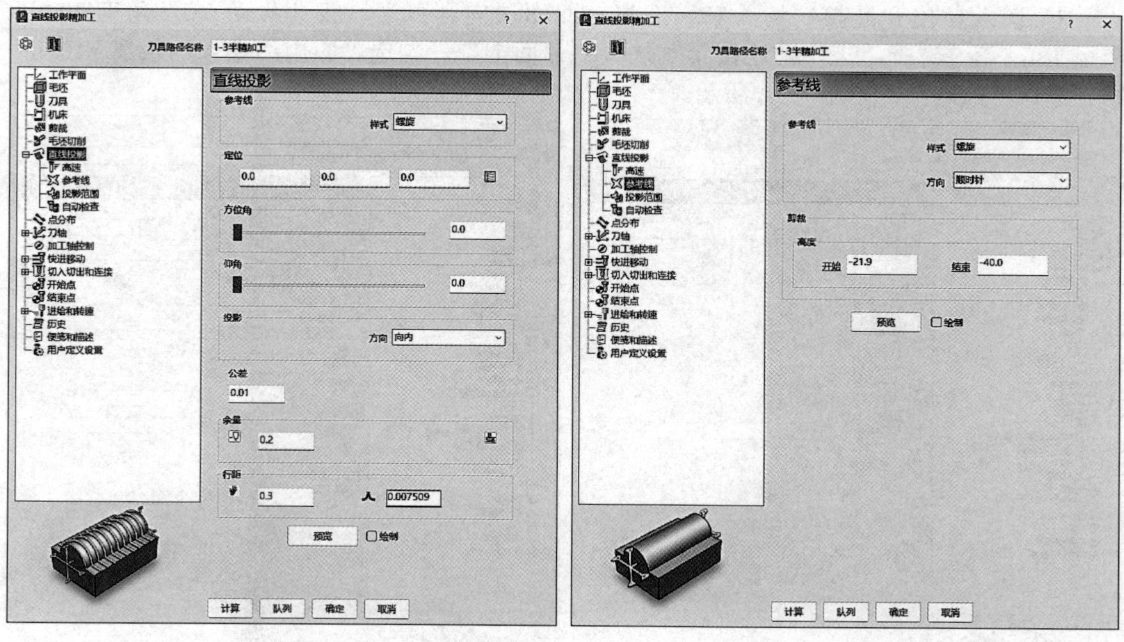

图 7-22

5）刀轴：刀轴“朝向直线”，点（0.0，0.0，0.0），方向（0.0，0.0，1.0），模式选择“PowerMill 2012 R2”，固定角度仰角 15.0，勾选“刀轴限界”；刀轴限界模式“移动刀轴”，

角度限界方位角开始 0.0，结束 360.0，仰角开始 15.0，结束 15.0，如图 7-23 所示。

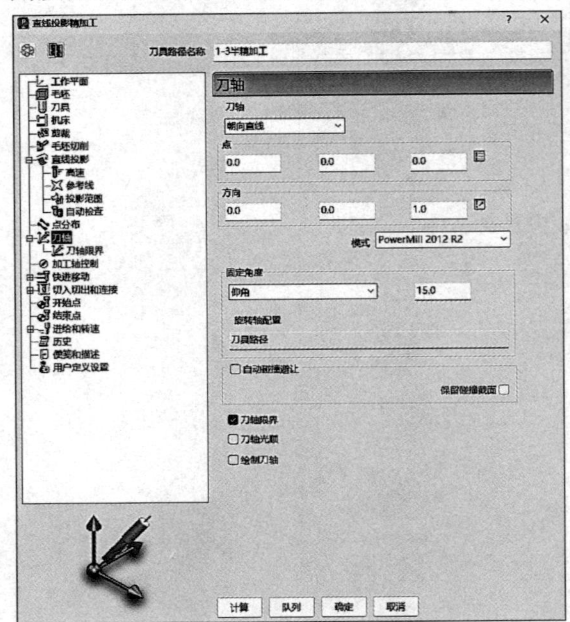

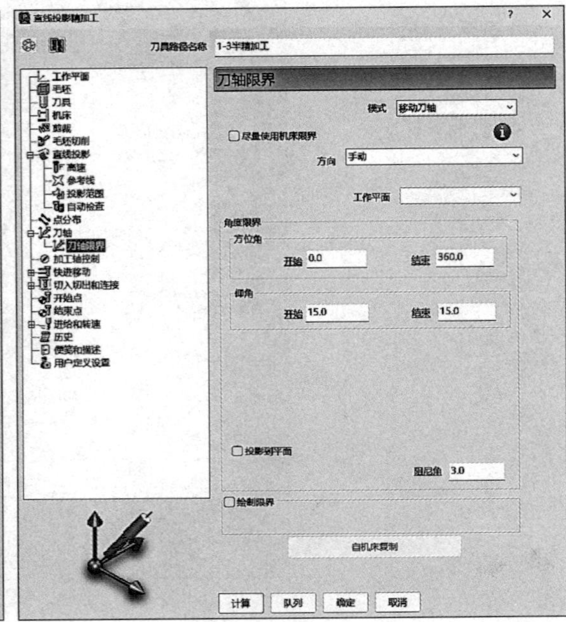

图 7-23

6）快进移动，安全区域类型选择“圆柱”，工作平面选择“世界坐标系”，方向设定为（0.0，0.0，1.0），快进间隙 10.0，下切间隙 5.0，然后单击“计算”按钮。

7）切入切出和连接：切入第一选择“曲面法向圆弧”，线性移动 0.0，角度 90.0，半径 1.0，第二选择“无”；连接第一选择“曲面上”，勾选“应用约束”，距离 <10.0，第二选择“掠过”，如图 7-24 所示。

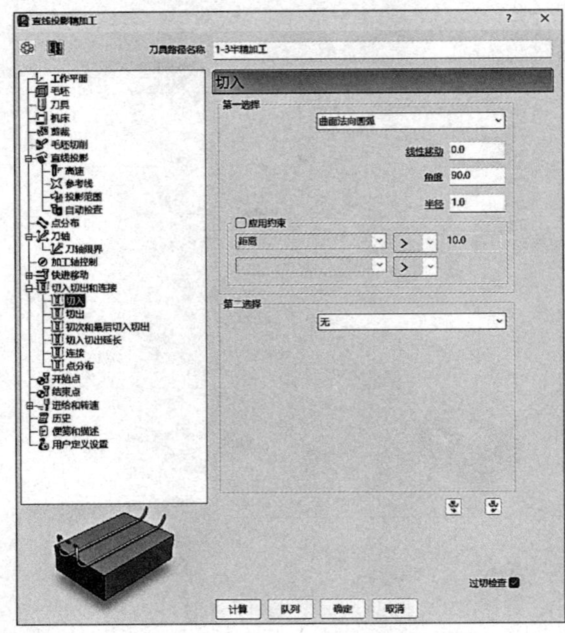

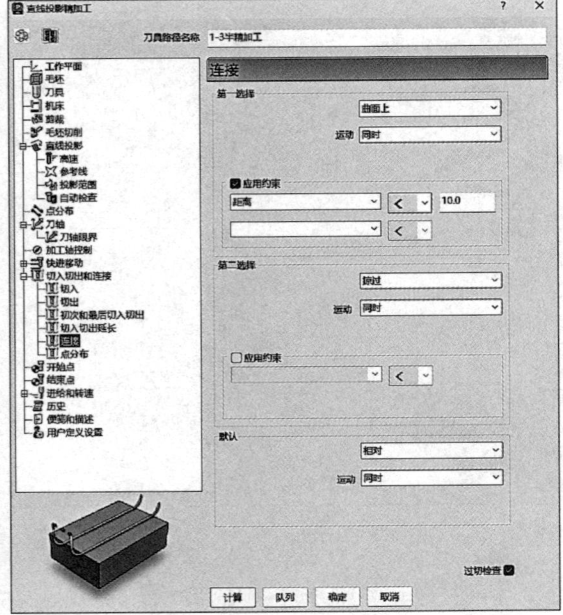

图 7-24

8）开始点选择“第一点安全高度”，结束点选择“最后一点安全高度”，如图 7-25 所示。

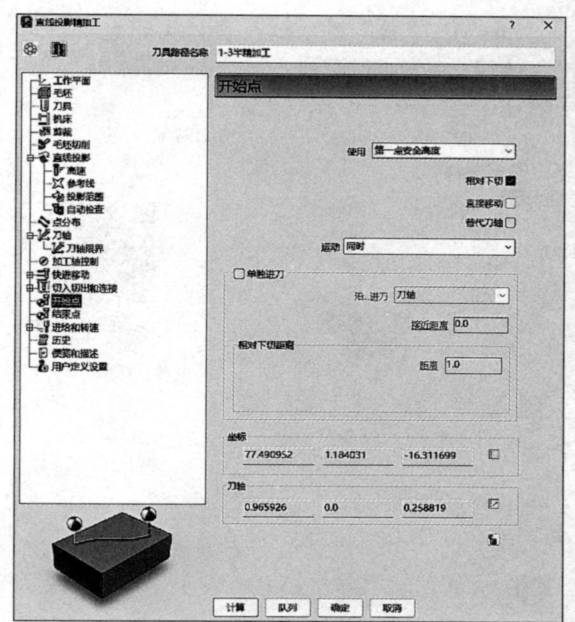

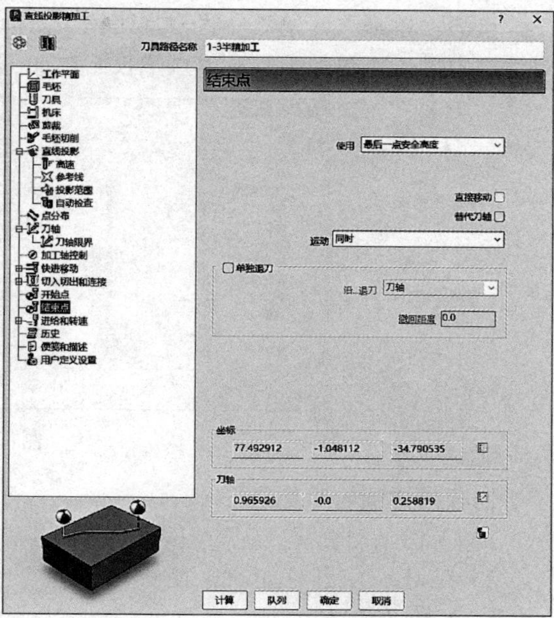

图 7-25

9）进给和转速：设定主轴转速 8500r/min、切削进给率 2000mm/min、下切进给率 1600mm/min、掠过进给率 8000mm/min，标准冷却，如图 7-26 所示。

10）单击图 7-26 中的“计算”按钮，刀具路径如图 7-27 所示。

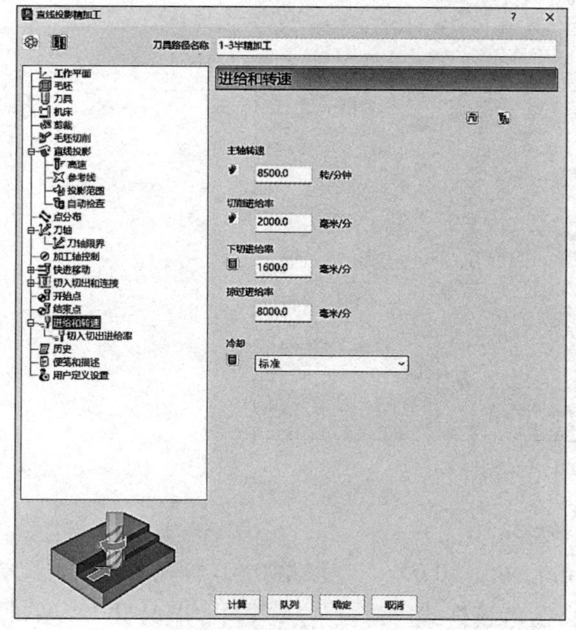

图 7-26

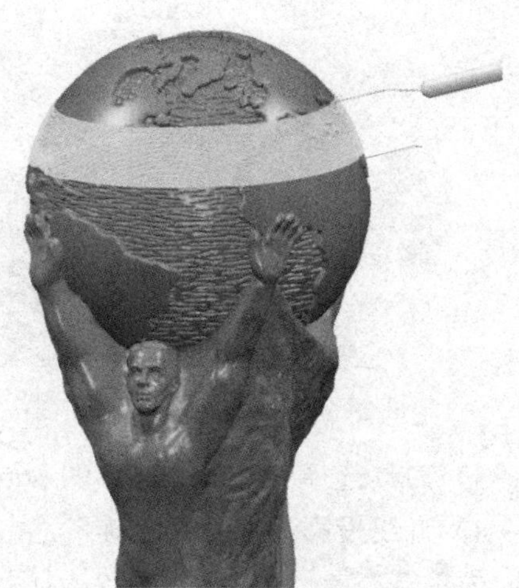

图 7-27

7.5.4 1-4 半精加工（例）

步骤：单击“开始”→“刀具路径”图标→“策略选择器”对话框→在“策略选择器”对话框中单击“精加工”→“直线投影精加工”，如图 7-28 所示。

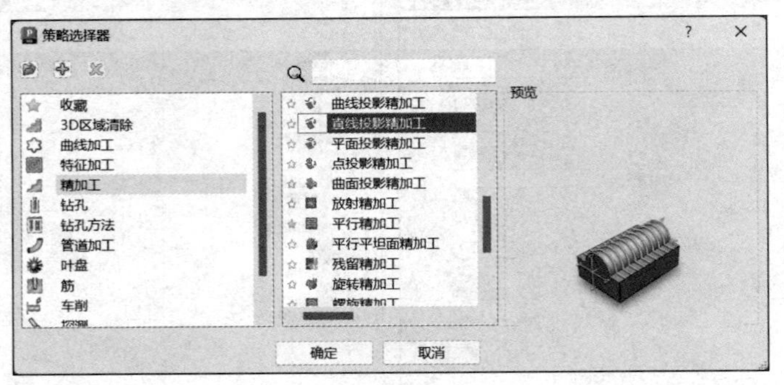

扫码观看视频

图 7-28

需要设定的参数如下：

1）工作平面选择“无”。

2）毛坯：由圆柱定义，坐标系选择“世界坐标系”，直径 135.0，最小 −60.0，最大 −39.9，如图 7-29 所示。

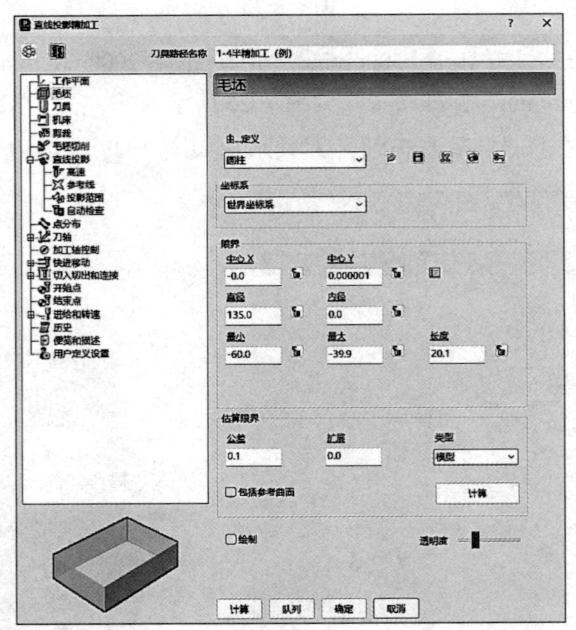

图 7-29

3）刀具选择“R3-H25.5”的 ϕ6mm 球头刀。

4）直线投影：样式“螺旋”，定位（0.0，0.0，0.0），方位角 0.0，仰角 0.0，投影方向“向内”，公差 0.01，余量 0.2，行距 0.3。参考线样式“螺旋”，方向“顺时针”，裁剪高度开始 −39.9、结束 −60.0，如图 7-30 所示。

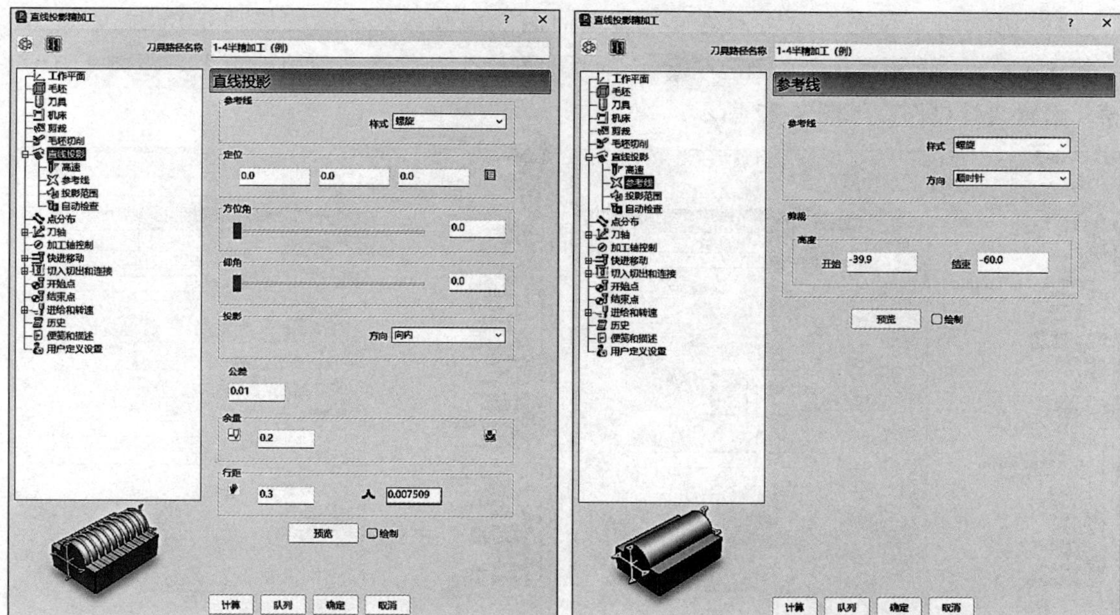

图 7-30

5）刀轴：刀轴“朝向直线”，点（0.0，0.0，0.0），方向（0.0，0.0，1.0），模式选择“PowerMill 2012 R2”，固定角度仰角 15.0，勾选“刀轴限界”；刀轴限界模式“移动刀轴”，角度限界方位角开始 0.0、结束 360.0，仰角开始 15.0、结束 15.0，如图 7-31 所示。

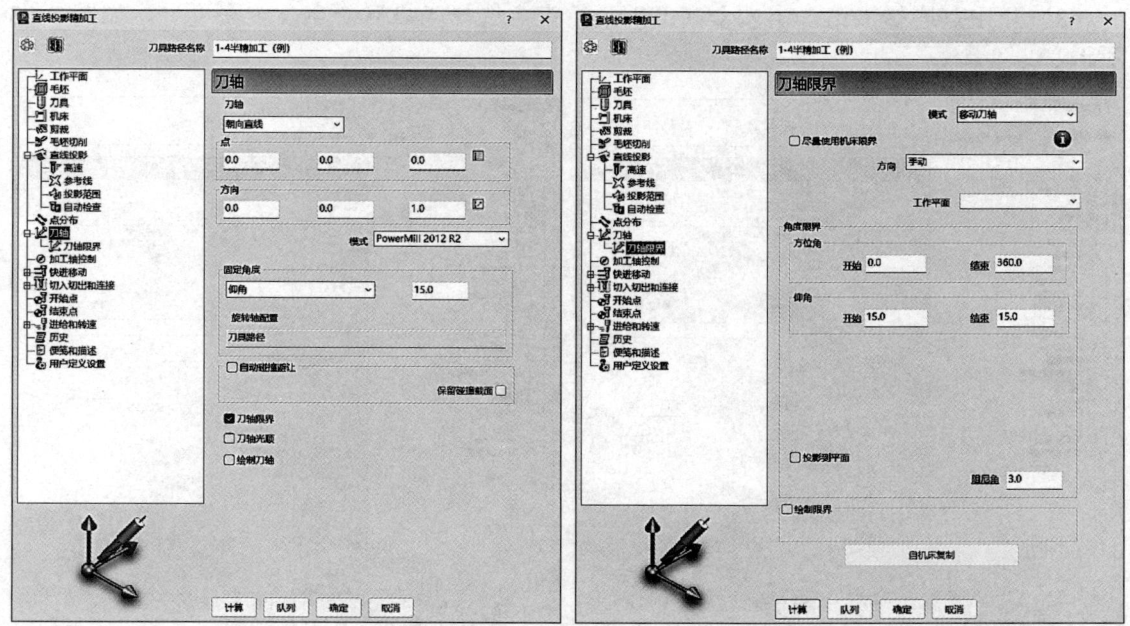

图 7-31

6）快进移动：安全区域类型选择“圆柱”，工作平面选择“世界坐标系”，方向设定为（0.0，0.0，1.0），快进间隙 10.0，下切间隙 5.0，然后单击“计算”按钮。

7）切入切出和连接：切入第一选择“曲面法向圆弧”，线性移动 0.0，角度 90.0，半径 1.0，第二选择“无”；连接第一选择“曲面上”，勾选“应用约束”，距离 <10.0，第二选择“掠过”，如图 7-32 所示。

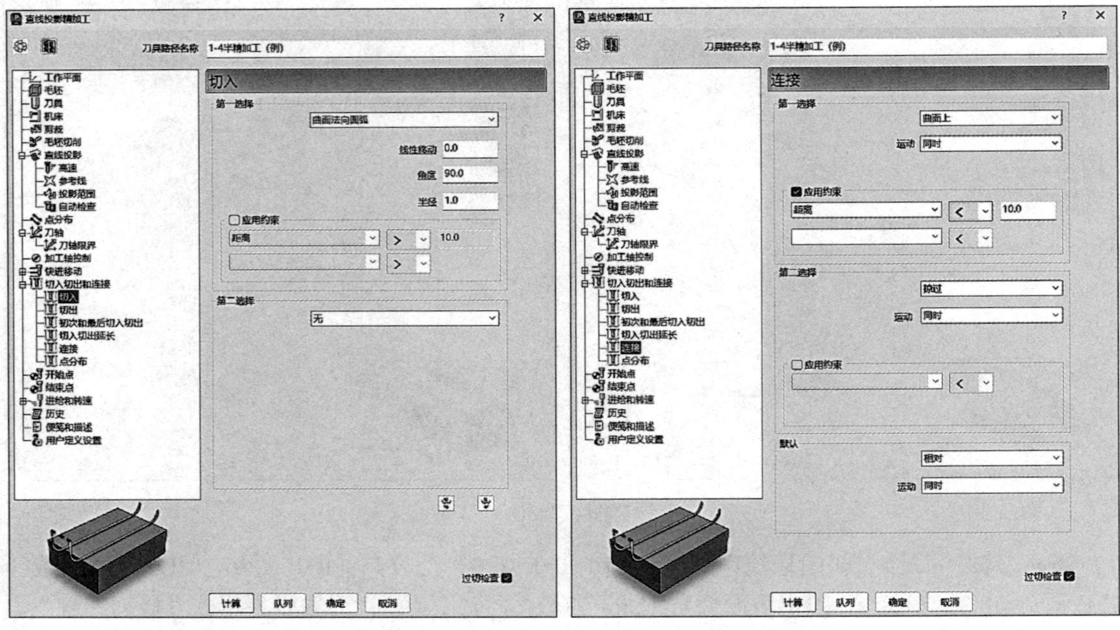

图 7-32

8）开始点选择“第一点安全高度”，结束点选择“最后一点安全高度”，如图 7-33 所示。

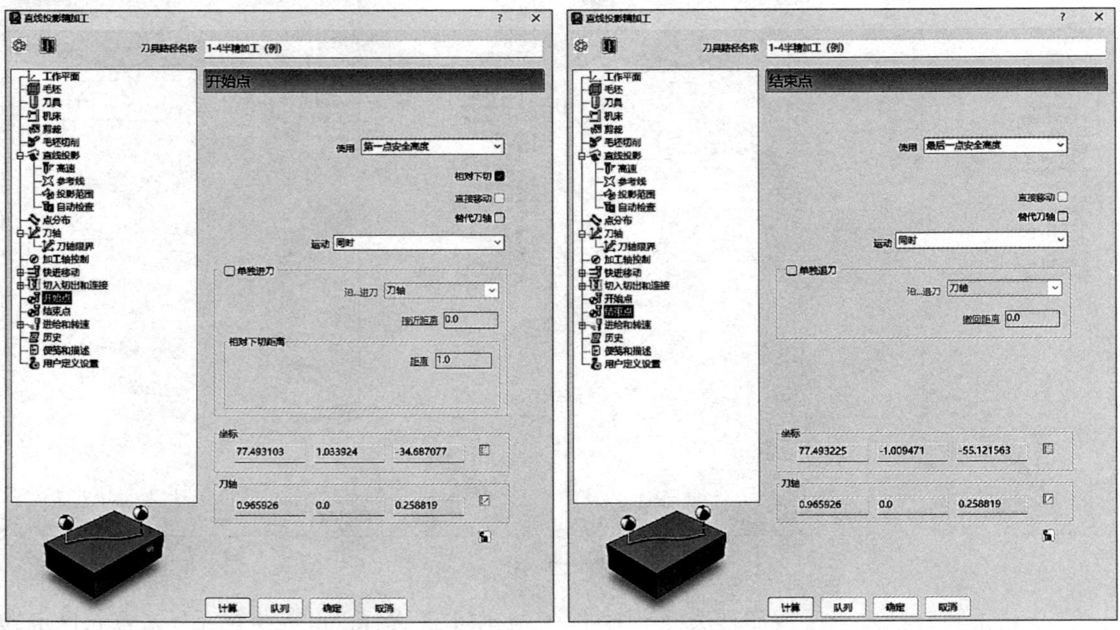

图 7-33

9）进给和转速：设定主轴转速 8500r/min、切削进给率 2000mm/min、下切进给率 1600mm/min、掠过进给率 8000mm/min，标准冷却，如图 7-34 所示。

10）单击图 7-34 中的“计算”按钮，刀具路径如图 7-35 所示。

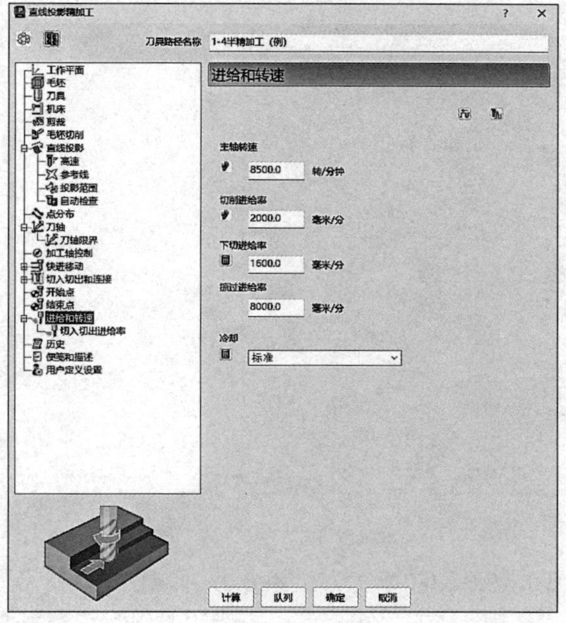

图 7-34

图 7-35

7.5.5 1-16 半精加工

步骤：单击“开始”→“刀具路径”图标→“策略选择器”对话框→在“策略选择器”对话框中单击“精加工”→“直线投影精加工”，如图 7-36 所示。

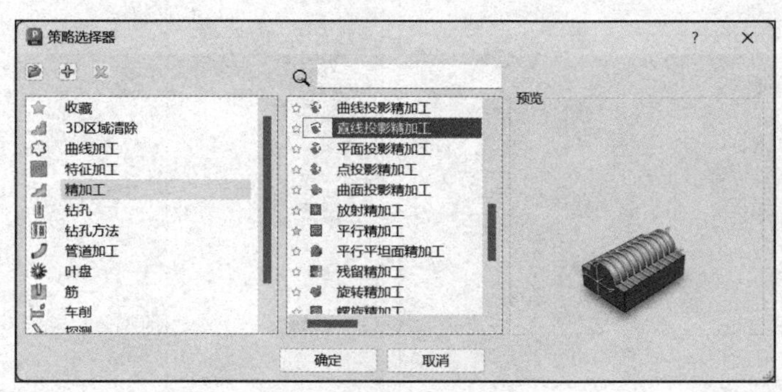

扫码观看视频

图 7-36

需要设定的参数如下：

1）工作平面选择“无”。

2）毛坯：由圆柱定义，坐标系选择“世界坐标系”，直径 135.0，最小 −298.0，最大 −279.9，如图 7-37 所示。

3）刀具选择“R3-H25.5”的 ϕ6mm 球头刀。

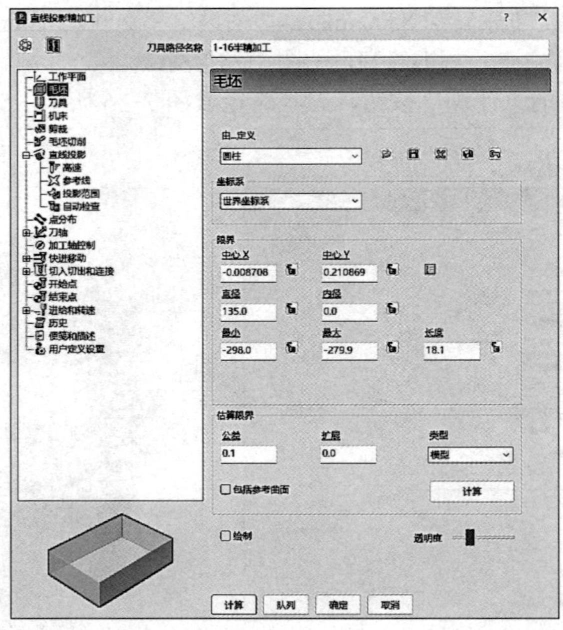

图 7-37

4）直线投影：样式“螺旋”，定位（0.0，0.0，0.0），方位角 0.0，仰角 1.0，投影方向“向内”，公差 0.01，余量 0.2，行距 0.3；参考线样式“螺旋”，方向“顺时针”，裁剪高度开始 −279.9、结束 −298.0，如图 7-38 所示。

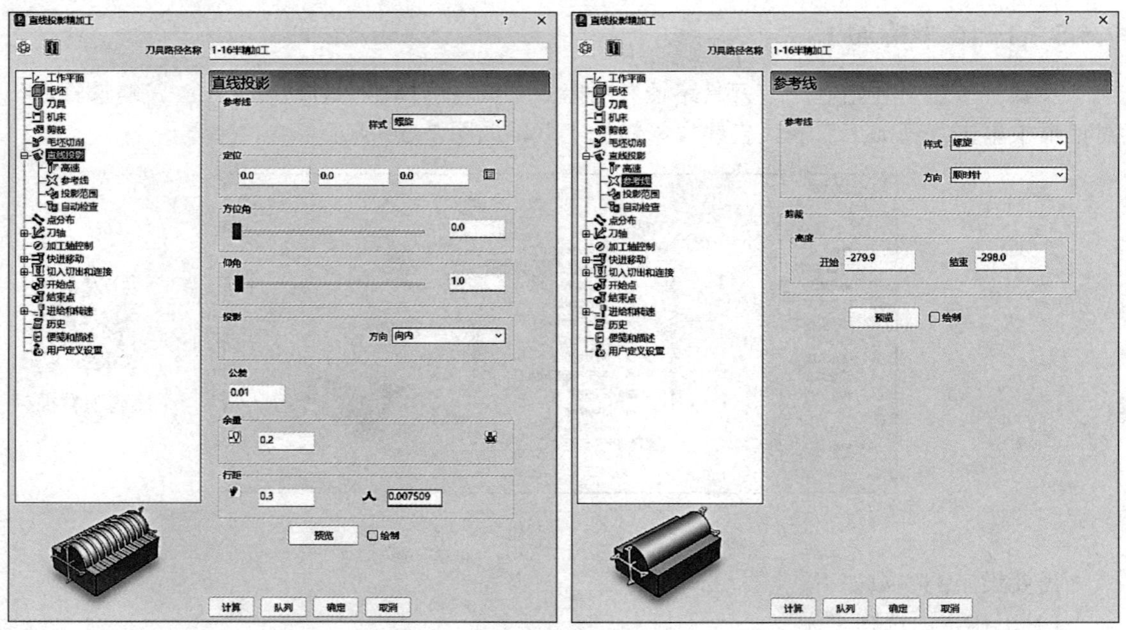

图 7-38

5）刀轴：刀轴“朝向直线”，点（0.0，0.0，0.0），方向（0.0，0.0，1.0），模式选择“PowerMill 2012 R2”，固定角度仰角 15.0，勾选“刀轴限界”；刀轴限界模式“移动刀轴”，

角度限界方位角开始 0.0、结束 360.0，仰角开始 15.0、结束 15.0，如图 7-39 所示。

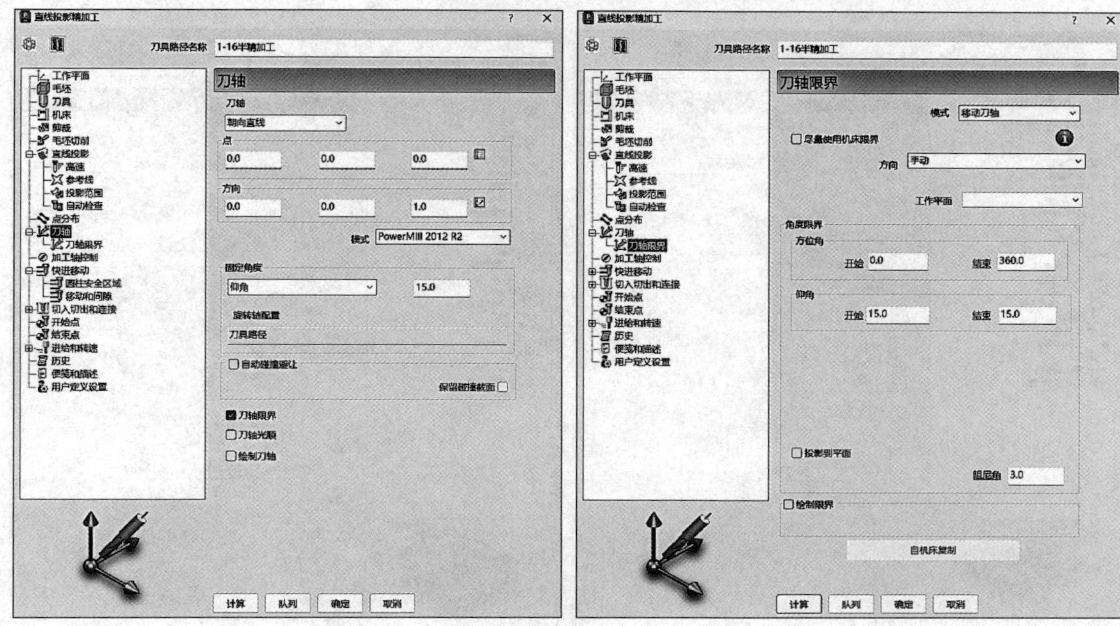

图 7-39

6）快进移动：安全区域类型选择“圆柱”，工作平面选择“世界坐标系”，方向设定为（0.0，0.0，1.0），快进间隙 10.0，下切间隙 5.0，然后单击“计算”按钮。

7）切入切出和连接：切入第一选择“曲面法向圆弧”，线性移动 0.0，角度 90.0，半径 1.0，第二选择“无”；连接第一选择“曲面上”，勾选“应用约束”，距离 <10.0，第二选择“掠过”，如图 7-40 所示。

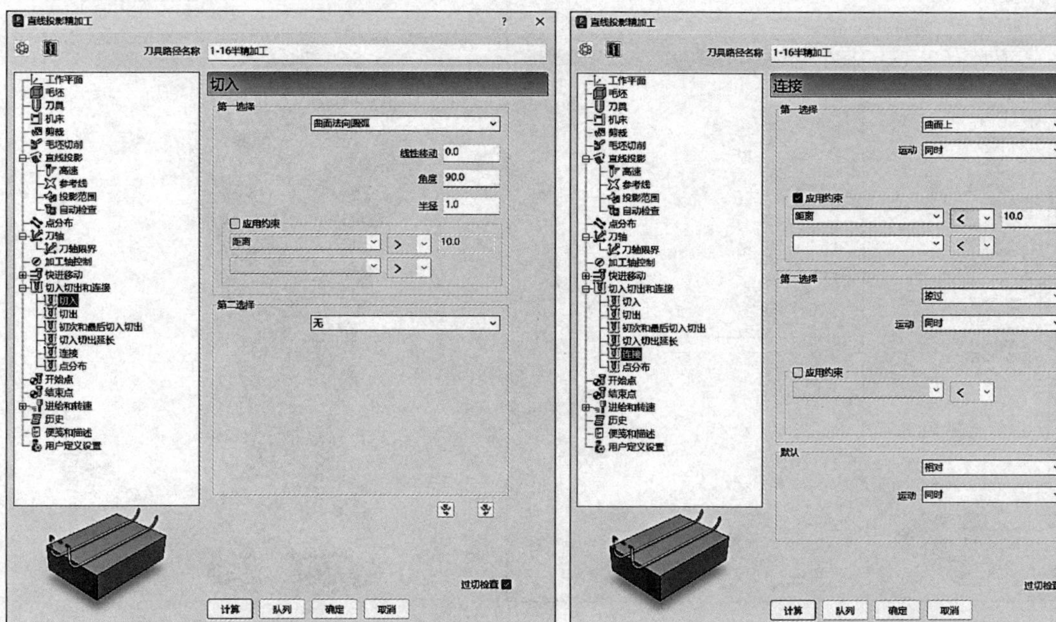

图 7-40

8）开始点选择“第一点安全高度”，结束点选择“最后一点安全高度”，如图 7-41 所示。

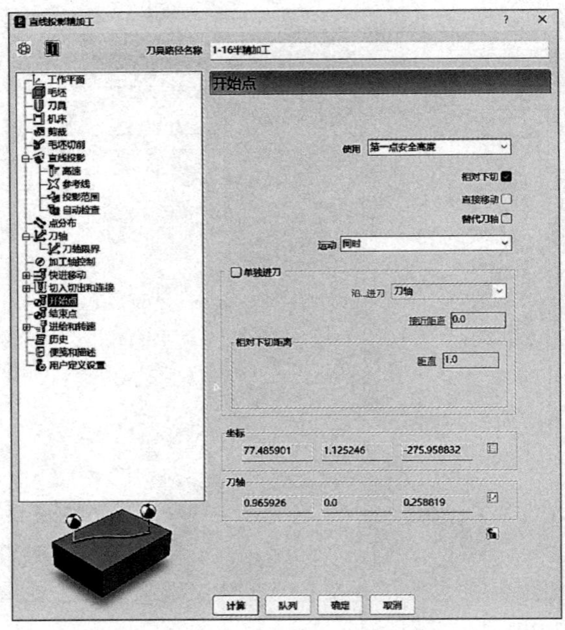

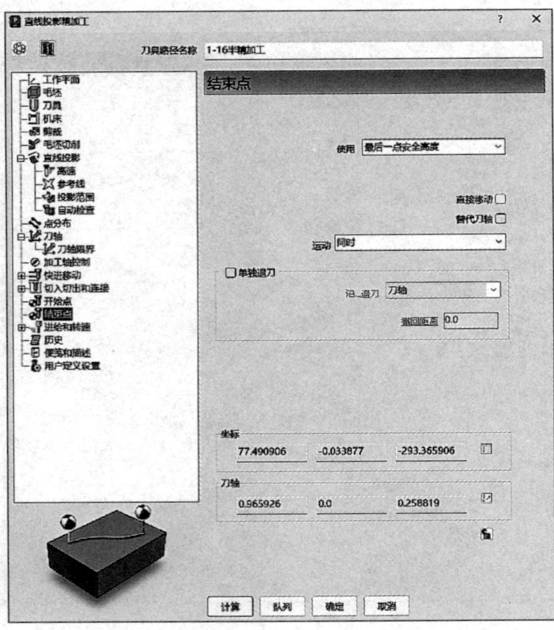

图 7-41

9）进给和转速：设定主轴转速 8500r/min、切削进给率 2000mm/min、下切进给率 1600mm/min、掠过进给率 8000mm/min，标准冷却，如图 7-42 所示。

10）单击图 7-42 中的“计算”按钮，刀具路径如图 7-43 所示。

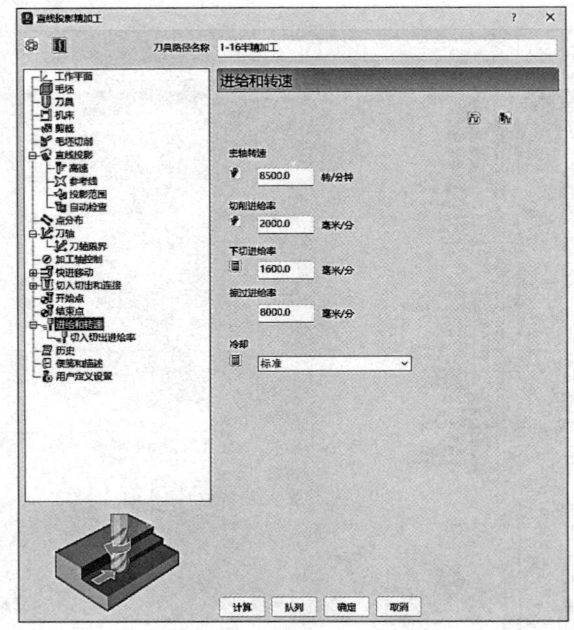

图 7-42

图 7-43

7.5.6　2-1 精加工

步骤：单击“开始”→“刀具路径”图标→“策略选择器”对话框→在“策略选择器”对话框中单击“精加工”→“螺旋精加工”，如图 7-44 所示。

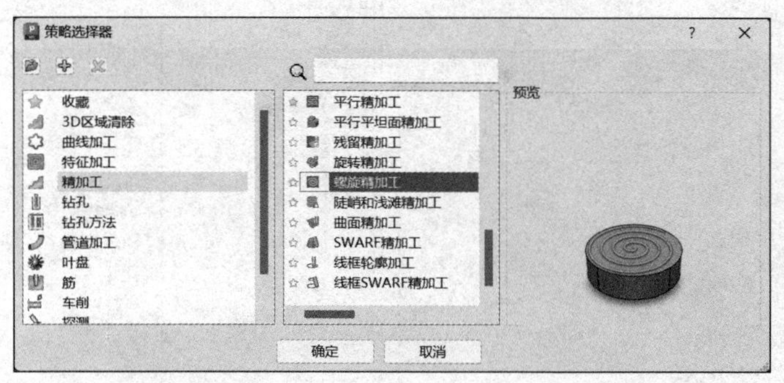

扫码观看视频

图　7-44

需要设定的参数如下：

1）工作平面选择“无”。

2）毛坯：选择“世界坐标系”，由圆柱定义，单击“计算”按钮。

3）刀具选择“D3R1.5-H21”的 ϕ3mm 球头刀，选择①编辑→②夹持→③打开“刀柄 C5-390.410-63”文件→④修改伸出 26mm，如图 7-45 所示。

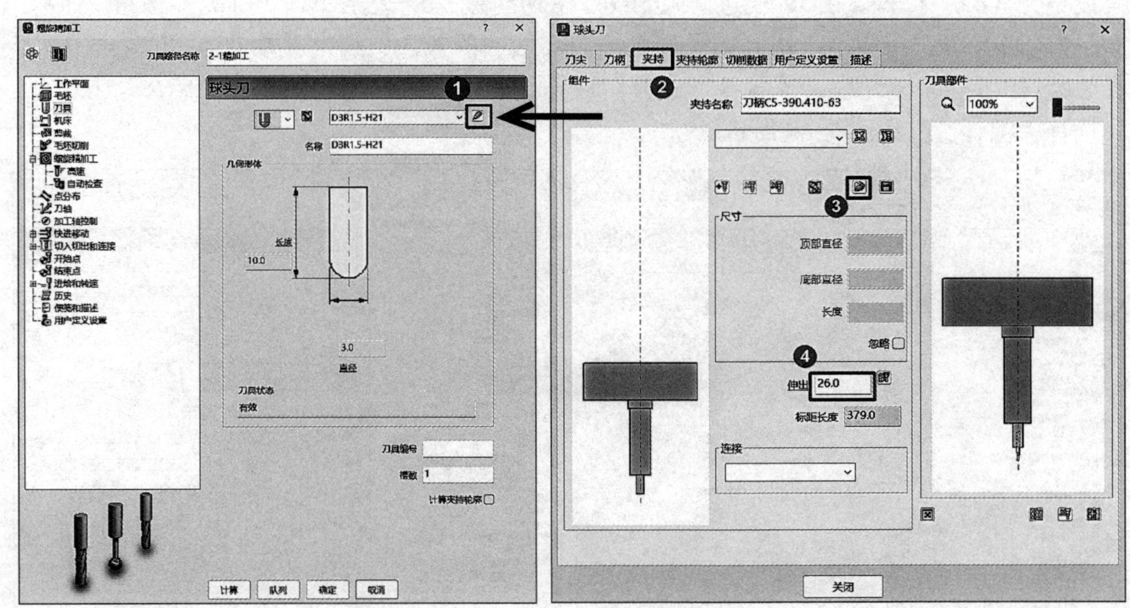

图　7-45

4）螺旋精加工：设置中心点（0.0，0.0），半径开始 0.0、结束 30.0；设定公差 0.01，方向“顺时针”；余量 0.0，行距 0.1，如图 7-46 所示。

5）刀轴：刀轴“朝向直线”；点（0.0，0.0，0.0），方向（0.0，0.0，1.0），模式选择“PowerMill 2012 R2”，固定角度仰角 15.0，如图 7-47 所示。

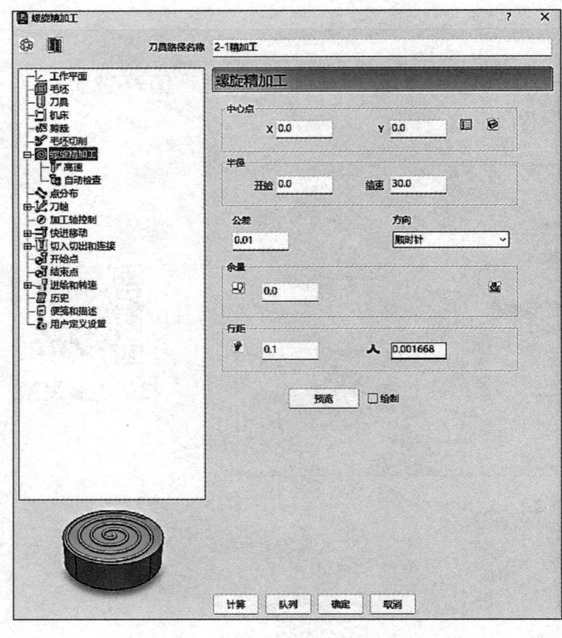

图 7-46

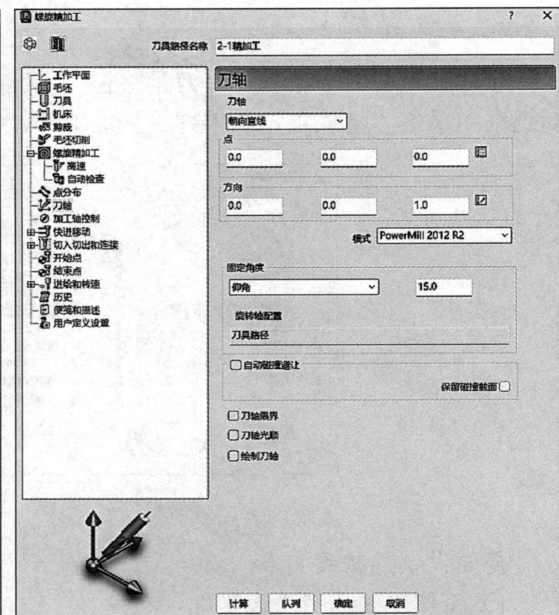

图 7-47

6）快进移动：安全区域类型选择“平面”，工作平面选择“刀具路径工作平面”，方向设定为（0.0，0.0，1.0），快进间隙 10.0，下切间隙 5.0，然后单击“计算”按钮。

7）切入切出和连接：切入第一选择“曲面法向圆弧”，线性移动 0.0，角度 45.0，半径 1.0，第二选择“无”；连接第一选择“曲面上”，勾选“应用约束”，距离 <10.0，第二选择“掠过”，如图 7-48 所示。

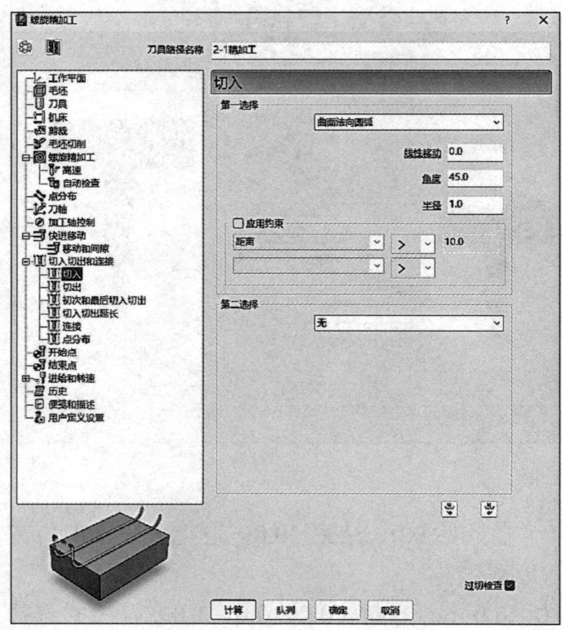

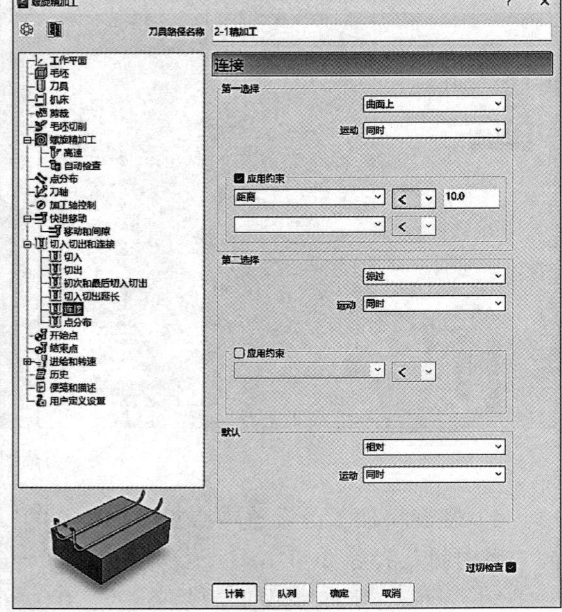

图 7-48

8）开始点选择“第一点安全高度”，结束点选择“最后一点安全高度”，如图 7-49 所示。

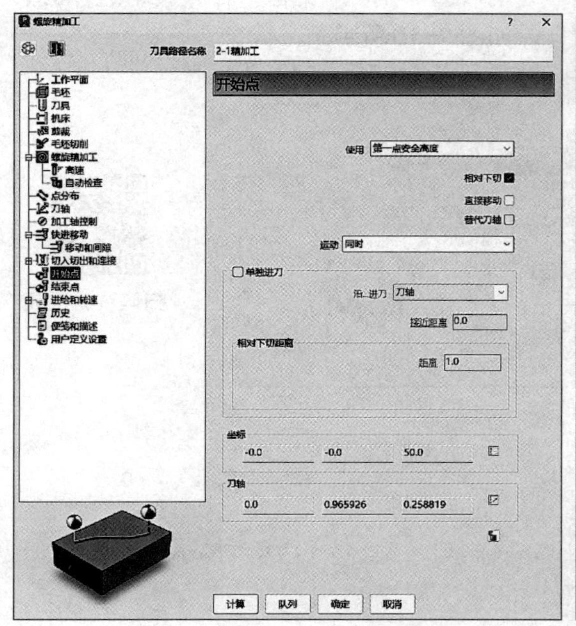

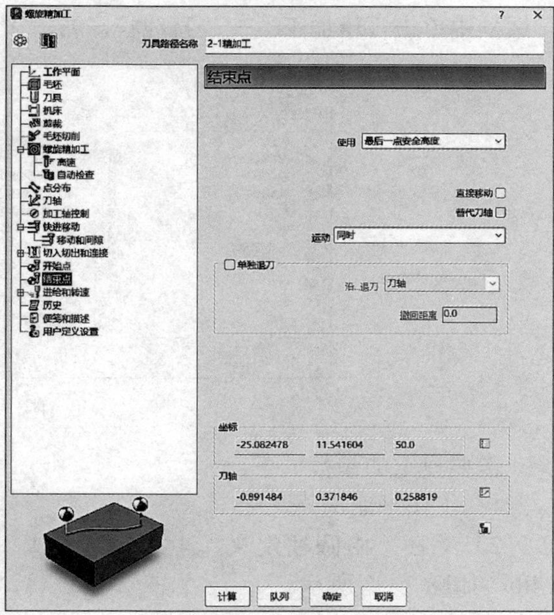

图 7-49

9）进给和转速：设定主轴转速 8500r/min、切削进给率 2000mm/min、下切进给率 1600mm/min、掠过进给率 8000mm/min，标准冷却，如图 7-50 所示。

10）单击图 7-50 中的“计算”按钮，刀具路径如图 7-51 所示。

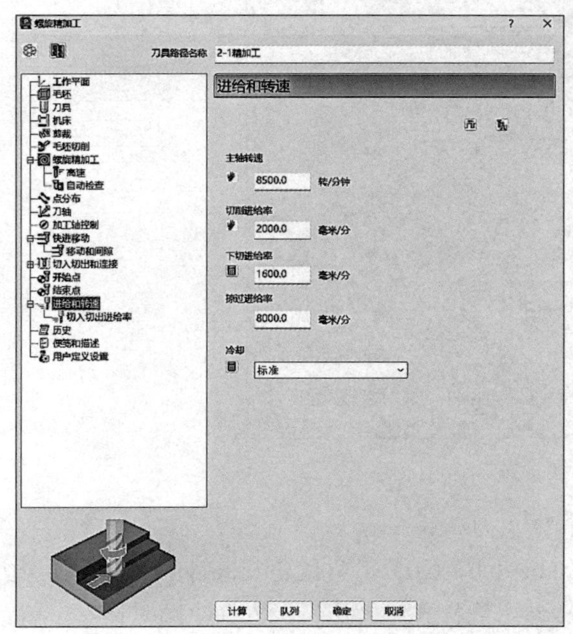

图 7-50

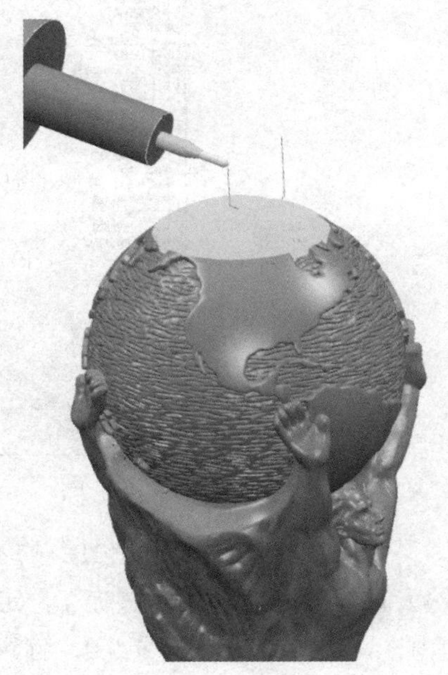

图 7-51

7.5.7 2-2 精加工

步骤：单击“开始”→“刀具路径”图标→“策略选择器”对话框→在“策略选择器”对话框中单击“精加工”→“直线投影精加工”，如图 7-52 所示。

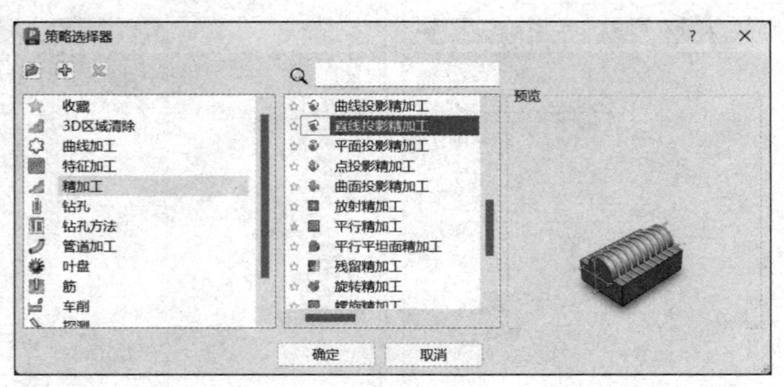

扫码观看视频

图 7-52

需要设定的参数如下：

1）工作平面选择“无”。

2）毛坯：由圆柱定义，坐标系选择“世界坐标系”，直径 135.0，最小 -22.0，最大 -4.0，如图 7-53 所示。

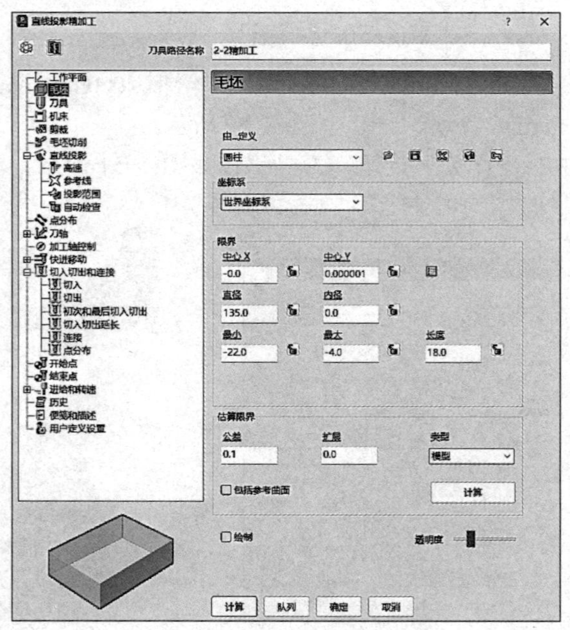

图 7-53

3）刀具选择“D3R1.5-H21”的 ϕ3mm 球头刀。

4）直线投影：样式“螺旋”，定位（0.0，0.0，0.0），方位角 0.0，仰角 0.0，投影方向“向内”，公差 0.01，余量 0.0，行距 0.1。参考线样式“螺旋”，方向“顺时针”，剪裁高度开始 -4.0，结束 -22.0，如图 7-54 所示。

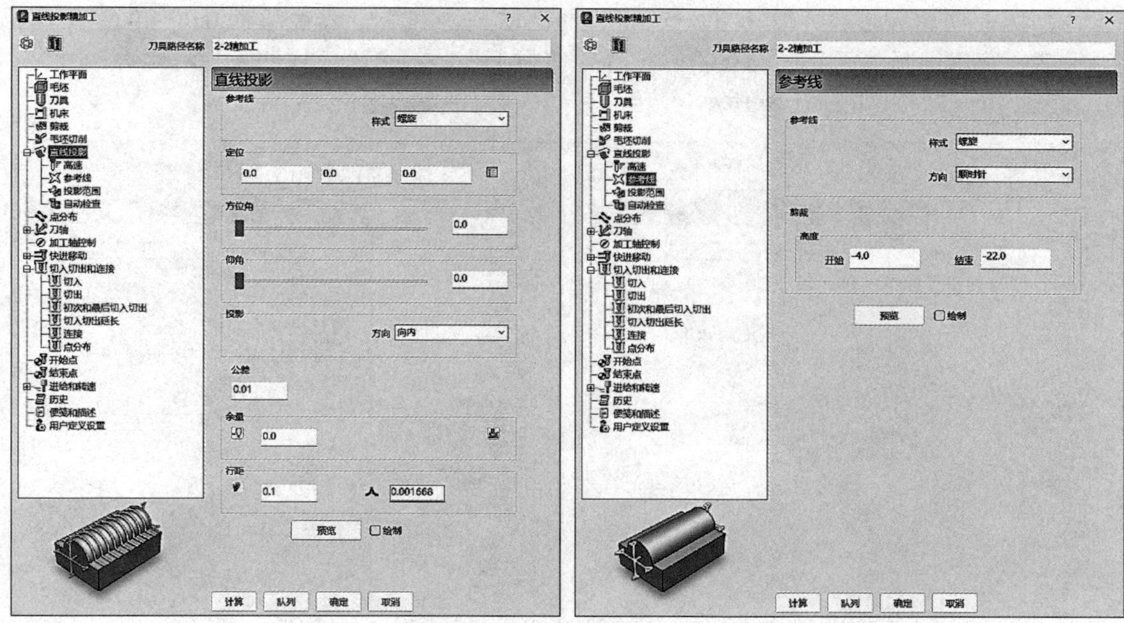

图 7-54

5）刀轴：刀轴“朝向直线”，点（0.0，0.0，0.0），方向（0.0，0.0，1.0），模式选择“PowerMill 2012 R2”，固定角度仰角 15.0，勾选“刀轴限界”；刀轴限界模式“移动刀轴”，角度限界方位角开始 0.0，结束 360.0，仰角开始 15.0，结束 15.0，如图 7-55 所示。

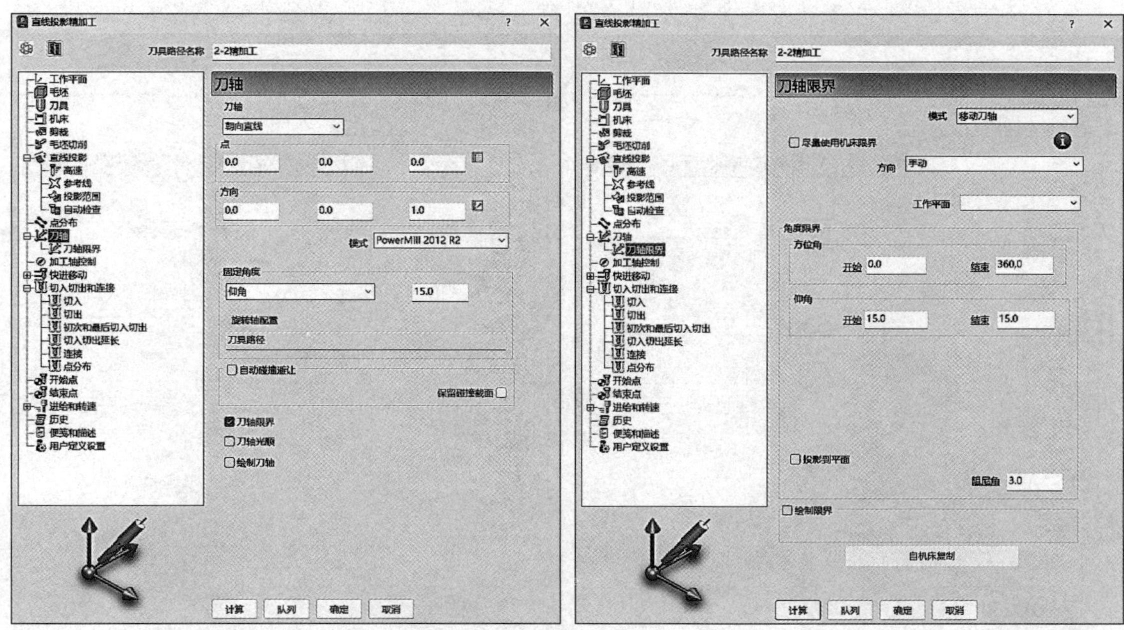

图 7-55

6）快进移动：安全区域类型选择“圆柱”，工作平面选择“世界坐标系”，方向设定为（0.0，0.0，1.0），快进间隙 10.0，下切间隙 5.0，然后单击“计算”按钮。

7）切入切出和连接：切入第一选择“曲面法向圆弧”，线性移动 0.0，角度 90.0，半径 1.0，第二选择“无”；连接第一选择“曲面上”，勾选“应用约束”，距离 <10.0，第二选择“掠过”，如图 7-56 所示。

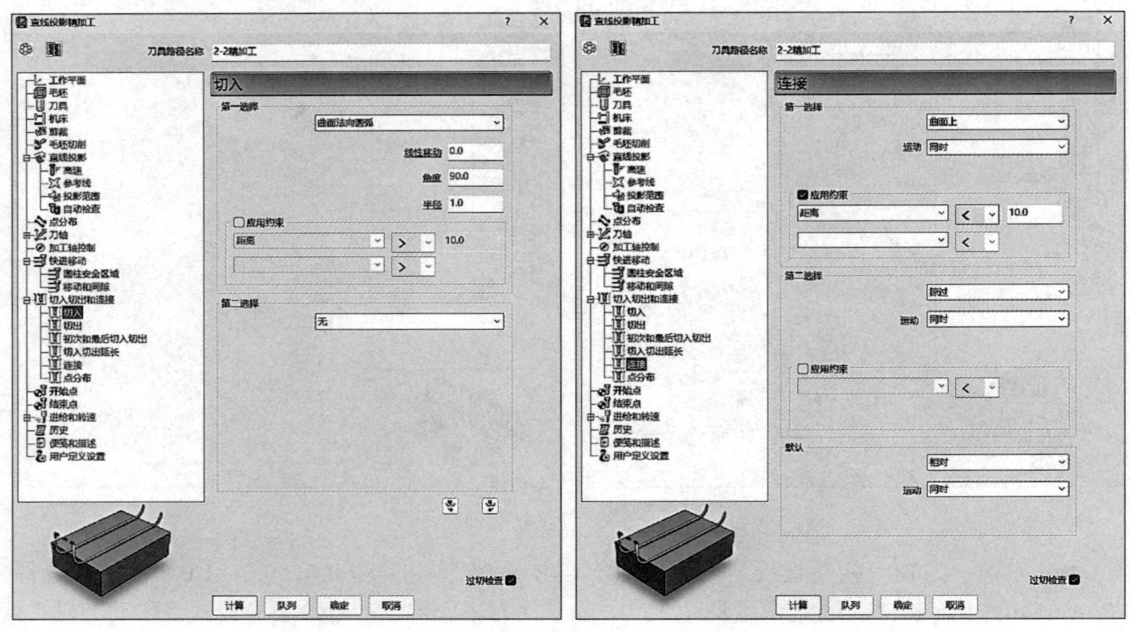

图 7-56

8）开始点选择“第一点安全高度”，结束点选择“最后一点安全高度”，如图 7-57 所示。

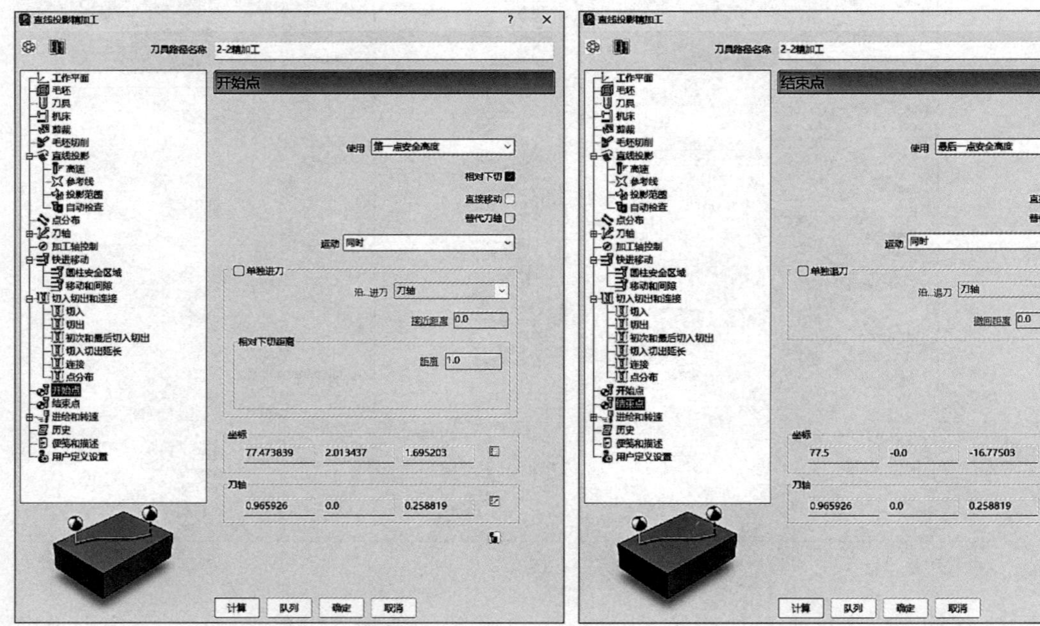

图 7-57

9）进给和转速：设定主轴转速 8500r/min、切削进给率 2000mm/min、下切进给率 1600mm/min、掠过进给率 8000mm/min，标准冷却，如图 7-58 所示。

10）单击图 7-58 中的“计算”按钮，刀具路径如图 7-59 所示。

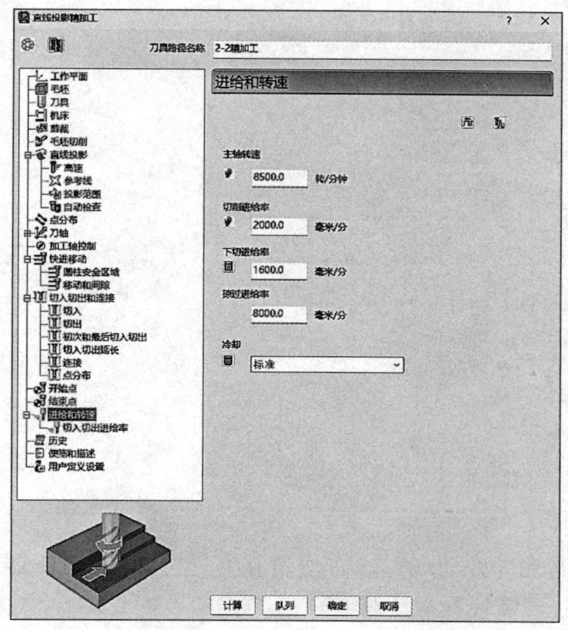

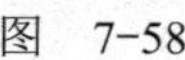

图 7-58

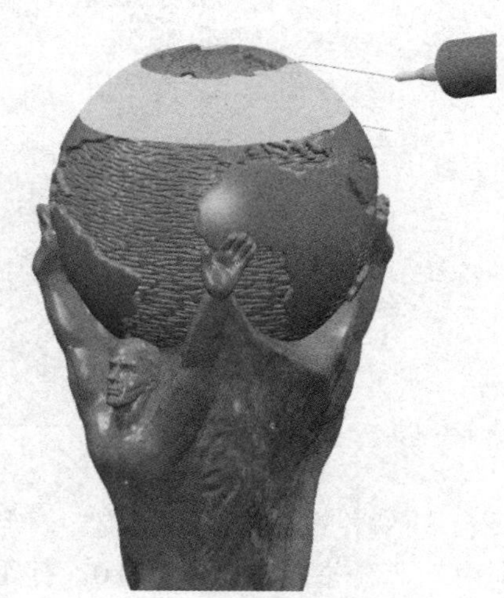

图 7-59

7.5.8 2–3 精加工

步骤：单击“开始”→“刀具路径”图标→“策略选择器”对话框→在“策略选择器”对话框中单击“精加工”→“直线投影精加工”，如图 7-60 所示。

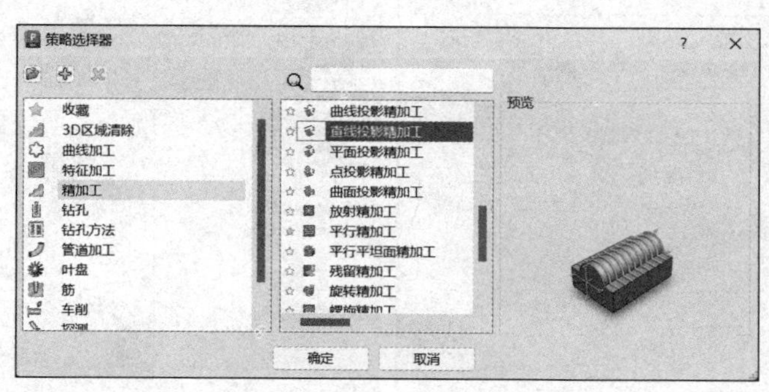

扫码观看视频

图 7-60

需要设定的参数如下：

1）工作平面选择“无”。

2）毛坯：由圆柱定义，坐标系选择“世界坐标系”，直径 135.0，最小 −40.0，最大 −21.9，如图 7-61 所示。

3）刀具选择“D3R1.5-H21”的 ϕ3mm 球头刀。

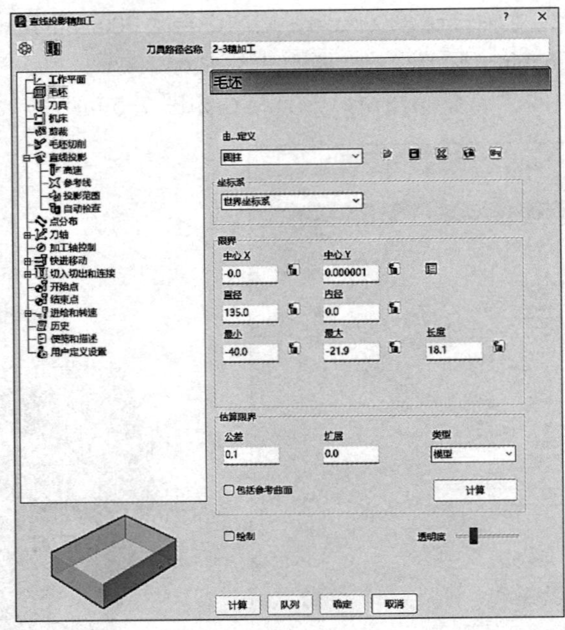

图 7-61

4）直线投影：样式“螺旋”，定位（0.0，0.0，0.0），方位角 0.0，仰角 0.0，投影方向“向内”，公差 0.01，余量 0.0，行距 0.1。参考线样式“螺旋”，方向“顺时针”，剪裁高度开始 -21.9、结束 -40.0，如图 7-62 所示。

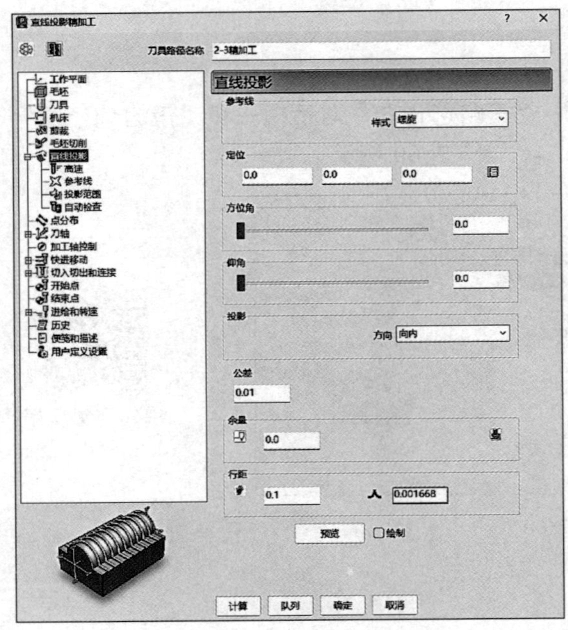

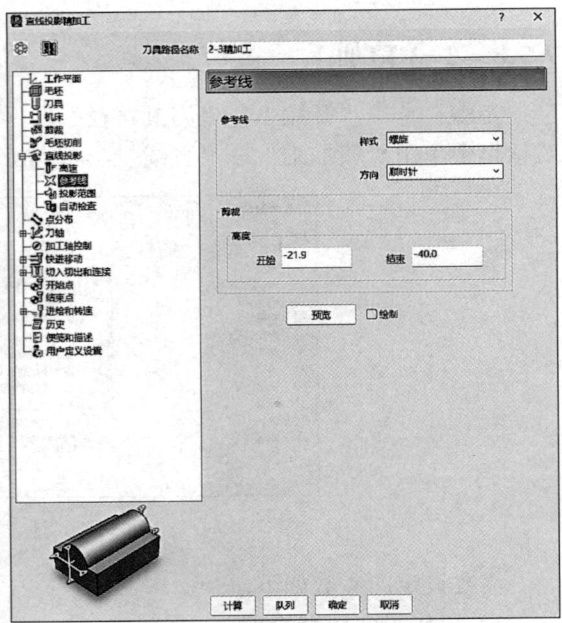

图 7-62

5）刀轴：刀轴“朝向直线”，点（0.0，0.0，0.0），方向（0.0，0.0，1.0），模式选择“PowerMill 2012 R2”，固定角度仰角 15.0，勾选“刀轴限界”；刀轴限界模式“移动刀轴”，

角度限界方位角开始 0.0，结束 360.0，仰角开始 15.0，结束 15.0，如图 7-63 所示。

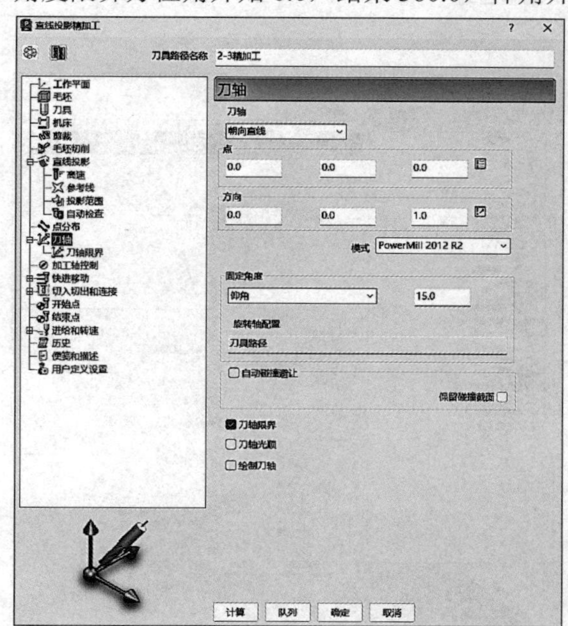
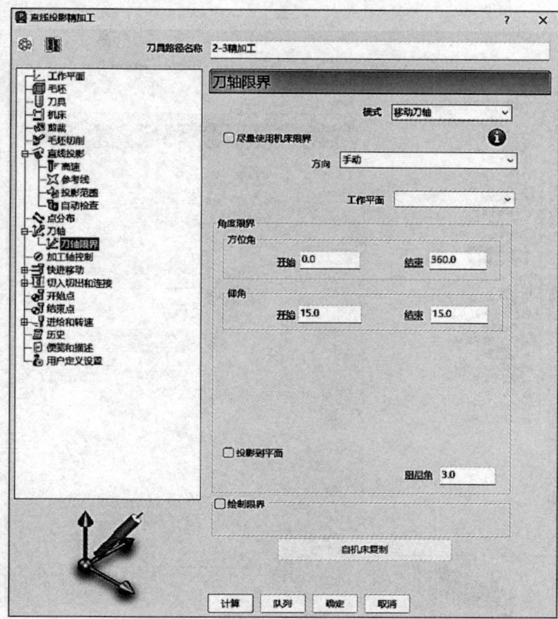

图 7-63

6）快进移动：安全区域类型选择“圆柱”，工作平面选择“世界坐标系”，方向设定为（0.0，0.0，1.0），快进间隙 10.0，下切间隙 5.0，然后单击“计算”按钮。

7）切入切出和连接：切入第一选择“曲面法向圆弧”，线性移动 0.0，角度 90.0，半径 1.0，第二选择“无”；连接第一选择“曲面上”，勾选“应用约束”，距离 <10.0，第二选择“掠过”，如图 7-64 所示。

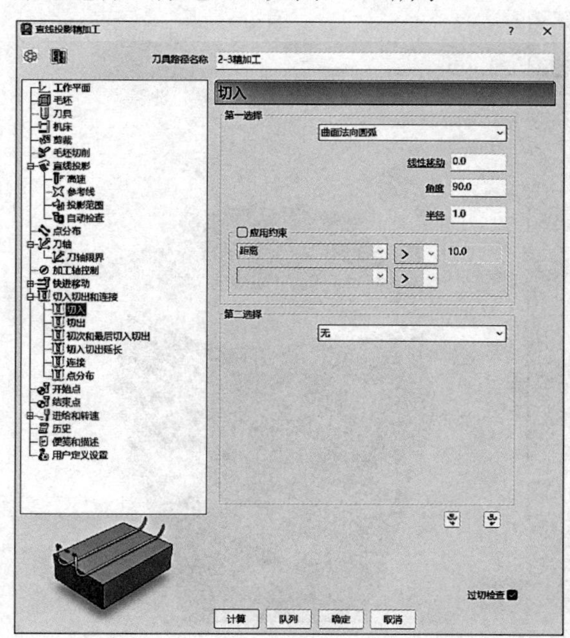
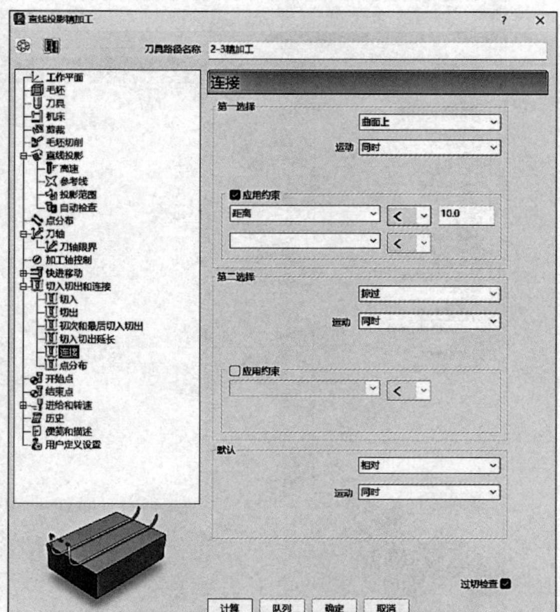

图 7-64

8）开始点选择“第一点安全高度”，结束点选择“最后一点安全高度”，如图 7-65 所示。

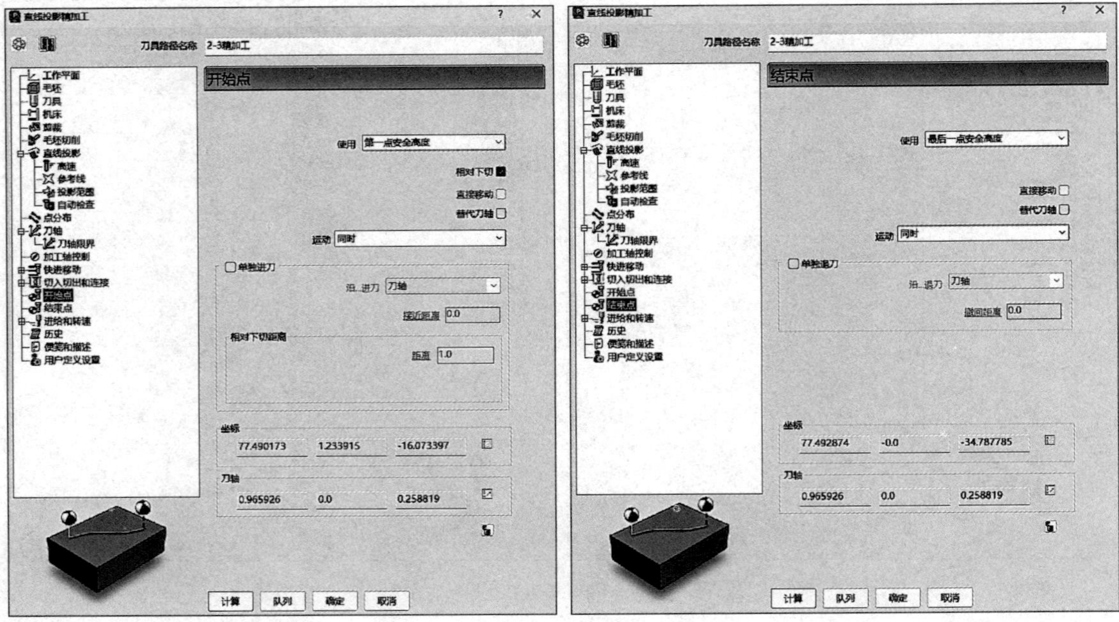

图 7-65

9）进给和转速：设定主轴转速 8500r/min、切削进给率 2000mm/min、下切进给率 1600mm/min、掠过进给率 8000mm/min，标准冷却，如图 7-66 所示。

10）单击图 7-66 中的“计算”按钮，刀具路径如图 7-67 所示。

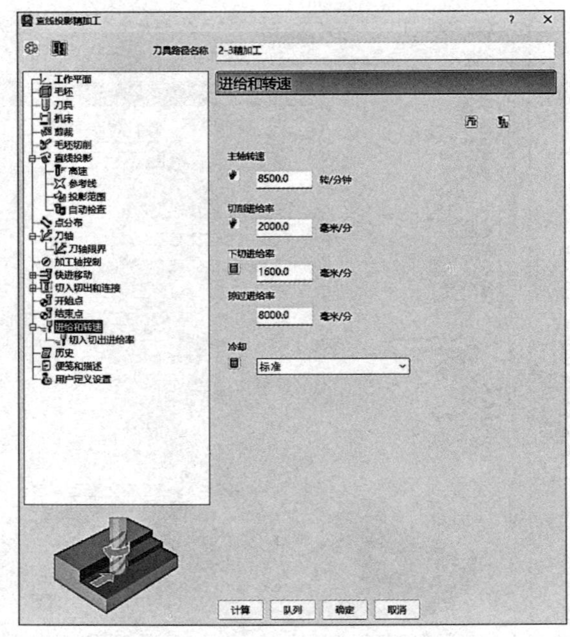

图 7-66

图 7-67

7.5.9　2–4 精加工（例）

步骤：单击“开始”→“刀具路径”图标→“策略选择器”对话框→在“策略选择器”对话框中单击“精加工”→“直线投影精加工”，如图 7–68 所示。

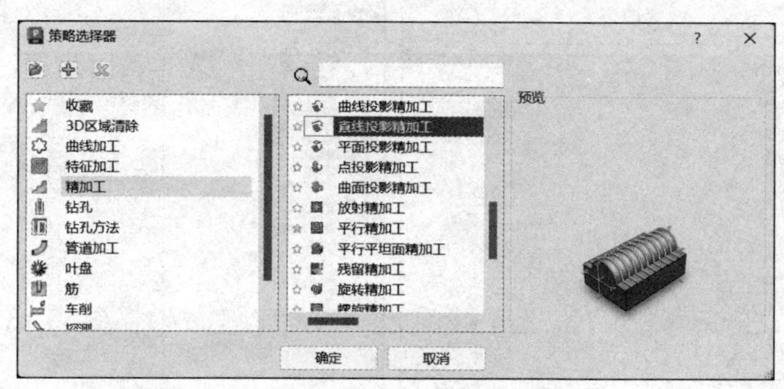

扫码观看视频

图　7–68

需要设定的参数如下：

1）工作平面选择“无”。

2）毛坯：由圆柱定义，坐标系选择“世界坐标系”，直径 135.0，最小 −60.0，最大 −39.9，如图 7–69 所示。

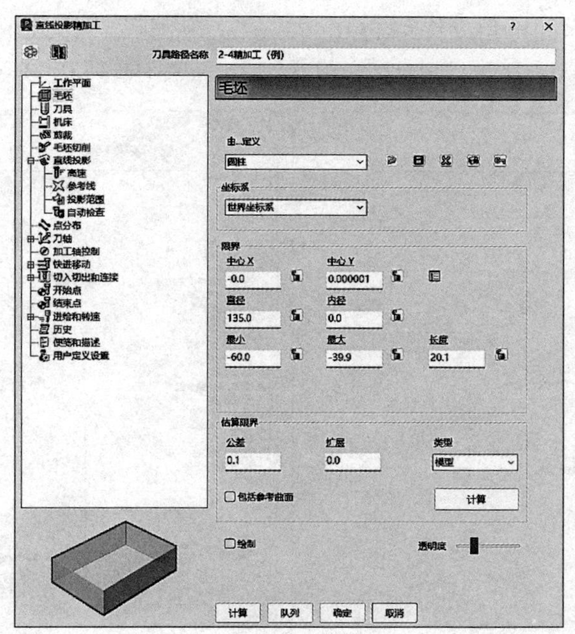

图　7–69

3）刀具选择“D3R1.5-H21”的 ϕ3mm 球头刀。

4）直线投影：样式“螺旋”，定位（0.0，0.0，0.0），方位角 0.0，仰角 0.0，投影方向“向内”，公差 0.01，余量 0.0，行距 0.1。参考线样式“螺旋”，方向“顺时针”，裁剪高度开始 −39.9、结束 −60.0，如图 7–70 所示。

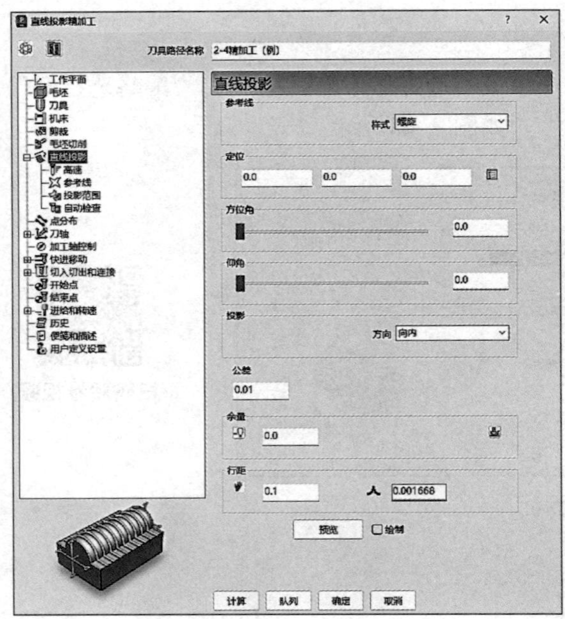
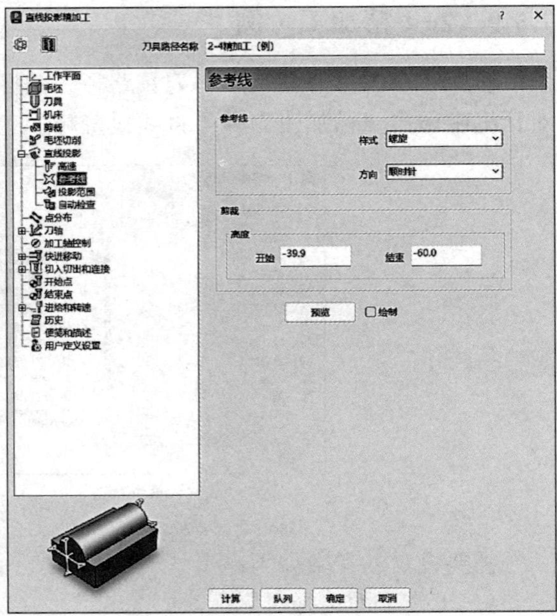

图 7-70

5）刀轴：刀轴“朝向直线”，点（0.0，0.0，0.0），方向（0.0，0.0，1.0），模式选择“PowerMill 2012 R2”，固定角度仰角 15.0，勾选“刀轴限界”；刀轴限界模式“移动刀轴”，角度限界方位角开始 0.0，结束 360.0，仰角开始 15.0，结束 15.0，如图 7-71 所示。

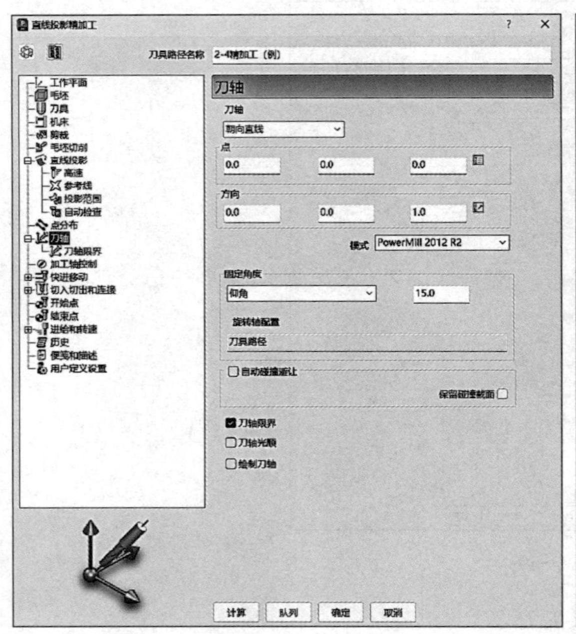
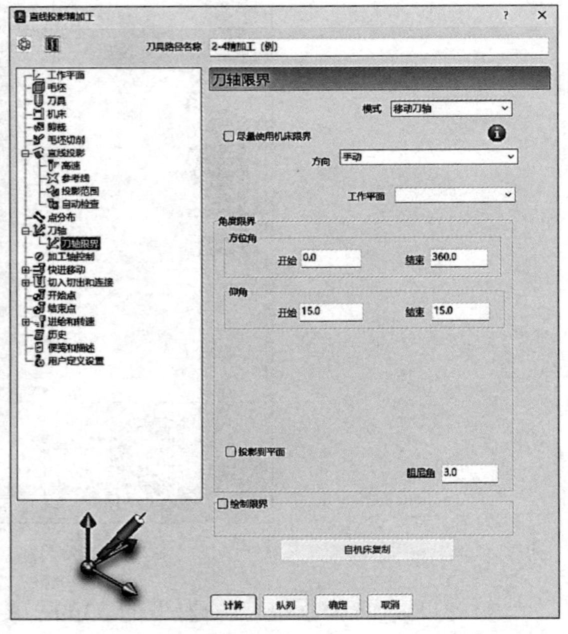

图 7-71

6）快进移动：安全区域类型选择“圆柱”，工作平面选择“世界坐标系”，方向设定为（0.0，0.0，1.0），快进间隙 10.0，下切间隙 5.0，然后单击“计算”按钮。

7）切入切出和连接：切入第一选择“曲面法向圆弧”，线性移动 0.0，角度 90.0，半径 1.0，第二选择“无”；连接第一选择“曲面上”，勾选“应用约束”，距离 <10.0，第二选择“掠过”，如图 7-72 所示。

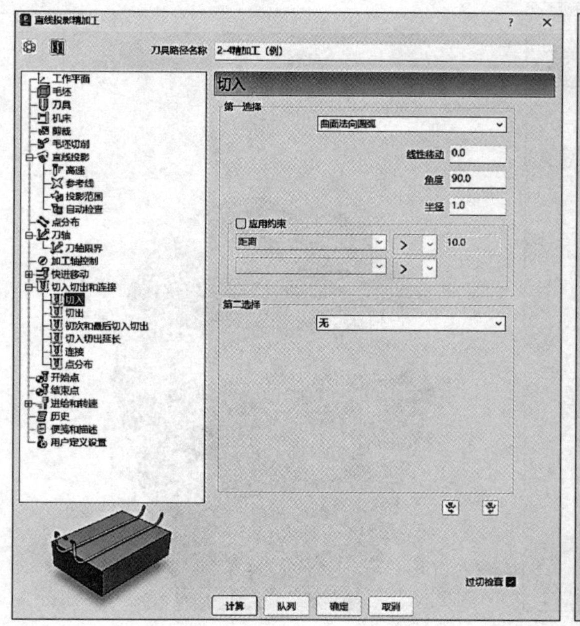

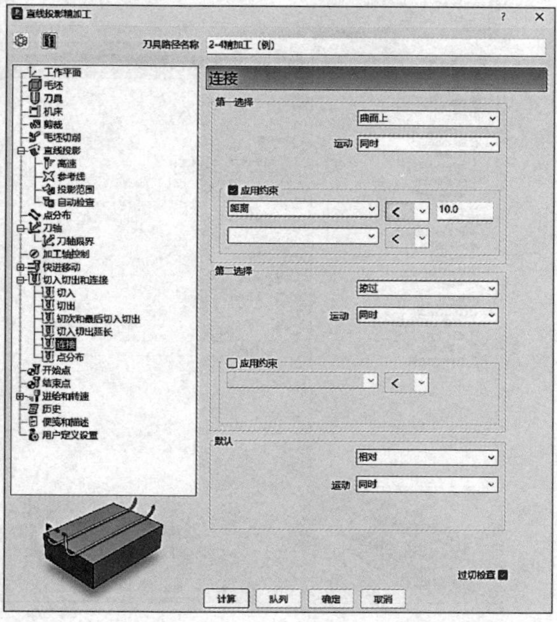

图 7-72

8）开始点选择“第一点安全高度”，结束点选择“最后一点安全高度”，如图 7-73 所示。

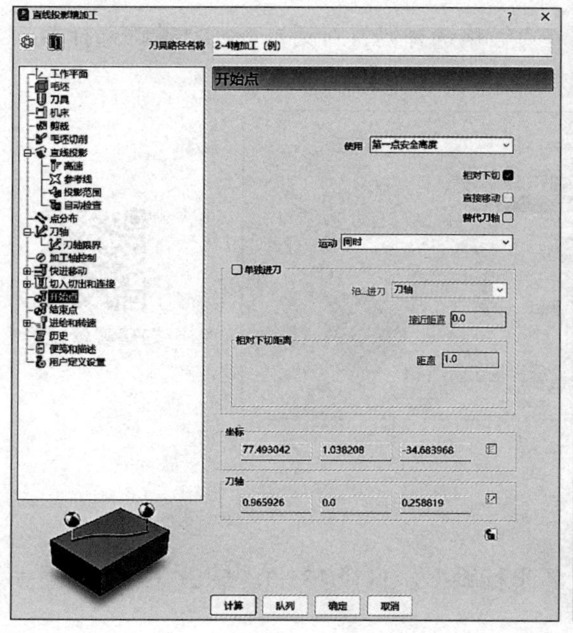

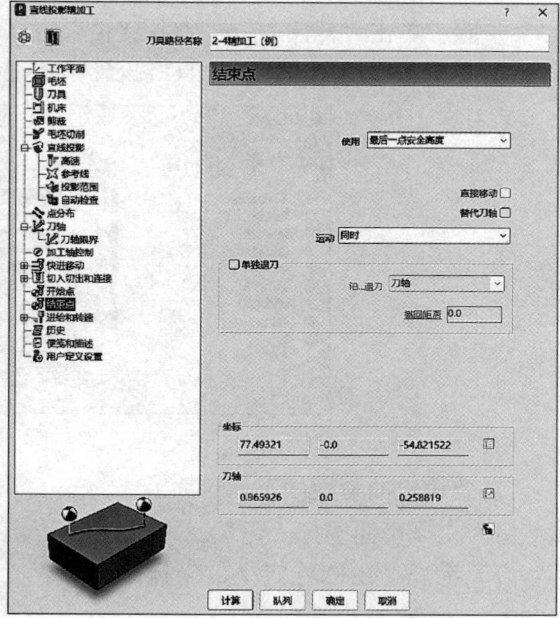

图 7-73

9）进给和转速：设定主轴转速 8500r/min、切削进给率 2000mm/min、下切进给率 1600mm/min、掠过进给率 8000mm/min，标准冷却，如图 7-74 所示。

10）单击图 7-74 中的“计算”按钮，刀具路径如图 7-75 所示。

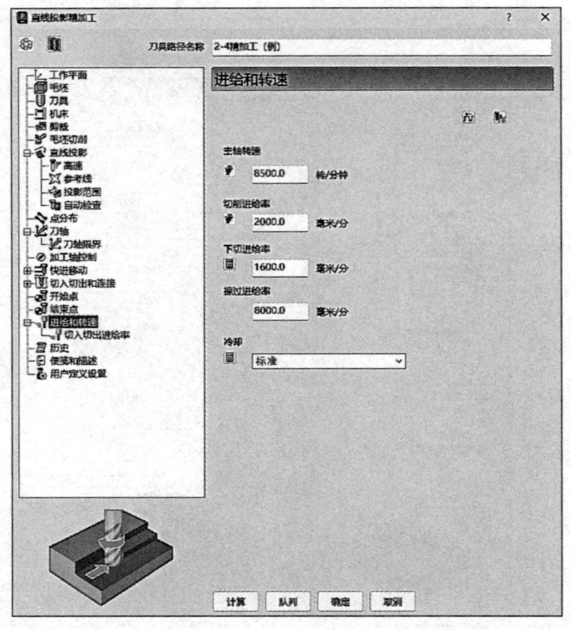
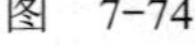

图 7-74

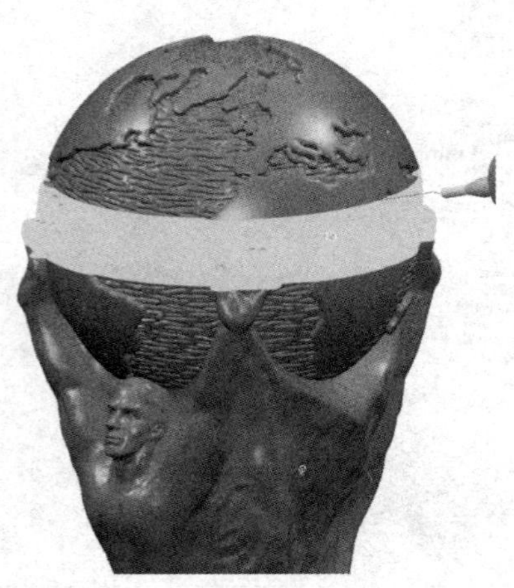

图 7-75

7.5.10 2-16 精加工

步骤：单击“开始”→“刀具路径”图标→“策略选择器”对话框→在“策略选择器”对话框中单击“精加工”→“直线投影精加工”，如图 7-76 所示。

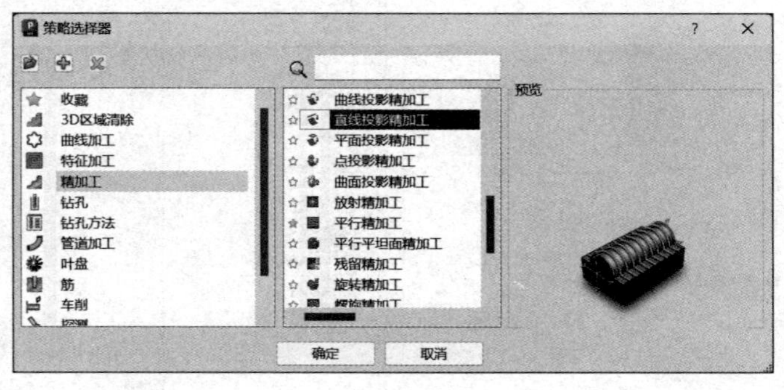

图 7-76

扫码观看视频

需要设定的参数如下：

1）工作平面选择“无”。

2）毛坯：由圆柱定义，坐标系选择“世界坐标系”，直径 135.0，最小 −296.5，最大 −279.9，如图 7-77 所示。

3）刀具选择“D3R1.5-H21”的 ϕ3mm 球头刀。

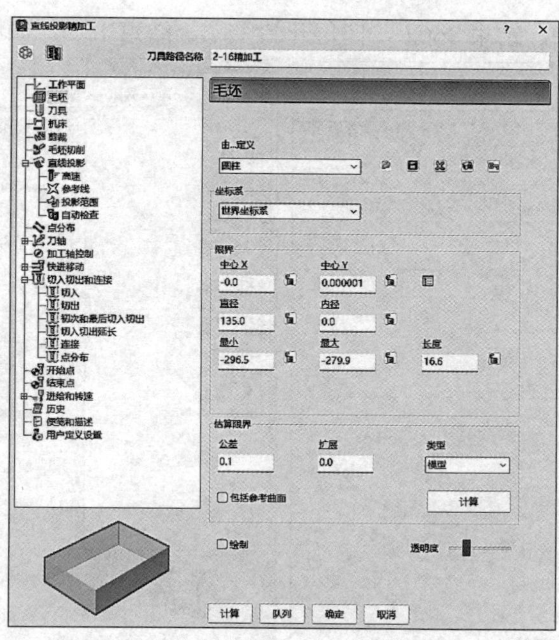

图 7-77

4）直线投影：样式“螺旋”，定位（0.0，0.0，0.0），方位角 0.0，仰角 0.0，投影方向“向内”，公差 0.01，余量 0.0，行距 0.1。参考线样式“螺旋”，方向“顺时针”，裁剪高度开始 -279.9、结束 -296.5，如图 7-78 所示。

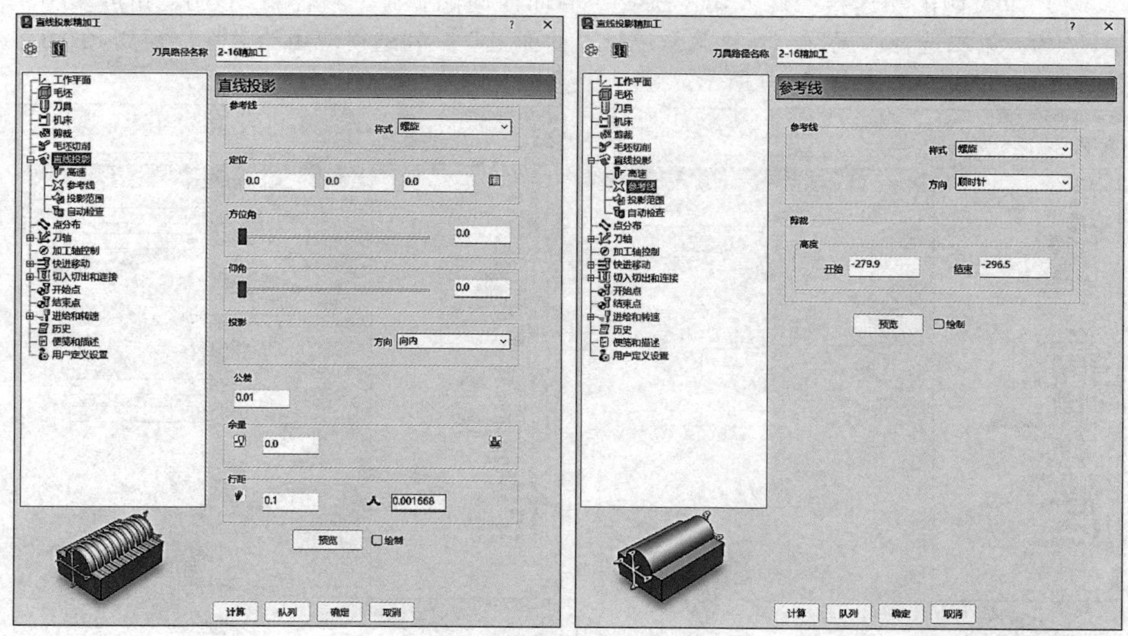

图 7-78

5）刀轴：刀轴“朝向直线”，点（0.0，0.0，0.0），方向（0.0，0.0，1.0），模式选择“PowerMill 2012 R2”，固定角度仰角 15.0，勾选“刀轴限界”；刀轴限界模式“移动刀轴”，

角度限界方位角开始 0.0，结束 360.0，仰角开始 15.0，结束 15.0，如图 7-79 所示。

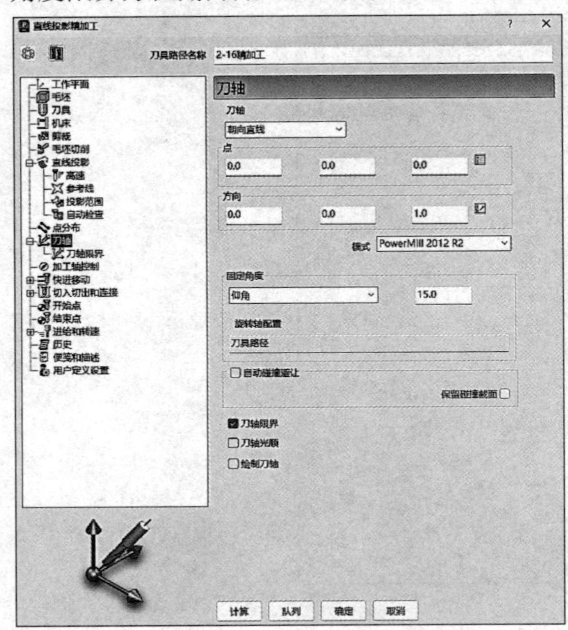

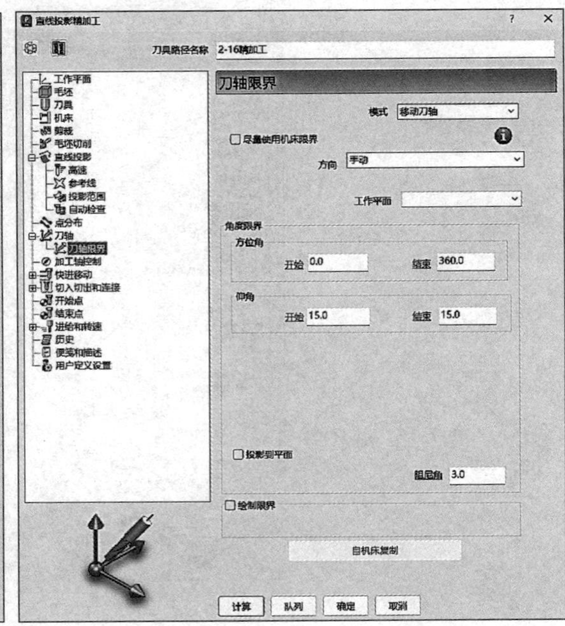

图 7-79

6）快进移动：安全区域类型选择“圆柱”，工作平面选择“世界坐标系”，方向设定为（0.0，0.0，1.0），快进间隙 10.0，下切间隙 5.0，然后单击“计算”按钮。

7）切入切出和连接：切入第一选择“曲面法向圆弧”，线性移动 0.0，角度 90.0，半径 1.0，第二选择“无”；连接第一选择“曲面上”，勾选“应用约束”，距离 <10.0，第二选择“掠过”，如图 7-80 所示。

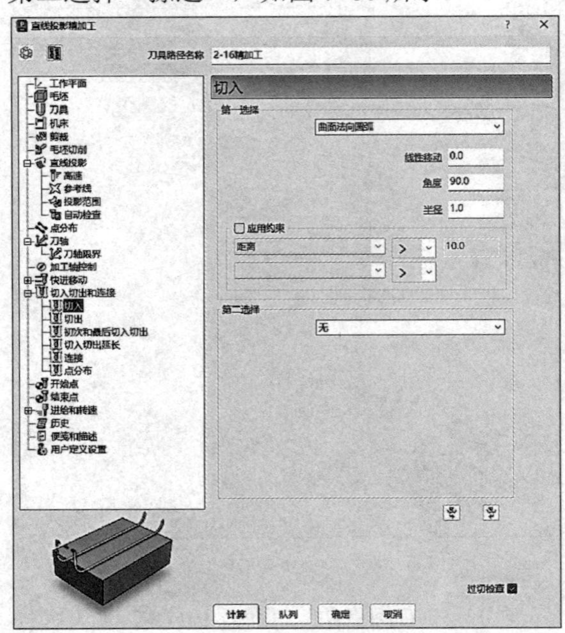

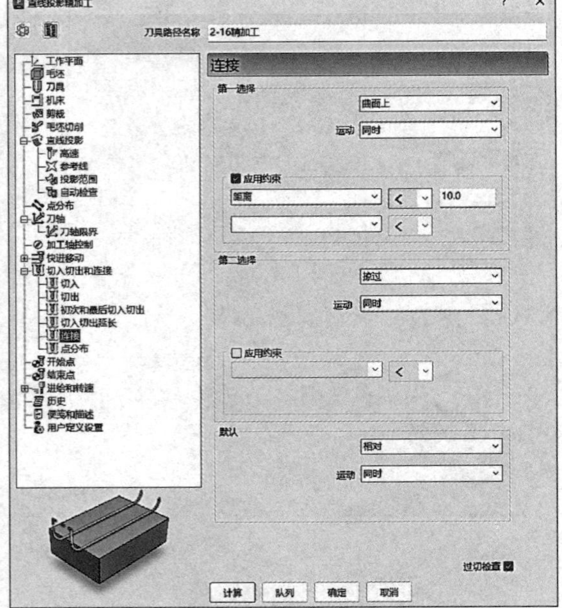

图 7-80

8）开始点选择“第一点安全高度”，结束点选择“最后一点安全高度”，如图 7-81 所示。

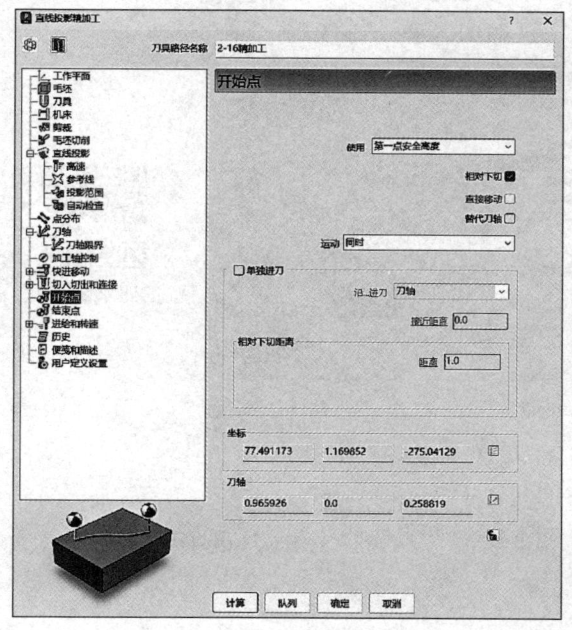

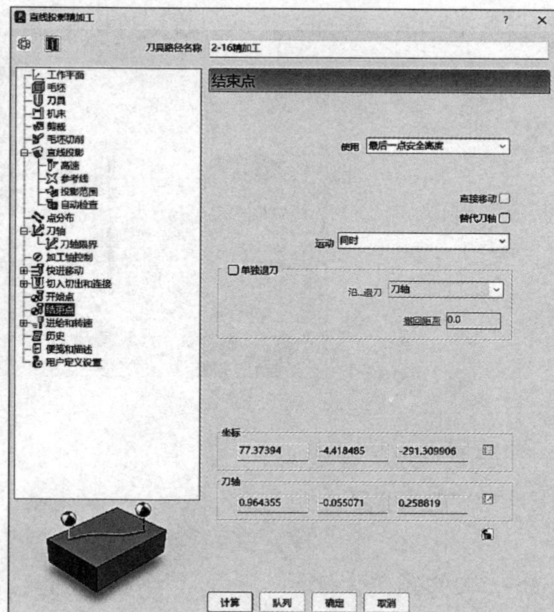

图 7-81

9）进给和转速：设定主轴转速 8500r/min、切削进给率 2000mm/min、下切进给率 1600mm/min、掠过进给率 8000mm/min，标准冷却，如图 7-82 所示。

10）单击图 7-82 中的“计算”按钮，刀具路径如图 7-83 所示。

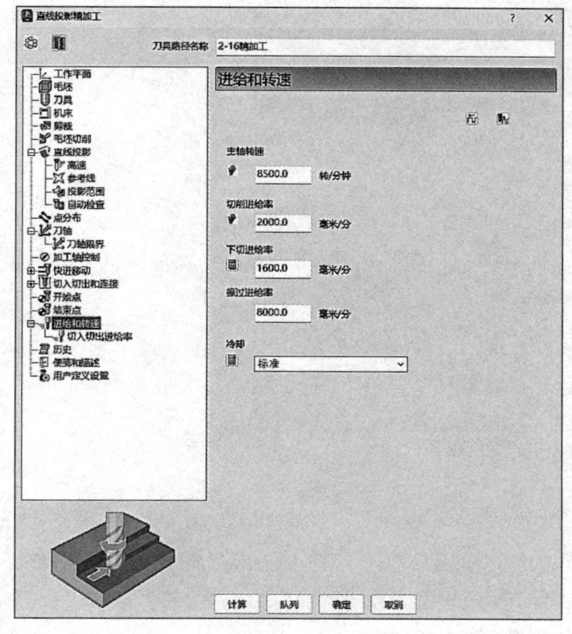

图 7-82

图 7-83

7.5.11 3-1 精加工字

步骤：单击“开始”→“刀具路径”图标→“策略选择器”对话框→在“策略选择器”对话框中单击“精加工”→“直线投影精加工”，如图 7-84 所示。

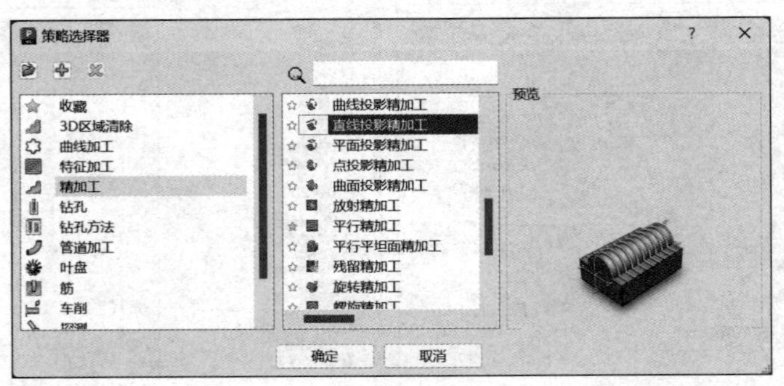

图 7-84

需要设定的参数如下：

1）工作平面选择“无”。

2）毛坯：由圆柱定义，坐标系选择“世界坐标系”，直径 135.0，最小 −278.2，最大 −264.5，如图 7-85 所示。

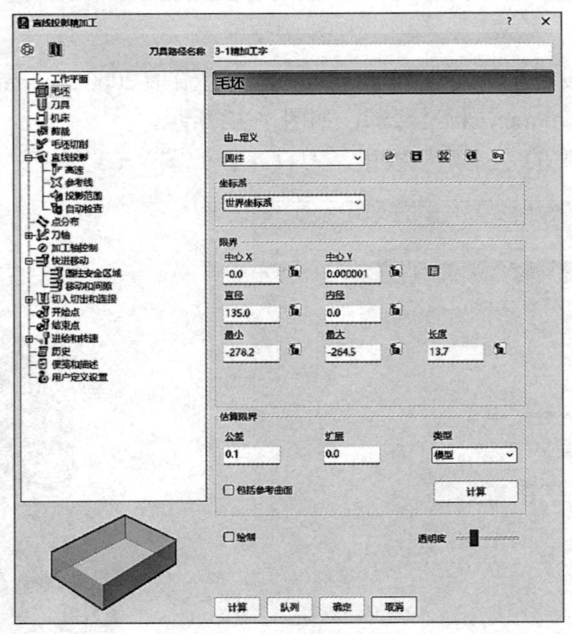

图 7-85

3）刀具选择“D1.5R0.75-H15”的 ϕ1.5mm 球头刀，伸出 15mm。

4）直线投影：样式“圆形”，定位（0.0，0.0，0.0），方位角 0.0，仰角 0.0，投影方向“向内”，公差 0.01，余量 0.02，行距 0.1。参考线样式“圆形”，加工顺序“双向”，顺序“无”，剪裁高度开始 −264.5、结束 −278.2，如图 7-86 所示。

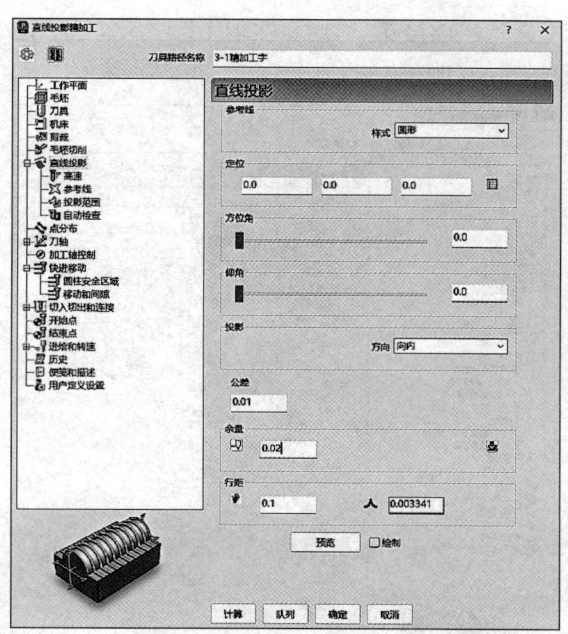
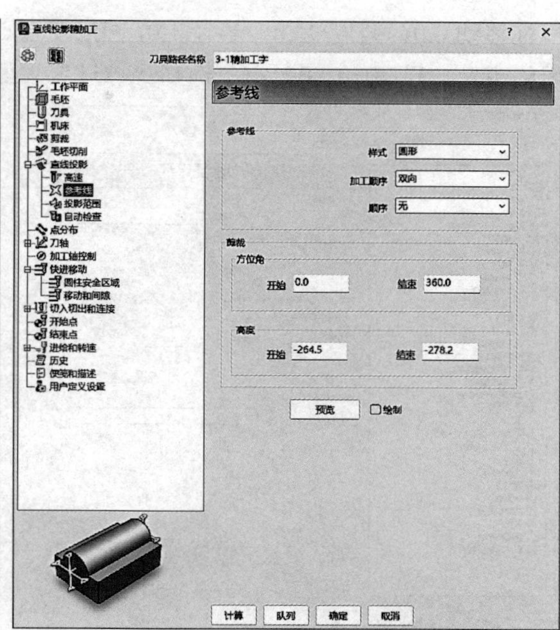

图 7-86

5）刀轴：刀轴“朝向直线”，点（0.0，0.0，0.0），方向（0.0，0.0，1.0），模式选择“PowerMill 2012 R2”，固定角度仰角 15.0，如图 7-87 所示。

6）快进移动：安全区域类型选择“圆柱”，工作平面选择“世界坐标系”，方向设定为（0.0，0.0，1.0），快进间隙 10.0，下切间隙 5.0，然后单击“计算”按钮，如图 7-88 所示。

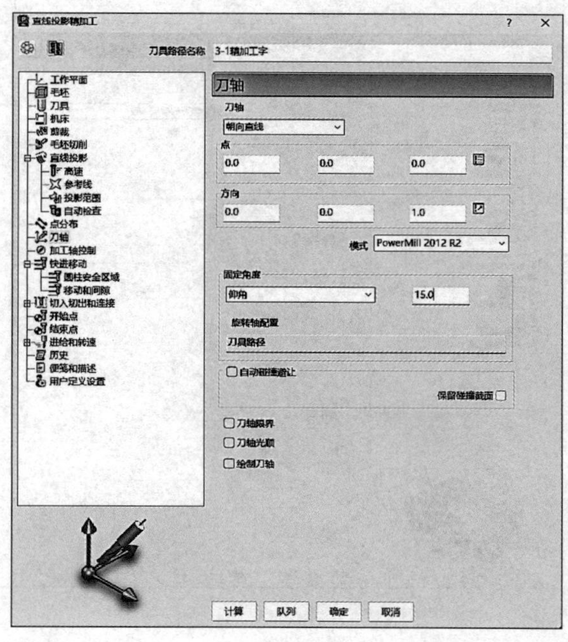

图 7-87

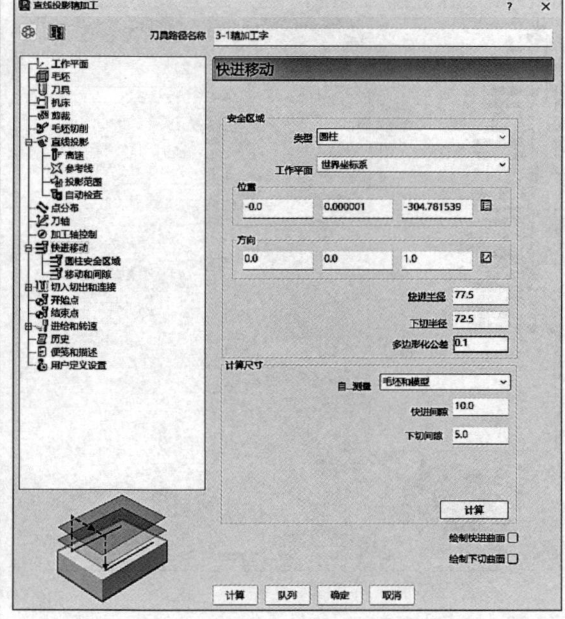

图 7-88

7）切入切出和连接：取消勾选“允许移动开始点”，切入第一选择“曲面法向圆弧”，线性移动 0.0，角度 90.0，半径 1.0，第二选择“无”；连接第一选择“曲面上”，勾选“应用约束”，距离 <10.0，第二选择“掠过”，如图 7-89 所示。

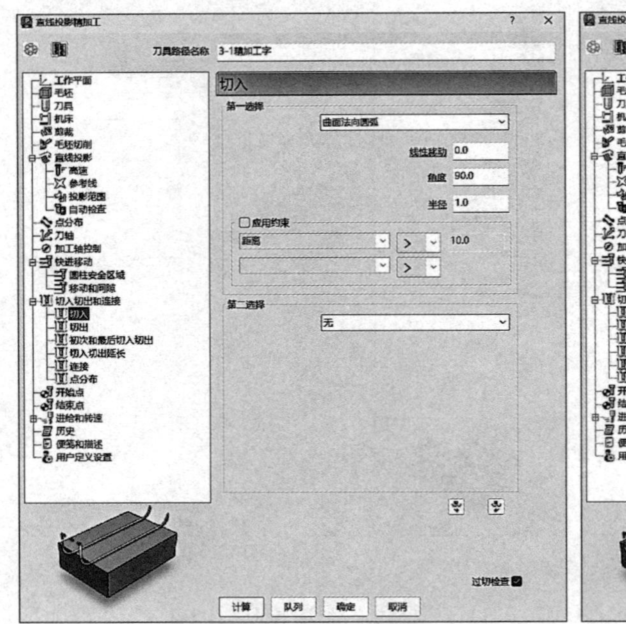

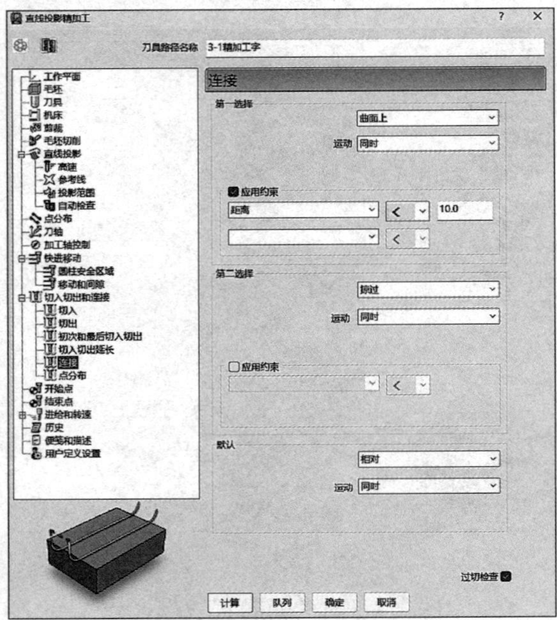

图　7-89

8）开始点选择“第一点安全高度”，结束点选择“最后一点安全高度”，如图 7-90 所示。

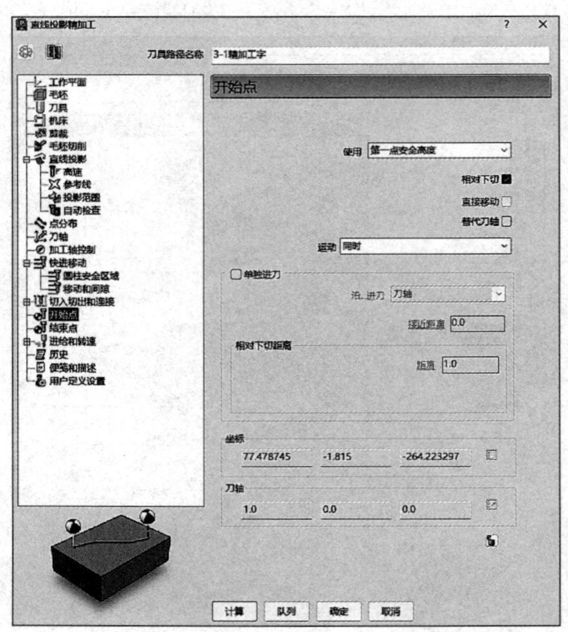

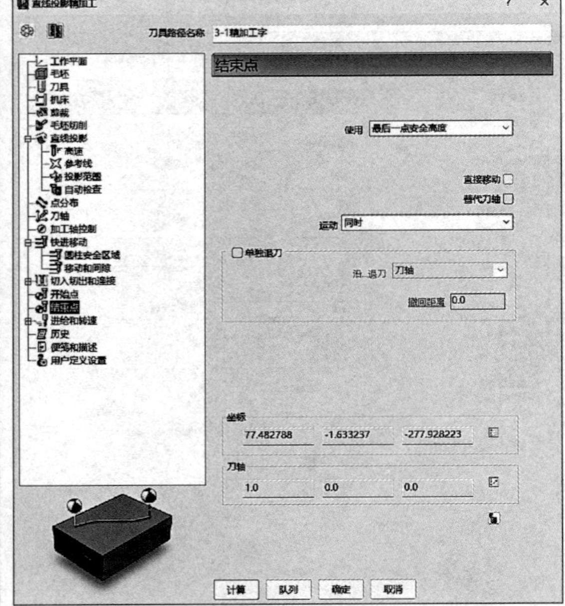

图　7-90

9）进给和转速：设定主轴转速 8500r/min、切削进给率 1300mm/min、下切进给率 1040mm/min、掠过进给率 8000mm/min，标准冷却，如图 7-91 所示。

10）单击图 7-91 中的“计算”按钮，刀具路径如图 7-92 所示。

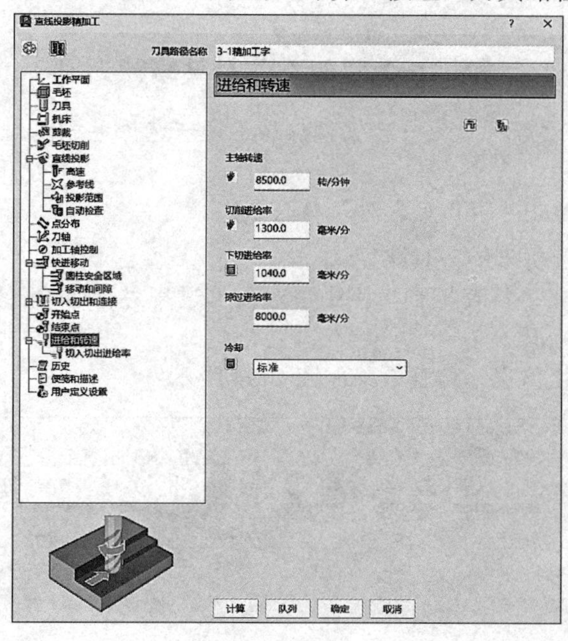
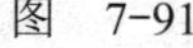

图 7-91

图 7-92

7.5.12 修剪刀路

依次单击①刀具路径编辑→②剪裁→③选择多边形→通过绘制点④→绘制点⑤→绘制点⑥→绘制点⑦→绘制点⑧→绘制点⑨→绘制点⑩→绘制点⑪→绘制点⑫和④重合→⑬单击“应用”按钮→⑭选择要删除的刀具路径轨迹单击右键→⑮编辑→⑯删除已选件→⑰修剪后的刀具路径如图 7-93 所示。

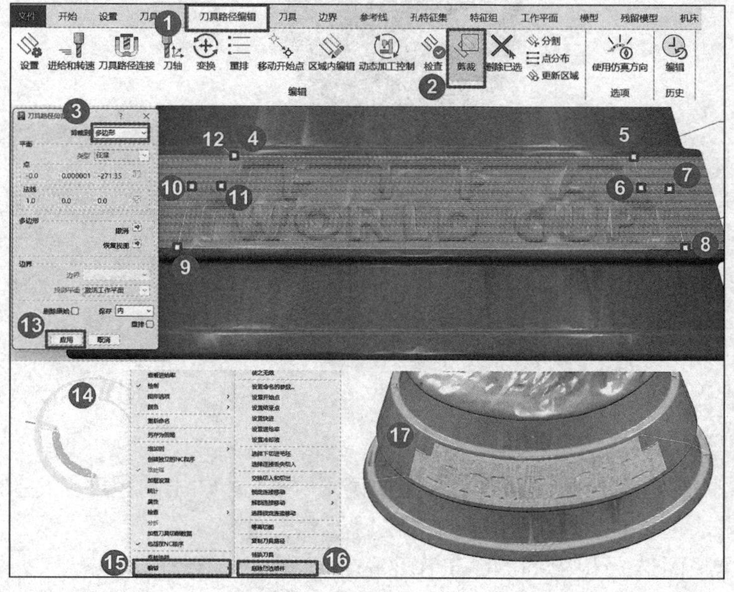

图 7-93

7.6 NC 程序仿真及后处理

7.6.1 NC 程序仿真（以“2-1 精加工”和“2-2 精加工”刀具路径为例）

1）进入“毛坯”对话框：选择由“三角形”定义→自文件加载毛坯→选择毛坯模型（仿真毛坯）→“接受”。

2）打开主界面的“仿真”选项卡，单击“开”使之处于打开状态。

3）在“条目”下拉菜单中点选要进行仿真的刀具路径。

4）单击“运行”按钮来查看仿真。在“仿真控制”栏中可对仿真过程进行暂停、回退等操作。

5）单击“退出 ViewMill”按钮来终止仿真。仿真效果如图 7-94 所示。

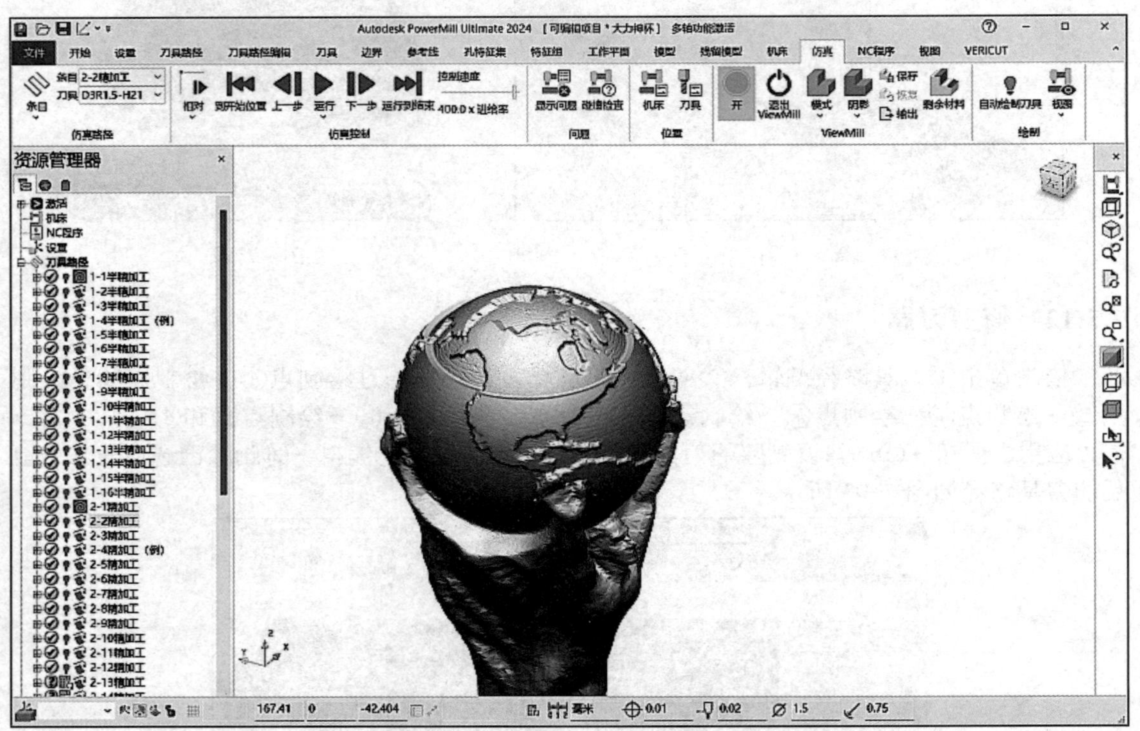

图 7-94

7.6.2 NC 程序后处理

1）在资源管理器中右键单击“NC 程序”→“首选项”，弹出“NC 首选项”对话框，如图 7-95 所示，此项设置中 NC 程序是空的。

2）在输出文件名后键入文件扩展名，例如键入“.h”，输出的程序文件扩展名即为“.h”。

3）选择机床选项文件，单击相应的机床后处理文件。

4）输出工作平面选择相应的 NC 工作平面，单击“关闭”按钮。

5）在资源管理器中右键单击要产生 NC 程序的刀路名称，选择“创建独立的 NC 程序”，生成 G 代码。

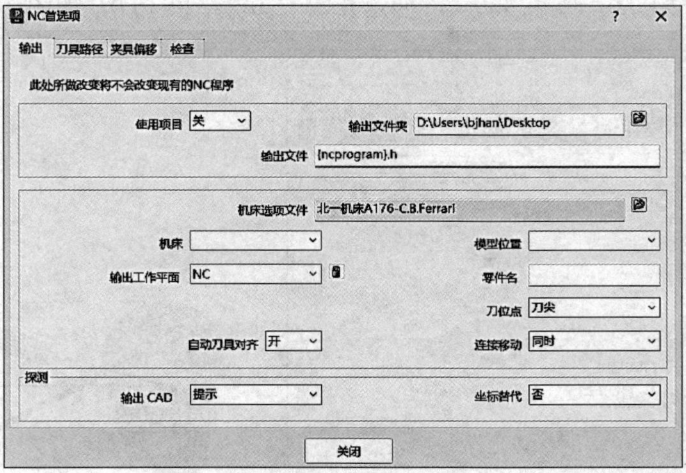

图 7-95

7.6.3 生成 G 代码

在 PowerMill 2024 资源管理器中右键单击“NC 程序”选项卡中要生成 G 代码的程序文件，在菜单中选择“写入”，弹出“信息”对话框。后处理完成后信息如图 7-96 所示，并可以在相应路径找到生成的 NC 文件（G 代码）。

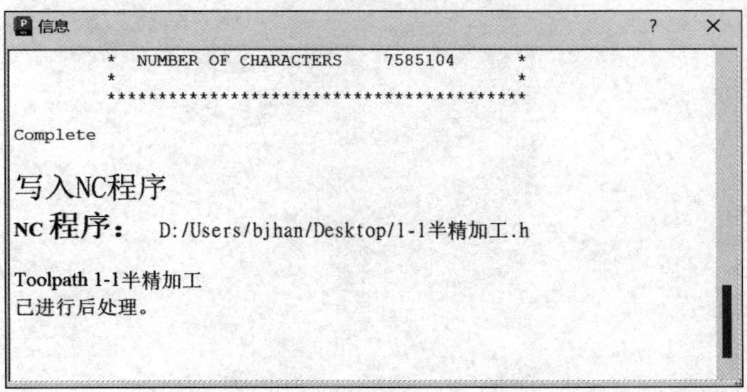

图 7-96

7.7 经验点评及重点策略说明

本章介绍了螺旋精加工、直线投影精加工、刀具路径剪裁等操作，此零件是典型的 5 轴加工零件，以下几点为本章需知重点：

1）该模型尺寸较大，曲面比较复杂，加工时应尽可能分段加工，不仅可提高编程效率，也可减小程序崩溃的可能性。

2）直线投影精加工时刀轴选择朝向直线，勾选“刀轴限界”，激活刀轴限界，其中角度限界：方位角开始 0.0，结束 360. 0，仰角开始 15.0，结束 15.0，如图 7-97 所示。

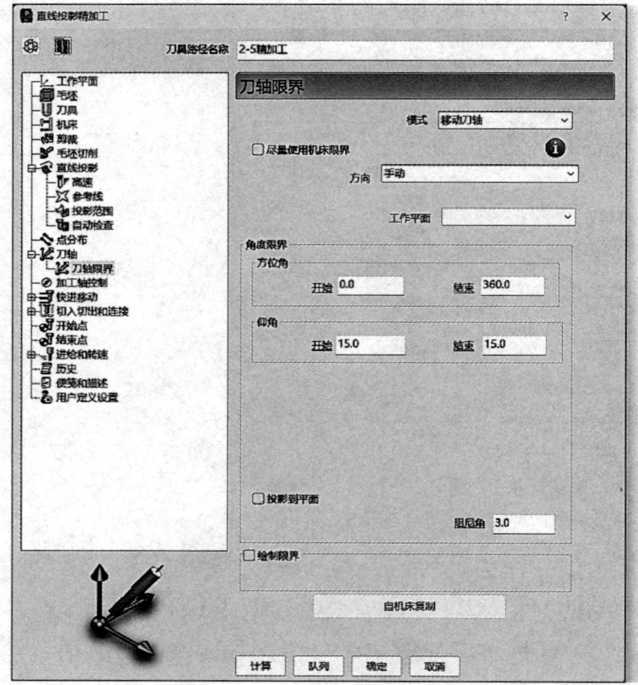

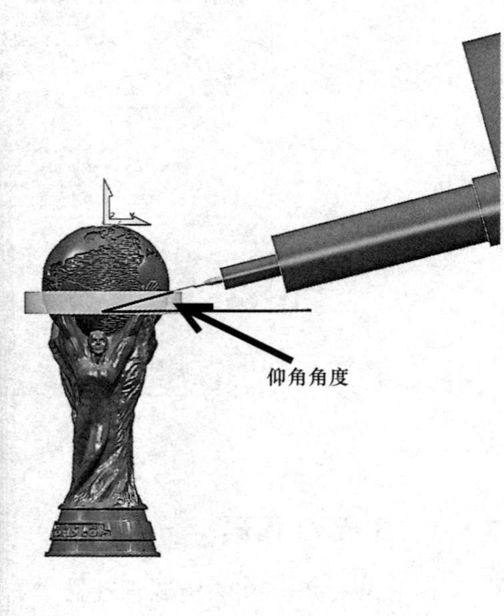

图 7-97

附　　录

附录 A　PowerMill 2024 实用命令

PowerMill 2024 有一些实用的命令。应用这些命令的方法是在 PowerMill 2024 主界面功能图标区找到并单击“宏”菜单下的“回显命令”选项，然后在界面下方的命令窗口输入命令内容，按回车键运行，如图 A-1 所示。

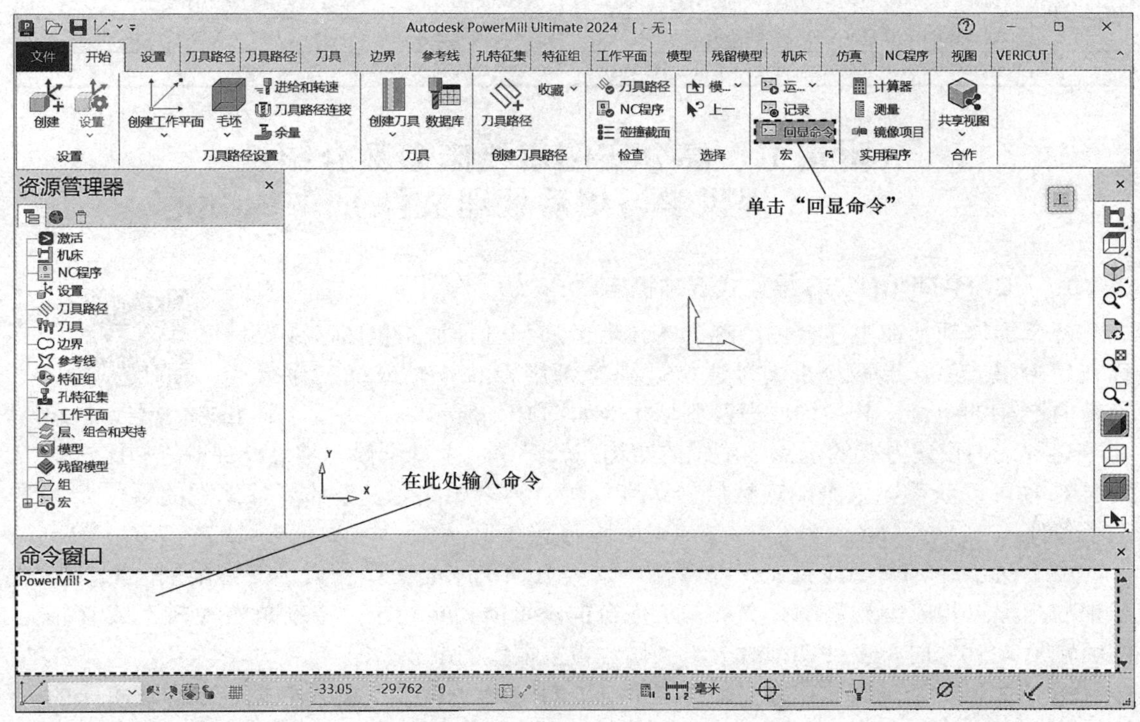

图　A-1

表 A-1 列出了 PowerMill 2024 的一些实用命令。

表　A-1

序　号	命 令 内 容	命 令 功 能
1	Project claim	去除加工项目文件的只读性
2	Edit toolpath;axial offset	此命令通过对一条激活的五轴刀具路径偏置一个距离而产生一条新的五轴刀具路径。新的刀具路径的刀位点沿刀轴矢量偏置
3	Edit toolpath;show_tool_axis 30 0	此命令显示当前五轴刀具路径的刀轴矢量。命令后的数字 30 为矢量长度，可由操作者自定义
4	EDIT SURFPROJ AUTORANGE OFF	在曲面投影精加工策略中，关闭自动投影距离
	EDIT SURFPROJ RANGEMIN -6	设置曲面投影精加工的投影距离最小值为 −6（该值可更改）

（续）

序　号	命令内容	命令功能
4	EDIT SURFPROJ RANGEMAX 6	设置曲面投影精加工的投影距离最大值为6（该值可更改）
5	EDIT SURFPROJ AUTORANGE ON	在曲面投影精加工策略中，打开自动投影距离（不限制投影距离）
6	LANG ENGLISH	切换到英文界面
7	LANG CHINESE	切换到中文界面
8	EDIT UNITS MM	转换到米制单位
9	EDIT UNITS INCHES	转换到寸制单位
10	EDIT PREFERENCE AUTOSAVE YES	批处理完刀具路径后自动保存
11	EDIT PREFERENCE AUTOSAVE NO	批处理完刀具路径后不自动保存
12	EDIT PREFERENCE AUTOMINFINFORM YES	PowerMill 精加工计算路径时窗口最小化
13	EDIT PREFERENCE AUTOMINFINFORM NO	PowerMill 精加工计算路径时窗口不最小化
14	COMMIT PATTERN ; \R PROCESS TPLEADS	参考线直接转换成刀具路径
15	COMMIT BOUNDARY ; \R PROCESS TPLEADS	边界直接转换成刀具路径

附录 B　部分实例用机床参数介绍（提供学习用后处理文件）

1. UCAR–DPCNC5S 摇篮式五轴机床

扫码下载后处理文件

两个旋转轴都在工作台侧，称为工作台倾斜型五轴加工机床（或称双转台机床），这两个旋转轴通常是绕 X 轴旋转的 A 轴或绕 Y 轴旋转的 C 轴的组合，其结构原理及典型实例如图 B-1 所示。

这种结构设置方式的优点是主轴的结构比较简单，主轴刚性非常好，制造成本比较低，同时 C 轴可以获得无限制的连续旋转角度行程，为诸如汽轮机整体叶片之类的零件加工创造了条件。

由于两个旋转轴都放置在工作台侧，这类五轴机床的工作台大小受到限制，X、Y、Z 三轴的行程也相应受到限制。另外，工作台的承重能力也较小，特别是当 A 轴（或 B 轴）的回转角≥ 90° 时，工件切削时会给工作台带来很大的承载力矩。

图 B-2 所示为天津安卡尔公司生产的 UCAR-DPCNC5S 摇篮式五轴机床，该机床的五根运动轴分别是直线轴 X、Y、Z，绕 X 轴旋转的 A 轴，以及绕 Z 轴旋转的 C 轴。其主要技术参数见表 B-1。

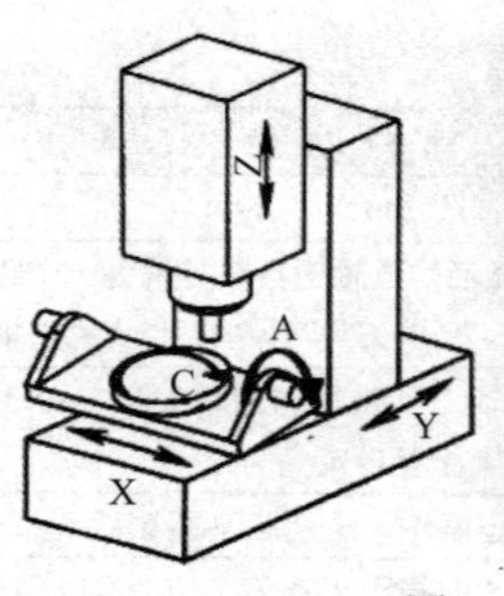

图　B-1

图　B-2

表 B-1

技术规格名称	技术规格参数	单　位
X、Y、Z 轴行程	420×210×225	mm
A、C 轴行程	A：+110 ~ −30；C：360	（°）
工作台尺寸	ϕ200	mm
定位精度	±0.01	mm
重复定位精度	±0.01	mm
快速移动速度	0 ~ 10000	mm/min
进给速度	0 ~ 5000	mm/min
回转速度	0 ~ 20	r/min
主轴转速	24000	r/min
刀柄型号	无	
主轴电动机功率	2.2	kW
数控系统	触摸屏嵌入式专用数控系统（此数控系统具备 RTCP 功能）	

2. C.B.Ferrari A176 叶片加工中心

图 B-3 所示为意大利 C.B.Ferrari 公司生产的 A176 叶片加工中心。

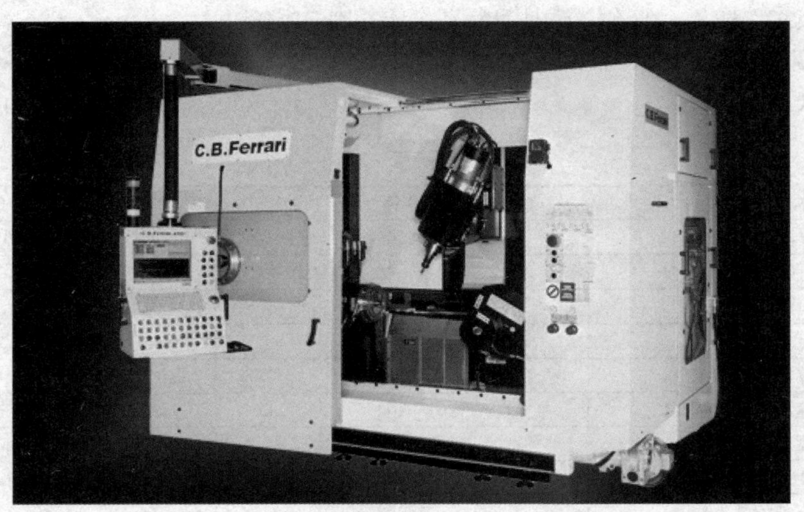

图　B-3

该加工中心的五根运动轴分别是直线轴 X、Y、Z，绕 X 轴旋转的 A 轴，以及绕 Y 轴旋转的 C 轴（这里是通过修改机床参数将 B 轴改为 C 轴），普遍用于涡轮叶片、航空航天复杂零件及精密零件制造等产业。加工中心采用可倾斜主轴头及立式工作台设计，装配灵活，特别适用于涡轮叶片的多工序加工，其主要技术参数见表 B-2。

表 B-2　C.B.Ferrari A176 叶片加工中心技术参数

技术规格名称	技术规格参数	单　位
X、Y、Z 轴行程	1050×520×420	mm
A、B、C 轴行程	A：360；B：+46 ～ −136；C：±90	（°）
定位精度	±0.01	mm
重复定位精度	±0.01	mm
快速移动速度	0 ～ 10000	mm/min
进给速度	0 ～ 4000	mm/min
回转速度	0 ～ 70000	°/min
主轴转速	16000	r/min
刀柄型号	HSK-63A	
主轴电动机功率	24	kW
数控系统	Heidenhain iTNC 530 （此数控系统具备 RTCP 功能）	

3. 北京机电院 XKR50A 五轴加工中心

图 B-4 所示为北京机电院机床有限公司生产的 XKR50A 五轴加工中心（BMEIMT-XKR50A）。

该加工中心的五根运动轴分别是直线轴 X、Y、Z，绕 X 轴旋转的 A 轴，以及绕 Z 轴旋转的 C 轴，主要用于各种燃机、压气机叶轮和小型模具、特型箱体等形状复杂的零件高效五轴加工，是航空、航天、汽车、模具等行业必不可少的设备。这种机床是目前用途最广、技术最先进的五轴联动机床，其主要参数见表 B-3。

图　B-4

表　B-3

技术规格名称	技术规格参数	单　位
X、Y、Z 轴行程	650×650×460	mm
A、C 轴行程	A：−110 ～ +30；C：360	（°）
工作台直径	500	mm
定位精度	±0.01	mm
重复定位精度	±0.01	mm
快速移动速度	0 ～ 10000	mm/min
进给速度（X、Y、Z）	0 ～ 3000	mm/min
进给速度（A、C）	0 ～ 2000	r/min
主轴转速	16000	r/min
刀柄型号	HSK-63A	
主轴电动机功率	30	kW
数控系统	Heidenhain iTNC530 （此数控系统具备 RTCP 功能）	

参 考 文 献

[1] 王荣兴．加工中心培训教程 [M]．北京：机械工业出版社，2006．

[2] 大木真一．3 次元 CAM を 100% 使いこなすための基礎セミナー（第 10 回）高速演算・高精度 3 次元 CAM PowerMILL を使いこなす [J]．機械技術，2014，62（6）：59-63.

[3] LIN B X. Multi axis machining technology of integral impeller based on Power Mill software[J]. World Nonferrous Metals，2017，13（13）：51-52.